高等教育土木类专业系列教材

# 钢-混凝土组合结构

GANG–HUNNINGTU ZUHE JIEGOU

主　编　王　鹏　王永慧

副主编　周东华　许　蔚

重庆大学出版社

## 内容提要

钢-混凝土组合结构是继木结构、砌体结构、钢结构及钢筋混凝土结构之后发展起来的一种新型结构形式，具有承载能力高、刚度大、延性和抗震性能好等优点，目前已广泛应用于房屋建筑、桥梁工程及土木工程领域的各种建(构)筑物中。本书以《组合结构设计规范》(JGJ 138—2016)、《钢结构设计标准》(GB 50017—2017)、《混凝土结构设计标准(2024版)》(GB/T 50010—2010)等规范、标准为重要依据，系统介绍了钢-混凝土组合结构及构件的受力性能、设计计算方法、构造措施等，内容由浅入深、循序渐进。书中每章都配有必要的例题、小结和习题，重点突出，便于读者理解。

本书可作为普通高等学校土木工程专业高年级本科生或研究生的教材，也可作为相关专业的工程技术人员的参考用书。

**图书在版编目(CIP)数据**

钢-混凝土组合结构 / 王鹏，王永慧主编. -- 重庆：重庆大学出版社，2025. 1. --(高等教育土木类专业系列教材). -- ISBN 978-7-5689-4781-7

Ⅰ. TU375

中国国家版本馆 CIP 数据核字第 2024TU1340 号

高等教育土木类专业系列教材

钢-混凝土组合结构

主　编　王　鹏　王永慧

副主编　周东华　许　蔚

策划编辑：林青山

责任编辑：陈　力　　版式设计：林青山

责任校对：邹　忌　　责任印制：赵　晟

*

重庆大学出版社出版发行

出版人：陈晓阳

社址：重庆市沙坪坝区大学城西路21号

邮编：401331

电话：(023)88617190　88617185(中小学)

传真：(023)88617186　88617166

网址：http://www.cqup.com.cn

邮箱：fxk@cqup.com.cn (营销中心)

全国新华书店经销

重庆正光印务股份有限公司印刷

*

开本：787mm×1092mm　1/16　印张：16.25　字数：407千

2025年1月第1版　2025年1月第1次印刷

印数：1—2 000

ISBN 978-7-5689-4781-7　定价：46.00元

# 前　言

钢-混凝土组合结构具有承载力高、刚度大、截面尺寸小和抗震性能好等优点，已逐渐推广应用到建筑工程、公路与城市道路工程、桥梁工程、地下工程和海洋工程等土木工程领域中，特别是许多大城市兴建的高层建筑、超高层建筑及大型桥梁等建筑物也越来越多地采用组合结构。型钢混凝土结构、钢管混凝土结构、钢结构和钢筋混凝土结构并列成为高层建筑的四大主要结构类型。从发展趋势看，钢-混凝土组合结构已逐渐形成一个独立的结构体系，成为继传统的木结构、砌体结构、钢结构和钢筋混凝土结构四大结构之后的第五大结构，钢-混凝土组合结构已成为我国21世纪土木工程的发展方向之一。

从一定意义上说，钢-混凝土组合结构是在钢结构和钢筋混凝土结构的基础上发展起来的，而钢-混凝土组合结构与钢筋混凝土结构和钢结构相比，有其独特的力学特性以及计算与设计方法。本书是各位编者在长期本科和研究生教学、科研与实践的基础上，引用和归纳了国内外最新研究成果和技术规范等编写而成的。在编写过程中，力求内容的实用性、科学性、系统性和先进性。

本书共分为7章，主要内容包括：第1章绪论，第2章结构设计方法和材料性能，第3章钢与混凝土的连接形式，第4章压型钢板与混凝土组合板，第5章钢与混凝土组合梁，第6章型钢混凝土结构，第7章钢管混凝土结构。本书由昆明理工大学王鹏、王永慧、周东华、许蔚4位教授合作编写。具体分工为：王鹏编写第3、6、7章；王永慧编写第2、4章；周东华编写第1、5章；许蔚编写附录及习题。本书由王鹏、王永慧担任主编，周东华、许蔚担任副主编。

本书的出版得到了昆明理工大学建筑工程学院的资助，在此表示诚挚的谢意。在本书编写过程中,得到了昆明理工大学建筑工程学院领导的支持,在此表示衷心的感谢。同时对刘一凡、彭俊源两位研究生参与部分插图的绘制工作表示感谢。

本书部分内容或图表引用了相关文献,在此对这些文献的编著者表示衷心的感谢。由于作者水平有限,书中难免存在疏漏之处,敬请读者批评指正。

编　者

2023 年 12 月

# 目　录

# 第1章 绪 论

基本要求：

(1)了解组合结构的基本概念。

(2)了解组合结构的受力特点。

(3)了解组合结构的应用范围。

(4)熟悉组合结构的主要类型。

## 1.1 组合构件与组合结构的概念

由两种或两种以上不同物理、力学性质的材料(如混凝土与型钢)结合而形成整体的构件,在荷载(或作用)作用下,构件中不同力学性质的材料能整体共同工作,这种构件称为组合构件。由组合构件组成的结构即为组合结构。通常情况下,组合结构是指钢(热轧型钢、焊接组合截面)与混凝土组合而成的组合结构,也称钢与混凝土组合结构。钢与混凝土组合构件又可分为非外露式与外露式两种。非外露式构件包括型钢混凝土梁、柱及型钢混凝土剪力墙和钢管混凝土柱及内藏钢板剪力墙等,外露式构件包括钢与混凝土组合梁、压型钢板与混凝土组合楼板等。80多年来,钢与混凝土组合结构的研究与应用得到了迅速发展,至今已成为一种新的结构体系,以下将其简称为组合结构。

## 1.2 组合结构的主要类型及其特点

在高层组合构件中,梁可采用型钢混凝土结构或钢-混凝土组合梁;柱可采用钢管混凝土结构或型钢混凝土结构;楼板可采用压型钢板与混凝土组合楼板等。目前研究较为成熟、应用较多的主要有以下各种钢与混凝土组合构件和结构。

### 1.2.1 压型钢板与混凝土组合板

压型钢板可分为彩色压型钢板和建筑压型钢承楼板,如图 1.1 所示。彩色压型钢板是采用彩色涂层钢板,经辊压冷弯成各种波形的压型板,适用于工业与民用建筑、仓库、特种建筑、大跨度钢结构房屋的屋面、墙面以及内外墙装饰等,具有质轻、高强、色泽丰富、施工方便快捷、抗震、防火、防雨、寿命长、免维护等特点,现已被广泛应用。

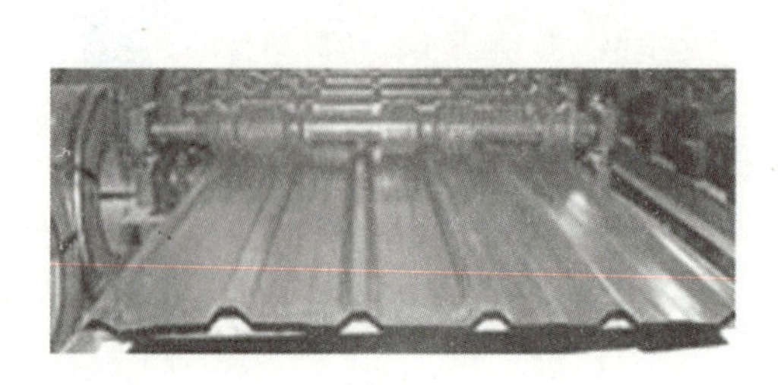

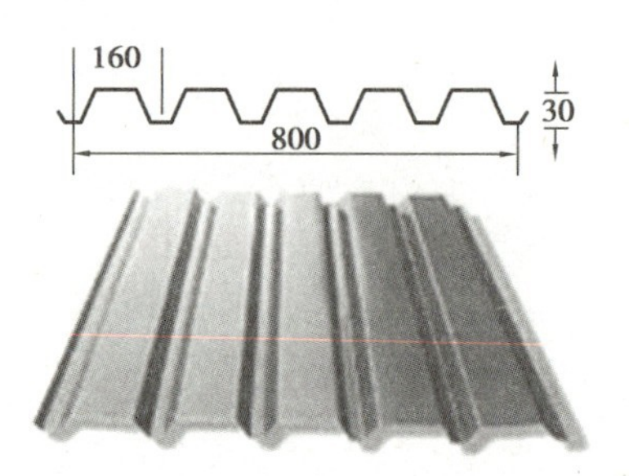


图 1.1 彩色压型钢板

建筑压型钢承楼板采用镀锌钢板经辊压冷弯成型,如图 1.2 所示,其截面成 V 形、U 形、梯形或类似这几种形状的波形,主要用作楼承板,也可作其他用途。该板可用作楼承板,其特点为施工快捷、方便、工期短、节约钢筋,可兼做钢模板,具有造价低、强度高等优点。

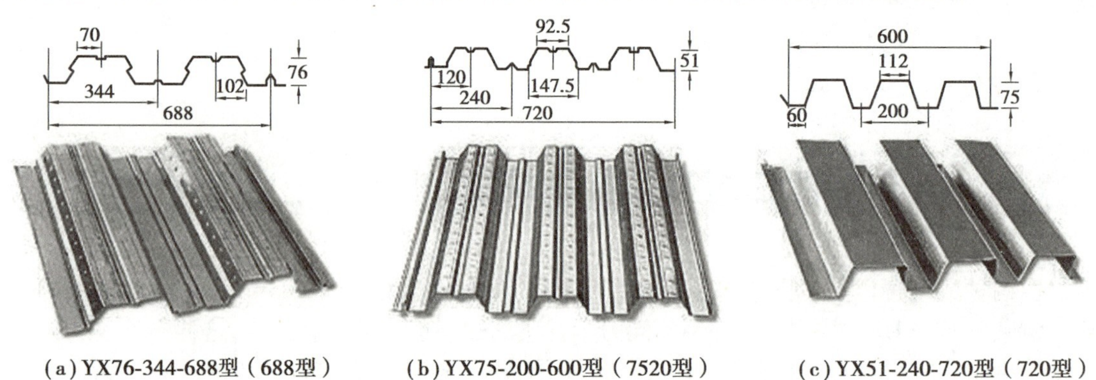


(a) YX76-344-688型(688型) (b) YX75-200-600型(7520型) (c) YX51-240-720型(720型)

图 1.2 建筑压型钢承楼板

把锻压成形的各种形式的凹凸肋与各种形式槽纹钢板铺设在钢梁上,通过抗剪连接件和钢梁的上翼缘焊牢,然后在压型钢板上浇筑混凝土,依靠凹凸肋及不同的槽纹使钢板与混凝土组合在一起,形成压型钢板与混凝土组合楼板,如图 1.3 所示。压型钢板与混凝土板的组合形式如图 1.4 所示,压型钢板与混凝土组合楼板端部连接形式如图 1.5 所示。闭合型压型钢板及其组合板如图 1.6 所示。

压型钢板与混凝土组合楼板具有下述优点:

①混凝土硬化后,压型钢板可作为组合楼板的受拉部分,用来抵抗板面荷载产生的板底拉力。与混凝土共同抵抗剪力,除了在适当部位要设置钢筋减小混凝土收缩以及温度变化的影响外,不必再另设钢筋。

②压型钢板相当平整,可直接作为混凝土楼层的顶棚,省工省料,增加了楼层的有效空间,有效减小了各层楼板厚度,可降低层高,节省投资。

③压型钢板可当作模板并承担施工荷载,由压型钢板作为其永久性的模板,不再需要安装、拆模,施工方便。

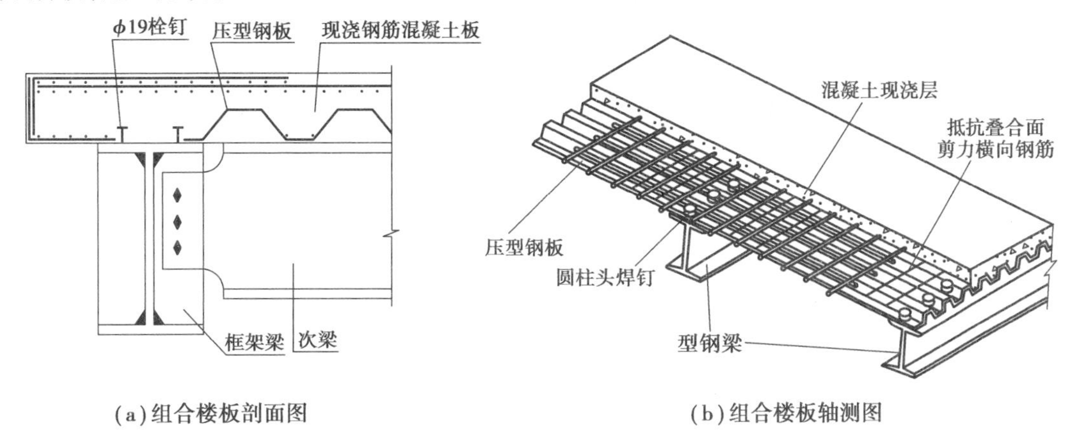


(a)组合楼板剖面图　　(b)组合楼板轴测图

图1.3　压型钢板与混凝土组合楼板

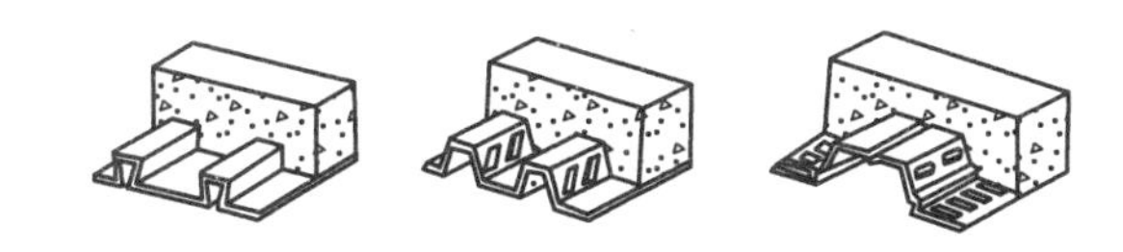
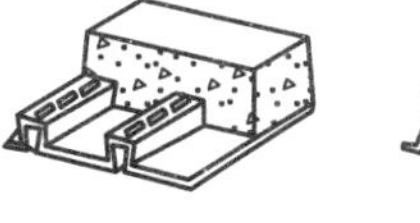

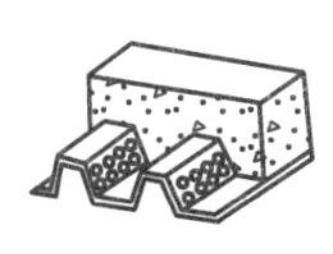

图1.4　压型钢板与混凝土的组合形式

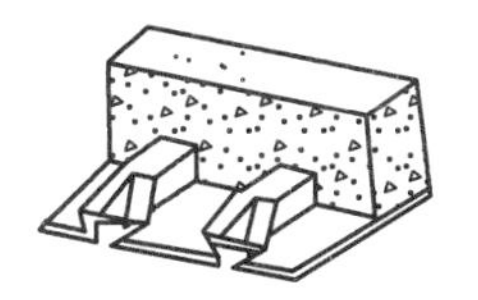
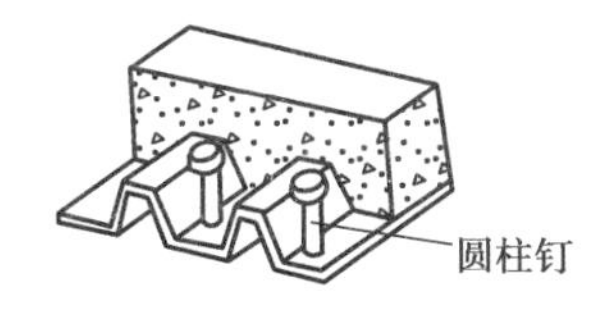


图1.5　组合板端部的连接形式

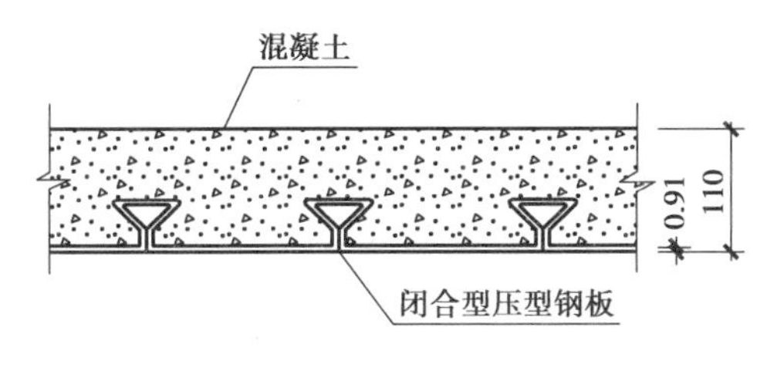

图1.6　BD 40-185-740 闭合型压型钢板及其组合板

④由于压型钢板本身具有相当的承载力,允许本层浇灌的混凝土在尚未达到设定强度值前,就可以继续进行上层混凝土的浇筑,加快施工进度,以带来经济效益。

20世纪60年代后,压型钢板与混凝土组合楼板在日本、欧美等国家和地区的高层建筑中开始出现,开始仅作为楼板的永久性模板,压型钢板与混凝土组合楼板兴起于20世纪90年代。我国在20世纪80年代后由原冶金部冶金建筑研究总院开始对这种结构进行研究,并逐步推广,主要应用于高层建筑结构中的楼板,如深圳发展中心大厦,北京长富宫中心、京城大厦、香格里拉饭店,上海锦江饭店、静安饭店,沈阳沈梅热电厂平台等。压型钢板与混凝土组合楼板的大量使用,也带动了压型钢板与混凝土组合楼板计算和设计理论的发展。

### 1.2.2 钢与混凝土组合梁

将钢梁与混凝土板组合在一起形成组合梁。混凝土板可以是现浇混凝土板,如图 1.7(a)所示;也可以是预制混凝土板、压型钢板混凝土组合板或预应力混凝土板,如图 1.7(b)所示。钢梁可以用轧制型钢或焊接钢梁。钢梁截面形式有工字型、H 型、槽型或箱型等。混凝土板与钢梁之间由抗剪连接件连接,使混凝土板作为梁的翼缘与钢梁组合在一起,整体、共同工作形成组合 T 形梁。其特点同样是使混凝土受压,钢梁主要是受拉与受剪,受力合理,强度与刚度显著提高,充分利用了混凝土的有利作用。并且由于侧向刚度大的混凝土板与钢梁组合连接在一起,很大程度上避免了钢结构容易发生整体失稳与局部失稳的弱点。在符合一定条件的情况下,组合梁的整体稳定与局部稳定可以不必验算,省去了相当一部分钢结构为保证稳定所需要的各种加劲肋的钢材。

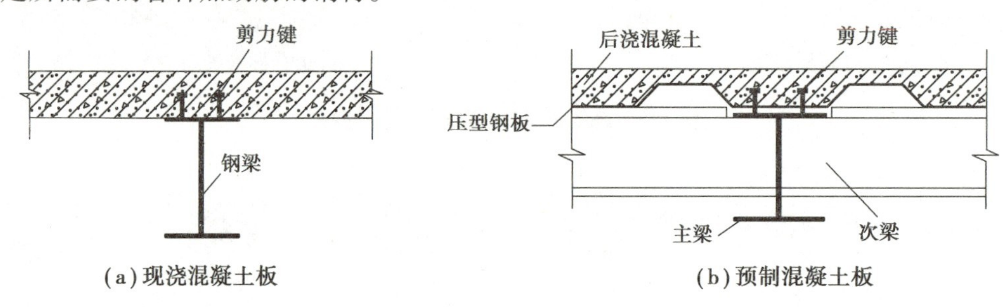


(a) 现浇混凝土板　　(b) 预制混凝土板

图 1.7　钢与混凝土组合梁

钢与混凝土组合梁由钢梁和钢筋混凝土板以及两者之间的抗剪连接件组成,如图 1.8 所示。抗剪连接件的形式可分为柔性连接件(圆柱头栓钉、斜钢筋、环形钢筋、带直角弯钩的短钢筋)和刚性连接件(块式连接件)。组合梁中的抗剪连接件的主要作用有:①抵抗混凝土板与钢梁叠合面上的纵向剪力,使两者不能自由滑移;②抵抗使混凝土板与钢梁具有分离趋势的掀起力。

工程中常采用不对称组合梁,钢梁主要有以下几种形式:3 块不同厚度与宽度的钢板焊接而成;将大型工字钢割去宽厚的上翼缘,加焊宽度较小的钢板;将工字钢沿腹板纵向割开,然后将不同大小的半工字钢对焊形成蜂窝梁。

组合梁根据混凝土板与钢梁部分的组合连接程度可分为完全剪切连接组合梁(完全组合梁)和部分剪切连接组合梁(部分组合梁)。完全组合梁中配有足够的抗剪连接件,极限弯矩作用下的纵向剪力完全由所配剪力连接件承担。部分组合梁中剪力连接件所能承担的剪力小于在极限弯矩作用下所产生的纵向剪力。

组合梁从截面组成上充分发挥了型钢与混凝土材料各自的特长,与普通钢筋混凝土梁相比,组合梁还有下述优点:

①节约钢材。由于截面材料受力合理,混凝土替代部分钢材工作,使其用钢量大幅度下降,如采用塑性理论进行设计,同时可降低造价。

②减小截面高度。由于相当宽的混凝土板参与抗压,组合梁的惯性矩比钢梁的大得多,可以达到降低梁高、增加层高的效果。

③延性好。组合梁耗能能力强,整体稳定性又好,在实际地震中能表现出良好的抗震性能。

④刚度好。混凝土板与钢梁共同工作,抗弯模量增大,致使挠度减小,刚度增大。

⑤抗冲击、抗疲劳性能好。实际工程表明用于梁桥、吊车梁的组合梁比钢梁具有更好的抗冲击、抗疲劳能力。

⑥稳定性好。由于组合梁上翼缘侧向刚度大,所以整体稳定性好;加上钢梁的受压翼缘受到混凝土板的约束,其翼缘与腹板的局部稳定性都得到改善。

⑦使用期延长。由于混凝土板的存在,可使钢梁上翼缘的应力水平降低,由于裂缝引起的损伤较小,故比起钢吊车梁的使用寿命提高了许多。

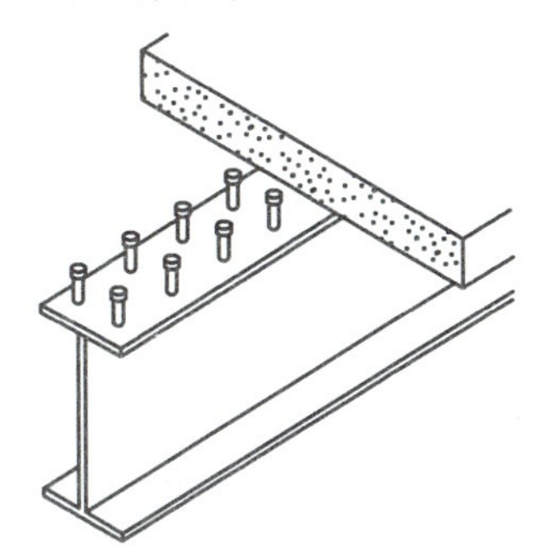

图1.8 钢与混凝土组合梁

### 1.2.3 型钢混凝土构件、结构

#### 1)型钢混凝土构件

型钢混凝土组合构件是指在混凝土中主要配置轧制或焊接型钢,同时也配有构造钢筋及少量纵向受力钢筋的构件。主要有型钢混凝土梁(图1.9)、型钢混凝土柱(图1.10)、型钢混凝土剪力墙(图1.11)、型钢混凝土节点(图1.12)。按配型钢的形式不同可分为实腹式型钢混凝土构件和空腹式型钢混凝土构件两大类。前者的强度、刚度、延性很高,远比后者优越,可用于大型、中型及很高的建筑。但是空腹式型钢混凝土构件比实腹式型钢混凝土构件可更多地节省钢材,其含钢量比钢筋混凝土结构稍大或基本相当,而其强度、刚度、延性则比钢筋混凝土结构有较大提高,所以常在荷载、跨度、高度不是特别大的结构中采用。

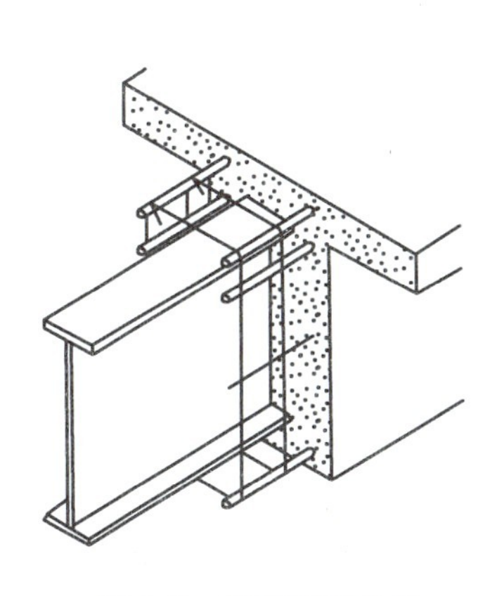

图1.9 型钢混凝土梁

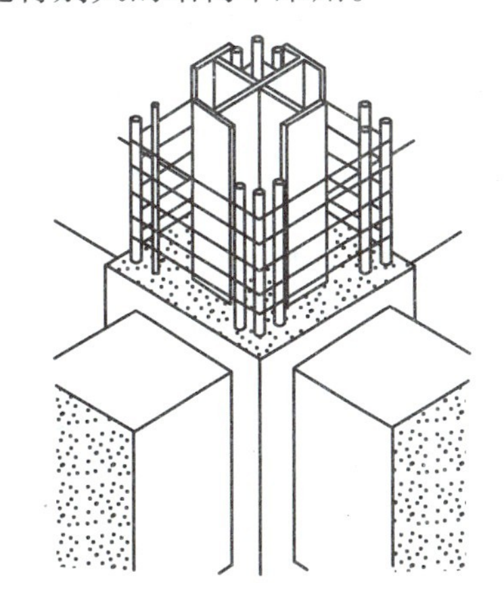

图1.10 型钢混凝土柱

实腹式型钢混凝土结构中的型钢主要有工字钢、槽钢及 H 型钢等；空腹式型钢混凝土结构中的型钢是由角钢构成的空间桁架式的骨架。在配置实腹型钢的构件中还配有少量纵向受力钢筋与箍筋。

型钢混凝土组合结构可以用作梁、柱、剪力墙等构件，也可用在框架、框架剪力墙及筒体等各种高层、超高层结构中。

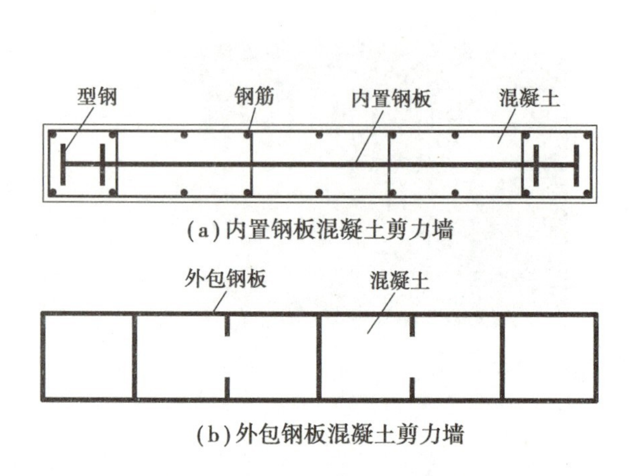


图 1.11　型钢混凝土剪力墙

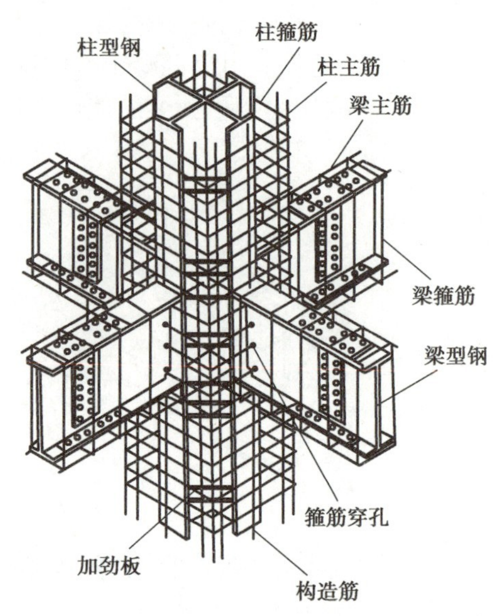


图 1.12　型钢混凝土梁柱节点的穿筋构造

### 2) 型钢混凝土组合结构的类型

(1) 型钢混凝土框架组合结构

型钢混凝土框架可以是由型钢混凝土梁和柱构成的全型钢混凝土框架，也可以是采用钢梁与型钢混凝土柱所构成的半型钢混凝土框架。型钢混凝土框架结构通常是沿结构平面纵、横向轴线布置。通常由结构平面周边立体框架和结构平面内部的用于承担楼盖重力荷载的小型钢框架构成。为了增大结构的抗倾覆和抗扭转能力，大截面的框架柱沿建筑平面周边布置，形成立体框架，型钢混凝土框架承担着整座大楼的全部水平荷载和大部分竖向荷载；在结构平面内部布置一些小型钢框架，仅承担其荷载从属面积内的竖向荷载。型钢混凝土框架的型式有：

①全型钢混凝土框架结构。框架结构的梁和柱均采用型钢混凝土构件，称为全型钢混凝土框架。全型钢混凝土框架可以用于高层建筑的地面以上结构，也可用于高层建筑地面以下结构。有时地面以上各层采用钢结构，地面以下采用现浇钢筋混凝土结构，钢柱与钢筋混凝土柱的连接构造复杂，并且由地下钢筋混凝土结构到地上钢结构会引起刚度突变，在发生强烈地震时，造成钢柱与钢筋混凝土柱连接处的塑性变形集中。因此，在这种高层建筑结构底部的一到三层通常采用全型钢混凝土框架作为转换层。

②半型钢混凝土框架结构。由钢梁和型钢混凝土柱刚性连接所组成的框架结构，称为半型钢混凝土框架结构，如图 1.13 所示，主要用于高层建筑的地上结构。

③次型钢混凝土框架结构。由钢筋混凝土梁和型钢混凝土柱刚性连接所组成的框架，称

为次型钢混凝土框架。

根据建筑结构抗震设计原则，半型钢混凝土框架和次型钢混凝土框架更容易使高层、超高层结构实现“强柱弱梁”。

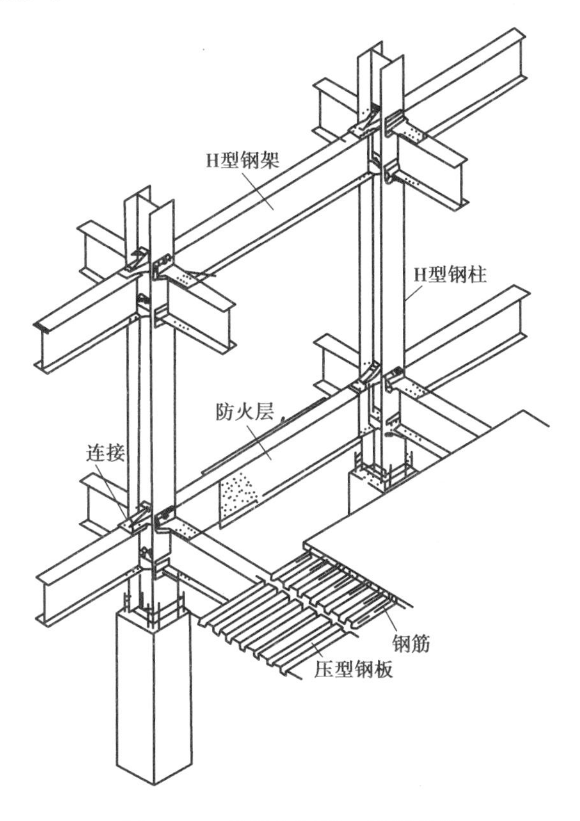


图1.13 半型钢混凝土框架结构

(2)型钢混凝土框架-抗震墙(剪力墙)组合结构

型钢混凝土框架-抗震墙组合结构是指沿结构平面纵向、横向或斜向布置型钢混凝土框架，并在适当位置沿结构平面纵向、横向设置一定数量的型钢混凝土剪力墙或钢筋混凝土剪力墙。在型钢混凝土框架-抗震墙组合结构中，型钢混凝土框架主要是承担竖向荷载，同时承担一小部分水平荷载；型钢混凝土抗震墙承担高层建筑绝大部分的水平荷载，并承担其左、右各半跨开间内的竖向荷载。设计时首先根据建筑使用功能和空间布局要求，确定型钢混凝土框架的型式和柱网尺寸；然后，在不影响建筑使用功能的条件下，结合高层建筑纵、横向抗推刚度和水平承载力的需要，在适当部位设置一定数量的型钢混凝土剪力墙或钢筋混凝土抗震墙。

剪力墙是平面构件，抗推刚度大；框架是正交杆系构件，抗推刚度小。在水平荷载作用下，单独剪力墙以弯曲变形为主，顶点的侧移值和侧移角均较大；单独框架则是以因杆件弯曲引起的构件剪切变形为主，顶点的侧移值和侧移角均较小，最大层间侧移角发生在框架的底部。在框架-剪力墙结构中，由于各层刚性楼盖的协调，剪力墙和框架的侧移曲线趋于一致，剪力墙顶部和框架底部的最大层间侧移角均会减小。

(3)型钢混凝土框架-核心筒组合结构

型钢混凝土框架-核心筒组合结构适用于楼层平面比较规则,而且采用核心式建筑布置方案的高层、超高层建筑。型钢混凝土框架-核心筒组合结构是沿楼层建筑平面中心部位竖井的周边,设置现浇的型钢混凝土或钢筋混凝土核心筒,在核心筒以外楼面,布置一圈或两圈型钢混凝土框架。核心筒是整个结构体系中的主要抗侧力构件。当核心筒高宽比较大,楼房层数较多时,当风荷载很大,当地震烈度较高时,为了提高核心筒的抗弯能力,在核心筒的转角、内外墙交接处,以及实体墙每隔不大于 6 m 处,宜在筒壁内设置型钢暗柱,从而形成型钢混凝土核心筒。

当核心筒的高宽比值较大时,宜在顶层及每隔若干楼层的设备层或避难层,沿核心筒的纵、横墙体所在平面,设置一层或两层楼高的外伸刚性桁架(刚臂),加强核心筒与外圈钢柱的连接,使之形成整体抗弯构件,以提高整个结构体系的抗推刚度和抗倾覆承载力。

为提高核心筒的受剪承载力和抗倾覆承载力,应适当安排各层楼盖梁、板的走向,让核心芯筒承担更多重力荷载,加大筒壁的竖向压应力。

(4)型钢混凝土框筒组合结构

型钢混凝土框筒组合结构是在结构平面四周由密柱深梁构成的型钢混凝土框筒,在结构平面内部通常布置钢框架。在结构的组成方面,型钢混凝土框筒组合结构与钢结构框筒基本相同。型钢混凝土框筒是组合结构中的主要抗推构件,承担型钢混凝土框筒组合结构的绝大部分水平荷载和部分竖向荷载;在结构平面内部的钢框架基本上仅承担其荷载从属面积内的重力荷载。

(5)型钢混凝土筒中筒组合结构

型钢混凝土筒中筒组合结构是由内、外两圈以上的钢筋混凝土墙筒与型钢混凝土框筒等同心筒体所组成的组合结构。将框筒结构平面中心部位的承重框架,置换为可以抵抗水平侧力的内框筒或内墙筒,内框筒或内墙筒与外框筒共同组成筒中筒结构。与框筒结构相比较,在筒中筒结构中,由于内部墙筒承担了很大一部分水平剪力,使外圈框筒柱所承担的剪力得以大幅度减小,从而减少了框筒柱发生脆性剪切破坏的危险性。筒中筒结构是一种比框筒结构更强、更有效的抗侧力结构。

筒体按照其构件的类型又分为墙筒和框筒,墙筒是由 3 片以上不同方向的实体钢筋混凝土墙或带洞钢筋混凝土墙所围成的立体构件组成;框筒是由 3 片以上不同方向的密柱深梁型框架所围成的立体构件组成。

筒中筒结构中的内筒,采用墙筒时,平面尺寸较小,高宽比值较大,是一个层间剪切变形较小的弯曲型构件。筒中筒结构中的外筒,是由密柱、深梁构成的框筒,其框架梁、柱截面尺寸不大,剪力滞后效应比较严重,不能充分发挥框筒立体构件的整体抗弯作用,在水平荷载作用下,外框筒是一个层间剪切侧移较大的剪弯型构件。内墙筒与外框筒配合使用的筒中筒结构,由于弯曲型构件与剪弯型构件侧向变形的相互协调,结构的顶点侧移及结构下段的最大层间侧移角均得以减小。在结构设计时若能利用楼房顶层以及沿楼房高度每隔若干层的设备层和避难层,沿内框筒的纵、横墙体设置向外伸出的伸臂钢桁架,加强内、外筒的连接,使外框筒翼缘框架中央各柱,更充分地参与结构的整体抗弯作用,弥补因外框筒剪力滞后效应所带来的损失,可进一步增强整个结构的抗推能力。

(6)型钢混凝土芯筒-翼柱组合结构

型钢混凝土芯筒-翼柱组合结构是指由钢筋混凝土或型钢混凝土芯筒与结构平面外围型钢混凝土巨型翼柱所组成的组合结构。以各层现浇混凝土组合楼板作为刚性横隔板,将芯筒与结构平面外围各根巨型翼柱连接,形成空间工作的立体构件。芯筒通过各层楼盖大梁以及每隔若干楼层由芯筒外伸的一到两层楼高的刚性大梁,与外围巨型翼柱相连,形成一个整体的抗侧力构件。

在筒中筒结构体系中,芯筒与外圈框筒之间虽有各层楼盖联系,但楼盖仅能协调内、外筒的侧移,使之趋于一致;并不能将内、外筒连接成为一个大型的整体抗弯构件。在水平荷载作用下,芯筒和框筒依旧是各自独立受弯的立体构件。芯筒由于高宽比值较大,抗弯能力较弱;框筒由于存在剪力滞后效应,整体抗弯能力未能得到充分发挥。可以在内、外筒之间设置刚臂来改善情况。

在芯筒翼柱结构中,巨型翼柱相当于将筒中筒结构中的结构平面外围框筒柱相对集中而成。由于巨柱大体上位于芯筒纵、横墙体的延长线上,并通过多道伸臂桁架与芯筒连为一体,构成一个等于房屋全宽的整体受弯构件,而且其巨柱又位于该构件中和轴的最远处,能提供最大的力臂,从而充分发挥其巨大截面在抵抗倾覆力矩中所起的作用。

作用于大楼的水平荷载,主要由同方向的巨柱-芯筒联合体承担,大楼的竖向荷载则由各根巨型翼柱和芯筒分担。

### 3)型钢混凝土组合结构的优点

型钢混凝土组合结构具有下述优点:

①由于截面中配置了型钢,含钢率不受限制,使构件承载能力、刚度大大提高,可以较大幅度减小构件的截面尺寸,明显增加建筑物使用面积。由于梁截面高度的减小,增加了楼层净高,从而降低了房屋的层高与总高。型钢混凝土框架较之钢框架可节省钢材达50%以上,经济效益可观。

②比起钢结构建筑,采用型钢混凝土结构可节省大量钢材,降低造价,并且可避免钢结构建筑防锈、防腐蚀、防火性能较差,需要经常性维护等弱点。因此,型钢混凝土组合结构的耐久性、耐火性能等均比钢结构略胜一筹。

③与钢筋混凝土结构相比,型钢混凝土结构不仅强度、刚度明显增加,而且型钢混凝土结构的延性和耗能能力都得到了很大提高,尤其是实腹式构件组成的型钢混凝土结构。因此,型钢混凝土结构是一种抗震性能很好的结构,尤其适用于地震区。在高烈度地震区的超高层建筑中若再采用钢筋混凝土结构,整个结构的延性实际上已经达不到"大震不倒"的要求。同时超高层或高耸钢结构刚度较小,侧向位移较大,而型钢混凝土结构则侧向刚度较大,侧向变形较小,因此人们也往往将型钢混凝土结构用于高层建筑的底部楼层。

④结构可以二次受力。在浇灌混凝土前,型钢混凝土中的型钢有相当的承载力,可以悬挂模板,承受自重、后浇混凝土和施工荷载等第一阶段荷载。后浇混凝土养护结构达到设计强度后,与型钢、钢筋形成整体,共同承受使用荷载。利用二次受力原理进行型钢混凝土梁的合理设计,可以减小梁的变形和裂缝宽度。

⑤显著加快施工速度。在进行施工安装时,梁柱型钢骨架本身构成了一个强度和刚度均较大的结构体系,可以作为浇筑混凝土时挂模、滑模的骨架,不仅可大量节省模板支撑,也可

承担施工荷载。由于没有模板支撑，大大简化了支模工程，同时也创造了较大的工作面，不受梁柱模板支撑的影响。不必等待下层结构的混凝土达到预定强度就可继续上层施工，不需临时支撑，可实行土建和设备安装工序的平行流水作业。

由于型钢混凝土组合结构的一系列优点，在高层建筑中采用型钢混凝土结构可以减少高层建筑结构的侧向位移，即仅利用其刚度。

## 1.2.4 钢管混凝土构件与结构

### 1）钢管混凝土构件

钢管混凝土构件是指在钢管中浇筑混凝土而构成的构件，并不另配钢筋。这种结构的主要特点是利用钢管约束混凝土，将混凝土由单向受压转变为三向受压，由于约束混凝土的强度大大提高，因此可使构件承载能力显著提高，从而构件断面可以大大减小。按截面形式的不同，钢管混凝土构件可分为方钢管混凝土、圆钢管混凝土和多边形钢管混凝土。钢管的主要作用是约束混凝土，所以圆形钢管是最理想的方式之一。钢管主要承受环向拉力，能恰好发挥钢材受拉强度高的特长，钢管虽然也承担纵向与径向压力，但是钢管中被混凝土充填，所以对防止钢管失稳极为有利。钢管混凝土构件充分发挥了混凝土和钢材各自的优点，避免了钢材特别是薄壁钢材容易失稳的缺点，所以受力合理，可大大节省材料。

另一方面，约束混凝土比混凝土单向受压的延性要好得多。由于钢管混凝土主要是利用强度很高的混凝土受压，所以这种结构最适用于作轴心受压与小偏心受压构件。由于其是圆形截面，而且断面高度较小，所以在受弯矩作用时显然并无优越性可言，而且是不利的，因此常常将其作为高层建筑中的下面数层的柱是较为合适的。在一些弯矩较大的结构中，可以利用结构形式的改变，将以受弯为主的结构转变为受压为主。例如单层厂房柱可做成双肢柱或多肢柱；在桥梁中可以设计成拱形，利用钢管混凝土作受轴压为主的上弦拱圈，而拉杆仅是利用空钢管受拉。钢管混凝土不适合用于受弯构件，故梁一般采用其他结构形式。钢管混凝土结构的最大弱点是圆形截面的柱与矩形截面的梁连接较复杂，需耗费相当多的钢材。

### 2）钢管混凝土组合结构的类型

（1）钢管混凝土框架结构

钢管混凝土框架结构是指由矩形、棱形等柱网布置的钢管混凝土柱，与横向与纵向型钢混凝土梁、钢梁或钢筋混凝土梁通过节点刚性连接后形成的组合结构，如图 1.14 所示。由于钢管混凝土构件特点，单肢钢管混凝土构件最适合作轴心受压和小偏心受压构件，应控制柱的弯矩不致过大，就要保证框架柱在各层都有反弯点，设计时应尽可能让各层梁、柱的线刚度比大于 3；当框架柱承受很大的弯矩时，设计时可将单肢钢管混凝土柱改用由 3 根或 4 根单肢钢管混凝土杆件组成的缀条式格构柱。

在钢管混凝土框架结构中，框架是唯一的抗侧力构件，每一主轴方向的各榀框架将承担沿该方向作用的全部水平荷载。位于地震区的框架结构中的角柱以及纵、横向框架的其他共有柱，均应承担双向地震作用，并按双向受弯构件进行截面设计。位于地震区的高层钢管混凝土框架结构，其横向框架和纵向框架各节点的柱端、梁端截面承载力均应符合“强柱弱梁”抗震设计原则。

**图1.14 钢管混凝土框架结构**

(2)钢管混凝土框架-支撑结构

钢管混凝土框架-支撑结构是根据建筑使用功能要求和柱网尺寸,在结构平面内布置一定数量的钢管混凝土柱,与钢梁或钢筋混凝土梁组成纵、横向框架。钢管混凝土柱的截面可以是圆形、方形或矩形。钢管混凝土柱主要承担其辖区内的各层竖向荷载。按照抗侧力、结构对称性需要和立面形状,沿结构平面横向、纵向或斜向,布置一定数量的竖向钢支撑。竖向钢支撑具有很大的抗推刚度,承担着钢管混凝土框架-支撑结构绝大部分的水平荷载。兼作支撑竖向杆件的钢管混凝土柱,还需承担水平荷载倾覆力矩所引起的轴向压力或拉力。

(3)钢管混凝土框架-剪力墙结构

钢管混凝土框架-剪力墙结构是指在钢管混凝土框架结构柱网尺寸确定后,沿建筑平面的纵向、横向或斜向布置一定数量的现浇钢筋混凝土剪力墙所形成的结构。剪力墙的布置应尽量符合分散、均匀、对称、靠边的原则。纵向、横向的剪力墙均不应少于3片,相邻两片剪力墙之间的垂直距离应满足"刚性楼盖假定"的限值。沿竖向连续设置,所有剪力墙均应上下对齐。沿竖向剪力墙应分段逐渐减薄,对称收进;墙体的减薄与混凝土强度等级的降低应错一个楼层以上。

在钢管混凝土框架-剪力墙结构中,剪力墙成为主要抗侧力构件,承担钢管混凝土框架-剪力墙结构的绝大部分水平荷载;钢管混凝土框架仅承担一小部分水平荷载。对于钢管混凝土框架-剪力墙结构的重力荷载,剪力墙和框架则是按各自的荷载辖区面积比例分配。

在较强地震作用下,高层钢管混凝土框架-剪力墙结构将进入塑性变形阶段,由于钢筋混凝土剪力墙的弹性侧移角限值远小于钢管混凝土框架,剪力墙先进入塑性变形阶段,墙面开裂,抗推刚度显著退化,所承担的地震力将部分地向框架转移。所以,总框架的设计地震剪力不应小于整个结构基底剪力的20%。

(4)钢管混凝土框架-核心筒结构

对于方形、圆形以及长宽比不大的矩形等建筑平面,通常采用钢管混凝土框架-核心筒结构。钢管混凝土框架-核心筒结构是指沿结构平面中心部位布置由钢筋混凝土剪力墙、型钢混凝土剪力墙或钢管混凝土剪力墙组成的核心筒;根据楼面宽度和柱网尺寸,在核心筒以外结构平面,布置一圈或两圈钢管混凝土柱,与钢梁或混凝土梁形成框架结构;各层梁、板的布置,应尽可能使重力荷载传递至核心筒。在水平荷载作用下,高层建筑中的核心筒是弯曲型构件,钢管混凝土框架是剪切型构件,两者通过各层刚性楼盖连接后,形成框架-核心筒,其侧向变形特性属弯剪型构件,从而减小框架底部的最大层间侧移值和核心芯筒顶部的侧移值。

由多片墙体组成的核心筒,属立体构件,抗推刚度很大;外圈框架,由于梁的跨度较大,抗推刚度相对较小。核心芯筒承担绝大部分的风、地震等水平荷载,外圈框架仅承担少部分水平荷载。各层重力荷载,按照各构件的荷载辖区面积由核心筒和外圈框架比例分担。

当楼房层数很多,核心筒的高宽比值较大、抗推刚度相对较弱时,在楼房顶层以及每隔15层左右,顺核心筒纵、横墙体向外伸出一、二层楼高的钢桁架,与外圈钢管混凝土柱连接,形成刚臂。

(5)钢管混凝土框筒结构

钢管混凝土框筒结构是指沿结构平面周边或结构平面核心区周边,布置一定数量较小的柱距的钢管混凝土柱,与各层截面尺寸较高的窗裙梁或钢梁形成密柱深梁的外框筒或内、外框筒。根据建筑功能对柱网尺寸的要求,在外框筒内或内、外框筒之间,布置一定数量的钢管混凝土柱,与各层纵、横钢梁形成承重框架。

在钢管混凝土框筒结构中,由外框筒承担或内、外框筒共同承担全部水平荷载。钢管混凝土框筒结构的各层重力荷载,由框筒和承重框架按各自的荷载辖区面积比例分担。平行于剪力方向的框筒腹板框架承担水平荷载产生的楼层剪力。框筒的腹板框架和翼缘框架共同承担由水平荷载引起的倾覆弯矩。

(6)钢管混凝土巨型框架结构

钢管混凝土巨型框架结构是由巨型柱和巨型梁所组成的大型框架和巨型框架节间内的小型次框架所构成的组合结构。巨型框架承担作用于钢管混凝土巨型框架结构的全部水平荷载和大部分竖向荷载;小型次框架仅承担其荷载辖区内的局部水平荷载和竖向荷载。巨型柱一般为边长3.0 m以上的矩形截面钢管混凝土柱,或由4根较小截面钢管混凝土柱与4片竖向钢支撑围成的立体支撑柱。巨型梁通常采用两榀立放桁架和两片平放桁架所围成的一层或两层楼高的立体桁架梁。巨型框架的柱网尺寸一般为30~50 m;一般巨型框架的节间高度为10~20个楼层高度。巨型框架节间内的小型次框架通常是由工字形钢梁与H型钢柱刚接或铰接形成。

### 3)钢管混凝土结构的优点

①承载力高,截面尺寸小,质量轻,塑性好。圆钢管混凝土受压(或压弯)杆件,由于钢管对内填混凝土的约束作用,使混凝土处于三向受压状态,抗压强度提高了1倍以上。内填混凝土反过来又阻止薄壁钢管受压时的局部屈曲,使钢管的抗压强度得以充分发挥。试验结果表明,与钢筋混凝土杆件相比,圆钢管混凝土杆件的抗剪强度和抗扭承载力也几乎提高1倍。与钢筋混凝土柱相比,由于圆钢管混凝土柱的受压承载力高,且不必限制轴压比,柱的截面尺寸可减小50%及以上。与型钢混凝土柱相比,截面面积也可减小很多,因为型钢混凝土柱的受压承载力大致等于柱内型钢承载力与钢筋混凝土承载力之和;而圆钢管混凝土柱的受压承载力几乎是钢管及内填混凝土单独承载力之和的2倍。代替钢筋混凝土结构,则在用钢量大体相同的情况下减小截面50%左右,可节省大量混凝土,并且代替钢结构的受压杆件可大量节约钢材。

②延性好,耐疲劳。由于钢管的套箍作用,钢管内的混凝土由受压时的脆性破坏转变为延性破坏;在反复水平荷载作用下,钢管混凝土受压构件(套箍指标大于0.9)具有极好的延

性。不限制轴压比。试验研究表明，套箍指标大于0.9的圆钢管混凝土杆件，即使用于抗震设防结构，也不必限制轴压比。

③避免使用厚钢板。在高层钢结构建筑中，钢构件的钢板厚度通常为80～130 mm。厚度大于50 mm的钢板，其加工制作和对接焊接对钢材质量的要求很高，需要具有良好的$Z$向（板厚方向）性能，以防层状撕裂。高层建筑采用钢管混凝土构件时，用来制作钢管的钢板厚度一般不超过40 mm，从而避免使用厚钢板。

④耐火性能好。钢管混凝土柱因钢管内填满混凝土，能吸收大量热能；与钢柱相比较，钢管混凝土柱可以节省防火涂料1/2以上。

⑤在施工阶段钢管本身就可作为模板，起支撑作用，省工省料，同时钢管很适合使用泵送混凝土，有利于减少工序、缩短工期。钢管兼有纵筋和箍筋的双重作用，钢管内的核心混凝土部分不设钢筋，可浇灌混凝土方便。

### ▶ 1.2.5 钢混凝土组合构件

从广义上说，钢混凝土组合构件是外部配置型钢的混凝土构件，简称钢混凝土构件。它是在克服装配式钢筋混凝土结构某些缺点（大量采用钢筋剖口焊、接头二次浇筑混凝土）的基础上发展起来的新型结构，这种结构的受力主筋由角钢代替，并设置于杆件截面的4个角上，横向箍筋与角钢焊接成骨架。

苏联在20世纪60—70年代对钢混凝土结构进行了系统性研究。我国从20世纪70年代后期开始研究钢混凝土结构。钢混凝土结构构造简单，连接方便，使用灵活，目前这种结构主要用于一般工业厂房框架和排架结构，在水利、电力系统结构工程中应用较多。角钢对混凝土的约束作用，有利于提高抗剪承载力和延性性能。应用较多的是四角配置角钢的钢筋混凝土结构，角钢的外表面与混凝土表面取平或稍突出表面0.5～1.5 mm。横向箍筋与角钢焊接成骨架，为了满足箍筋保护层的要求，可将箍筋两端墩成球状再与角钢内侧焊接（图1.15）。

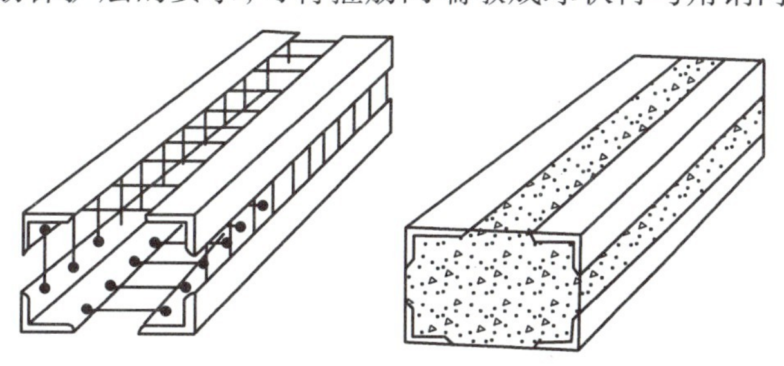

图1.15 钢混凝土组合构件

### ▶ 1.2.6 预弯组合梁

预弯组合梁是利用配置在混凝土里的钢梁的自身变形，对混凝土施加预应力的型钢混凝土结构。预弯组合梁由预弯曲的工字型钢梁，一、二期混凝土组成的组合结构，也简称为预弯梁。它具有钢结构、钢筋混凝土结构以及预应力混凝土结构的特点。

预弯组合梁的概念早在20世纪40年代就已出现，最早是在比利时。20世纪60年代日本开始研究预弯组合梁，80年代大量用于桥梁结构，并申请了专利保护。目前在日本及欧美等国家和地区均有专门从事预弯梁生产的公司。我国从20世纪80年代开始研究预弯组合梁,并且已经建成了12座公路桥梁和1座铁路桥梁,均为简支结构,其最大简支跨径已达到38 m。预弯组合梁目前在我国尚未建立规范体系,仍处在研究、开发阶段。

## 1.3 钢与混凝土组合结构的应用范围

试验表明,配置实腹式型钢的型钢混凝土柱具有良好的延性性能和耗能能力,适用于抗震设防区。配置空腹式型钢的型钢混凝土柱的变形性能及受剪承载力相对较差,在配置一定数量的斜腹杆后,其变形性能才能有所改善。带斜腹杆的格构式焊接型钢的型钢混凝土结构适用于非地震区或抗震设防烈度为6度的抗震设防区的建筑。

型钢混凝土结构强度、刚度的显著提高,使其可以运用于大跨度建筑结构、重荷的工业建筑以及高层、超高层建筑中。型钢混凝土结构在建筑中的应用范围有非地震区和地震区的高层、超高层建筑。用于工业建筑的有某电厂汽机间主厂房、郑州铝厂蒸发车间等。但对承受反复荷载作用的疲劳构件,如吊车梁等,要在有一定的试验数据和经验的基础上谨慎采用。

钢管混凝土目前已被广泛应用于单层和多层工业厂房柱、设备构架柱、地铁站台柱、各种支架柱、送变电塔杆、桁架主要压杆、高层建筑和拱架等结构形式中。20世纪60年代中期,钢管混凝土杆件开始用于单层厂房柱和地铁工程中;进入70年代,钢管混凝土杆件在冶金、造船、电力等行业的单层和多层厂房中得到了较多应用。20世纪90年代以来,钢管混凝土结构在高层建筑中得到了较广泛的应用。

### 1.3.1 在高层和超高层建筑中的应用

对用于高层建筑的型钢混凝土结构,可供选择的结构体系更加广泛。凡是适用于全钢结构和钢-混凝土混合结构的各种结构体系,其中的梁、柱、墙体、墙筒、框筒等构件,均可采用型钢混凝土结构。在高层建筑的各种结构体系中,均可将型钢混凝土构件与钢构件或钢筋混凝土构件一起使用,能够协调一致地共同工作。但在结构设计中应注意沿高度改变结构类型引起楼层侧向刚度和水平承载力突变所带来的不利影响,并处理好过渡层的构造以及不同材料构件的连接节点。需要进行抗震设防的钢筋混凝土框支剪力墙结构,当高层建筑底部框支层的层数较多时,为提高框支层结构的水平承载力和延性,框支层结构也多采用型钢混凝土框架柱。《组合结构设计规范》(JGJ 138—2016)规定:采用型钢混凝土组合结构时,房屋最大适用高度可比《高层建筑混凝土结构技术规程》(JGJ 3—2010)所规定的房屋最大适用高度适当提高;当全部结构构件均采用型钢混凝土结构时,除抗震设防烈度为9度外,房屋最大适用高度可相应提高30%～40%。

目前国内外已应用型钢混凝土结构建成了大量的高层、超高层建筑及一些工业建筑,如图1.16所示。国外建成的典型的型钢混凝土建筑有美国休斯敦第一城市大厦高207 m,49层;休斯敦海湾大厦高221 m,52层;休斯敦得克斯商业中心大厦高305 m,79层;美国达拉斯第一国际大厦高276 m,72层;日本北海饭店高121 m,36层;新加坡财政部办公大楼高242 m,55层;印度尼西亚雅加达中心大厦高84 m,21层;澳大利亚悉尼款特斯中心高198 m。20世纪八九十年代以后,在我国北京、上海、深圳、广州等地也相继建成了一大批利用型钢混凝土结构的高层建筑，典型的建筑有北京中信大厦，总高528 m，建筑层数为地上108层、地下7层，建筑外形设计灵感来自中国古代盛酒器皿樽；上海环球金融中心大厦主体为128层，地下5层，总高为632 m，目前是中国第一高楼；深圳平安国际金融中心，主塔楼118层，地下5层，总高为599 m。天津、武汉、重庆也先后建成一批型钢混凝土结构高层建筑。采用配空腹式角钢骨架型钢混凝土柱的典型建筑有江苏大仓彝山饭店、北京王府井大街的SRC柱升板建筑。

(a)北京中信大厦 (b)上海环球金融中心 (c)深圳平安国际金融中心

(d)深圳赛格广场 (e)武汉绿地中心 (f)天津周大福金融中心

图1.16 钢与混凝土组合结构在高层和超高层建筑中的应用

钢管混凝土结构开始多用于高层建筑门厅需要控制截面尺寸的柱，以后逐步推广应用于整个结构。由于钢管混凝土构件具有截面小、刚度大、延性好、韧性强、适宜采用高强混凝土等优点，钢管混凝土正发展成为强风、强震地区超高层建筑的一种主导结构类型。迄今为止，我国已建成和拟建的钢管混凝土结构高层和超高层建筑有100余幢。

## 1.3.2 在轻型钢结构住宅中的应用

轻型钢结构住宅的主体结构可采用钢框架-支撑结构、钢框架-混凝土剪力墙或钢框架-混凝土核心筒混合结构。竖向钢支撑、钢筋混凝土剪力墙或核心筒承担楼房的绝大部分水平荷载，钢框架仅承担重力荷载。框架柱采用钢管混凝土柱，框架梁采用高频焊接的轻型H型钢。楼盖采用压型钢板与混凝土组合楼板和钢与混凝土组合梁。

新疆库尔勒市于2000年4月动工兴建的金丰城市信用社住宅楼(图1.17)，建筑平面为矩形，长50.76 m，宽13.2 m，柱网的基本尺寸为3.715 m×5.67 m，竖向支撑的间距为

44.58 m,地上 8 层,地下一层(层高 2.2 m,用作储藏室),采用钢框架-支撑结构。

工形钢梁
H320×125×5×8
竖向支撑
钢管混凝土柱
$\phi$300×6
竖向支撑
2 180
1 930
5 670
5 600
1 740
3 090
12×3 715=44 580
3 090
50 760

图 1.17　金丰城市信用社住宅楼平面图

框架柱采用钢管混凝土柱,钢管混凝土柱中钢管与管内混凝土相互约束,受压承载力大幅度提高,与 H 型钢柱相比,可节约用钢量约 50%。

框架梁采用高频焊接的轻型 H 型钢。高频焊接轻型 H 型钢翼缘板的宽度和厚度可以按照各梁段弯矩大小而变化,在满足局部稳定的条件下,腹板的厚度做得比轧制 H 型钢更薄,用钢量比轧制 H 型钢节约 20%~30%。以 0.91 mm 厚的 BD 40-185-740 闭合型截面压型钢板作底模,兼作板底受力钢筋,上浇 110 mm 厚 C30 级混凝土构成的组合板(图 1.6),其耐火极限可达 100 min。钢与混凝土组合梁中钢梁受拉,混凝土板受压,节约钢材 15%。

钢框架填充墙全部采用加气混凝土砌块,外墙厚 200 mm 或 250 mm,分户墙厚 200 mm,内隔墙厚 150 mm。砌块干容重为 550 kg/m$^3$,仅为黏土砖的 1/3。

### 1.3.3　在桥梁中的应用

图 1.18 所示为钢与混凝土组合结构在拱桥中的应用。图 1.18(a)为 2021 年建成的南宁沙尾左江特大桥,全长 968.5 m,主跨为 360 m 中承式钢管混凝土提篮拱桥,全桥共 32 段拱肋,最大节段重 144 t,是目前世界最大跨径之一的公路钢管混凝土提篮拱桥。图 1.18(b)所示为 2020 年建成的浙江温州泰顺南浦溪特大桥,主跨 258 m 上承式钢管混凝土拱桥。

(a)沙尾左江特大桥

(b)泰顺南浦溪特大桥

图 1.18　钢与混凝土组合结构在拱桥中的应用

## 习　题

1.1　钢与混凝土组合结构主要分为哪几种类型?

1.2　压型钢板与混凝土组合楼板在结构设计和施工方面有什么优点?

1.3　钢与混凝土组合梁的特点是什么?

1.4　型钢混凝土组合结构有何特点?

1.5　钢管混凝土组合结构在受力上有何特点?

1.6　型钢混凝土组合结构的应用类型有哪些?

1.7　钢管混凝土组合结构的应用类型有哪些?

1.8　简述钢与混凝土组合结构的应用前景?

# 第2章 结构设计方法和材料性能

**基本要求:**

(1)了解结构的可靠度的概念。

(2)掌握极限状态设计法。

(3)熟悉材料的力学性能。

## 2.1 结构设计原则

钢-混凝土组合结构采用以概率理论为基础、以分项系数表达的极限状态设计方法进行设计,以可靠指标度量结构的可靠度。

### ▶ 2.1.1 组合结构的预定功能

按照《建筑结构可靠性设计统一标准》(GB 50068—2018)(以下简称《统一标准》),组合结构在规定的设计使用年限内应满足下列功能要求:

①能承受在施工和使用期间可能出现的各种作用(如荷载、外加变形、约束变形等)。

②保持良好的使用性能,如不发生过大的变形、振幅和引起使用者不安的裂缝等。

③具有足够的耐久性能,如不发生严重的钢材锈蚀,以及混凝土的严重风化、腐蚀、脱落等而影响结构的使用寿命。

④当发生火灾时,在规定的时间内可保持足够的承载力。

⑤当发生爆炸、撞击、人为错误等偶然事件时,结构能保持必要的整体稳固性,不出现与起因不相称的破坏后果,防止出现结构的连续倒塌。

在上述 5 项功能要求中，第①、④、⑤项是结构安全性的要求，第②项是结构适用性的要求，第③项是结构耐久性的要求，安全性、适用性和耐久性总称为结构的可靠性，其概率度量称为结构的可靠度。

### ▶ 2.1.2　概率极限状态设计方法

#### 1）极限状态

整个结构或结构的一部分超过某一特定状态就不能满足设计规定的某一功能要求，此特定状态为该功能的极限状态。结构的极限状态分为以下 3 类：

（1）承载能力极限状态

承载能力极限状态对应于结构或结构构件达到最大承载力或不适于继续承载的变形的状态。当出现下列状态之一时，应认为超过了承载能力极限状态：

①结构构件或连接因超过材料强度而破坏，或因过度变形而不适于继续承载。

②整个结构或其一部分作为刚体失去平衡。

③结构转变为机动体系。

④结构或结构构件丧失稳定。

⑤结构因局部破坏而发生连续倒塌。

⑥地基因丧失承载力而破坏。

⑦结构或结构构件的疲劳破坏。

（2）正常使用极限状态

正常使用极限状态对应于结构或结构构件达到正常使用的某项规定限值的状态。当出现下列状态之一时，应认为超过了正常使用极限状态：

①影响正常使用或外观的变形。

②影响正常使用的局部损坏。

③影响正常使用的振动。

④影响正常使用的其他特定状态。

对结构的各种极限状态，均应规定明确的标志或限值。

（3）耐久性极限状态

耐久性极限状态对应于结构或结构构件在环境影响下出现的劣化达到耐久性能的某项定限值或标志的状态。当出现下列状态之一时，应认为超过了耐久性极限状态：

①影响承载能力和正常使用的材料性能劣化。

②影响耐久性的裂缝、变形、缺口、外观、材料削弱等。

③影响耐久性的其他特定状态。

#### 2）设计状况

结构设计时应区分下列设计状况：

①持久设计状况，适用于结构使用时的正常情况。

②短暂设计状况，适用于结构出现的临时情况，包括结构施工和维修时的情况等。

③偶然设计状况，适用于结构出现的异常情况，包括结构遭受火灾、爆炸、撞击时的情况等。

④地震设计状况,适用于结构遭受地震时的情况。

在进行结构可靠性设计时,对不同的设计状况,应采用相应的结构体系、可靠度水平、基本变量和荷载组合等。对上述4种设计状况,应分别进行下列极限状态设计:

①对4种设计状况均应进行承载能力极限状态设计。

②对持久设计状况尚应进行正常使用极限状态设计,并宜进行耐久性极限状态设计。

③对短暂设计状况和地震设计状况可根据需要进行正常使用极限状态设计。

④对偶然设计状况可不进行正常使用极限状态和耐久性极限状态设计。

#### 3)极限状态方程和功能函数

极限状态方程是当结构处于极限状态时各有关基本变量的关系式。影响结构可靠度的各基本变量,如结构上的各种作用、材料性能、几何参数、计算公式精确性等因素一般都具有随机性,记为符号 $X_i(i=1,2,\cdots,n)$。结构的功能函数 $Z$ 可采用包括各有关基本变量 $X_i$ 在内的函数式来表达

$$Z = g(X_1, X_2, \cdots, X_n) \tag{2.1}$$

当仅有作用效应 $S$ 和结构抗力 $R$ 两个基本变量时,功能函数 $Z$ 可写为

$$Z = g(R, S) = R - S \tag{2.2}$$

式中,$Z$ 称为结构的功能函数,可用其判别结构所处的状态:当 $Z>0$ 时,结构处于可靠状态;当 $Z<0$ 时,结构处于失效状态;当 $Z=0$ 时,结构处于极限状态。

结构所处的状态也可用图2.1来表示。当基本变量满足极限状态方程 $Z=R-S=0$ 时,结构达到极限状态,即图2.1中的45°直线。

#### 4)结构可靠度与可靠指标

结构能够完成预定功能(安全性、适用性和耐久性)的概率称为可靠概率,用 $p_s$ 表示,$p_s=P(Z>0)$;结构不能完成预定功能的概率称为失效概率,用 $p_f$ 表示,$p_f=P(Z<0)$。显然,$p_s+p_r=1$。用失效概率 $p_f$ 度量结构可靠性具有明确的物理意义,但失效概率 $p_r$ 的计算比较复杂,通常采用可靠指标 $\beta$ 来度量结构的可靠性。当仅有作用效应和结构抗力两个基本变量且均服从正态分布时,$p_f$ 和 $\beta$ 存在下列关系

$$p_f = \varphi(-\beta) \tag{2.3}$$

式中　$\varphi(-\beta)$——标准正态分布函数。

由式(2.3)可知,可靠指标 $\beta$ 与失效概率 $p_f$ 具有数值上的对应关系和相对应的物理意义。$\beta$ 越大,失效概率 $p_f$ 就越小,结构就越可靠。

在进行结构设计时,应根据结构破坏可能产生的后果,即危及人的生命、造成经济损失、对社会或环境产生影响等的严重性,将建筑结构划分为3个安全等级。在设计时应采用不同的结构重要性系数 $\gamma_0$。另外,结构构件的破坏状态有延性破坏和脆性破坏之分。延性破坏发生前结构构件有明显的变形或其他预兆,而脆性破坏的发生往往比较突然,危害性较大,因此其可靠指标应高于延性破坏的可靠指标。

《统一标准》根据结构的安全等级和破坏类型,给出了结构构件持久设计状况承载能力极限状态设计的可靠指标,见表2.1;结构构件持久设计状况正常使用极限状态设计的可靠指标,宜根据其可逆程度取0~1.5;结构构件持久设计状况耐久性极限状态设计的可靠指标,宜根据其可逆程度取1.0~2.0。

表 2.1　房屋建筑结构的安全等级与结构构件承载能力极限状态设计的可靠指标 $\beta$

| 安全等级 | 破坏后果 | 示例 | 可靠指标 $\beta$ | |
|---|---|---|---|---|
| | | | 延性破坏 | 脆性破坏 |
| 一级 | 很严重:对人的生命、经济、社会或环境影响很大 | 大型的公共建筑等重要的结构 | 3.7 | 4.2 |
| 二级 | 严重:对人的生命、经济、社会或环境影响较大 | 普通的住宅和办公楼等一般的结构 | 3.2 | 3.7 |
| 三级 | 不严重:对人的生命、经济、社会或环境影响较小 | 小型的或临时性储存建筑等次要的结构 | 2.7 | 3.2 |

注:建筑结构抗震设计中的甲类建筑和乙类建筑,其安全等级宜规定为一级;丙类建筑,其安全等级宜规定为二级;丁类建筑,其安全等级宜规定为三级。

### ▶ 2.1.3　分项系数设计方法

为了使用上的简便和考虑广大工程设计人员的习惯,《统一标准》采用了由荷载的代表值、材料性能的标准值、几何参数的标准值和各相应的分项系数构成的极限状态设计表达式进行设计。

#### 1)承载能力极限状态

对于承载能力极限状态,应按荷载的基本组合或偶然组合计算荷载组合的效应设计值,并应采用下列设计表达式进行设计

$$\gamma_0 S_d \leqslant R_d \tag{2.4}$$

$$R_d = R\left(\frac{f_k}{\gamma_M, a_d}\right) \tag{2.5}$$

式中　$\gamma_0$——结构重要性系数,对持久设计状况和短暂设计状况,安全等级为一级时,不应小于 1.1;安全等级为二级时,不应小于 1.0;安全等级为三级时,不应小于 0.9;对偶然设计状况和地震设计状况,不应小于 1.0;

$S_d$——荷载组合的效应设计值,如轴力、弯矩、剪力、扭矩等的设计值;

$R_d$——结构或结构构件的抗力设计值;

$\gamma_M$——材料性能的分项系数;

$f_k$——材料性能的标准值;

$a_d$——几何参数的设计值,可采用几何参数的标准值 $a_k$。当几何参数的变异性对结构性能有明显影响时,几何参数的设计值可按下式确定

$$a_d = a_k \pm \Delta_a \tag{2.6}$$

式中　$\Delta_a$——几何参数的附加量。

(1)基本组合

对持久设计状况和短暂设计状况,应采用荷载的基本组合。荷载基本组合的效应设计值 $S_d$,应按式(2.7)进行计算

$$S_d = \sum_{i\geqslant 1} \gamma_{G_i} S_{G_{ik}} + \gamma_{Q_1}\gamma_{L_1} S_{Q_{1k}} + \sum_{j>1} \gamma_{Q_j}\psi_{cj}\gamma_{L_j} S_{Q_{jk}} \tag{2.7}$$

式中 $\gamma_{G_i}$——第 $i$ 个永久荷载的分项系数;当永久荷载效应对承载力不利时,取 1.3;当永久荷载效应对承载力有利时,不应大于 1.0;

$\gamma_{Q_j}$——第 $j$ 个可变荷载的分项系数,其中 $\gamma_{Q_1}$,为第 1 个(主导)可变荷载 $Q_1$ 的分项系数;当可变荷载效应对承载力不利时,取 1.5;当可变荷载效应对承载力有利时,取 0;

$\gamma_{L_j}$——第 $j$ 个考虑结构设计使用年限的荷载调整系数,其中 $\gamma_{L_1}$ 为第 1 个(主导)可变荷载 $Q_1$ 考虑结构设计使用年限的荷载调整系数;楼面和屋面活荷载考虑设计使用年限的荷载调整系数,应按表 2.2 采用;

$S_{G_{ik}}$——第 $i$ 个永久荷载标准值 $G_{ik}$ 的效应;

$S_{Q_{1k}}$——第 1 个可变荷载标准值 $Q_{1k}$ 的效应;

$S_{Q_{jk}}$——第 $j$ 个可变荷载标准值 $Q_{jk}$ 的效应;

$\psi_{cj}$——第 $j$ 个可变荷载 $Q_j$ 的组合值系数,其值不应大于 1。

**表 2.2 楼面和屋面活荷载考虑设计使用年限的调整系数 $\gamma_L$**

| 结构的设计使用年限/年 | 5 | 50 | 100 |
|---|---|---|---|
| 三级 | 0.9 | 1.0 | 1.1 |

注:对设计使用年限为 25 年的结构构件,$\gamma_L$ 应按各种材料结构设计标准值的规定采用。

应当指出,基本组合中的效应设计值仅适用于荷载与荷载效应为线性的情况;当对$S_{Q_{1k}}$无法明显判断时,应轮次以各可变荷载效应作为 $S_{Q_{1k}}$,并选取其中最不利的荷载组合的效应设计值。

(2)偶然组合

对偶然设计状况,应采用荷载的偶然组合。荷载偶然组合的效应设计值 $S_d$ 按式(2.8)计算

$$S_d = \sum_{i\geqslant 1} S_{G_{ik}} + S_{A_d} + (\psi_{f1} \text{ 或 } \psi_{q1}) S_{Q_{1k}} + \sum_{j>1} \psi_{qj} S_{Q_{jk}} \tag{2.8}$$

式中 $S_{A_d}$——偶然荷载设计值的效应;

$\psi_{f1}$——第 1 个可变荷载的频遇值系数;

$\psi_{q1}$、$\psi_{qj}$——第 1 个和第 $j$ 个可变荷载的准永久值系数。

以上偶然组合中的效应设计值,仅适用于荷载与荷载效应为线性的情况。

### 2)正常使用极限状态

对于正常使用极限状态,应根据不同的设计要求,采用荷载的标准组合、频遇组合或准永久组合,并应按下列设计表达式进行设计

$$S_d \leqslant C \tag{2.9}$$

式中　$S_d$——荷载组合的效应设计值，如变形、裂缝等的效应设计值；

$C$——设计对变形、裂缝等规定的相应限值。

①荷载标准组合的效应设计值 $S_d$ 应按式(2.10)进行计算

$$S_d = \sum_{i \geqslant 1} S_{G_{ik}} + S_{Q_{1k}} + \sum_{j>1} \psi_{cj} S_{Q_{jk}} \tag{2.10}$$

②荷载频遇组合的效应设计值 $S_d$ 应按式(2.11)进行计算

$$S_d = \sum_{i \geqslant 1} S_{G_{ik}} + \psi_{f1} S_{Q_{1k}} + \sum_{j>1} \psi_{qj} S_{Q_{jk}} \tag{2.11}$$

③荷载准永久组合的效应设计值 $S_d$ 应按式(2.12)进行计算

$$S_d = \sum_{i \geqslant 1} S_{G_{ik}} + \sum_{j>1} \psi_{qj} S_{Q_{jk}} \tag{2.12}$$

以上组合中的效应设计值仅适用于荷载与荷载效应为线性的情况。

### 2.1.4　耐久性极限状态设计

结构的设计使用年限应根据建筑物的用途和环境的侵蚀性确定，宜按表 2.3 的规定采用。必须定期涂刷的防腐蚀涂层等结构的设计使用年限可为 20 ~ 30 年。预计使用时间较短的建筑物，其结构的设计使用年限不宜小于 30 年。

表 2.3　结构的设计使用年限

| 类别 | 设计使用年限/年 | 类别 | 设计使用年限/年 |
|---|---|---|---|
| 临时性建筑结构 | 5 | 普通房屋和构筑物 | 50 |
| 易于替换的结构构件 | 25 | 标志性建筑物和特别重要的建筑结构 | 100 |

结构的耐久性极限状态设计，应使结构构件出现耐久性极限状态标志或限值的年限不小于其设计使用年限。结构构件的耐久性极限状态设计，应包括保证构件质量的预防性处理措施、减小侵蚀作用的局部环境改善措施、延缓构件出现损伤的表面防护措施和延缓材料性能劣化速度的保护措施。

对钢管混凝土结构的外包钢管和组合钢结构的型钢构件等，宜以下列现象之一作为达到耐久性极限状态的标志：

①构件出现锈蚀迹象。

②防腐涂层丧失作用。

③构件出现应力腐蚀裂纹。

④特殊防腐保护措施失去作用。

对外包混凝土等构件，宜以下列现象之一作为达到耐久性极限状态的标志：

①混凝土构件表面出现锈蚀裂缝、冻融损伤、介质侵蚀造成的损伤、风沙和人为作用造成的磨损。

②表面出现高速气流造成的空蚀损伤。

③因撞击等造成的表面损伤。

④出现生物性作用损伤。

结构构件耐久性极限状态的标志或限值及其损伤机理，应作为采取各种耐久性措施的依据。

结构的耐久性可采用下列 3 种方法进行设计：经验的方法、半定量的方法、定量控制耐久性失效概率的方法。对缺乏侵蚀作用或作用效应概率统计规律的结构或结构构件，宜采取经验方法确定耐久性的系列措施。具有一定侵蚀作用和作用效应统计规律的结构构件，可采取半定量的耐久性极限状态设计方法。具有相对完善的侵蚀作用和作用效应相应统计规律的结构构件且具有快速检验方法予以验证时，可采取定量的耐久性极限状态设计方法。

## 2.2 材料性能

### 2.2.1 钢材

钢-混凝土组合结构中的钢材，宜采用镇定钢，并应具有屈服强度、抗拉强度、伸长率、冲击韧性和硫、磷含量的合格保证，对焊接结构尚应具有碳含量的合格保证及冷弯试验的合格保证，以确保结构具有必要的强度、塑性和可焊性的必要条件。

钢材宜采用 Q355、Q390 和 Q420 低合金高强度结构钢及 Q235 碳素结构钢（其强度见表 2.4），质量等级不宜低于 B 级，且应分别符合《低合金高强度结构钢》（GB/T 1591—2018）和《碳素结构钢》（GB/T 700—2006）的规定。当采用较厚的钢板时，可选用材质、材性符合《建筑结构用钢板》（GB/T 19879—2023）的各牌号钢板，其质量等级不宜低于 B 级。当采用其他牌号的钢材时，尚应符合国家现行有关标准的规定。

钢板厚度大于或等于 40 mm，且承受沿板厚方向拉力的焊接连接板件，钢板厚度方向截面收缩率，不应小于《厚度方向性能钢板》（GB/T 5313—2023）中 Z15 级规定的允许值。

考虑地震作用的结构用钢，其屈强比不应大于 0.85，同时钢材应有明显的屈服台阶，伸长率应大于 20%。屈强比是指钢材的屈服强度实测值与极限抗拉强度实测值的比值。对钢材的屈强比进行规定主要是使极限抗拉强度与屈服强度不会太接近，以确保结构具有必要的安全储备和足够的塑形变形能力。

**表 2.4 钢材强度指标**

| 钢材编号 | 钢材厚度 /mm | 极限抗拉强度最小值 $f_{au}$/(N · mm$^{-2}$) | 屈服强度 $f_{ay}$/(N · mm$^{-2}$) | 强度标准值 | 强度设计值 | | 端面承压（刨平顶紧）设计值 |
|---|---|---|---|---|---|---|---|
| | | | | 抗拉、抗压、抗弯 $f_{ak}$/(N · mm$^{-2}$) | 抗拉、抗压、抗弯 $f_a$/(N · mm$^{-2}$) | 抗剪 $f_{av}$/(N · mm$^{-2}$) | $f_{ce}$/(N · mm$^{-2}$) |
| Q235 | ≤16 | 370 | 235 | 235 | 215 | 125 | 325 |
| | >16 ~ 40 | 370 | 225 | 225 | 205 | 120 | |
| | >40 ~ 60 | 370 | 215 | 215 | 200 | 115 | |
| | >60 ~ 100 | 370 | 215 | 215 | 190 | 110 | |

续表

| 钢材编号 | 钢材厚度/mm | 极限抗拉强度最小值 $f_{au}$/(N·mm$^{-2}$) | 屈服强度 $f_{ay}$/(N·mm$^{-2}$) | 强度标准值 | 强度设计值 | | 端面承压(刨平顶紧)设计值 |
|---|---|---|---|---|---|---|---|
| | | | | 抗拉、抗压、抗弯 $f_{ak}$/(N·mm$^{-2}$) | 抗拉、抗压、抗弯 $f_a$/(N·mm$^{-2}$) | 抗剪 $f_{av}$/(N·mm$^{-2}$) | $f_{ce}$/(N·mm$^{-2}$) |
| Q355 | ≤16 | 470 | 345 | 345 | 310 | 180 | 400 |
| | >16～35 | 470 | 335 | 335 | 295 | 170 | |
| | >35～50 | 470 | 325 | 325 | 265 | 155 | |
| | >50～100 | 470 | 315 | 315 | 250 | 145 | |
| Q355GJ | 6～16 | 490 | 345 | 345 | 310 | 180 | 400 |
| | >16～35 | 490 | 345 | 345 | 310 | 180 | |
| | >35～50 | 490 | 335 | 335 | 300 | 175 | |
| | >50～100 | 490 | 325 | 325 | 290 | 170 | |
| Q390 | ≤16 | 490 | 390 | 390 | 350 | 205 | 415 |
| | >16～35 | 490 | 370 | 370 | 335 | 190 | |
| | >35～50 | 490 | 350 | 350 | 315 | 180 | |
| | >50～100 | 490 | 350 | 330 | 295 | 170 | |
| Q420 | ≤16 | 520 | 420 | 420 | 380 | 220 | 440 |
| | >16～35 | 520 | 400 | 400 | 360 | 210 | |
| | >35～50 | 520 | 380 | 380 | 340 | 195 | |
| | >50～100 | 520 | 360 | 360 | 325 | 185 | |

**表 2.5　冷弯成型矩形钢管强度设计值**

| 钢材牌号 | 抗拉、抗压、抗弯 $f_a$/MPa | 抗剪 $f_{av}$/MPa | 端面承压(刨平顶紧) $f_{ce}$/MPa |
|---|---|---|---|
| Q235 | 205 | 120 | 310 |
| Q355 | 300 | 175 | 400 |

钢材的物理性能指标见表 2.6。

**表 2.6　钢材的物理性能标准**

| 弹性模量 $E_a$/MPa | 剪变模量 $G_a$/MPa | 线膨胀系数 $\alpha$(以每°计) | 质量密度/(kg·m$^{-3}$) |
|---|---|---|---|
| $2.06\times10^5$ | $79\times10^3$ | $12\times10^{-6}$ | 7 850 |

注:压型钢板采用冷轧钢板时,弹性模量取 $1.9\times10^5$ N/mm$^2$。

压型钢板质量应符合《建筑用压型钢板》(GB/T 12755—2008)的规定,压型钢板的基板应选用热浸镀锌钢板,不宜选用镀铝锌板。镀锌层应符合《连续热镀锌薄钢板及钢带》(GB/T 2518—2019)的规定。

压型钢板宜采用符合《连续热镀锌钢板及钢带》(GB/T 2518—2019)规定的S250(S250GD+Z、S250GD+ZF)、S350(S350GD+Z、S350GD+ZF)、S550(S550GD+Z、S550CD+ZF)牌号的结构用钢,其强度标准值、设计值应按表2.7的规定采用。

**表2.7　压型钢板强度标准值、设计值**

| 牌号 | 强度标准值 | 强度设计值 | |
|---|---|---|---|
| | 抗拉、抗压、抗弯$f_{ak}$/MPa | 抗拉、抗压、抗弯$f_k$/MPa | 抗剪$f_{av}$/MPa |
| S250 | 250 | 205 | 120 |
| S350 | 350 | 290 | 170 |
| S550 | 472 | 395 | 230 |

## ▶ 2.2.2　焊接材料

手工焊接用焊条应与主体金属力学性能相适应,且应符合《非合金钢及细晶粒钢焊条》(GB/T 5117—2012)、《热强钢焊条》(GB/T 5118—2012)的规定。自动焊接或半自动焊接采用的焊丝和焊剂应与主体金属力学性能相适应,且应符合《埋弧焊用非合金钢及细晶粒钢实心焊丝、药芯焊丝和焊丝-焊剂组合分类要求》(GB/T 5293—2018)、《埋弧焊用热强钢实心焊丝、药芯焊丝和焊丝-焊剂组合分类要求》(GB/T 12470—2018)、《熔化极气体保护电弧焊用非合金钢及细晶粒钢实心焊丝》(GB/T 8110—2020)的规定。

焊缝质量等级应符合《钢结构工程施工质量验收标准》(GB 50205—2020)的规定,焊缝强度设计值应按表2.8的规定采用。

**表2.8　焊缝强度设计值**

| 焊接方法和焊条型号 | 钢材型号 | 钢板厚度/mm | 对接焊缝强度设计值 | | | | 角焊缝强度设计值 |
|---|---|---|---|---|---|---|---|
| | | | 抗压$f_c^w$/MPa | 抗压$f_t^w$/MPa | | 抗剪$f_v^w$/MPa | 抗拉、抗压、抗剪$f_t^w$/MPa |
| | | | | 一级、二级 | 三级 | | |
| 自动焊、半自动焊和E43××型焊条的手工焊 | Q235 | ≤16 | 215(205) | 215(205) | 185(175) | 125(120) | 160(140) |
| | | >16~40 | 205 | 205 | 175 | 120 | |
| | | >40~60 | 200 | 200 | 170 | 115 | |
| | | >60~100 | 190 | 190 | 160 | 110 | |

续表

| 焊接方法和焊条型号 | 钢材型号 | 钢板厚度/mm | 对接焊缝强度设计值 | | | | 角焊缝强度设计值 |
|---|---|---|---|---|---|---|---|
| | | | 抗压 $f_c^w$/MPa | 抗压 $f_t^w$/MPa | | 抗剪 $f_v^w$/MPa | 抗拉、抗压、抗剪 $f_t^w$/MPa |
| | | | | 一级、二级 | 三级 | | |
| 自动焊、半自动焊和E43××型焊条的手工焊 | Q355 | ≤16 | 310(300) | 310(300) | 265(255) | 180(170) | 200(195) |
| | | >16~35 | 295 | 295 | 250 | 170 | |
| | | >35~50 | 265 | 265 | 225 | 155 | |
| | | >50~100 | 250 | 250 | 210 | 145 | |
| 自动焊、半自动焊和E43××型焊条的手工焊 | Q390 | ≤16 | 350 | 350 | 300 | 205 | 220 |
| | | >16~35 | 335 | 335 | 285 | 190 | |
| | | >35~50 | 315 | 315 | 270 | 180 | |
| | | >50~100 | 295 | 295 | 250 | 170 | |
| | Q420 | ≤16 | 380 | 380 | 320 | 220 | 220 |
| | | >16~35 | 360 | 360 | 305 | 210 | |
| | | >35~50 | 340 | 340 | 290 | 195 | |
| | | >50~100 | 325 | 325 | 275 | 185 | |

注:表中所列一级、二级、三级指焊缝质量等级。

## ▶ 2.2.3 螺栓和锚栓

钢-混凝土组合结构中钢构件连接使用的螺栓、锚栓材料应符合下列规定:

①普通螺栓应符合《六角头螺栓》(GB/T 5782—2016)和《六角头螺栓　C级》(CB/T 5780—2016)的规定;A级、B级螺栓孔的精度和孔壁表面粗糙度,C级螺栓孔的允许偏差和孔壁表面粗糙度,均应符合《钢结构工程施工质量验收标准》(GB 50205—2020)的规定。

②高强度螺栓应符合《钢结构用高强度大六角头螺栓》(GB/T 1228—2006)、《钢结构用高强度大六角螺母》(GB/T 1229—2006)、《钢结构用高强度垫圈》(GB/T 1230—2006)、《钢结构用高强度大六角头螺栓、大六角螺母、垫圈技术条件》(GB/T 1231—2006)或《钢结构用扭剪型高强度螺栓连接副》(GB/T 3632—2008)的规定。

③螺栓连接的强度设计值应按表2.9采用;高强度螺栓连接的钢材摩擦面抗滑移系数值应按表2.10采用;高强度螺栓连接的设计预拉力应按表2.11采用。

④锚栓可采用符合《碳素结构钢》(GB/T 700—2006)、《低合金高强度结构钢》(GB/T 1591—2018)规定的Q235钢和Q355钢。

表 2.9　螺栓连接的强度设计值　（单位:MPa）

| 螺栓的性能等级、锚栓和构件钢材的牌号 | | 普通螺栓 | | | | | | 锚栓 | 承压型连接高强度螺栓 | | |
|---|---|---|---|---|---|---|---|---|---|---|---|
| | | C 级螺栓 | | | A 级、B 级螺栓 | | | | | | |
| | | 抗拉 | 抗剪 | 承压 | 抗拉 | 抗剪 | 承压 | 抗拉 | 抗拉 | 抗剪 | 承压 |
| | | $f_t^b$ | $f_v^b$ | $f_c^b$ | $f_t^b$ | $f_v^b$ | $f_c^b$ | $f_t^b$ | $f_t^b$ | $f_v^b$ | $f_c^b$ |
| 普通螺栓 | 4.6 级、4.8 级 | 170 | 140 | — | — | — | — | — | — | — | — |
| | 5.6 级 | — | — | — | 210 | 190 | — | — | — | — | — |
| | 8.8 级 | — | — | — | 400 | 320 | — | — | — | — | — |
| 锚栓(C 级普通螺栓) | Q235 | (165) | (125) | | | | | 140 | | | |
| | Q355 | | | | | | | 180 | | | |
| 承压型连接高强度螺栓 | 8.8 级 | | | | | | | | 400 | 250 | |
| | 10.9 级 | | | | | | | | 500 | 310 | |
| 承压构件 | Q235 | | | 305<br>(295) | | | 405 | | | | 470 |
| | Q355 | | | 385<br>(370) | | | 510 | | | | 590 |
| | Q390 | | | 400 | | | 530 | | | | 615 |
| | Q420 | | | 425 | | | 560 | | | | 655 |

注:1. A 级螺栓用于 $d \leqslant 24$ mm 和 $l \leqslant 10$ d 或 $l \leqslant 150$ mm(按较小值)的螺栓;B 级螺栓用于 $d>24$ mm 和 $l>10$ d 或 $l>150$ mm(较小值)的螺栓。$d$ 为公称直径,$l$ 为螺杆公称长度。

2. 表中带括号的数值用于冷成型薄壁型钢。

表 2.10　高强度螺栓连接的钢材摩擦面抗滑移系数

| 处理方法 | 构件的钢号 | | |
|---|---|---|---|
| | Q235 | Q355、Q390 | Q420 |
| 喷砂(丸) | 0.45 | 0.50 | 0.50 |
| 喷砂(丸)后涂无机富锌漆 | 0.35 | 0.40 | 0.40 |
| 喷砂(丸)后生赤锈 | 0.45 | 0.50 | 0.50 |
| 钢丝刷清除浮锈或未经处理的干净轧制表面 | 0.30 | 0.35 | 0.40 |

表 2.11　高强度螺栓连接的设计预应力　　(拉力单位:kN)

| 螺栓的性能等级 | 螺栓公称直径/mm | | | | | |
|---|---|---|---|---|---|---|
| | M16 | M20 | M22 | M24 | M27 | M30 |
| 8.8 级 | 80 | 125 | 150 | 175 | 230 | 280 |
| 10.9 级 | 100 | 155 | 190 | 225 | 290 | 355 |

## ▶ 2.2.4　栓钉

钢-混凝土组合结构中采用的栓钉应符合《电弧螺柱焊用圆柱头焊钉》(GB/T 10433—2002)的规定,其材料及力学性能应符合表 2.12 规定。

表 2.12　栓钉材料及力学性能

| 材料 | 极限抗拉强度/MPa | 屈服强度/MPa | 伸长率/% |
|---|---|---|---|
| ML15、ML15A1 | ≥400 | ≥320 | ≥14 |

## ▶ 2.2.5　钢筋

钢-混凝土组合结构中应优先采用具有较好延性、韧性和可焊性的钢筋。纵向受力钢筋宜采用 HRB400、HRB500、HRB335 热轧钢筋;箍筋宜采用 HRB400、HRB335、HPB300、HRB500 热轧钢筋。其强度标准值、设计值应按表 2.13 的规定采用。

表 2.13　钢筋强度标准值、设计值

| 种类 | 符号 | 公称直径 $d$/mm | 屈服强度标准值 $f_{yk}$/MPa | 极限强度标准值 $f_{stk}$/MPa | 最大拉力下总伸长率 $\delta_{gt}$/% | 抗拉设计值 $f_y$/MPa | 抗压强度设计值 $f'_y$/MPa |
|---|---|---|---|---|---|---|---|
| HPB300 | Φ | 6~22 | 300 | 420 | 不小于 10 | 270 | 270 |
| HRB335 | Φ | 6~50 | 335 | 455 | 不小于 7.5 | 300 | 300 |
| HRB400 | Φ | 6~50 | 400 | 540 | | 360 | 360 |
| HRB500 | Φ | 6~50 | 500 | 630 | | 435 | 410 |

注:1. 当采用直径大于 40 mm 的钢筋时,应有可靠的工程经验。

2. 用作受剪,受扭、受冲切承载力计算的箍筋,其强度设计值 $f_{yv}$ 应按表中 $f_y$ 数值取用,且数值不应大于 360 N/mm$^2$。

钢筋弹性模量 $E_s$ 应按表 2.14 采用。

表 2.14　钢筋弹性模量

| 种类 | $E_s$/($10^5$ MPa) |
| --- | --- |
| HPB300 | 2.1 |
| HRB335、HRB400、HRB500 | 2.0 |

## 2.2.6　混凝土

①型钢混凝土结构构件采用的混凝土强度等级不宜低于 C30；有抗震设防要求时，剪力墙不宜超过 C60；其他构件，设防烈度为 9 度时不宜超过 C60；8 度时不宜超过 C70。钢管中的混凝土强度等级，对 Q235 钢管，不宜低于 C40；对 Q355 钢管，不宜低于 C50；对 Q390、Q420 钢管，不应低于 C50。组合楼板用的混凝土强度等级不应低于 C20。

②混凝土轴心抗压强度标准值 $f_{ck}$、轴心抗拉强度标准值 $f_{tk}$ 应按表 2.15 的规定采用；轴心抗压强度设计值 $f_c$、轴心抗拉强度设计值 $f_t$ 应按表 2.16 的规定采用。

表 2.15　混凝土强度标准值　（单位：MPa）

| 强度 | 混凝土强度等级 | | | | | | | | | | | | |
| --- | --- | --- | --- | --- | --- | --- | --- | --- | --- | --- | --- | --- | --- |
| | C20 | C25 | C30 | C35 | C40 | C45 | C50 | C55 | C60 | C65 | C70 | C75 | C80 |
| $f_{ck}$ | 13.4 | 16.7 | 20.1 | 23.4 | 26.8 | 29.6 | 32.4 | 35.5 | 38.5 | 41.5 | 44.5 | 47.4 | 50.2 |
| $f_{tk}$ | 1.54 | 1.78 | 2.01 | 2.20 | 2.39 | 2.51 | 2.64 | 2.74 | 2.85 | 2.93 | 2.99 | 3.05 | 3.11 |

表 2.16　混凝土强度设计值　（单位：MPa）

| 强度 | 混凝土强度等级 | | | | | | | | | | | | |
| --- | --- | --- | --- | --- | --- | --- | --- | --- | --- | --- | --- | --- | --- |
| | C20 | C25 | C30 | C35 | C40 | C45 | C50 | C55 | C60 | C65 | C70 | C75 | C80 |
| $f_c$ | 9.6 | 11.9 | 14.3 | 16.7 | 19.1 | 21.1 | 23.1 | 25.3 | 27.5 | 29.7 | 31.8 | 33.8 | 35.9 |
| $f_t$ | 1.10 | 1.27 | 1.43 | 1.57 | 1.71 | 1.80 | 1.89 | 1.96 | 2.04 | 2.09 | 2.14 | 2.18 | 2.22 |

③混凝土受压和受拉弹性模量 $E_c$ 应按 2.17 的规定采用，混凝土的剪切变形模量可按相应弹性模量数值的 0.4 倍采用，混凝土泊松比可按 0.2 采用。

表 2.17　混凝土弹性模量　（单位：MPa）

| 混凝土强度等级 | C20 | C25 | C30 | C35 | C40 | C45 | C50 | C55 | C60 | C65 | C70 | C75 | C80 |
| --- | --- | --- | --- | --- | --- | --- | --- | --- | --- | --- | --- | --- | --- |
| $E_c/10^4$ | 2.55 | 2.80 | 3.00 | 3.15 | 3.25 | 3.35 | 3.45 | 3.55 | 3.60 | 3.65 | 3.70 | 3.75 | 3.80 |

④型钢混凝土组合结构构件的混凝土最大骨料直径宜小于型钢外侧混凝土保护层厚度的 1/3，且不宜大于 25 mm。对浇筑难度较大或复杂节点部位，宜采用骨料更小、流动性更强的高性能混凝土。钢管混凝土构件中混凝土最大骨料直径不宜大于 25 mm。

## 本章小结

①钢-混凝土组合结构在规定的设计使用年限内应满足安全性、适用性、耐久性的要求，这 3 方面的功能要求统称为结构的可靠性。

②整个结构或结构的一部分超过某一特定状态就不能满足设计规定的某一功能要求，此特定的状态称为该功能的极限状态。结构的极限状态分为承载能力极限状态、正常使用极限状态和耐久性极限状态 3 类。通过功能函数 $Z$ 可以判别结构所处的状态，即可靠状态、失效状态和极限状态。

③结构可靠度是结构可靠性的概率度量，《统一标准》采用可靠指标 $\beta$ 来度量结构的可靠性，根据结构的安全等级和破坏类型，给出了结构构件的设计可靠指标来度量不同的可靠度水准。

④考虑到使用上的简便和广大工程设计人员的习惯，《统一标准》采用了以基本变量标准值和各相应的分项系数构成的极限状态设计表达式进行设计。

⑤钢-混凝土组合结构中的钢材，宜采用 Q355、Q390 和 Q420 低合金高强度结构钢及 Q235 碳素结构钢，质量等级不宜低于 B 级。压型钢板的基板应选用热浸镀锌钢板，不宜选用镀铝锌板。

⑥钢-混凝土组合结构中应优先采用具有较好延性、韧性和可焊性的钢筋。纵向受力钢筋宜采用 HRB400、HRB500、HRB335 热轧钢筋；箍筋宜采用 HRB400、HRB335、HPB300、HRB500 热轧钢筋。

⑦组合结构宜采用普通混凝土，其强度等级不宜过低。对型钢混凝土结构构件，混凝土强度等级不宜低于 C30；钢管混凝土构件，不宜低于 C40；组合楼板用的混凝土强度等级不应低于 C20。

## 习　题

2.1　什么是结构的极限状态？极限状态分为几类？

2.2　什么是结构的可靠度？什么是失效概率？

2.3　说明操作能力极限状态设计表达式中各符号的意义。

2.4　钢-混凝土组合结构中的钢材有哪些基本要求？

2.5　钢-混凝土组合结构中的钢筋和混凝土有哪些要求？

# 第3章 钢与混凝土的连接形式

**基本要求：**

(1)了解连接的类型与方式。

(2)掌握连接件的设计与计算,重点掌握栓钉连接件的设计与计算。

(3)熟悉抗剪连接件的构造要求。

## 3.1 抗剪连接件形式及分类

抗剪连接件的首要功能就是阻止被连接构件(混凝土翼板与钢梁)间的相对错动(界面滑移)和相对分离(界面分离)。通过靠抗剪连接件来完全阻止混凝土翼板与钢梁间的相对错动,使界面滑移为零,几乎是不可能的,无论采用何种方式的抗剪连接件,其界面上或多或少都有滑移存在。根据连接件的刚度和界面上滑移的大小,可将抗剪连接件分为两类:连接件刚度大而使得界面滑移小的为刚性抗剪连接件,连接件刚度小而导致界面滑移大的为柔性抗剪连接件。刚性抗剪连接件的形式主要是块式连接件,而柔性抗剪连接件则有圆柱头栓钉、角钢、槽钢、钢筋等,如图3.1所示。

块式或钢筋连接件在桥涵组合梁中应用较多。目前无论在桥涵组合梁还是房屋结构的组合梁中被广泛应用的是栓钉连接件,主要原因是栓钉连接施工方便,可使用专门的焊枪,施焊方便、快速,1 min可焊3个以上的焊钉。

在受力性能上刚性(块式)抗剪连接件的承载力比柔性抗剪连接件大得多,但变形能力则要差得多。刚性抗剪连接件的破坏常属于脆性破坏,因刚性抗剪连接件破坏时,首先是连接件附近的混凝土被挤压破坏,而连接件本身变形较小。脆性破坏在结构构件设计中是应该尽

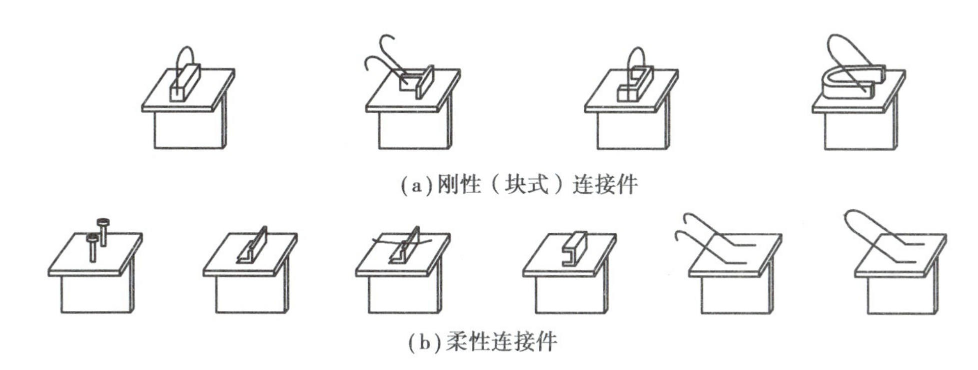

(a)刚性（块式）连接件

(b)柔性连接件

图3.1　刚性和柔性连接件

量避免的。相对而言，柔性抗剪连接件的破坏大多是塑性破坏，破坏时的特点是抗剪连接件本身有较大的塑性变形。

抗剪连接件的变形能力也可影响和决定界面破坏时滑移值(即极限滑移值)的大小及界面的破坏类型。采用刚性抗剪连接件时，界面极限滑移值小，对应的界面破坏是脆性破坏，即界面上的连接件是呈"拉链式"破坏，当受力最大的连接件丧失承载力后，附近连接件的受力迅速增加至极限状态，这样连接件一个接一个地相继丧失承载能力。采用柔性抗剪连接件时，界面极限滑移值大，对应的界面破坏是塑性破坏，连接件在变形过程中可出现抗剪连接件间的塑性剪应力重分布，即受剪最大的连接件在接近极限承载力时经历了很大的塑性变形，使得附近的连接件的受剪作用增大，最终界面上连接件的受力较均匀，大部分的连接件都可达到其极限承载力。

## 3.2　抗剪连接件试验及承载力

抗剪连接件的受力性能复杂，影响其承载力的因素很多，如抗剪连接件本身的形式、材料，混凝土的强度以及混凝土中配筋的形式、位置及配筋率等，因而很难用力学的方法直接推导出适合计算抗剪连接件承载力的计算公式。因此，必须借助于实验的方法来确定其承载力。实验方法一般有两种：一是推出法，二是梁式法。推出法的试件较小，省材，实验简便；但受力为纯剪，与实际梁中的受力状态有一定的出入，即没有混凝土板弯曲时对界面的挤压摩擦。因而测得的承载力较梁式法低。梁式法的受力状态与实际情况比较接近，但其实验耗材、耗时，因此采用较少。图3.2中是栓钉(圆柱头焊钉)抗剪连接件推出实验的试件尺寸和试件钢梁及钢筋的规定。

通过推出实验可得到荷载-滑移曲线。如图3.3所示，给出了两种典型的荷载-滑移曲线，分别由无压型钢板和带有压型钢板时的推出实验得到。无压型钢板时界面是连续的，带有压型钢板时界面是非连续的，或者说是间断的。从图中可以明显地看到如下特点：

①无压型钢板时的抗剪连接件的承载力高，而带有压型钢板时的抗剪连接件承载力低，与前者相比须进行折减。

②变形能力则是带有压型钢板时的大，也就是说，在同时使用栓钉与压型钢板时变形能力较大，且延性较好。

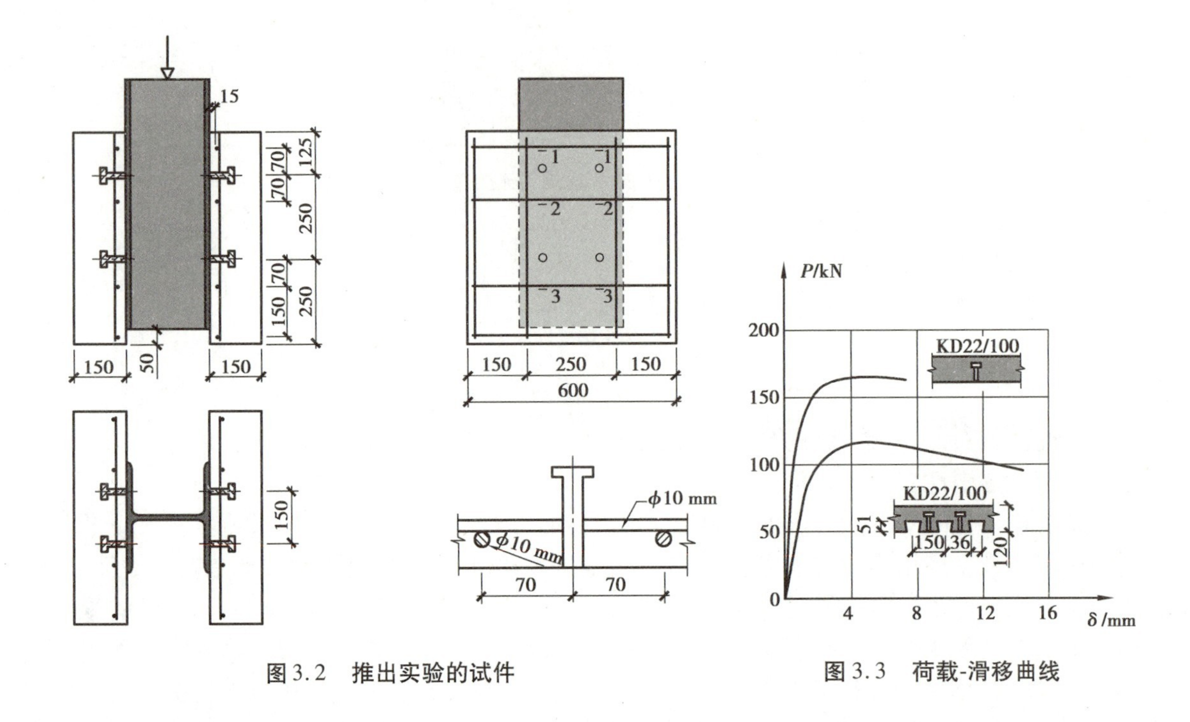


图 3.2　推出实验的试件　　　图 3.3　荷载-滑移曲线

## 3.3　抗剪连接件承载力设计

### ▶ 3.3.1　无压型钢板时的承载力

我国的《组合结构设计规范》(JGJ 138—2016)给出了组合梁单个抗剪连接件在使用栓钉(圆柱头焊钉)、槽钢时的承载力计算公式(见表 3.1)。

表 3.1　抗剪连接件承载力计算公式

| 构件 | 计算公式 | 符号 |
|---|---|---|
| 栓钉连接件 | $N_v^c = 0.43A_s\sqrt{E_c f_c} \leqslant 0.7A_s f_{at}$　(3.1) | $E_c$——混凝土的弹性模量;<br>$A_s$——栓钉(圆柱头焊钉)杆截面面积;<br>$f_{at}$——栓钉(圆柱头焊钉)极限强度设计值; |
| 槽钢连接件 | $N_v^c = 0.26(t + 0.5t_w)l_c\sqrt{E_c f_c}$　(3.2) | $t$——槽钢翼缘的平均厚度;<br>$t_w$——槽钢腹板厚度;<br>$l_c$——槽钢的长度。<br>槽钢连接件通过肢尖肢背两条通长角焊缝与钢梁连接,角焊缝按承受该连接件的抗剪承载力设计值 $N_v^c$ 进行计算。 |

### ▶ 3.3.2　有压型钢板时的承载力

对于用压型钢板混凝土组合板做翼板的组合梁(见表 3.2 中所示),其栓钉连接件的抗剪承载力设计值分别按以下两种情况予以降低。折减系数 $\beta_v$ 按表 3.2 中的公式计算,然后将按无压型钢板时计算得到的承载力 $N_v^c$ 乘以折减系数 $\beta_v$ 后取用。当压型钢板肋平行于钢梁布置时,界面是连续的,当压型钢板肋垂直于钢梁布置时,界面是间断的,界面连续时连接件的抗剪承载力比界面间断时高。

### ▶ 3.3.3　负弯矩区的承载力

当抗剪连接件处于负弯矩区(即混凝土翼板受拉时),其承载力会有所下降,降幅为 10% ~ 20% 。《组合结构设计规范》(JGJ 138—2016)要求进行如下折减:位于负弯矩区段的抗剪连接件,其抗剪承载力设计值 $N_v^c$ 应乘以折减系数 0.9(中间支座两侧)和 0.8(悬臂部分)。

表 3.2　栓钉承载力折减系数(当有压型钢板的缘板时)

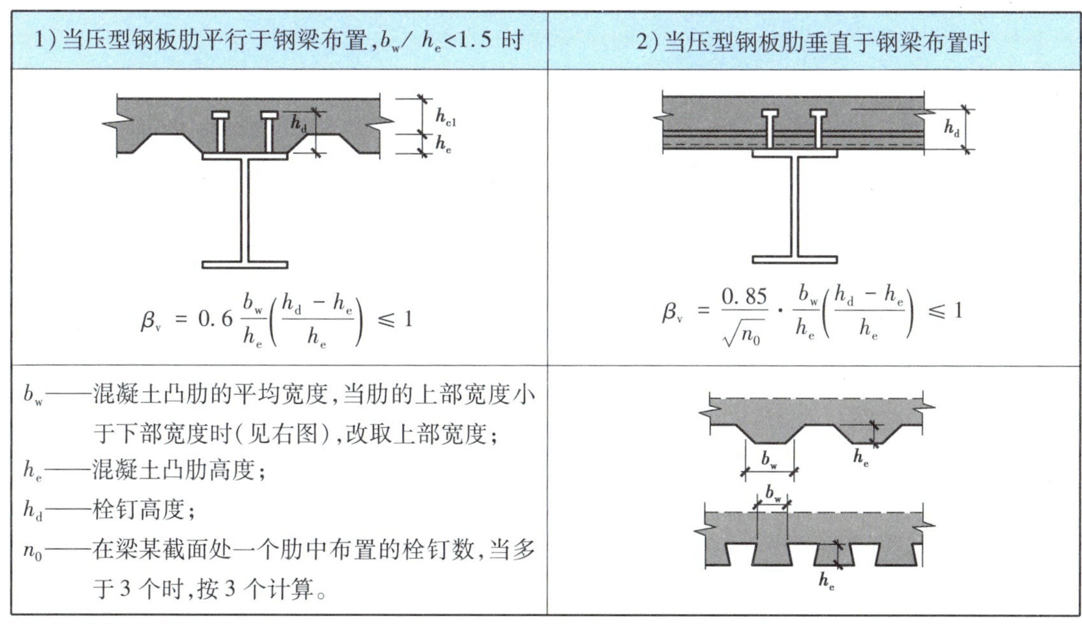

| 1)当压型钢板肋平行于钢梁布置, $b_w/h_e<1.5$ 时 | 2)当压型钢板肋垂直于钢梁布置时 |
|---|---|
| $\beta_v = 0.6\dfrac{b_w}{h_e}\left(\dfrac{h_d - h_e}{h_e}\right) \leqslant 1$ | $\beta_v = \dfrac{0.85}{\sqrt{n_0}} \cdot \dfrac{b_w}{h_e}\left(\dfrac{h_d - h_e}{h_e}\right) \leqslant 1$ |
| $b_w$——混凝土凸肋的平均宽度,当肋的上部宽度小于下部宽度时(见右图),改取上部宽度;<br>$h_e$——混凝土凸肋高度;<br>$h_d$——栓钉高度;<br>$n_0$——在梁某截面处一个肋中布置的栓钉数,当多于 3 个时,按 3 个计算。 | |

## 3.4　抗剪连接件设计方法

在进行抗剪连接件的设计时,须先确定荷载或作用及材料抗力的大小。在这里,荷载作用指的是组合梁在荷载作用下界面上水平剪力的大小及其分布,其计算可按弹性和塑性两种方法进行;而材料抗力指的是抗剪连接件的承载力(塑性承载力),其计算方法已在 3.3 节中作了介绍。若已知以上两方面的大小和分布,就可进行设计了。设计原则是荷载引起的界面水平剪力须小于或等于抗剪连接件的极限承载力。

### ▶ 3.4.1 弹性方法

首先按结构力学的方法计算出组合梁的剪力分布，然后再按材料力学的方法利用式(3.3)求得对应于各剪力值的界面水平剪力流(剪力流是单位长度上的剪力)。

$$v_{i1}=\frac{V_iS_c}{I_{sc}}\qquad i=1,2,3,\cdots \tag{3.3}$$

式中 $S_c$——混凝土翼板的换算截面绕整个组合梁换算截面重心轴的面积矩(moment of area);

$I_{sc}$——组合梁换算截面绕自身形心轴的惯性矩(moment of inertia)。

由式(3.3)可知，$v_{i1}$ 与 $V_i$ 成正比，即界面上水平剪力流沿梁长的分布与剪力相似，如图 3.4 所示。

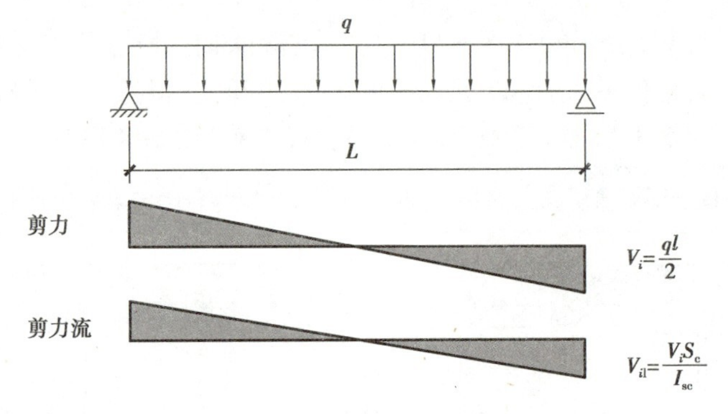


图 3.4 剪力与剪力流的相似性

抗剪连接件的布置应尽可能地按界面水平剪力流的分布来布置。如图 3.5 所示，可将梁分成若干段，在每一段中可通过调整抗剪连接件的数量来逼近界面水平剪力的分布，使得在每一区段内承载力的矩形面积与剪力流(shear flow)的梯形面积相等。若分段数越多，区段长度越小，逼近程度越高。但这样会得到更多的不同的抗剪连接件的排列方式，给施工造成不便。因而应适当选取分段数量与长度。例如第一段应满足式(3.4)的要求。

$$\frac{v_{11}+v_{21}}{2}\cdot u_1=n_1N_v^c \tag{3.4}$$

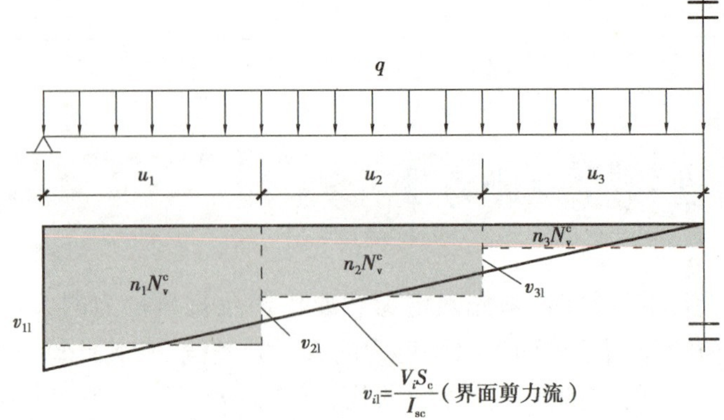


图 3.5 抗剪连接件的布置

另外须注意,在计算换算截面惯性矩和面积矩时,在永久荷载和准永久荷载作用下,混凝土翼板在长期荷载作用下会产生徐变,这将导致混凝土承担的压力减小。为了考虑这些因素的影响,《组合结构设计规范》(JGJ 138—2016)规定将混凝土翼板面积进行折减,即乘以折减系数0.5。

按弹性设计时不允许组合梁的材料有塑性发展,对由荷载引起混凝土翼板和钢梁中的应力限制较严;要求抗剪连接件不能有过大的变形(不允许有过大的界面滑移),不允许利用柔性抗剪连接件间的剪力重分布效应。因此,抗剪连接件应按界面水平剪力流的分布来进行布置,哪里水平剪力大,就应布置相应较多的抗剪连接件。

## 3.4.2 塑性方法

按塑性方法设计则允许塑性在组合梁混凝土翼板和钢梁中充分发展,在极限状态下截面塑性发展可使截面具有最大的弯矩承载力。若是一简支梁受均布荷载作用,钢梁跨中截面在极限状态下可出现全截面塑性拉应力状态,如图3.6所示。

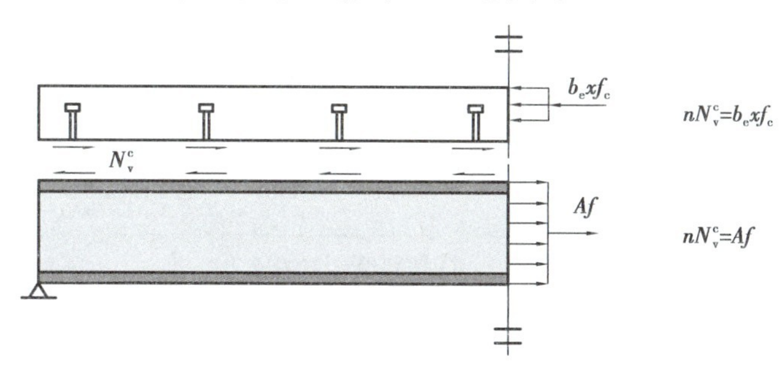


图3.6 正截面塑性内力与界面塑性内力的平衡

在图3.6中,将翼板与钢梁沿界面切开,使连接剪力暴露出来,它们分别与翼板中的受压合力和钢梁中的受拉合力相平衡。这就清楚地表明:无论是翼板中受压合力大小还是钢梁中受拉合力大小都与界面上连接件的抗剪承载力构成平衡。如果跨中截面在达到如图3.6所示的应力状态(钢梁全截面塑性受拉,组合梁中性轴在混凝土翼板内)时,而连接件未发生破坏,就称其连接为完全剪切连接。否则,则称为部分剪切连接,在部分剪切连接时钢梁截面部分受拉,部分受压,组合梁中性轴位于钢梁截面内,这样钢梁不是全截面受拉,组合截面也不可能获得最大的抗弯承载力。

在实际应用中导致这种应力状态可有两种原因,如图3.7所示:一是混凝土翼板面积过小或混凝土强度过低,导致翼板全截面受压时的合力仍小于钢梁全截面受拉时的合力,结果使组合截面的塑性中和轴在钢梁内;二是抗剪连接件的数量过少,致使界面承载力均低于翼板全截面受压时的合力和钢梁全截面受拉时的合力,组合截面的塑性中和轴同样是在钢梁内。

另外还须指出:在塑性设计时不像弹性设计直接由荷载引起的剪力来计算界面上水平剪力流的大小,而是根据组合截面弯矩承载力所需的翼板中的受压合力来确定与之平衡的界面水平剪力。如果将连接件在弹性和塑性设计时的荷载作用与之对应的截面抵抗,用图3.8所示的流程图(flow chart)来表示,就可直观地看到两种设计方法的不同之处。

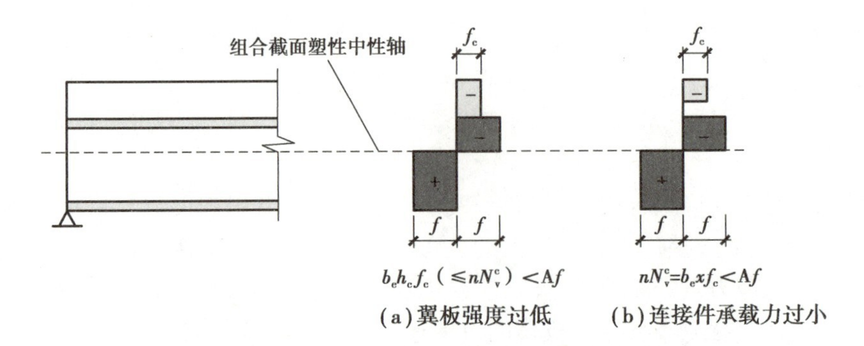


图 3.7　部分剪切连接时组合梁截面应力分布图

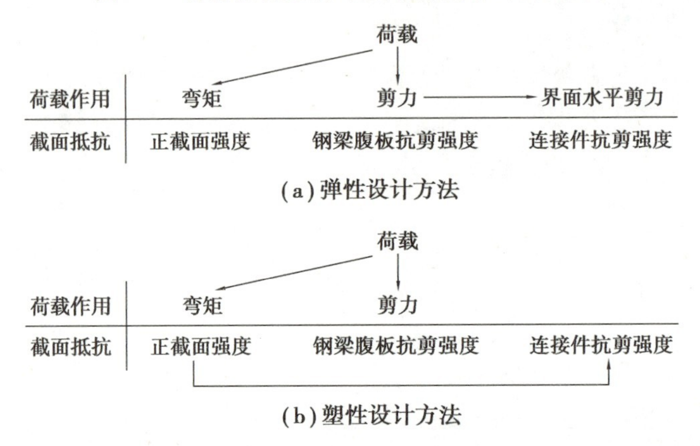


图 3.8　连接件在弹性和塑性设计时的荷载作用及与之对应的截面抵抗流程图

## 3.5　抗剪连接件构造要求

除了通过强度计算来保证对构件承载力的要求外，同时还须通过构造措施来补充考虑一些在强度计算中未能考虑的因素，从而保证构件的受力安全。《钢结构设计标准》(GB 50017—2017)对组合梁的抗剪连接件作了如下规定如图 3.9 所示：

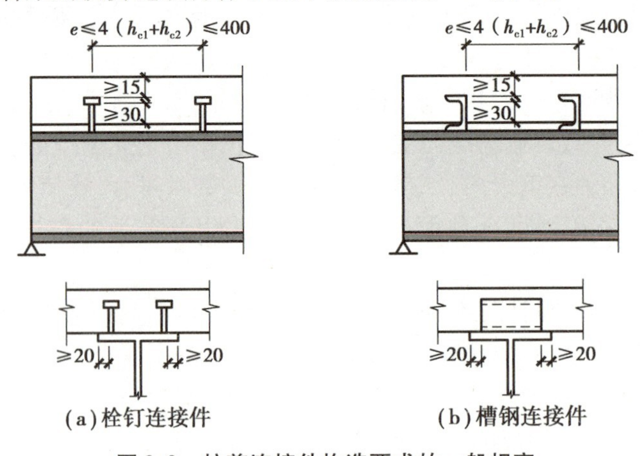


图 3.9　抗剪连接件构造要求的一般规定

### ▶ 3.5.1　一般规定

①栓钉连接件钉头下表面或槽钢连接件上翼缘下表面高出翼板底部钢筋顶面不宜小于 30 mm。

②连接件沿梁跨度方向的最大间距不应大于混凝土翼板(包括板托)厚度的 4 倍,且不大于 400 mm。

③连接件的外侧边缘至钢梁翼缘边缘之间的距离不应小于 20 mm。

④连接件的外侧边缘至混凝土翼板边缘间的距离不应小于 100 mm。

⑤连接件顶面的混凝土保护层厚度不应小于 15 mm。

### ▶ 3.5.2　对栓钉连接件的附加规定

栓钉连接件除应满足上述的要求外,尚应符合下列规定:

①当栓钉位置不正对钢梁腹板时,如钢梁上翼缘承受拉力,则栓钉杆直径不应大于钢梁上翼缘厚度的 1.5 倍;如钢梁上翼缘不承受拉力,则栓钉杆直径不应大于钢梁上翼缘厚度的 2.5 倍。

②栓钉长度不应小于其杆径的 4 倍。

③栓钉沿梁轴线方向的间距不应小于杆径的 6 倍;垂直于梁轴线方向的间距不应小于杆径的 4 倍。

④用压型钢板做底模的组合梁,栓钉杆直径不宜大于 19 mm,混凝土凸肋宽度不应小于栓钉杆直径的 2.5 倍;栓钉高度 $h_d$ 应符合($h_e+30 \leqslant h_d \leqslant h_e+75$)的要求。

### ▶ 3.5.3　对弯筋连接件的附加规定

弯筋连接件除应满足上述要求外,尚应满足以下规定:弯筋连接件宜采用直径不小于 12 mm 的钢筋成对布置,用两条长度不小于 4 倍(HPB300 级钢筋)或 5 倍(HRB335 级钢筋)钢筋直径的侧焊缝焊接于钢梁翼缘上,其弯起角度一般为 45°,弯折方向应与混凝土翼板对钢梁的水平剪力方向相同。在梁跨中纵向水平剪力方向变化的区段,必须在两个方向均设置弯起钢筋。从弯起点算起的钢筋长度不宜小于其直径的 25 倍(HPB300 级钢筋另加弯钩),其中水平段长度不宜小于其直径的 10 倍。弯筋连接件沿梁长度方向的间距不宜小于混凝土翼板(包括板托)厚度的 0.7 倍。

### ▶ 3.5.4　对槽钢连接件的附加规定

槽钢连接件一般采用 Q235 钢,截面高宽比不宜大于 12.6。

## 本章小结

①剪切连接件,应具有足够的强度和刚度,其作用包括:a. 首先,必须能够承受混凝土与钢交界面上的纵向剪力;b. 同时具有足够的剪切刚度,使界面处混凝土与钢的滑移不致过大;

c.剪切连接件还必须具有足够的抵抗“掀起力”的能力(即抗拔作用),使混凝土与钢不致上下分离,界面处的纵向裂缝足够小。

②剪切连接件按其抵御纵向剪力的能力分为完全剪切连接与部分剪切连接;按照抵抗界面处混凝土与钢的滑移能力可分为柔性剪切连接件与刚性剪切连接件。组合结构中最常用的剪切连接件之一是带头栓钉柔性剪切连接件。承受动力荷载及荷载较大的大型组合构件中应设置刚性剪切连接件。部分剪切连接适用于受正常使用状态(变形、裂缝等)计算或稳定计算控制的组合构件中,而且目前一般只限于仅受静力荷载的跨度不大的简支梁构件。

③由于混凝土与钢的组合效应,使构件的抗弯承载能力及刚度大大提高,变形大大减小,因此组合构件的构件断面可使构件与结构的材料用量与建筑成本显著降低,结构延展性与抗震性能大大提高。因此,组合构件适用于桥梁、高层、超高层建筑以及荷载较大、高度较高、跨度较大的各种构筑物。

④影响剪切连接强度的因素很多,而且离散性较大,因此剪切连接件的承载能力计算应按各种类型的剪切连接件分别由试验确定。承受交变荷载的组合构件中的连接件应按疲劳试验确定其疲劳强度。

⑤用于组合梁中各种剪切连接件的承载能力计算可按本章所述方法或《组合结构设计规范》(JGJ 138—2016)中所述方法进行。

⑥型钢混凝土梁、柱等构件应立足于不设剪切连接件,但应考虑混凝土与型钢的粘结滑移对其承载能力及变形的影响。只是在型钢混凝土结构的特殊部位按照计算或构造设置必要的剪切连接件。

⑦剪切连接件的设置除应按承载能力计算外,尚应满足相应规范、规程及本章所规定的多项构造要求。

## 习　题

3.1　柔性和刚性抗剪连接件的受力特性有何不同?

3.2　抗剪连接件除受水平剪切作用外还有什么作用?

3.3　影响抗剪连接件承载力的因素有哪些?

3.4　为何栓钉得到非常广泛的应用?是因为栓钉的承载力高,还是其他方面的原因?

3.5　压型钢板铺设有垂直或平行于组合梁的两种方式,当栓钉在有压型钢板的翼板中时,哪种铺设方式下栓钉的承载力更低?

3.6　能保证组合梁截面最大弯矩承载力实现的抗剪连接件是什么连接?反之又是什么连接?

3.7　组合梁按弹性或按塑性设计时,抗剪连接件的计算方法有何不同?布置原则又有何不同?

3.8　什么情况下可出现抗剪连接件间的塑性内力重分布?

3.9　什么情况下会出现抗剪连接件的“拉链式”破坏?

3.10　哪种连接时组合梁的弯矩承载力高,在部分剪切连接还是在完全剪切连接?

3.11　出现部分剪切连接的原因有哪些？

3.12　为了节省材料是否可将栓钉做得很短？若不能，为什么？

3.13　某工作平台简支组合梁的截面如图 3.10 所示，其计算跨度 9 m，混凝土强度等级 C30，焊接组合工字形钢梁所用钢材为 Q235。栓钉拟采用直径 $\phi$16 mm，间距 100 mm。试按塑性方法设计抗剪连接件。

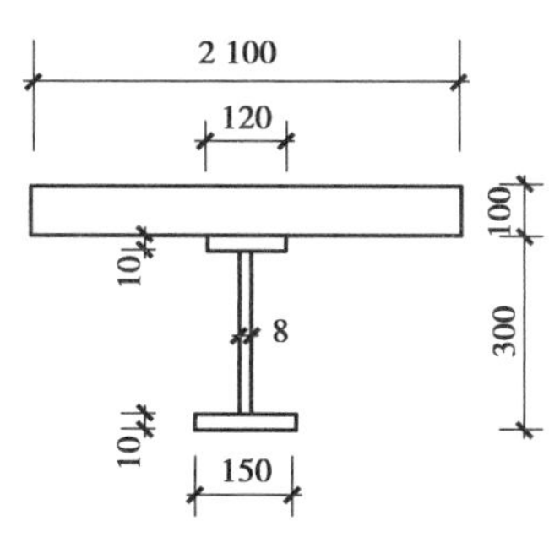


图 3.10　简支组合梁的截面

# 第4章 压型钢板与混凝土组合板

**基本要求：**

(1)了解常见的压型钢板与混凝土组合板的种类及其特点。

(2)掌握组合板几种主要的破坏模式及其破坏特点。

(3)掌握组合板在施工阶段和使用阶段正截面受弯承载力的计算方法。

(4)掌握组合板在使用阶段斜截面受弯承载力、受冲切承载力、交界面纵向水平剪切粘结承载力的计算方法。

(5)掌握组合板在施工阶段和使用阶段变形(挠度)的计算方法。

(6)了解压型钢板与混凝土组合板的构造要求。

## 4.1 组合板的概念及分类

### 4.1.1 组合板

组合板是由压型钢板(图4.1)和在其上浇筑的混凝土板共同组成的。在施工阶段，压型钢板被固定好后会立刻形成一个工作平台；在浇筑混凝土时，压型钢板取代了传统的模板；在使用阶段，混凝土板与压型钢板能连接在一起共同受力，也就是说在它们的连接面上(称为"界面")有水平抗剪能力，即抗剪强度。当混凝土硬化后则形成了组合板，如图4.2所示。

在压型钢板上浇筑混凝土板只是在形式上组成在一起，是否为组合板，要看压型钢板与混凝土板是否能共同工作和受力，如能共同受力就是组合板，否则是非组合板。共同工作和受力的主要特征是在压型钢板和混凝土板中都有组合力的存在,即压型钢板中有拉力,在混凝土板中有压力,拉力和压力组成力偶和力偶矩,此力偶矩可抵抗或承担外荷载引起的弯矩。组合板截面中之所以能有力偶的存在又完全取决于在压型钢板和混凝土板的结合面(界面)上是否有抵抗二者错动的能力,即抗剪能力,构成这种抗剪能力的因素是多方面的,比如,压型钢板和混凝土板之间的粘结力、(压型钢板带有压痕时的)齿合力、(板端设有锚栓时的)锚固力等。界面上的抗剪能力越大则组合内力(力偶)越大,抵抗外荷载效果也越好,承载能力也越高。因此通过组合作用来承担荷载是很有效和经济的。

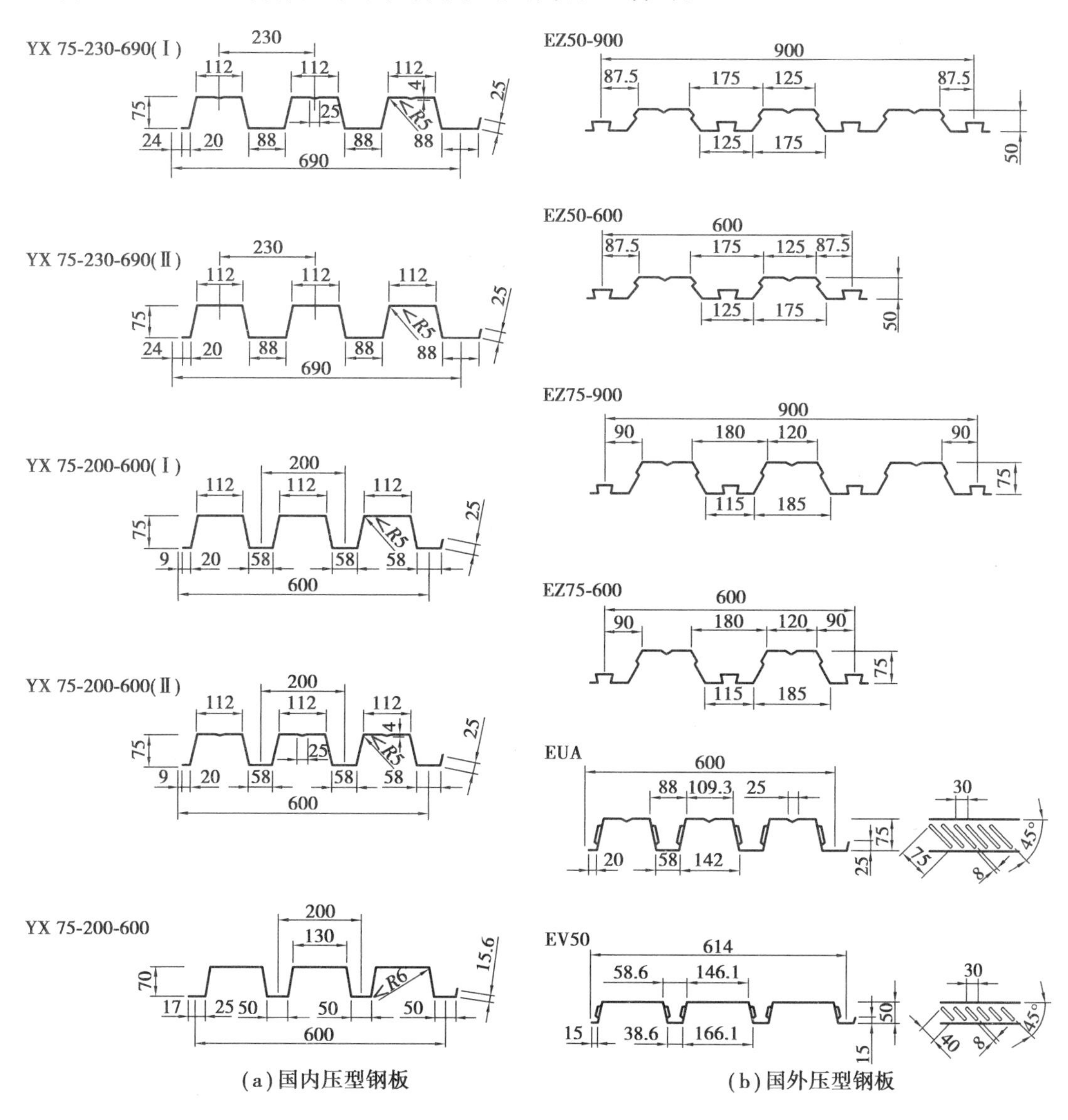


图4.1 常用压型钢板类型

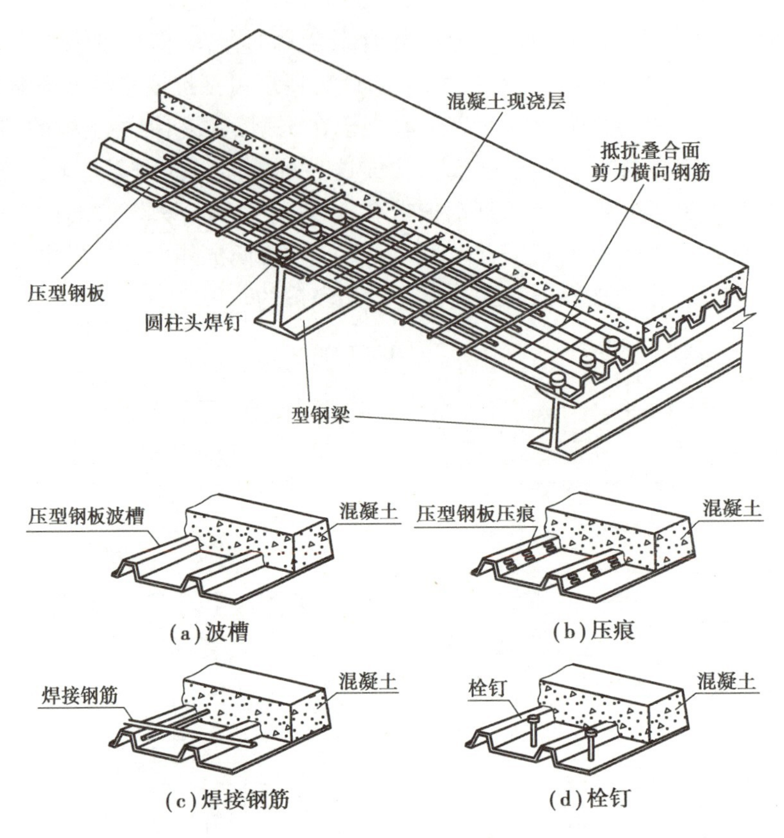


图4.2 压型钢板与混凝土板的组合作用

## ▶ 4.1.2 非组合板

非组合板在形式上与组合板并没有什么区别,同样是在压型钢板上浇筑了混凝土板,但在受力和计算上的考虑却有着很大的差别。对于非组合板只考虑各单个构件单独时的刚度和承载力。非组合板总刚度和总承载力等于压型钢板和混凝土板单独时的刚度和承载力的简单叠加。由于混凝土的抗拉强度低,易开裂,故在非组合板中没有设置受拉钢筋时,通常不考虑素混凝土板的承载作用,若混凝土板中设有受拉钢筋,则可按钢筋混凝土板计算。非组合板按各自构件单独受力的情况可将其分为以下两种类型:

①类型1:施工阶段及使用阶段压型钢板均承重。在施工阶段压型钢板作为单独的承重构件,承受混凝土自重和施工荷载,同时还起到模板的作用(承重模板)。在使用阶段可继续单独作为承重构件使用,承受不变和可变荷载。无论在施工阶段还是在使用阶段压型钢板均可作为钢构件单独承担荷载。

②类型2:在施工阶段时,压型钢板承重或有临时支撑时非承重;而使用阶段,钢筋混凝土板承重。在施工阶段压型钢板作为单独的承重构件(承重模板),或当设有临时支撑时仅作非承重模板使用。此时,压型钢板上的所有荷载由临时支撑来承担。在使用阶段则由钢筋混凝土板来单独承担荷载,而忽略压型钢板的承载作用。

无论是哪一种类型的非组合板,在施工阶段还是在使用阶段,始终都只考虑一种构件来单独承载。另外,在非组合板的各构件的结合面上,即在压型钢板混凝土板结合面上会有一定的界面抗剪能力存在，从而也就有一定的组合作用存在，只是在非组合板的计算中不考虑该组合作用。其原因之一是在非组合板中常采用光面压型钢板，在没有其他锚固措施（如板端锚固）的情况下，界面抗剪粘结力很小，因此常忽略由此引起的组合作用。

### ▶ 4.1.3　组合板与非组合板的特点

组合板与非组合板的特点归纳如下所述。

①组合板与非组合板的区别是通过共同受力的特点来确定的。各构件即压型钢板和混凝土板能共同受力则是组合板，各构件仅单独受力则是非组合板。共同受力则有组合内力——力偶和力偶矩，同时在界面上须有水平抗剪能力；各构件单独受力则无组合内力和无界面上的水平抗剪能力，而只有绕各自形心轴的抵抗弯矩。

②在同样的几何尺寸和材料的情况下，组合板的承载力和刚度都比非组合板的大。要有组合作用，必须要具有界面的抗剪能力，要获得较大的界面的抗剪能力常采用带压痕的压型钢板或设置板端锚固，也可采用抗剪连接件增加其界面抗剪能力。

③混凝土必须硬化和获得强度后才可能与压型钢板共同工作，因此在施工阶段没有组合作用，也就是说没有组合板的存在，而只有在使用阶段才可能有组合板的存在。

组合板与非组合板的分类和它们在施工和使用阶段承受的荷载和受力截面的形式以及是否设有支撑等见表 4.1。

表 4.1　组合板与非组合板的截面和计算简图

| 阶段 | 组合板 | 非组合板 | |
|---|---|---|---|
| | | 类型 1 | 类型 2 |
| 施工阶段 | 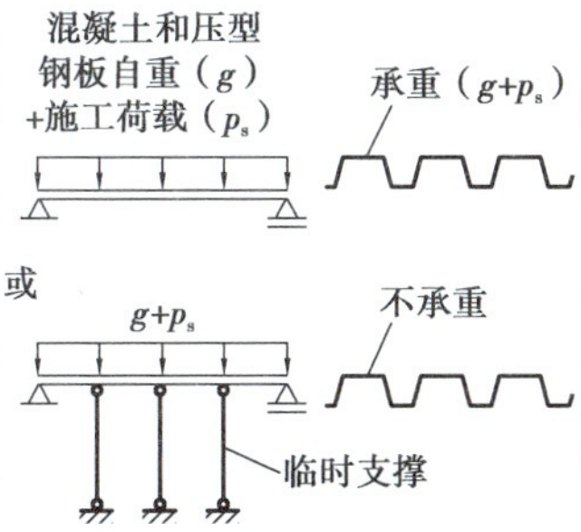 混凝土和压型钢板自重（$g$）+施工荷载（$p_s$）；承重（$g+p_s$）<br>或<br>$g+p_s$；不承重；临时支撑 | 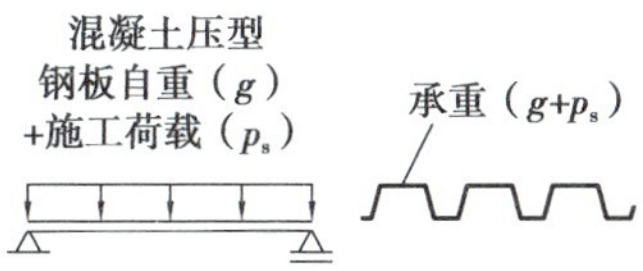 混凝土压型钢板自重（$g$）+施工荷载（$p_s$）；承重（$g+p_s$） | 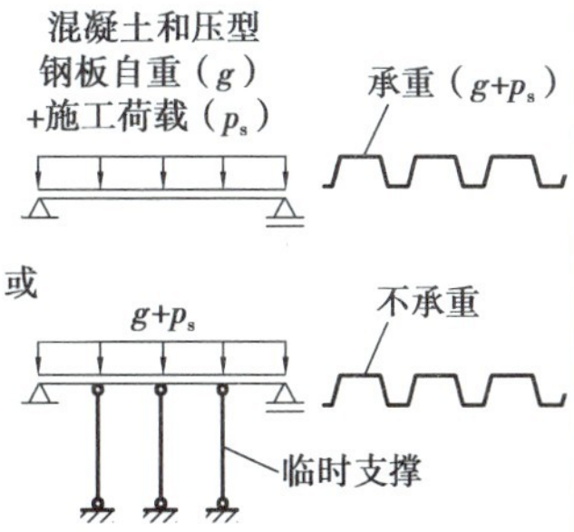 混凝土和压型钢板自重（$g$）+施工荷载（$p_s$）；承重（$g+p_s$）<br>或<br>$g+p_s$；不承重；临时支撑 |
| 使用阶段 | 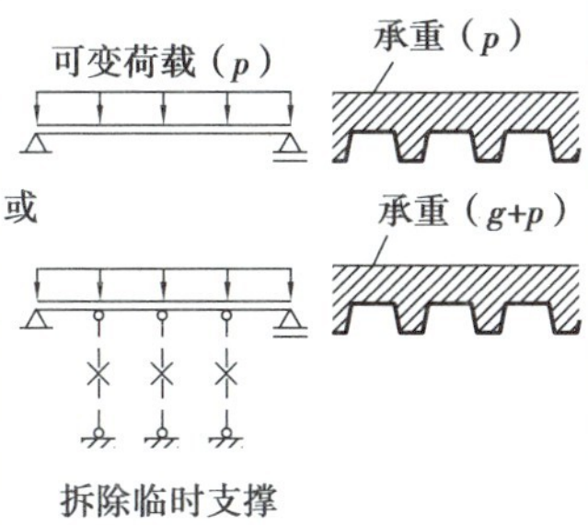 可变荷载（$p$）；承重（$p$）<br>或<br>承重（$g+p$）；拆除临时支撑 | 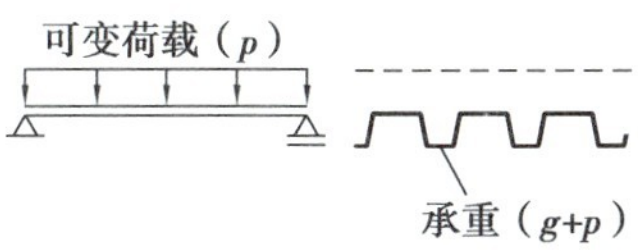 可变荷载（$p$）；承重（$g+p$） | 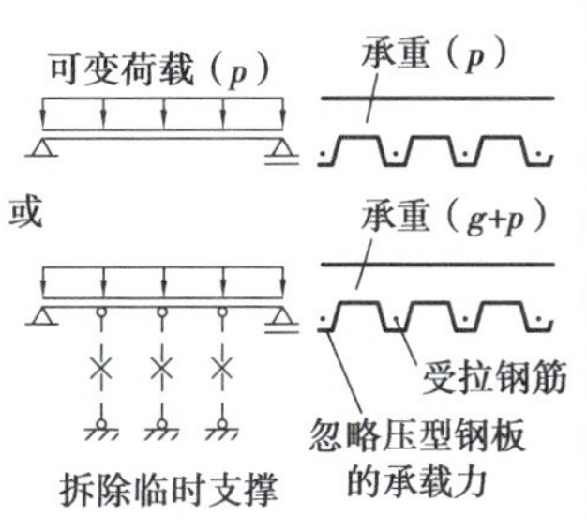 可变荷载（$p$）；承重（$p$）<br>或<br>承重（$g+p$）；受拉钢筋；忽略压型钢板的承载力；拆除临时支撑 |

## 4.2 各类组合与非组合板计算原理和设计方法

### 4.2.1 组合板

组合板在施工和使用阶段具有不同的结构体系，施工阶段是压型钢板单独受力，使用阶段是组合板承重，因此应分别进行计算。

**1）施工阶段（压型钢板）**

在施工阶段压型钢板的内力和变形计算应按钢结构的受弯构件来进行，在计算时应考虑如下荷载：

①永久荷载：压型钢板与混凝土自重。

②可变荷载：施工荷载与附加荷载，施工荷载是指工人和施工机具、设备等活荷载，并考虑施工时可能产生的冲击与震动。此外，尚应以工地实际荷载为依据，若有过量冲击、混凝土堆放、管线、泵载等应增加附加荷载。

③当压型钢板跨中变形 $v$ 大于 20 mm 时，确定混凝土自重应考虑“坑凹”效应。在全跨增加混凝土厚度 $0.7v$，或增设支撑。

在内力计算时压型钢板（顺肋方向）一律按单向板计算，计算截面弯矩承载力时采用弹性分析法。

**2）使用阶段（组合板）**

组合板一般按单向板计算，顺肋方向是受力方向，计算时常取 1 m 板宽单元进行计算，但是当组合板上作用有集中荷载，且压型钢板顶面以上的实体混凝土厚度较小时，集中荷载很难被扩散到较宽的范围内，因此在确定组合板的有效受力宽度——即计算宽度时，须考虑集中荷载扩散的程度，《组合结构设计规范》（JGJ 138—2016）对有集中荷载作用时的有效板宽计算方法，具体见表 4.2。

表 4.2　考虑集中荷载分布的有效板宽

| 类型 | | 公式 | 简图 | 符号 |
|---|---|---|---|---|
| 抗弯 | 简支板 | $b_{ef}=b_{fl}+2l_p(1-l_p/l)$ | | $l$——组合板跨度；<br>$l_p$——荷载作用点到组合板较近支座距离；<br>$b_{fl}$——集中荷载在组合板中的分布宽度；<br>$b_f$——荷载宽度；<br>$h_c$——压型钢板顶面以上混凝土计算厚度；<br>$h_d$——地板饰面层厚度 |
| | 连续板 | $b_{ef}=b_{fl}+[4l_p(1-l_p/l)]/3$ | | |
| 抗剪 | | $b_{ef}=b_{fl}+2l_p(1-l_p/l)$<br>$b_{fl}=b_f+2(h_c+h_d)$ | | |

当压型钢板以上的实体混凝土板较厚时，组合板的双向传力作用逐渐明显，强边（顺肋）方向与弱边（垂直肋）方向的刚度差别逐渐减小，弱边方向也能传递部分荷载，为了考虑这一因素，《组合结构设计规范》（JGJ 138—2016）对组合板的内力分析是按单向板设计还是按双向板设计做出了相应的规定，见表 4.3。

表 4.3　单向板和双向板的判别条件

| 板厚 | 单向或是双向受力 | 中间支座处理 | 符号 |
| --- | --- | --- | --- |
| $h_c=5\sim10$ cm | 单向板 | 当相邻跨跨度大致相等，且连续时，按固端支座处理；否则按简支处理 | $\mu$——板的各向异性系数；<br>$l_x$——组合板强边（顺肋）方向的跨度；<br>$l_y$——组合板弱边（垂直肋）方向的跨度；<br>$I_x$——组合板强边（顺肋）方向的惯性矩；<br>$I_y$——组合板弱边（垂直肋）方向的惯性矩 |
| $h_c>10$ cm | 单向板：当 $\lambda_e\leqslant0.5$ 或 $\lambda_e\geqslant2.0$<br>双向板：当 $0.5\leqslant\lambda_e\leqslant2.0$<br>$\lambda_e=\mu\dfrac{l_x}{l_y}$<br>$\mu=\sqrt[4]{\dfrac{I_x}{I_y}}$ | | |

组合板因两个方向的刚度不同而具有各向异性的性质，各向异性双向板的内力计算一般较为复杂，为了方便计算也可将各向异性双向板按各向同性双方板计算，但计算前须对板的边长进行调整。

计算图 4.3 所示板的强边方向时，需用计算边长，将板弱边方向的边长增长，乘以板的各向异性系数 $\mu$；计算弱边方向时，需将板强边方向的边长缩短，除以板的各向异性系数 $\mu$。

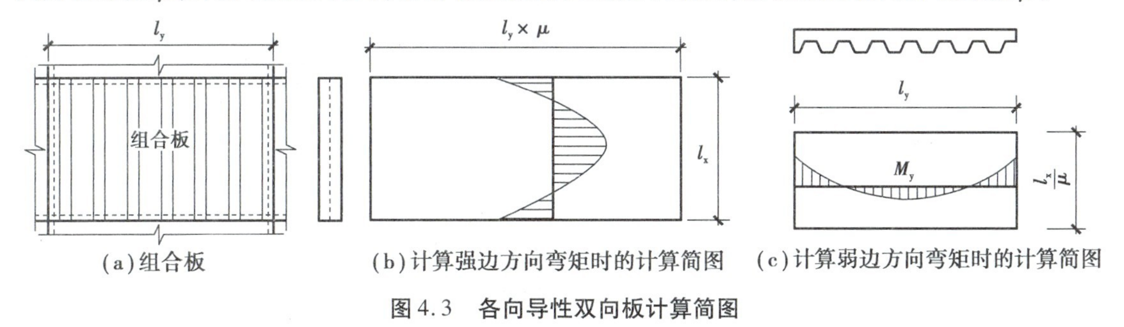


(a) 组合板　(b) 计算强边方向弯矩时的计算简图　(c) 计算弱边方向弯矩时的计算简图

图 4.3　各向导性双向板计算简图

## ▶ 4.2.2　非组合板

### 1) 施工阶段

无论是第一类还是第二类非组合板在施工阶段都是压型钢板单独承重，其情况类似组合板施工阶段的压型钢板，计算方法也与之相同。

### 2) 使用阶段

第一类非组合板在使用阶段仍然保持压型钢板独自承重，应按钢结构受弯构件来进行计算。

第二类非组合板在使用阶段则是钢筋混凝土板单独承重，压型钢板仅被视为未撤除的永久模板，应按钢筋混凝土肋形板受弯构件来进行计算。

# 4.3 压型钢板与混凝土组合板设计

## 4.3.1 施工阶段

### 1)强度计算

压型钢板按钢结构受弯构件进行计算,其正截面抗弯承载力应满足表4.4中的要求。确定压型钢板受压翼缘的有效计算宽度的计算一般较为烦琐,在使用计算中取 $b_{ef}=50t$ 进行验算。

**表4.4 压型钢板强度正截面强度计算**

| 压型钢板受压翼的计算宽度 | 抗弯承载力要求 | 符号 |
|---|---|---|
| $\frac{b_{ef}}{2}$ $\frac{b_{ef}}{2}$ $x_c$ $h_s$ | $M \le fW_s$ (4.1)<br>$W_{sc}=\frac{I_s}{x_c}$<br>$W_{st}=\frac{I_s}{h_s-x_c}$ | $M$——弯矩设计值;<br>$f$——压型钢板抗拉抗压设计值;<br>$W_s$——压型钢板截面抵抗矩,取受压区 $W_{sc}$ 与受拉区 $W_{st}$ 的较小者;<br>$I_s$——一个波宽内对压型钢板截面形心轴的惯性矩,其中受压翼缘的有效计算宽度 $b_{ef}$,左图所示,应为 $b_{ef}\le 50t$,$t$ 为压型钢板的厚度;<br>$x_c$——压型钢板受压翼缘边缘至形心轴的距离;<br>$h_s$——压型钢板截面高度。 |

### 2)变形计算

压型钢板在施工阶段,应进行正常使用极限状态下的挠度计算,当均布荷载作用时,应满足表4.5中的要求。

**表4.5 压型钢板挠度验算**

| 板的类型 | 挠度计算和验算公式 | 符号 |
|---|---|---|
| 简支板 | $v_s=\frac{5S_sL^4}{384EI_s}\le v_{lim}$ | $S_s$——截面短期效应组合的设计值;<br>$E$——压型钢板弹性模量;<br>$I_s$——单位宽度压型钢板的全截面惯性矩;<br>$v_{lim}$——挠度的限值,$v_{lim}$ 为 $L/180$ 以及 20 mm,取其中较小者;<br>$L$——压型钢板跨度。 |
| 双跨连续板 | $v_s=\frac{S_sL^4}{185EI_s}\le v_{lim}$ | |

## 4.3.2 使用阶段

### 1)正截面强度计算

将组合楼板与钢筋混凝土楼板进行对比分析,可发现二者既有相同之处也有不同的地方。相同的是压型钢板起着与钢筋混凝土板中的受拉钢筋相同的作用，但也有不同的地方，那就是作为受拉钢筋的压型钢板没有混凝土保护层，鉴于此原因以及中和轴附近材料强度发挥不充分等应将压型钢板和混凝土设计强度值予以折减，折减系数取 0.8。在计算正截面弯矩承载力时假设塑性应力分布在混凝土板中和在压型钢板中均为矩形，并按表 4.6 中给出的计算简图和公式进行计算。

**表 4.6　弯矩承载力计算公式**

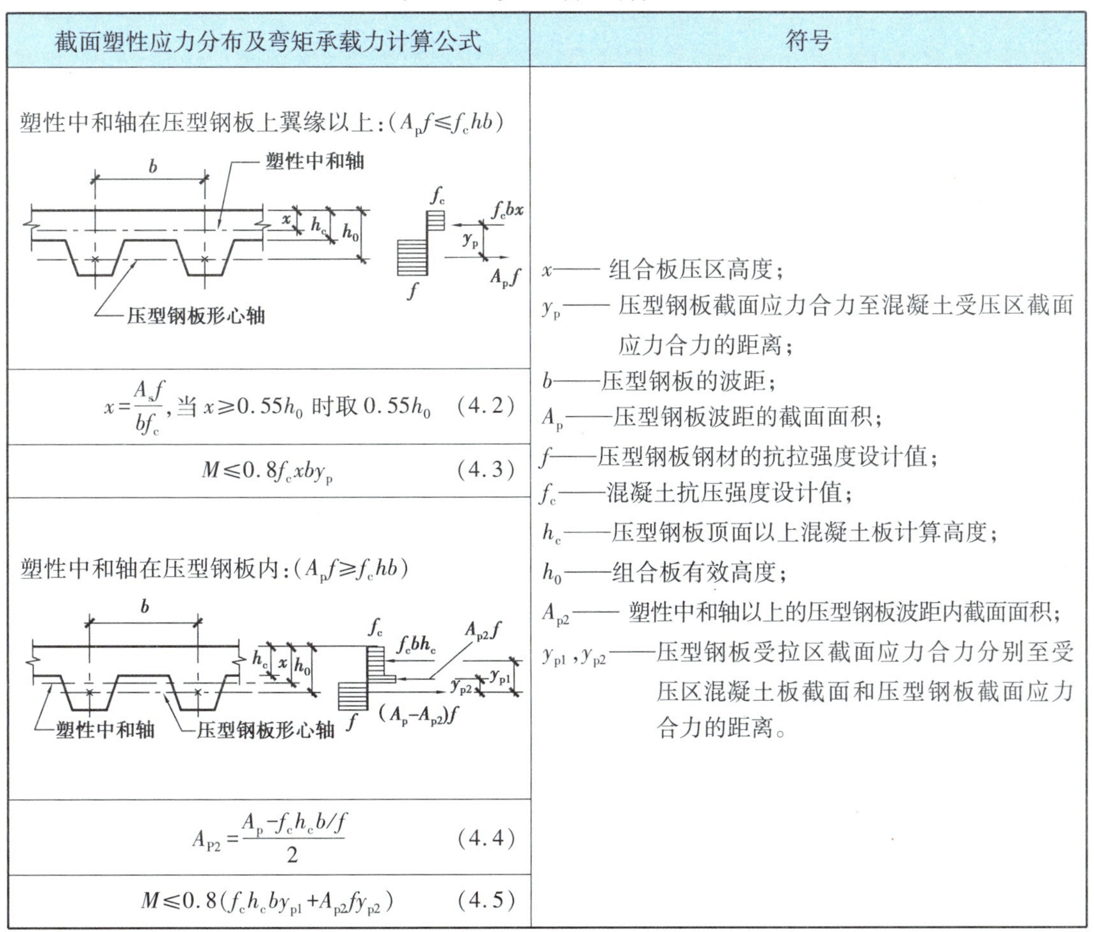


| 截面塑性应力分布及弯矩承载力计算公式 | 符号 |
| --- | --- |
| 塑性中和轴在压型钢板上翼缘以上：($A_{\rm p}f \leqslant f_{\rm c}hb$) | $x$——组合板压区高度；<br>$y_{\rm p}$——压型钢板截面应力合力至混凝土受压区截面应力合力的距离；<br>$b$——压型钢板的波距；<br>$A_{\rm p}$——压型钢板波距的截面面积；<br>$f$——压型钢板钢材的抗拉强度设计值；<br>$f_{\rm c}$——混凝土抗压强度设计值；<br>$h_{\rm c}$——压型钢板顶面以上混凝土板计算高度；<br>$h_0$——组合板有效高度；<br>$A_{\rm p2}$——塑性中和轴以上的压型钢板波距内截面面积；<br>$y_{\rm p1}, y_{\rm p2}$——压型钢板受拉区截面应力合力分别至受压区混凝土板截面和压型钢板截面应力合力的距离。 |
| $x = \dfrac{A_{\rm s}f}{bf_{\rm c}}$，当 $x \geqslant 0.55h_0$ 时取 $0.55h_0$　(4.2) | |
| $M \leqslant 0.8f_{\rm c}xby_{\rm p}$　(4.3) | |
| 塑性中和轴在压型钢板内：($A_{\rm p}f \geqslant f_{\rm c}hb$) | |
| $A_{\rm p2} = \dfrac{A_{\rm p} - f_{\rm c}h_{\rm c}b/f}{2}$　(4.4) | |
| $M \leqslant 0.8(f_{\rm c}h_{\rm c}by_{\rm p1} + A_{\rm p2}fy_{\rm p2})$　(4.5) | |

## 2）界面纵向抗剪计算

钢筋混凝土板与组合板另一显著不同之处在于：组合板在承载力极限状态下还可能发生压型钢板与混凝土板界面上的纵向剪切破坏，即出现二者之间的纵向错动或分离，其原因主要是组合板中的压型钢板不像钢筋混凝土板中的受拉钢筋那样被混凝土完全包裹起来，而只是一面与混凝土相连接，因而粘结抗剪强度较低。在钢筋混凝土板中受拉钢筋通过一定的锚固长度，使钢筋与混凝土的粘结抗剪强度能保证受拉钢筋达到屈服强度而不发生混凝土与钢筋之间的黏结破坏。但是组合板中情况却大不一样，由于压型钢板与混凝土板界面上的粘结抗剪强度较低，要使组合板中的压型钢板受拉屈服需要几米或更长的“锚固长度”。在大多数情况下组合板中的压型钢板还未达到其极限承载力就发生了界面上的纵向剪切破坏。这是组合板受力和破坏形式的一大特点,也是组合板在计算原理和设计方法中必须考虑的重要内容。《组合结构设计规范》(JGJ 138—2016)给出了相应的计算公式,见表 4.7。

**表 4.7　组合板界面纵向抗剪计算**

| 组合板界面纵向抗剪能力计算公式 | 符号 |
| --- | --- |
| $V \leqslant V_u = m\dfrac{A_a h_0}{1.25a} + kf_t bh_0$　　(4.6) | $V$——组合楼板最大剪力设计值;<br>$V_u$——组合楼板界面纵向抗剪承载力;<br>$b$——组合楼板计算宽度;<br>$f_t$——混凝土轴心抗拉强度设计值;<br>$a$——剪跨,均布荷载作用时取 $a = l_n/4$;<br>$A_a$——计算宽度内组合楼板截面压型钢板面积;<br>$h_0$——组合板的有效高度;<br>$m,k$——剪切粘结系数,按《组合结构设计规范》(JGJ 138—2016)取值。 |

### 3)斜截面抗剪计算

因组合板相对较柔,在大多情况下是弯曲和纵向剪切强度起控制作用,只有在小剪跨时才发生斜截面的剪切破坏,而在大剪跨时常发生弯曲破坏,在中等剪跨时常发生纵向剪切破坏。为了防止组合板在剪跨较小而板厚又较大时发生斜截面剪切破坏,应对斜截面抗剪强度按表 4.8 中的公式进行验算,该强度计算公式与钢筋混凝土抗剪强度计算公式中的第一项相同,即只考虑了斜截面上混凝土抗拉强度的作用。

**表 4.8　斜截面抗剪强度计算**

| 斜截面抗剪强度计算公式 | 符号 |
| --- | --- |
| $V \leqslant 0.7 f_t bh_0$　　(4.7) | $V_{in}$—— 组合板一个波距内斜截面最大剪力设计值;<br>$b$——压型钢板的波距;<br>$h_0$—— 组合板的有效高度;<br>$f_t$—— 混凝土轴心抗拉强度设计值。 |

### 4)局部荷载作用下的冲切计算

冲切破坏易发生在当集中荷载较大而板厚又较薄的情况下。其破坏机理以及与之相应的强度计算与钢筋混凝土板相似。实质上混凝土没有抗剪强度这个物理量,混凝土能抵抗一定的剪切作用,是靠它的抗拉强度。在这里,组合板能抵抗一定的竖向集中荷载,也是因为斜锥面上有混凝土抗拉强度的存在。局部荷载作用的面积越大,组合板越厚,则破坏斜锥面的面积也越大,与之相应的抗冲切能力也就越强。局部荷载作用下的冲切计算应按表 4.9 所示的简图和给出的公式计算。

表 4.9　冲切计算

| 冲切破坏锥面抗剪强度计算公式 | 符号 |
| --- | --- |
| 临界周界$u_{cr}$　加荷面积　A—A<br>$V \leqslant 0.6 f_t u_{cr} h_c$　(4.8)<br>$u_{cr}=4(h_c+h_0)+2(a+b)$　(4.9) | $u_{cr}$——临界周界长度；<br>$h_0$——压型钢板顶面以上的混凝土计算厚度；<br>$h_0$——组合板的有效高度；<br>$f_t$——混凝土轴心抗拉强度设计值。 |

### 5)自振频率控制计算

组合板的弯曲刚度一般较小，弯曲变形较大，板的自振频率较低，为了避免组合板的自振频率与干扰频率靠近而引起共振，应对组合板自振特征——自振频率进行控制，即应满足自振频率大于或等于 15 Hz 的要求。组合板的干扰频率主要来自人的活动，人的活动又主要包括走、跑、跳等。人慢走的频率大约是 1.7 Hz，正常走的频率为 2.0 Hz，跳或快跑的频率为 3.5 Hz，当组合板具有 15 Hz 以上的频率时，就远离了可能由人引起的共振区。如果组合板上有机器动力，那么对组合板的自振频率要求要视其机器干扰频率的大小而定，其原则为：自振频率与干扰频率相差越远越好。组合板自振频率的计算可参照表 4.10 进行。

表 4.10　自振频率控制

| 自振频率计算及验算 | 符号 |
| --- | --- |
| $f=\frac{1}{k\sqrt{w}} \geqslant 15\ \text{Hz}$　(4.10)<br>$k$=0.178(两端简支)<br>$k$=0.177(一端简支，一端固定)<br>$k$=0.178(两端固定) | $w$——永久荷载产生的挠度，cm；<br>$k$——支承条件系数。 |

## 4.4　组合板构造要求及施工要点

### 4.4.1　构造要求

①组合板有下列情况之一时应配置钢筋：

a. 为组合板提供储备承载力的附加抗拉钢筋。

b. 在连续组合板或悬臂组合板的负弯矩区配置连续钢筋。

c. 在集中荷载区段和孔洞周围配置分布钢筋。

d. 改善防火效果的受拉钢筋。

e. 在压型钢板上的翼缘焊接横向钢筋,应配置在剪跨区段内,其间距宜为 150 ~300 mm。

②连续组合板在中间支座负弯矩区的上部纵向钢筋,应伸过板的反弯点,并应留出锚固长度和弯钩。下部纵向钢筋在支座处应连续配置,不得中断。

③组合板用的压型钢板应采用镀锌钢板,其镀锌层厚度尚应满足在使用期间不致锈损的要求。

④用于组合板的压型钢板净厚度(不包括镀锌层或饰面层厚度)不应小于 0.75 mm,仅作模板的压型钢板厚度不小于 0.5 mm,浇筑混凝土的波槽平均宽度不应小于 50 mm。当在槽内设置栓钉连接件时,压型钢板总高度不应大于 80 mm。

⑤组合板的总厚度不应小于 90 mm;压型钢板顶面以上的混凝土厚度不应小于 50 mm。此外,尚应符合《组合结构设计规范》(JGJ 138—2016)规定的楼板防火保护层厚度的要求。

⑥组合板端部应设置栓钉锚固件。栓钉应设置在端支座的压型钢板凹肋处,穿透压型钢板并将栓钉、钢板均焊牢于钢梁上。栓钉直径可按下列规定采用:

a. 跨度小于 3 m 的板,栓钉直径宜为 13 mm 或 16 mm。

b. 距度为 3 ~6 m 的板,栓钉直径宜为 16 mm 或 19 mm。

c. 跨度大于 6 m 的板,栓钉直径为 19 mm。

⑦组合板中的压型钢板在钢梁上的支承长度,不应小于 50 mm。在砌体上的支承长度不应小于 75 mm。

⑧当连续组合板按简支板设计时,抗裂钢筋的截面不应小于混凝土截面的 0.2% ,抗裂钢筋从支承边缘算起的长度,不应小于跨度的 1/6,且应不少于 5 支分布钢筋的相交。

抗裂钢筋最小直径应为 4 mm,最大间距应为 150 mm。顺肋方向抗裂钢筋的保护层厚度宜为 20 mm。

与抗裂钢筋垂直的分布钢筋直径,不应小于抗裂钢筋直径的 2/3,其间距不应大于抗裂钢筋间距的 1.4 倍。

⑨组合板在集中荷载作用处,应设置横向钢筋,其截面面积不应小于压型钢板顶面以上混凝土板截面面积的 0.2% ,其延伸宽度不应小于板的有效工作宽度。

### ▶ 4.4.2 施工要点

#### 1)压型钢板的质量保证

①压型钢板原材料应有生产厂家的质量证明书。

②压型钢板的几何尺寸应在出厂前进行抽检,对用卷板压制的板,每卷抽检不应少于 3 块,对用平板压制的板,在每作业班中抽检不应少于 3 块。

③压型钢板应按合同文件规定包装出厂,每个包装箱应有标签,标明压型钢板材质、板型(板长)、数量和净重,且必须有出厂产品合格证书。

④压型钢板基材不得有裂纹,镀锌板面不能有锈点,涂层压型钢板的漆膜不应有裂纹、剥落和露出金属基材等损伤。

⑤压型钢板尺寸的允许偏差应符合以下规定:

a. 板厚度极限偏差应符合原材料板相应标准。

b. 当波高小于 75 mm 时，波高允许偏差为±1 mm，波距允许偏差为±5 mm。

c. 当覆盖宽度≤1 m 时，覆盖宽度的允许偏差为±5 mm。

d. 当板长度小于 10 m 时，板长度允许偏差为±1 mm。当板长度大于或等于 10 m 时，允许偏差为±10 mm。

e. 对波高小于或等于 80 mm 的压型钢板、任意测量 4 ~5 m 长压型钢板，其翘曲值不应超过 5 mm。

⑥测量长度小于 10 m 时，镰刀形弯曲值不应超过 8 mm；测量长度大于或等于 10 m 时，镰刀形弯曲值不应超过 20 mm。

⑦任取 10 m 长压型钢板测量扭转，两端扭转角应小于 10°，若波数大于 2，可任取一波测量。

⑧端部相对最外棱边的不垂直度，在压型钢板宽度上，不应超过 5 mm。

#### 2）施工准备

施工前应绘制压型钢板平面布置图，图中应注明柱、梁及压型钢板的相互关系、板的尺寸、块数、搁置长度及板与柱相交处切口尺寸、板与梁的连接方法，以减少在现场切割的工作量。

#### 3）运输

若无外包装的压型钢板，装卸时应采用吊具，严禁直接使用钢丝绳捆绑起吊。长途运输宜采用集装箱，若无外包装时，应在车辆内设置有橡胶垫的枕木，其间距不应大于 3 m。较长的压型钢板运输时应设置刚性支承台架，装车时压型钢板外伸长度不应大于 5 m。并应牢固地与车身或刚性台架捆绑在一起，以防止滑动。

#### 4）存放与保管

①压型钢板在起吊、堆放时应多设支点，并应在支点处设置垫板以免形成集中荷载，且不得堆放过高，以防止发生变形。

②压型钢板应按不同材质、板型分别堆放。室内堆放一般采用组装货架；工地堆放则一般采用设有橡胶衬垫的架空枕木，以防地面有水浸泡。架空枕木应有一定的倾斜度，以防止上面积水，堆放处应置于无污染、不妨碍交通、不受重物撞击的安全地带。工地堆放时，其板型堆放顺序应与施工顺序相吻合。

③压型钢板长期存放时，应设置雨棚，且应保持良好的通风环境以防潮、防锈。

#### 5）施工

①在压型钢板铺设之前，必须认真清扫钢梁顶面的杂物，并对有弯曲和扭曲的压型钢板进行矫正，板与钢梁顶面的间隙应控制在 1 mm 以下。

②压型钢板的铺设工作应按照板的布置图进行，用墨线标出每块压型钢板在钢梁上翼的铺设位置，按其不同板型将所需块数配置好，沿墨线排列好，然后对切口、开洞等作补强处理。若压型钢板通长穿过梁布置时，可直接将焊钉穿透压型钢板焊于钢梁上翼。

③铺设的压型钢板，既作为浇筑混凝土的模板又可作为工作平台，在板上直接绑扎钢筋、浇筑混凝土，为了保证工作平台的安全，必须保证板与板、板与钢梁焊接牢固。

④如设计图纸上注明施工阶段需设置临时支撑，则压型钢板安装以后即应设置临时支

撑，当浇筑的混凝土达到足够强度时，方可拆除。临时支撑做法应适合工地条件，一般可在压型钢板底部设临时支撑、或临时梁、或由上方悬吊支承。

⑤压型钢板之间的连接可采用直角角焊缝或塞焊，以防止压型钢板相互移动或分开，焊缝间距 300 mm 左右，长度以 20～30 mm 为宜。

⑥压型钢板与钢梁连接可采用角焊缝、塞焊缝。

⑦钢筋(剪力连接件)与压型钢板的连接宜采用喇叭形坡口焊。

⑧组合板与钢梁的端锚固连接，采用焊钉穿透压型钢板与钢梁焊接融在一起的方法。

## 4.5 组合板设计实例

【例 4.1】 某国产压型钢板与混凝土组合板如图 4.4 所示，简支(顺肋方向)，计算长度为 2.5 m，压型钢板为 YX 70-200-600，$f=205\ \text{N/mm}^2$，面积 $A_p=1\ 668\ \text{mm}^2$，压型钢板自重 $(0.136\ \text{kN/m}^2)$，$I_{ef}=100.64\ \text{cm}^4$，$W_{ef}=27.37\ \text{cm}^3$，混凝土板 C20，面层自重为$(0.6\ \text{kN/m}^2)$。试分别对该国产压型钢板与混凝土组合板进行施工阶段和使用阶段的强度和变形验算。

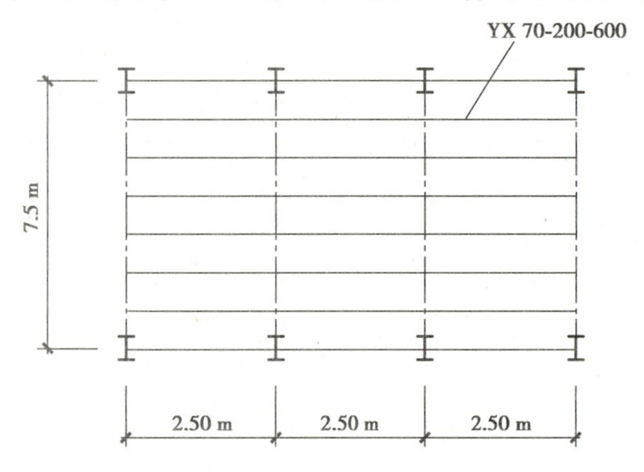


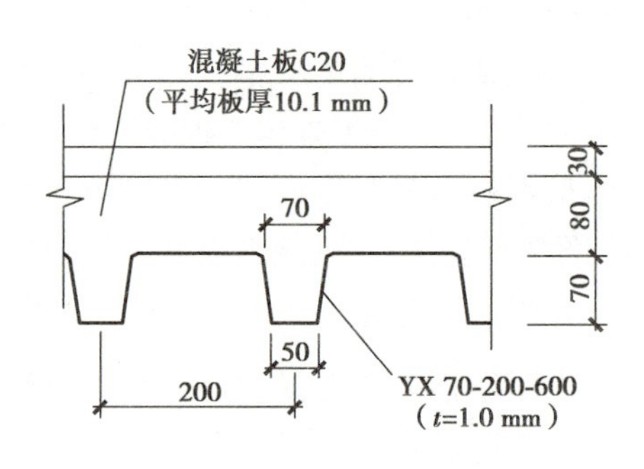


图 4.4 例 4.1 图

【解】 (1)外荷载与内力计算

①施工阶段

恒载：$g_k=0.101\times25+0.136=2.66(\text{kN/m})$

$g_1=1.3\times2.66=3.46(\text{kN/m})$

活载：$q_k=1.0(\text{kN/m})$

$q_1=1.5\times1.0=1.50(\text{kN/m})$

$$M=\frac{1}{8}(g_1+q_1)l^2=\frac{1}{8}\times4.96\times2.5^2=3.88(\text{kN/m})$$

②使用阶段

恒载：$g_k=0.101\times25+0.136+0.6=3.26(\text{kN/m})$

$g_2=1.3\times3.26=4.24(\text{kN/m})$

活载：$q_k=2.0(\text{kN/m})$

$$q_2=1.5\times2.0=3.00(\text{kN/m})$$

$$M=\frac{1}{8}(g_2+q_2)l^2=\frac{1}{8}\times7.24\times2.5^2=5.66(\text{kN/m})$$

$$V=\frac{1}{2}(g_2+q_2)l=\frac{1}{2}\times7.24\times2.5=9.05(\text{kN})$$

(2)压型钢板验算(施工阶段)

①抗弯强度

$$M=W_{ef}f=27.37\times10^3\times205=5.61(\text{kN/m})>3.88(\text{kN/m})$$

②挠度计算

$$v=\frac{5}{384}\frac{(g_k+q_k)l^4}{E_sI_{ef}}=\frac{5}{384}\times\frac{(2.66+1.0)\times10^{-3}\times2.5^4}{2.06\times10^5\times100.64\times10^{-8}}=9.0\times10^{-3}\ \text{m}=9.0\ \text{mm}<v_{lim}$$

(3)组合板验算(使用阶段)

①抗弯强度 $h_0=80+70-43.32=106.7\ (\text{mm})$

$$x=\frac{A_pf}{bf_c}=\frac{1\ 668\times205}{1\ 000\times9.6}=35.62\ \text{mm}<h_c$$

组合截面塑性中和轴在压型钢板顶面以上

$$\begin{aligned}M&=0.8fA_p\left(h_0-\frac{x}{2}\right)\\&=0.8\times205\times1\ 668\times(106.7-17.81)\\&=24\ 310\ 566\ \text{N}\cdot\text{mm}\\&=24.31\ \text{kN}\cdot\text{mm}>5.66\ \text{kN}\cdot\text{mm}(\text{满足})\end{aligned}$$

②斜截面抗剪承载力

在计算斜截面强度时，板宽取肋的平均宽度，而不是压型钢板以上的混凝土板板宽，本例中的压型钢板在1 m宽度内有5个肋，每个肋的平均宽度为(50+70)/2=60(mm)。

$$\begin{aligned}V&=0.7f_tbh_0\\&=0.7\times1.10\times(5\times60)\times108.6\\&=25\ 086.6\ \text{N}\\&=25.09\ \text{kN}>9.05\ \text{kN}(\text{满足})\end{aligned}$$

③变形验算

先取一个波宽为计算单元，将该单元的惯性矩乘每米宽度内的波数即得1 m宽的组合截面惯性矩。

a. 荷载效应标准组合作用下的挠度。

在计算组合截面惯性矩时，可将组合截面分成3个部分列表计算，并将混凝土面积换算成钢面积。

$$\alpha_E=\frac{E_s}{E_c}=\frac{2.06\times10^5}{2.55\times10^4}=8.08$$

表 4.11　组合截面惯性矩计算

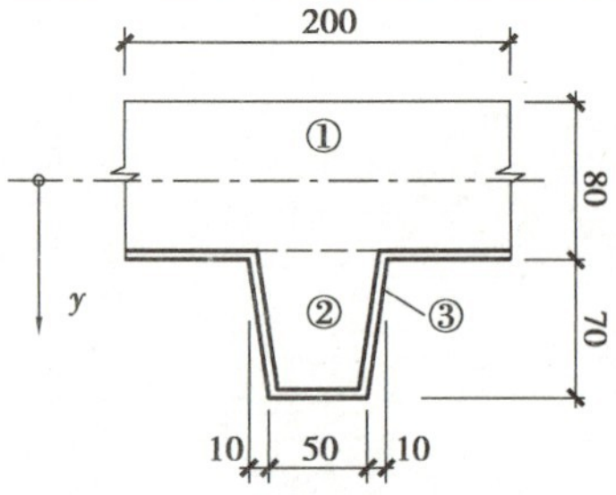

| 截面部分 | $A_i/\text{cm}^2$ | $y_i/\text{cm}$ | $A_iy/\text{cm}^3$ | $A_iy^2/\text{cm}^4$ | $I_i/\text{cm}^4$ |
|---|---|---|---|---|---|
| ① | $20\times8/\alpha_E=19.8$ | 0 | 0 | 0 | 105.6 |
| ② | $6\times7/\alpha_E=5.20$ | 7.5 | 39 | 292.5 | 21.23 |
| ③ | $16.68/5=3.34$ | $4+7-4.14=6.86$ | 22.91 | 157.2 | $10\,064/5=20.13$ |
| $\sum$ | 28.34 | | 61.91 | 449.7 | 146.96 |

图 4.5　截面尺寸

组合截面形心位置和组合截面惯性矩分别为：

$$y_s=\frac{\sum A_iy_i}{\sum A_i}=\frac{61.91}{28.34}=2.18(\text{cm})$$

$$\begin{aligned}I_{sc}&=\sum I_i+\sum A_iy_i^2-y_s^2\sum A_i\\&=146.96+449.7-2.18^2\times28.34\\&=461.98(\text{cm}^4)\end{aligned}$$

一个波宽范围内的荷载为(荷载效应标准组合)：

$$P_k=\frac{1}{5}(g_k+q_k)=\frac{1}{5}(3.26+2.0)=1.052(\text{kN/m})$$

$$v=\frac{5}{384}\times\frac{P_kl^4}{E_sI_{sc}}=\frac{5}{384}\times\frac{1.052\times2\,500^4}{2.06\times10^5\times461.98\times10^4}=0.56(\text{mm})$$

b. 荷载效应准永久组合作用下的挠度。

考虑长期荷载作用下混凝土的徐变效应，只需将混凝土面积除以 $2\alpha_E$。

表 4.12　组合截面惯性矩计算

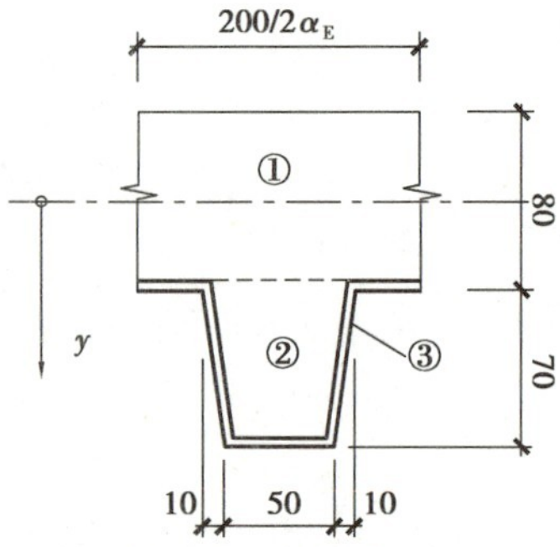

| 截面部分 | $A_i/\text{cm}^2$ | $Y_i/\text{cm}$ | $A_iy/\text{cm}^3$ | $A_iy^2/\text{cm}^4$ | $I_i/\text{cm}^4$ |
|---|---|---|---|---|---|
| ① | 9.9 | 0 | 0 | 0 | 52.8 |
| ② | 2.6 | 7.5 | 19.5 | 146.25 | 10.62 |
| ③ | 3.34 | 6.86 | 22.91 | 157.2 | 20.13 |
| $\sum$ | 15.84 | | 42.41 | 303.45 | 83.55 |

图 4.6　截面尺寸

$$y_s=\frac{42.41}{15.84}=2.68(\text{cm})$$

$$I_{sc}=83.55+303.45-2.68^2\times15.84=273.23(\text{cm}^4)$$

一个波宽范围内的荷载为(荷载效应准永久组合):

$$P_k = \frac{g_k + \psi_q q_k}{5} = \frac{3.26 + 0.85 \times 2.0}{5} = 0.992$$

$$\begin{aligned} v &= \frac{5}{384} \cdot \frac{P_k l^4}{E_s I_{sc}} \\ &= \frac{5}{384} \cdot \frac{0.992 \times 2\,500^4}{2.06 \times 10^5 \times 273.23 \times 10^4} \\ &= 0.90\ (\text{mm}) \\ &= l_0/2\,777 < v_{lim} = l_0/200(\text{满足要求}) \end{aligned}$$

## 本章小结

①压型钢板与混凝土组合板应按施工阶段和使用阶段分别进行承载力计算和挠度验算,在使用阶段还应满足自振频率的控制要求。

②使用阶段组合板可能发生正截面弯曲破坏、斜截面剪切刀破坏和沿压型钢板与混凝土交界面的纵向水平剪切粘结破坏。当板上作用有较大集中荷载而板的厚度较小时,还有可能发生冲切破坏。

③组合板的正截面受弯承载力计算采用塑性设计法,假设截面受拉区和受压区的材料都能达到强度设计值,并忽略受拉混凝土的作用。计算时,塑性中和轴可能在压型钢板以上的混凝土内,也可能在压型钢板范围内。

④压型钢板与混凝土交界面上的纵向水平剪切粘结力是组合板共同工作的前提,一旦这种粘结作用丧失,压型钢板与混凝土之间就会产生较大滑移,导致组合板的承载力急剧下降,乃至崩溃。

⑤施工阶段组合板的变形计算,不能考虑压型钢板与混凝土的组合效应,应取压型钢板有效截面的抗弯刚度,按弹性力学的方法计算。使用阶段组合板的变形计算,可采用换算截面法,分别按荷载效应的标准组合和准永久组合进行计算,其较大值应满足变形控制的要求。

## 习　题

4.1　钢板作为组合板的受拉配筋与钢筋混凝土板中的受拉钢筋相比有何异同?

4.2　影响组合板弯矩承载力的因素有哪些?

4.3　组合板的设计与钢筋混凝土板一样,应对组合板进行正截面和斜截面的强度计算,还应进行哪些内容或方面的计算?

4.4　组合板施工阶段和使用阶段的计算有何不同?

4.5　不设置或设置临时支撑对组合板的计算有何影响?

4.6　有哪些方法可以用来计算组合板的纵向水平抗剪强度? 是否可用我国规程给出的

回归公式来计算带压痕的压型钢板的组合板？

4.7　有哪些措施可提高组合板的纵向水平抗剪强度？

4.8　组合板有哪些施工、使用和受力方面的优缺点？

4.9　使用国产压型钢板的组合板，简支（顺肋方向），计算长度为3.0 m，压型钢板为YX75-200-600，$f$=205 N/mm²，板厚为1.2 mm，面积$A_p$=2 000 mm²，压型钢板自重（0.157 kN/m²），$I_{ef}$=151.84 cm⁴，$W_{ef}$=39.39 cm³，混凝土板C20，面层自重为（0.6 kN/m²）。试分别进行施工阶段和使用阶段的强度和变形验算。

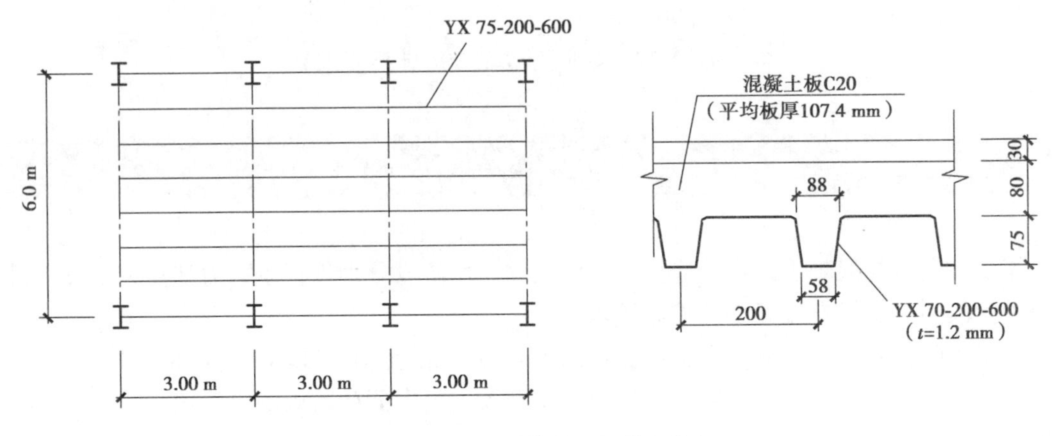


图4.7　题4.9计算简图及截面特征

# 第5章 钢与混凝土组合梁

**基本要求：**

(1)了解组合梁的基本组成及其工作原理。

(2)了解组合梁按弹性理论分析和塑性理论分析方法的应用范围和条件。

(3)掌握组合梁按弹性理论和塑性理论进行正截面受弯承载力计算的原则和方法。

(4)掌握组合梁按弹性理论和塑性理论进行斜截面受剪承载力计算的方法。

(5)掌握组合梁剪切连接的弹性和塑性设计法。

(6)了解组合梁的稳定性分析方法。

(7)了解连续组合梁的内力按弹性和塑性的分析方法，掌握负弯矩截面受弯承载力和受剪承载力的计算方法。

(8)掌握部分剪切连接组合梁的应用范围和承载力计算方法。

(9)掌握组合梁的挠度和裂缝宽度的计算方法。

(10)了解组合梁的构造要求，特别是剪切连接件设置的一般规定。

## 5.1 组合梁基本概念及分类

### 5.1.1 基本概念

假如在钢梁上放置一块钢筋混凝土板，它们之间没有任何的连接，同时忽略两者之间的摩擦力（通常这种摩擦力很小），则在荷载作用下钢筋混凝土板和钢梁都将发生弯曲，弯曲时就如同两个上下紧贴着的高度不等的受弯构件，它们都绕着自己的中和轴转动，各自的顶面和底面均出现缩短和伸长，钢筋混凝土板和钢梁保持各自单独受力，而没有任何组合作用，称为非组合梁(或叠合梁),如图5.1所示。在非组合梁的交接面(简称"界面")上就会发生相互错动,人们将这种相互错动称为滑移。如果忽略摩擦力的影响,钢筋混凝土板和钢梁可在界面上自由滑动,此时界面上没有任何纵向剪力的存在。

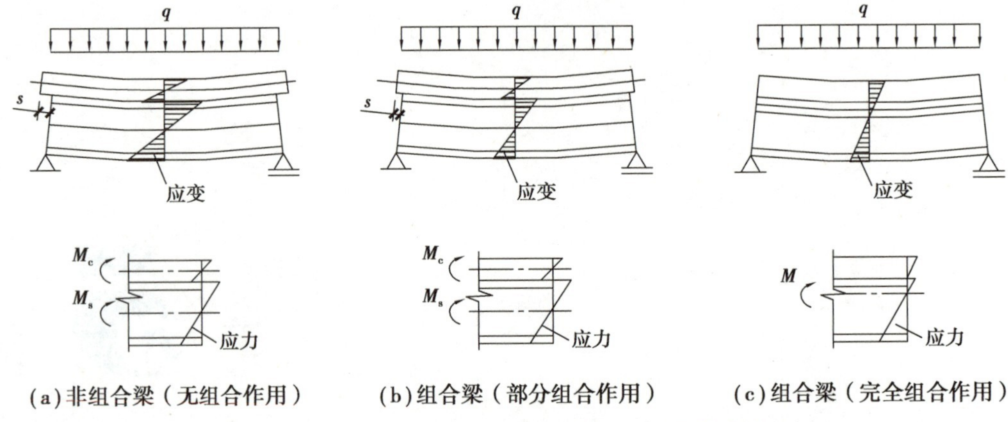


图5.1 不同连接程度组合梁的应力、应变及界面滑移

如果在钢筋混凝土板与钢梁之间,设置一定数量的抗剪连接件(比如栓钉、槽钢等)来阻止它们之间在受弯时相互错动(或滑移),使得两者的弯曲变形协调,形成一个整体而共同工作,这就是组合梁。组合梁的刚度和强度都分别比组成它们的两个构件单独时的刚度及强度相叠加要大得多,这是组合梁的受力特点和优势之一。另一个特点是:两构件组合后还能充分发挥它们材料强度的优势,即组合梁的混凝土板受压而钢梁受拉。使两构件连在一起共同受力的连接件为抗剪连接件,组合梁在弯曲过程中使抗剪连接件在界面上受到翼板和钢梁的剪切作用。能够使界面滑移为零的剪切连接为刚性剪切连接,但在实际的组合梁中,在界面上或多或少都有滑移存在,所以绝对的刚性连接是不存在的。有滑移存在的剪切连接为弹性剪切连接。上下两受弯构件在界面上自由滑动时,则为无剪切连接。除此之外,如图5.1所示,在刚性剪切连接时组合截面在界面处无应变突变,梁变形后整个截面仍保持一平截面;而在弹性和无剪切连接时,界面处有应变突变,梁变形后仅在上下各构件中分别保持平截面。

归纳出不同连接程度组合梁受力特点见表5.1。

表5.1 不同连接程度组合梁受力特点

| 受力特点 | 连接程度 | | |
|---|---|---|---|
| | 无剪切连接 | 刚性剪切连接 | 弹性剪切连接 |
| 界面滑移 | 最大 | 最小 | 二者之间 |
| 界面处应变突变 | 最大 | 最小 | 二者之间 |
| 界面剪力 | 最小(零) | 最大 | 二者之间 |
| 平截面假定 | 部分截面内满足 | 全截面内满足 | 部分截面内满足 |
| 梁的刚度、强度 | 最小 | 最大 | 二者之间 |

## ▶ 5.1.2 组合梁分类

根据混凝土翼板的形式及剪切连接的方式可将目前使用中的组合梁分为4类:

1)现浇钢筋混凝土翼板

采用现浇钢筋混凝土板作翼板,结构整体性好,能适应各种平面形状,灵活性大,但需安装和拆卸木模或钢模,施工工序烦琐,进度慢,在高层钢结构中已较少采用,逐渐被带压型钢板的现浇组合楼盖所取代(图5.2)。

2)带压型钢板的现浇钢筋混凝土翼板

在施工阶段当压型钢板铺设在钢梁上后即可作为工作平台和承重模板,其优点不仅在于铺设快,省去了安装传统模板脚手架的工作,还可多层与主体结构同时交叉作业,体现了施工速度快这一最大优点;另外压型钢板还可与其上的混凝土板形成组合板,这样不仅可在施工阶段利用压型钢板的抗弯强度,还可在使用阶段利用压型钢板的抗拉强度。这样既利用了压型钢板在施工速度上的优点,也利用了其强度,在两方面都具有经济效益(图5.3)。

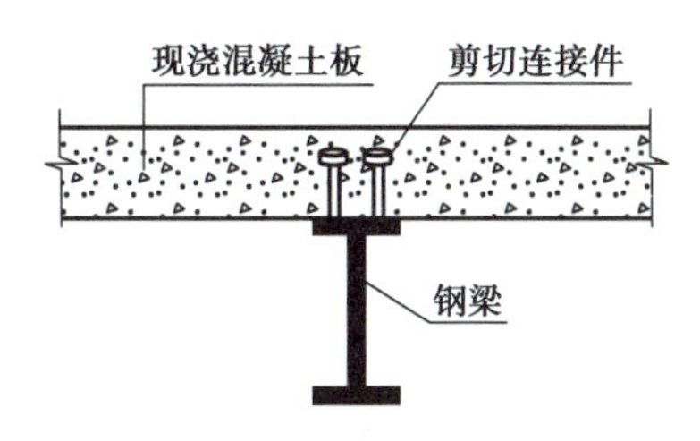


图5.2　现浇钢筋混凝土板组合楼盖剖面

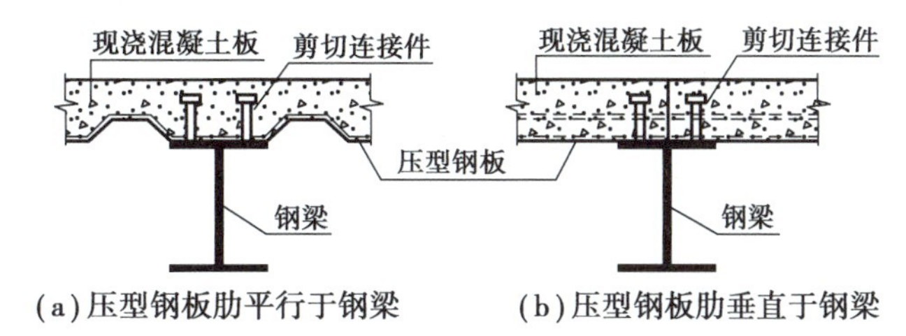


图5.3　带压型钢板的现浇钢筋混凝土板组合楼盖剖面

3)预制钢筋混凝土板作翼板

预制钢筋混凝土板的施工制作质量好,尺寸精度高,只需现场铺设,施工速度快,但须在板端留设现浇槽坑,并须配置一定数量的钢筋,以保证后浇混凝土与预制板形成整体。这类预制钢筋混凝土楼盖多用于多层及高层旅馆和公寓建筑(图5.4)。

4)摩擦剪切连接

摩擦剪切连接是通过将高强螺栓张紧来施加预应力,使预制钢筋混凝土板被紧紧地挤压在钢梁顶面,从而使界面在组合梁弯曲过程中具有摩擦力(图5.5)。这种连接方式常用于较大的预制板(如车库,直接在上可行车),在浇筑预制板时应使用钢模,以便得到较好的板的尺寸精度和平整度,将其直接铺放于钢梁上后,不需用砂浆找平,但摩擦面上不能有油、灰尘或其他脏物。

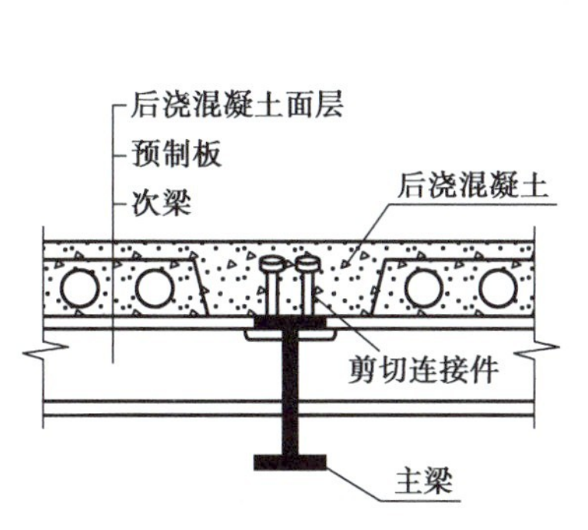


图5.4　预制钢筋混凝土板组合楼盖剖面

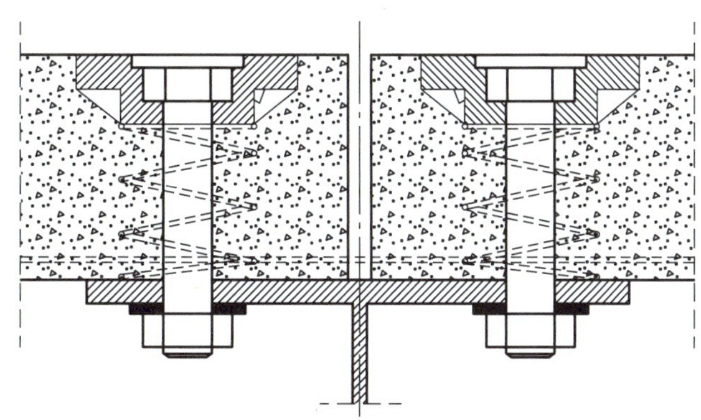

图5.5　摩擦抗剪连接件

## 5.2 组合梁稳定性分析

在施工阶段,无论是简支还是连续组合梁,由于混凝土翼板尚未结硬,不参加受力,仅作为荷载(自重加施工荷载)施加于钢梁上,所以在施工阶段,组合梁的稳定分析实际上是钢梁的稳定分析,参照钢梁的稳定性分析方法即可;在使用阶段,组合梁的混凝土翼板与钢梁已形成组合截面,故与纯钢梁相比有所不同,例如:

①混凝土翼板可作为钢梁受压区的侧向支撑。

②组合截面的刚度和抵抗矩要比钢梁截面的大得多。

以上两点是较有利的因素,但在使用阶段组合梁仍可能存在稳定问题。因此必须参照《钢结构设计标准》(GB 50017—2017)的有关规定进行稳定验算。本节只介绍组合梁在使用阶段的稳定性分析。

### 5.2.1 整体稳定(使用阶段)

#### 1)简支梁

不存在整体稳定问题。因混凝土翼板不仅作为钢梁沿其整个梁长的连续侧向刚性水平支撑,同时翼板的抗弯刚度还起限制钢梁扭转的弹性支撑作用,这就进一步增大了组合梁整体稳定性的刚度。

#### 2)连续梁

在中间支座的负弯矩区,因钢梁的下翼缘受压,可出现横向弯曲扭转失稳,如图 5.6 所示。要能较好地反映实际情况,理论计算较为复杂,一般通过增加受压翼缘的宽度和厚度、在支座处和负弯矩区每隔一定间距增设横向加劲肋(提高抵抗钢梁截面变形的刚度)及加隅撑等措施来提高抗扭刚度($C_\theta$)以抵抗横向弯曲扭转失稳。组合梁的抗扭刚度主要由混凝土翼板的抗弯刚度($C_b$)和钢梁截面变形刚度($C_s$)组成,并可按式(5.1)求得:

$$C_\theta=\frac{1}{C_b}+\frac{1}{C_s} \tag{5.1}$$

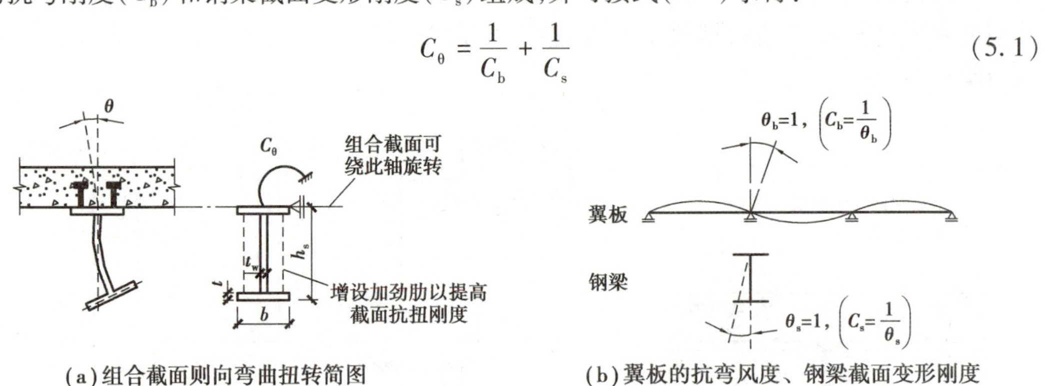


(a)组合截面则向弯曲扭转简图　　(b)翼板的抗弯风度、钢梁截面变形刚度

图 5.6　组合梁抗整体失稳的抗扭刚度

已知组合截面的抗扭刚度,可计算组合梁在常见荷载作用下的理想弹性失稳弯矩,进而可求得整体稳定系数。

## ▶ 5.2.2 局部稳定(使用阶段)

无论是简支还是连续组合梁均有可能发生局部失稳,局部失稳可出现在钢梁的板件上,产生局部失稳翘曲的地点是:受压翼缘——在弯曲应力作用下,腹板——在剪应力作用下,腹板——在弯曲应力和剪应力同时作用下。为避免局部失稳,可通过增加钢梁板件的厚度,减小板件的边长(该措施——减小板件的边长——正好与提高整体稳定的相反)或增设加劲肋等措施来提高抗失稳能力。

**1)简支梁**

当支座处剪力较大,钢梁腹板又较高较薄时,局部失稳可出现在支座处的腹板内。

**2)连续梁**

在中间支座处腹板及受压翼缘均可能发生局部失稳。

对以上可能发生局部失稳的地方除了进行相应的较繁的稳定计算,工程上常采用一些计算较简单的方法来控制不出现失稳。如《组合结构设计规范》(JGJ 138—2016)对受压和受弯构件局部稳定的有关规定来选择和确定钢梁板件的尺寸。

弹性设计时,钢梁受压翼缘的外伸宽度 $b$ 与其厚度 $t$ 之比应满足《钢结构设计标准》(GB 50017—2017)对受压构件局部稳定的有关规定,钢梁腹板的高度 $h_0$ 与其厚度 $t_w$ 之比则应满足对受弯构件局部稳定的有关规定。

塑性设计时,钢材的力学性能应满足强屈比 $f_u/f_y \geq 1.2$,伸长率 $\delta_s \geq 15\%$,对应于抗拉强度 $f_u$ 的应变 $\varepsilon_u$ 不小于 20 倍屈服点应变 $\varepsilon_y$。塑性设计截面板件的宽厚比应符合表 5.2 的规定。

**表 5.2　板件宽厚比**

| 界面形式 | 翼缘 | 腹板 |
| --- | --- | --- |
|  | $\frac{b}{t} \leq 9\sqrt{\frac{235}{f_y}}$ | 当 $\frac{N}{Af} < 0.37$ 时<br>$\frac{h_0}{t_w}\left(\frac{h_1}{t_w}、\frac{h_2}{t_w}\right) \leq \left(72 - 100\frac{N}{Af}\right)\sqrt{\frac{235}{f_y}}$<br>当 $\frac{N}{Af} \geq 0.37$ 时<br>$\frac{h_0}{t_w}\left(\frac{h_1}{t_w}、\frac{h_0}{t_w}\right) \leq 35\sqrt{\frac{235}{f_y}}$ |
|  | $\frac{b_0}{t} \leq 30\sqrt{\frac{235}{f_y}}$ | 与前项工字形截面的腹板相同 |

## 5.3 简支组合梁弹性设计方法

组合梁应按弹性方法进行计算的几种情况：

①当钢梁的板件尺寸不满足塑性截面设计的要求时，组合梁应按弹性设计。

②桥涵结构中的组合梁因直接承受动荷载也须采用弹性设计。采用弹性设计时，不利用截面的塑性强度储备，对截面的应力限制较严。弹性设计的优点在于：材料保持弹性，刚度无变化，即叠加原理成立，利用叠加原理计算内力和变形均较为简单方便。

### ► 5.3.1 内力计算

#### 1）基本假定

①钢梁与混凝土都为理想弹性体，不考虑受拉区混凝土参与工作。

②界面为刚性剪切连接，即界面上的相对滑移为零，整个组合截面满足平截面假定。

③忽略翼板中钢筋的作用。

#### 2）内力计算时须考虑的因素

在计算内力时，需要考虑以下 4 个方面的因素：

（1）施工阶段和使用阶段的不同结构体系

在施工阶段混凝土还未硬化，钢梁和翼缘板自重以及板上的施工荷载均由钢梁独自承担，即仅是钢梁截面受力，若梁下设有临时支撑，荷载则由临时支撑承担。在使用阶段混凝土达到设计强度时，翼板可与钢梁共同工作，为组合梁受力。

（2）有无临时支撑导致组合梁承受的荷载不同

当梁下设临时支撑时，在支撑未拆除之前，所有的荷载由支撑承担，因支撑的间距一般都很小，钢梁的受力很小可忽略不计。待混凝土达到一定强度后，方可拆除支撑，支撑拆除后梁上所有的荷载（永久荷载和可变荷载）则由组合梁来承担，见表 5.3。

不设临时支撑时，在混凝土还未硬化的施工阶段，钢梁和混凝土的自重、施工活荷载均由钢梁独自承担。在混凝土结硬后施加的荷载（如面层恒载、使用活荷载），则由组合梁来承担。

设临时支撑的优点在于让所有的荷载由临时支撑承担。当梁跨度较大时，梁的应力和变形都会很大，设置临时支撑就能较容易地满足应力和变形方面的验算要求。

不设临时支撑，施工简便、快速，但梁变形较大，因混凝土硬化前施加的荷载（组合梁的自重）是由钢梁来承担的，组合梁仅承受混凝土硬化后施加的荷载（面层自重和使用阶段的活荷载）。当梁跨度较大时，应力和变形验算常难以满足要求。

（3）长期荷载效应（混凝土徐变）引起的组合梁翼板和钢梁之间的内力重分布

组合梁受压区的混凝土在长期荷载作用下要发生徐变（压力不变而变形随时间的增加而增加）。当混凝土发生徐变时，因混凝土与钢梁之间通过抗剪连接件的联系，钢梁要阻止这种变形，其结果在组合梁内部将引起附加内力，使得混凝土翼板中的压力减小，其减弱程度与徐变大小有关。徐变的大小又主要与施加荷载时混凝土的龄期、荷载持续时间的长短以及与混凝土的收缩性能有关。精确计算由混凝土徐变引起的组合梁翼板和钢梁中的内力是比较复杂的。为了简化计算,《组合结构设计规范》(JGJ 138—2016)规定将混凝土的有效截面面积减半以此来考虑长期荷载作用下混凝土徐变的影响,见表 5.3。

**表 5.3　简支组合梁考虑不同因素时内力计算简图和截面**

| 支撑＼阶段 | 施工阶段 | 使用阶段 |
|---|---|---|
| 无临时支撑 | $g$ | $p$　$b_e$ |
| 有临时支撑 | 临时支撑 | $p$　$b_e$　$g$　$b_e/2$　拆除临时支撑 |

(4)温度变化及混凝土硬化收缩引起的组合梁内的自应力

虽然温度变化或混凝土收缩不会在静定简支组合梁的整个截面上产生内力,但会引起在部分截面中产生内力,这些内力在组合梁内构成自相平衡,即自应力状态,因混凝土翼板由温度变化或由混凝土的硬化收缩引起的变形不可能是自由变形,而是受到钢梁阻滞的变形,这样就要在混凝土翼板和钢梁内产生内力——自应力。自应力的大小主要与翼板及钢梁的刚度有关,翼板的刚度越大,由温度或由混凝土收缩产生的力也越大,钢梁的刚度越大,阻止翼板伸长或缩短的能力越强,其自应力越大。

## ▶ 5.3.2　混凝土翼板计算宽度和截面惯性矩

由于翼板平面内有剪切变形存在,翼板内的弯曲应力沿其宽度呈不均匀分布,远离钢梁处的应力小,靠近钢梁处的应力大。近似地将实际不均匀的应力分布换算成在一定宽度范围内的均匀分布可大大简化计算,这个一定宽度范围称为有效宽度或计算宽度。此宽度可按图 5.7 所示和按式(5.2)确定。

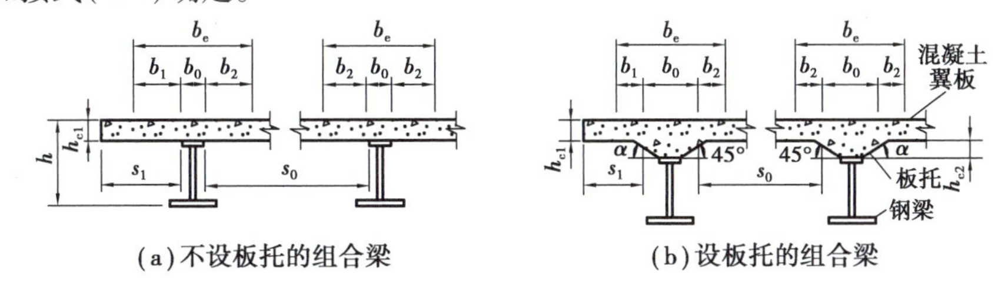


(a)不设板托的组合梁　　(b)设板托的组合梁

**图 5.7　混凝土翼板的计算宽度**

$$b_e = b_0 + b_1 + b_2 \tag{5.2}$$

式中　$b_0$——板托顶部的宽度;当板托倾角 $\alpha<45°$ 时,应按 $\alpha=45°$ 计算板托顶部的宽度;当无板托时,则取钢梁上翼缘的宽度;

$b_1, b_2$——梁外侧和内侧翼板的计算宽度，各取梁等效跨度 $l_e$ 的 1/6。此外，$b_1$ 尚不应超过翼板实际外伸宽度 $s_1$；$b_2$ 不应超过相邻钢梁上翼缘或板托间净距 $s_0$ 的 1/2。当为中间梁时，公式中的 $b_1$ 等于 $b_2$。$l_e$ 为等效跨度，对于简支组合梁，取为简支组合梁的跨度 $l$；对于连续组合梁，中间跨正弯矩区取为 $0.6l$，边跨正弯矩区取为 $0.8l$，支座负弯矩区取为相邻两跨跨度之和的 0.2 倍。在图 5.7 中，$h_{c1}$ 为混凝土翼板的厚度，当采用压型钢板混凝土组合板时，翼板厚度 $h_{c1}$ 等于组合板的总厚度减去压型钢板的肋高，但在计算混凝土翼板的有效宽度时，压型钢板混凝土组合板的翼板厚度 $h_{c1}$ 可取有肋板处的总厚度；$h_{c2}$ 为板托高度，当无板托时，$h_{c2}=0$。

在确定了翼板的计算宽度后，组合梁的截面尺寸即已确定，在下一步计算组合截面惯性矩时，若把两种材料组成的组合截面换算成单一材料的组合截面将会更简便。在换算时既可将混凝土面积换算成钢面积，也可将钢面积换算成混凝土面积，但在实际计算中常选用前一种进行换算。

在计算组合截面惯性矩时，通常须知道各部分截面形心轴到组合截面形心轴的距离，然后按移轴公式计算各部分截面对组合截面形心轴的惯性矩，实际上这是选择了组合截面形心轴作为参考轴。但在组合截面形心轴未知的情况下，采用另一种方法来计算组合截面的惯性矩更为方便，即先任选一参考轴，比如将参考轴选在翼板顶面，然后将组合截面分成若干部分，并计算各部分对选定参考轴的惯性矩，之后可用表 5.4 中的公式计算得到组合截面对自身形心轴的惯性矩。计算可列表进行。

**表 5.4　组合截面惯性矩计算**

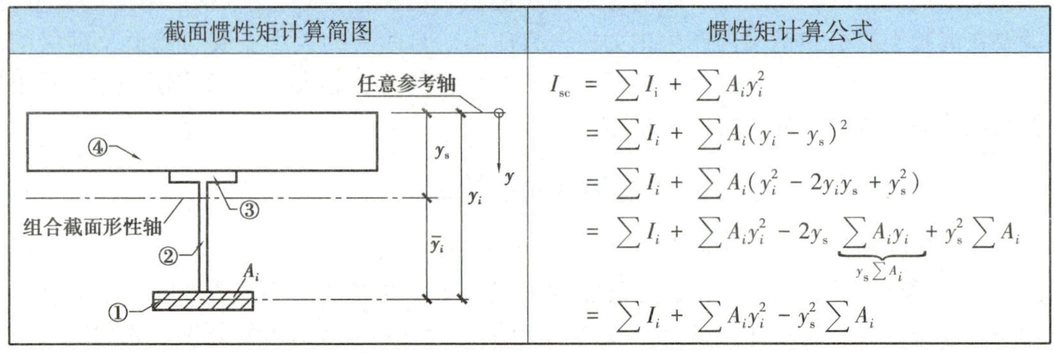


$$
\begin{aligned}
I_{sc} &= \sum I_i + \sum A_i y_i^2 \\
&= \sum I_i + \sum A_i (y_i - y_s)^2 \\
&= \sum I_i + \sum A_i (y_i^2 - 2y_i y_s + y_s^2) \\
&= \sum I_i + \sum A_i y_i^2 - 2y_s \underbrace{\sum A_i y_i}_{y_s \sum A_i} + y_s^2 \sum A_i \\
&= \sum I_i + \sum A_i y_i^2 - y_s^2 \sum A_i
\end{aligned}
$$

【例 5.1】　试求图 5.8 所示组合截面的惯性矩：翼板混凝土 C30，$E_c=3.0\times10^4\ \text{N/mm}^2$，钢梁Ⅰ36a(Q235)，$E_s=2.06\times10^5\ \text{N/mm}^2$，$\alpha_E=E_s/E_c=6.87$。

**表 5.5　组合截面惯性矩计算**

| （图 5.8） | 部分截面＼公式 | $A_i/\text{cm}^2$ | $y_i/\text{cm}$ | $A_i y_i/\text{cm}^3$ | $A_i y_i^2/\text{cm}^4$ | $I_i/\text{cm}^4$ |
|---|---|---|---|---|---|---|
| 1 000；100；80；360；①；$y$；任意参考轴<br>图 5.8　组合截面 | ① | $100\times10/6.87=145.6$ | 0 | 0 | 0 | $100\times10^3/(12\times6.87)=1\ 213.0$ |
| | ② | 76.44 | 31 | 2 369.6 | 73 458.8 | 15 796 |
| | $\sum$ | 222.04 | | 2 369.6 | 73 458.8 | 17 009 |

$$y_s = \frac{\sum A_i y_i}{\sum A_i} = \frac{2\ 369.6}{222.04} = 10.67\ (\text{cm})$$

$$I_{sc} = \sum I_i + \sum A_i y_i^2 - y_s^2 \sum A_i = 17\ 009 + 73\ 458.8 - 10.67^2 \times 222.04 = 65\ 188.8\ (\text{cm}^4)$$

### 5.3.3　截面应力计算

#### 1）施工阶段

钢梁独自承重，其截面应力计算按材料力学的方法进行。最大弯曲应力在钢梁最外纤维处（表5.6图中的1点处），最大剪应力在截面形心轴处（表5.6图中的3点处），最大等效应力一般在翼缘与腹板的交界处（表5.6图中的2点处）。

表5.6　钢梁截面应力计算

| 钢梁 | 正应力 | 剪应力 | 等效应力 |
|---|---|---|---|
| 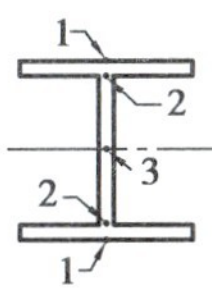 1, 2, 3, 2, 1 | 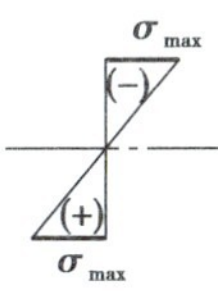 $\sigma_{max}$ (−) (+) $\sigma_{max}$ | 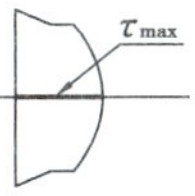 $\tau_{max}$ | 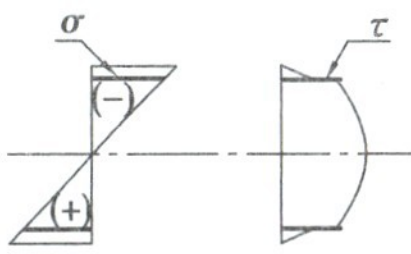 $\sigma$ (−) (+) $\tau$ |
| 计算公式 | $\sigma = \frac{My_i}{I_s}$ | $\tau = \frac{VS_i}{t_i I_s}$ | $\sigma_{eq} = \sqrt{\sigma^2 + 3\tau^2}$ |

#### 2）使用阶段

使用阶段组合梁自承重，其截面应力计算仍按材料力学的方法进行。最大弯曲应力在最外纤维处，最大剪应力在截面形心轴处，最大等效应力一般在钢梁翼缘与腹板的交界处。

表5.7　组合梁截面应力计算

| | 断面及应力分布 | 计算公式 |
|---|---|---|
| 正应力 | 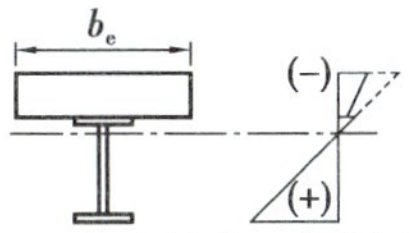 $b_e$ (−) (+)<br>（a）中和轴位于钢梁中 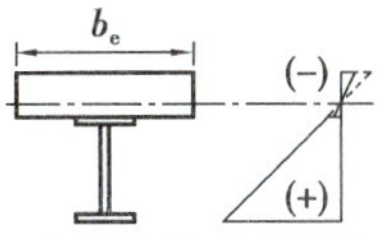<br>$b_e$ (−) (+)<br>（b）中和轴位于混凝土板中 | $\sigma = \frac{My_i}{I_{sc}}$　（5.3） |
| 剪应力 | 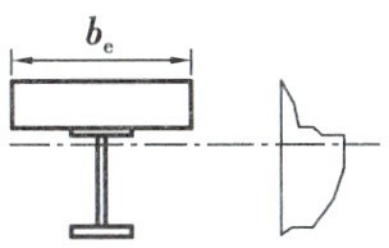 $b_e$<br>（a）中和轴位于钢梁中 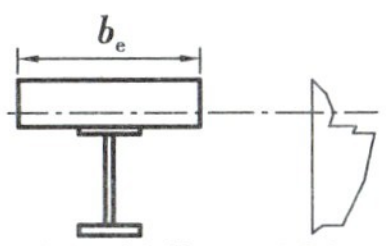<br>$b_e$<br>（b）中和轴位于混凝土板中 | $\tau = \frac{VS_i}{t_i I_{sc}}$　（5.4） |

续表

| 断面及应力分布 | | 计算公式 |
|---|---|---|
| 等效应力 | (a) 中和轴位于钢梁中<br>(b) 中和轴位于混凝土板中 | $\sigma_{eq} = \sqrt{\sigma^2 + 3\tau^2}$ (5.5) |
| 界面纵向剪力流 | $v_{i1}$ $v_{11}$ $v_{21}$ | $v_{i1} = \dfrac{V_i S_i}{I_{sc}}$ (5.6) |

## ▶ 5.3.4 计算实例

【例 5.2】 某工程的组合梁楼盖如图 5.9 所示,组合梁为简支梁,梁的计算跨度为 $l=12.0$ m,间距 $S_0=3.60$ m,混凝土板厚 $h_{c1}=120$ mm,板托高度 $h_{c2}=150$ mm。钢梁采用I 36a,材料为 Q235,混凝土采用 C30,楼面活荷载为 $p=2.50$ kN/m$^2$。为了减小钢梁在施工阶段因荷载引起过大的拉应力,对钢梁通过设有临时支撑施加反弯曲。试计算组合梁在下列荷载作用下的内力及应力,并验算其强度。

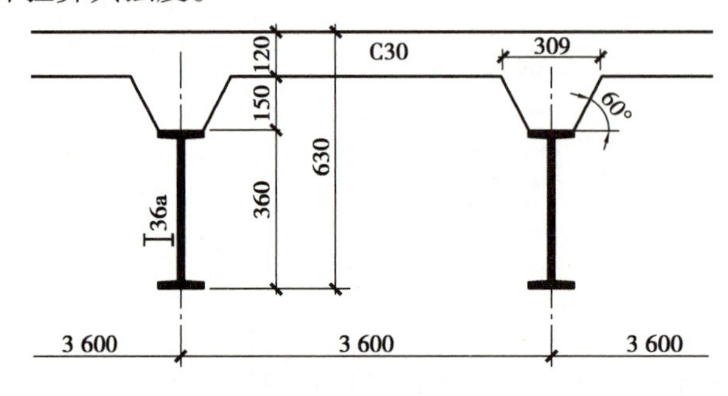


图 5.9 组合梁楼盖

钢梁:

$E_s = 2.06 \times 10^5$ N/mm$^2$

$f = 215$ N/mm$^2$

$A_{st} = ($I$36a) = 7.63 \times 10^3$ mm$^2$

$W_x = 877.6 \times 10^3$ mm$^3$

$I_{st} = 157.96 \times 10^6$ mm$^4$

混凝土翼板：

$E_c = 3.00 \times 10^4\ \mathrm{N/mm^2}$

$f_c = 14.3\ \mathrm{N/mm^2}$

$$\alpha_E = \frac{E_s}{E_c} = \frac{206 \times 10^3}{30 \times 10^3} = 6.87$$

①竖向荷载标准值为：$g_k = 14.40\ \mathrm{kN/m}$（永久荷载），$q_k = 9.0\ \mathrm{kN/m}$（可变荷载）

②钢梁反弯曲为 $w = -40$ mm 时引起的内力和应力

③混凝土收缩（$\varepsilon_c = 0.272 \times 10^{-3}$）

④温度差（混凝土翼板温度比钢梁温度低 10 ℃）

**【解】** 1）截面参数

（1）混凝土翼板有效宽度 $b_e$

$$b_0 + \frac{l}{6} = 309 + \frac{12\ 000}{6} = 2\ 309(\mathrm{mm})$$

$$b_0 + S_0 = 309 + (3\ 600 - 309) = 3\ 600(\mathrm{mm})$$

$b_0 + 12h_{c1} = 309 + 12 \times 120 = 1\ 749(\mathrm{mm})$，取 $b_e = 1\ 749$ mm。

（2）截面惯性矩（不考虑混凝土徐变）

表 5.8　组合截面惯性矩计算

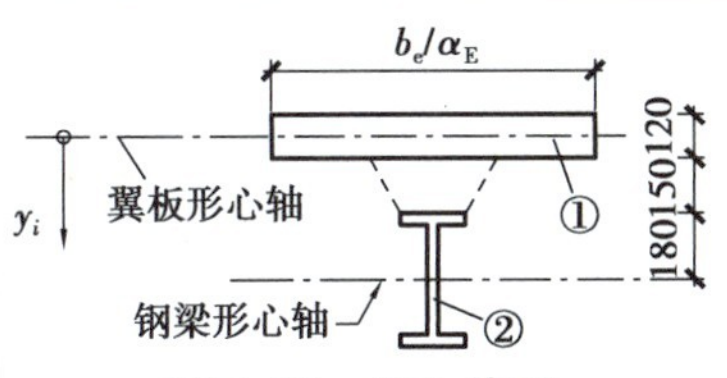

$b_e/\alpha_E$　翼板形心轴　钢梁形心轴　$y_i$　①　②　180 150 120

图 5.10　组合截面

| 公式 / 部分截面 | $A_i/\mathrm{cm}^2$ | $y_i/\mathrm{cm}$ | $A_iy_i/\mathrm{cm}^3$ | $A_iy_i^2/\mathrm{cm}^4$ | $I_i/\mathrm{cm}^4$ |
|---|---|---|---|---|---|
| ① | 306 | 0 | 0 | 0 | 3 666 |
| ② | 76.44 | 39 | 2 981 | 116 265 | 15 796 |
| $\sum$ | 382 | | 2 981 | 116 265 | 19 462 |

$$y_s = \frac{\sum A_iy_i}{\sum A_i} = \frac{2\ 981}{382} = 7.80(\mathrm{cm})$$

$$I_{sc} = \sum I_i + \sum A_iy_i^2 - y_s^2 \sum A_i = 19\ 462 + 116\ 265 - 7.80^2 \times 382 = 112\ 486(\mathrm{cm}^4)$$

（3）截面惯性矩（要考虑混凝土徐变）

$$y_s^c = \frac{\sum A_iy_i}{\sum A_i} = \frac{2\ 981}{229.44} = 13.0(\mathrm{cm})$$

$$I_{sc}^c = \sum I_i + \sum A_iy_i^2 - y_s^2 \sum A_i = 17\ 629 + 116\ 265 - 13.0^2 \times 229.44 = 95\ 118.6(\mathrm{cm}^4)$$

表 5.9　组合截面惯性矩计算

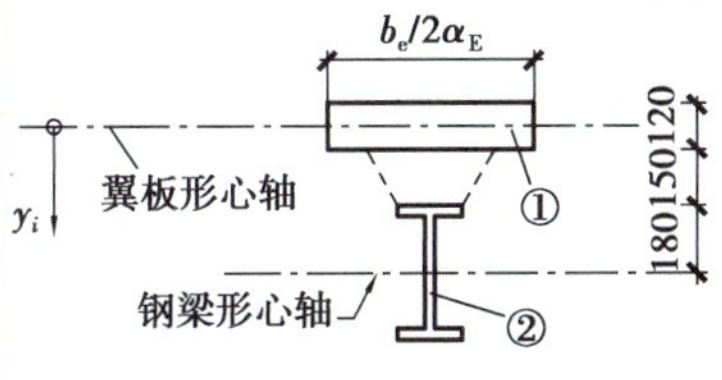

$b_e/2\alpha_E$　翼板形心轴　钢梁形心轴　$y_i$　①　②　180 150 120

图 5.11　组合截面

| 公式 / 部分截面 | $A_i/\mathrm{cm}^2$ | $y_i/\mathrm{cm}$ | $A_iy_i/\mathrm{cm}^3$ | $A_iy_i^2/\mathrm{cm}^4$ | $I_i/\mathrm{cm}^4$ |
|---|---|---|---|---|---|
| ① | 153 | 0 | 0 | 0 | 1 833 |
| ② | 76.44 | 39 | 2 981 | 116 265 | 15 796 |
| $\sum$ | 229.44 | | 2 981 | 116 265 | 17 629 |

$$1.5q_{\mathrm{k}} = 1.5 \times 9.0 = 13.5(\mathrm{kN/m})$$

$$1.3g_{\mathrm{k}} = 1.3 \times 14.40 = 18.72(\mathrm{kN/m})$$

计算简图如图 5.12 所示。

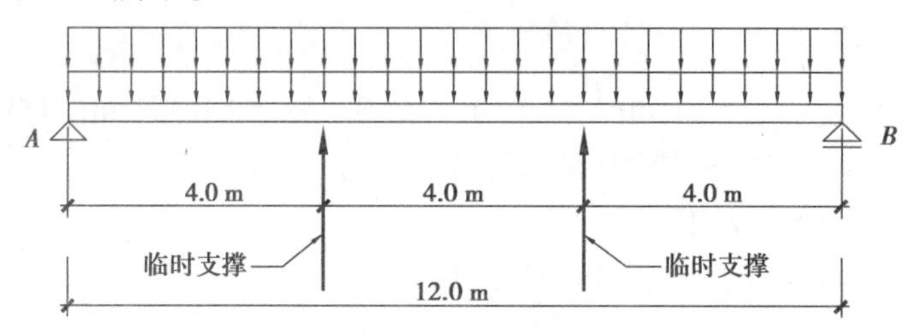


图 5.12 计算简图

2）内力及应力

（1）竖向荷载（$g_{\mathrm{k}}=14.40\ \mathrm{kN/m}, q_{\mathrm{k}}=9.0\ \mathrm{kN/m}$）

$$M_{\mathrm{g}} = \frac{1}{8} \times 18.72 \times 12^2 = 336.96(\mathrm{kN \cdot m})$$

$$M_{\mathrm{q}} = \frac{1}{8} \times 13.5 \times 12^2 = 243.0(\mathrm{kN \cdot m})$$

$$V = \frac{1}{2} \times (18.72 + 13.5) \times 12 = 193.32(\mathrm{kN})$$

组合梁顶面及底面应力

翼板顶面：

$$\sigma_{\mathrm{c}} = \frac{M_{\mathrm{g}} \cdot y_{\mathrm{c}}^{\mathrm{c}}}{2\alpha_{\mathrm{E}} I_{\mathrm{sc}}^{\mathrm{c}}} + \frac{M_{\mathrm{q}} \cdot y_{\mathrm{c}}}{\alpha_{\mathrm{E}} I_{\mathrm{sc}}}$$

$$= \frac{336.96\times10^6\times(130+60)}{2\times6.87\times95\ 118.6\times10^4} + \frac{243.0\times10^6\times(78+60)}{6.87\times112\ 486\times10^4}$$

$$= -9.24(\mathrm{N/mm^2})$$

$$|\sigma_{\mathrm{c}}| < f_{\mathrm{c}} = 14.3(\mathrm{N/mm^2})$$

钢梁底面：

$$\sigma_{\mathrm{s}} = \frac{M_{\mathrm{g}} \cdot y_{\mathrm{s}}^{\mathrm{c}}}{I_{\mathrm{sc}}^{\mathrm{c}}} + \frac{M_{\mathrm{q}} \cdot y_{\mathrm{s}}}{I_{\mathrm{sc}}}$$

$$= \frac{336.96\times10^6\times(610-130-60)}{95\ 118.6\times10^4} + \frac{243.0\times10^6\times(610-78-60)}{112\ 486\times10^4}$$

$$= +262.16(\mathrm{N/mm^2}) > f = 215(\mathrm{N/mm^2})$$

组合梁底面应力大于强度设计值，为了使强度验算满足要求，可在不增加钢梁高度或材料强度的情况下对钢梁通过临时支撑和液压千斤顶向上施加反弯曲。

（2）钢梁反弯曲引起的内力和应力（$f=-40$ mm）

钢梁的预弯曲是在施工阶段用液压装置通过支撑对钢梁施加向上的压力，而使得钢梁向上弯曲，直到翼板混凝土浇筑完毕和混凝土结硬达到设计强度后，方可撤除反弯曲压力和临时支撑。这样组合梁中的钢梁就会向初始位置回弹，从而给组合梁施加了一个回弹压力。

选择预弯曲失高为 $f=-40$ mm，因 $f=\dfrac{23\,Pl^3}{648EI_{\mathrm{s}}}$，故

$$P=\frac{648}{23}\times\frac{EI_s}{l^3}f$$
$$=\frac{648\times2.06\times10^5\times15\ 796\times10^4}{23\times12\ 000^3}\times40$$
$$=21.22(\text{kN})$$

组合梁的反弯曲挠度和弯曲如图5.13所示。

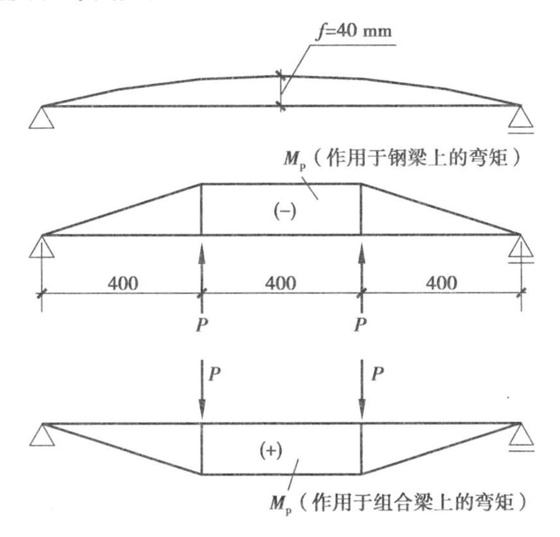


**图5.13　组合梁的反弯曲挠度和弯曲**

$$M=M_p=P\frac{l}{3}=21.22\times\frac{12}{3}=84.88(\text{kN}\cdot\text{m})$$

钢梁顶面及底面应力：

$$\sigma_s=\frac{M}{\pm W_x}=\frac{84.88\times10^6}{877.6\times10^3}=\pm96.72(\text{N/mm}^2)$$

组合梁顶面及底面应力：

翼板顶面：$\sigma_c=\dfrac{M\cdot y_c^c}{2\alpha_E I_{sc}^c}=\dfrac{84.88\times10^6\times(130+60)}{2\times6.87\times95\ 118.6\times10^4}=-1.23(\text{N/mm}^2)$

钢梁底面：$\sigma_s=\dfrac{M\cdot y_s^c}{I_{sc}^c}=\dfrac{84.88\times10^6\times(630-130-60)}{95\ 118.6\times10^4}=+39.26(\text{N/mm}^2)$

组合梁顶面及底面的最终应力为：

$$\sigma_c=-1.23(\text{N/mm}^2)$$
$$\sigma_s=-96.72+39.26=-57.46(\text{N/mm}^2)$$

(3)混凝土收缩引起的自应力

在大气相对湿度为75%，混凝土收缩时段从 $t=7$ 天至∞天时，混凝土收缩应变可参照《公路钢筋混凝土和预应力混凝土桥涵设计规范》(JTG 3362—2018)计算得到：

$$\varepsilon_{(t=\infty,t=7)}=0.32\times10^{-3}\times(1.0-0.15)=0.272\times10^{-3}$$

混凝土的弹性模量在开始收缩时为 $E_c$，收缩结束时为 $E_t$，因此在混凝土翼板中产生的收缩力为：

$$N_c = A_c\varepsilon_c E_t = A_c\varepsilon_c E_c \frac{\alpha_E}{2\alpha_E}$$
$$= 1\ 749 \times 120 \times (-0.272 \times 10^{-3}) \times 3.0 \times 10^4 \times 0.5$$
$$= 856\ 310(\mathrm{N}) = 856.30(\mathrm{kN})$$

在已知混凝土收缩应变后，组合梁内由混凝土收缩引起的自应力计算可分为以下 3 步进行：

①首先假设翼板与钢梁之间无联系，如图 5.14 所示，混凝土翼板可自由收缩，其缩短变形为 $\Delta$，然后假想将翼板拉伸到原始长度位置，即 $\Delta=0$，完成这一拉伸所需的拉力为 $N_c$。

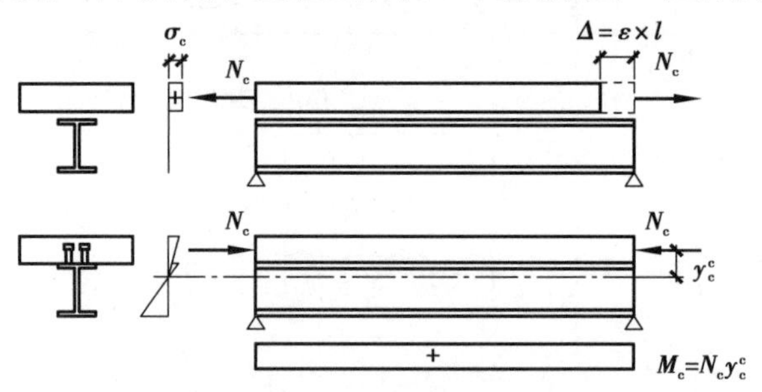


图 5.14　由混凝土收缩引起的组合梁内力的计算简图

此时各截面内的应力为：

翼板：$\sigma_c = \dfrac{N_c}{A_c}$，钢梁：$\sigma_s = 0$。

②保持翼板被拉伸到原始长度的状态，直到混凝土收缩过程结束，将翼板与钢梁通过连接件连接起来，然后释放这一拉力，这时作用在组合梁上的是一个与该拉力大小相等、方向相反的回弹压力。这一回弹压力作用于翼板形心轴上，因此对组合梁的形心轴还产生了一个弯矩，其大小为：

$$M_c = N_c y_s^c = 856.30 \times 130 = 111.32(\mathrm{kN \cdot m})$$

组合梁在回弹力和回弹力弯矩的作用下顶面及底面应力为：

翼板顶面：
$$\sigma_c = -\frac{N_c}{2\alpha_E A_{sc}^c} - \frac{M_c \cdot y_c^c}{2\alpha_E I_{sc}^c}$$

钢梁底面：
$$\sigma_s = -\frac{N_c}{A_{sc}^c} + \frac{M_c \cdot y_s^c}{I_{sc}^c}$$

③组合梁内的最终应力可由前两个应力状态的应力叠加而得。

翼板顶面：
$$\sigma_c = +\frac{N_c}{A_c} - \frac{N_c}{2\alpha_E A_{sc}^c} - \frac{M_c \cdot y_c^c}{2\alpha_E I_{sc}^c}$$
$$= +\frac{856\ 310}{1\ 749 \times 120} - \frac{856\ 310}{2 \times 6.87 \times 229.44 \times 10^2} - \frac{111.32 \times 10^6 \times (60+130)}{6.87 \times 95\ 118.6 \times 10^4}$$
$$= +4.08 - 2.72 - 3.24$$
$$= -1.88(\mathrm{N/mm^2})$$

钢梁底面：
$$\sigma_s = 0 - \frac{N_c}{A_{sc}^c} + \frac{M_c \cdot y_s^c}{I_{sc}^c}$$
$$= 0 - \frac{856\ 310}{229.44 \times 10^2} + \frac{111.32 \times 10^6 \times (610 - 60 - 130)}{95\ 118.6 \times 10^4}$$

$$= 0 - 37.32 + 49.15$$
$$= 11.83(\mathrm{N/mm^2})$$

(4)温度差(混凝土翼板温度比钢梁温度低 10 ℃)

对于室内的组合梁不需考虑温差的影响,但对室外露天的组合梁(如桥涵组合梁)就须考虑温差的存在,从而在组合梁内引起自应力。对于室外组合梁可参照《公路钢筋混凝土及预应力混凝土桥涵设计规范悬臂浇筑施工》(JTG 3362—2018)选取混凝土翼板与钢梁之间的温差,一般为 10 ~ 15 ℃,并假设沿钢梁截面整个高度内温度不变。

由混凝土翼板与钢梁之间的温差引起的组合梁的自应力计算与前面介绍过的混凝土收缩时的计算相似,只需将混凝土收缩应变代换为温度应变即可。须注意的是温度作用属于短期荷载作用,而混凝土徐变则属于长期荷载作用。

当混凝土翼板温度比钢梁温度低 10 ℃,则在混凝土翼板中的收缩应变和以及由收缩力引起的收缩弯矩分别为:

$$\varepsilon_t = \alpha_t \Delta T = 0.000\ 01 \times 10 = 0.1 \times 10^{-3}$$

$$N_t = A_c \varepsilon_t E_c = 1\ 749 \times 120 \times (-0.1 \times 10^{-3}) \times 3.0 \times 10^4 = 629\ 640\ \mathrm{N} = 629.40(\mathrm{kN})$$

$$M_t = N_t y_s = 629.40 \times 0.078 = 49.09(\mathrm{kN \cdot m})$$

类似前面混凝土的收缩计算可得温差引起的温度应力:

翼板顶面:

$$\sigma_c = +\frac{N_c}{A_c} - \frac{N_c}{\alpha_E A_{sc}^c} - \frac{M_c \cdot y_c^c}{\alpha_E I_{sc}^c}$$
$$= +\frac{629\ 400}{1\ 749 \times 120} - \frac{629\ 400}{6.87 \times 382 \times 10^2} - \frac{49.09 \times 10^6 \times (60 + 78)}{6.87 \times 112\ 486 \times 10^4}$$
$$= +3.00 - 2.40 - 0.88$$
$$= -0.28(\mathrm{N/mm^2})$$

钢梁底面:

$$\sigma_s = 0 - \frac{N_t}{A_{sc}} + \frac{M_t \cdot y_s}{I_{sc}}$$
$$= 0 - \frac{629\ 400}{382 \times 10^2} + \frac{49.09 \times 10^6 \times (610 - 60 - 78)}{112\ 486 \times 10^4}$$
$$= 0 - 16.48 + 20.60$$
$$= 4.12(\mathrm{N/mm^2})$$

3)各荷载作用下的应力叠加及强度验算

各荷载作用下的应力叠加及强度验算见表 5.10。

**表 5.10　各荷载作用下的应力叠加及强度验算**

| 序号 | 荷载 | 荷载类别 | 组合截面应力 | |
|---|---|---|---|---|
| | | | 翼板顶面 | 钢梁底面 |
| 1 | 竖向荷载 | *g*-长期,*q*-短期 | -9.24 | 262.16 |
| 2 | 预弯曲预应力 | 长期 | -1.23 | -57.46 |
| 3 | 混凝土收缩 | 长期 | -1.88 | 11.83 |

续表

| 序号 | 荷载 | 荷载类别 | 组合截面应力 | |
|---|---|---|---|---|
| | | | 翼板顶面 | 钢梁底面 |
| 4 | 温差 | 短期 | -0.28 | 4.12 |
| $\sum$ | | | $-12.63 < f_c = 14.3\ \text{N/mm}^2$ | $196.99 < f_s = 215\ \text{N/mm}^2$ |

## 5.4 简支组合梁塑性设计方法

在进行弹性设计时，只允许混凝土和钢梁截面上的最外层纤维应力达到极限值，而塑性设计则可让塑性变形充分发展直至全截面出现塑性，允许利用截面的强度储备。要实现全截面出现塑性，则要保证截面事先不发生失稳破坏，因此，构件必须满足钢梁板件容许宽厚比的要求。另外，在计算截面承载力时，只考虑全截面呈塑性这一最终的应力状态，而不关心导致这一最终应力状态的变形过程和变形大小，即不考虑初期的弹性变形和后期的塑性变形的大小。在弹性阶段，温度和混凝土收缩引起的组合梁中的自应力都会在后期的塑性变形中逐渐减小直至消失。因此，在塑性设计时，不考虑由温度和混凝土收缩引起的内力；同样也不考虑有无支撑的影响，因为有无支撑只影响组合梁的弹性变形大小而不影响组合梁最终是否可达到截面塑性极限状态，如图 5.15 所示。

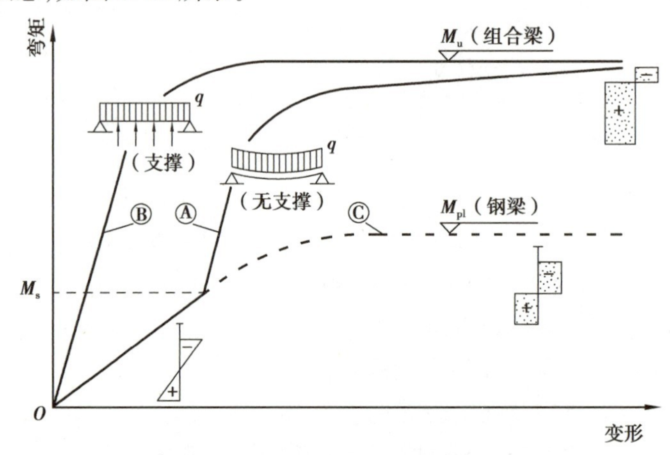


图 5.15　有无支撑对内力影响的范围

（说明：内力计算按弹性，截面承载力计算按塑性）

### 5.4.1　组合截面弯矩承载力

在计算组合截面弯矩承载力时，视其塑性中性轴所在的位置可能有 3 种情况出现，每一种情况都有其对应的计算公式，表 5.11—表 5.13 给出了这些计算公式。在这些公式中均用到了两个平衡条件，即水平力和弯矩的平衡条件，因计算截面的塑性承载力只需平衡条件。

### 1）塑性中和轴在混凝土翼板内（当 $b_e h_{c1} f_c \geq Af$ 时）

弯矩承载力计算公式见表5.11。

**表5.11 弯矩承载力计算公式**

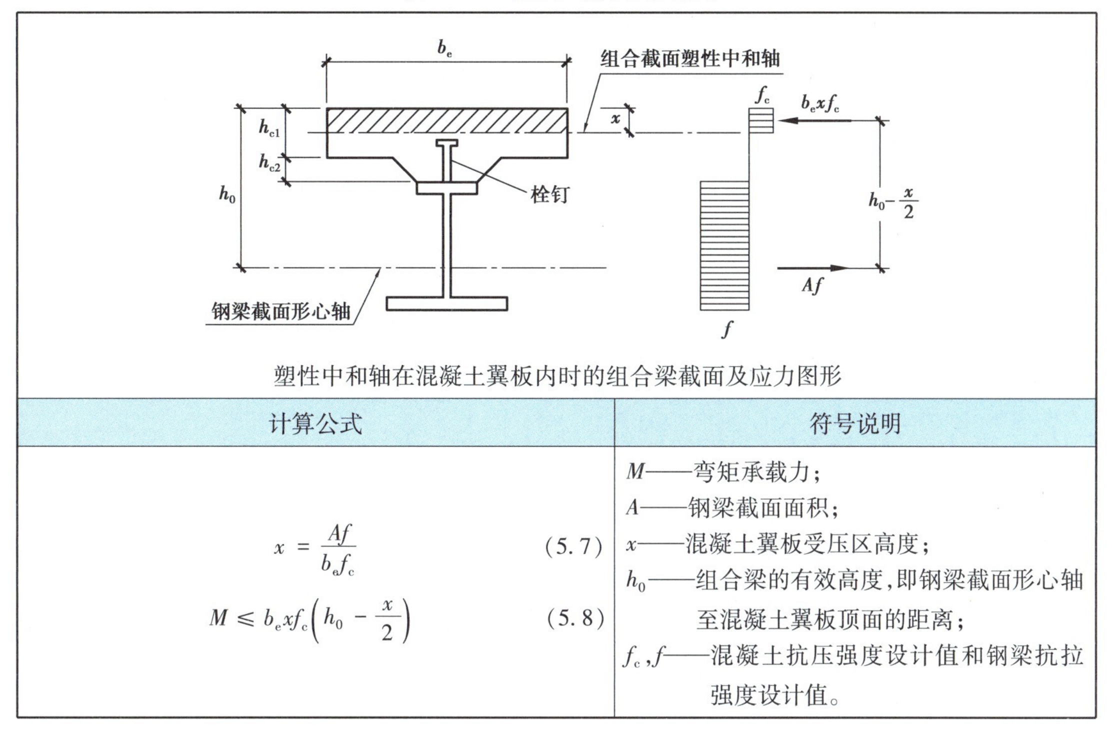


塑性中和轴在混凝土翼板内时的组合梁截面及应力图形

| 计算公式 | 符号说明 |
| --- | --- |
| $$x = \frac{Af}{b_e f_c} \quad (5.7)$$ $$M \leq b_e x f_c\left(h_0 - \frac{x}{2}\right) \quad (5.8)$$ | $M$——弯矩承载力；<br>$A$——钢梁截面面积；<br>$x$——混凝土翼板受压区高度；<br>$h_0$——组合梁的有效高度，即钢梁截面形心轴至混凝土翼板顶面的距离；<br>$f_c$，$f$——混凝土抗压强度设计值和钢梁抗拉强度设计值。 |

### 2）塑性中和轴在钢梁翼缘内（当 $b_e h_{c1} f_c < Af$，且 $b_e h_{c1} f_c \geq Af - 2b_f t_f f$ 时）

弯矩承载力计算公式见表5.12。

**表5.12 弯矩承载力计算公式**

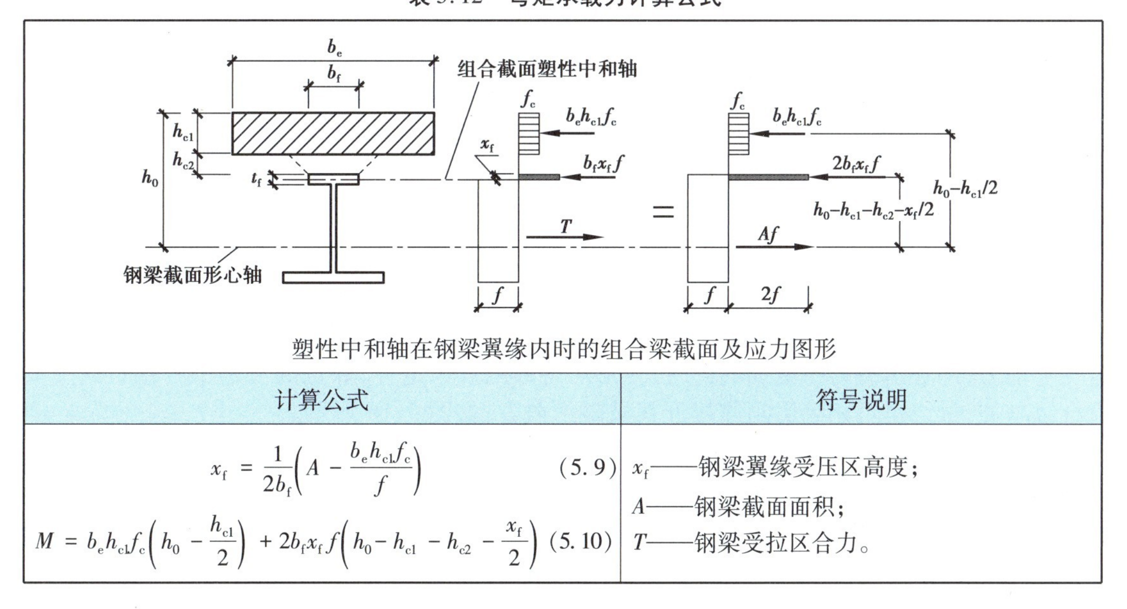


塑性中和轴在钢梁翼缘内时的组合梁截面及应力图形

| 计算公式 | 符号说明 |
| --- | --- |
| $$x_f = \frac{1}{2b_f}\left(A - \frac{b_e h_{c1} f_c}{f}\right) \quad (5.9)$$ $$M = b_e h_{c1} f_c\left(h_0 - \frac{h_{c1}}{2}\right) + 2b_f x_f f\left(h_0 - h_{c1} - h_{c2} - \frac{x_f}{2}\right) \quad (5.10)$$ | $x_f$——钢梁翼缘受压区高度；<br>$A$——钢梁截面面积；<br>$T$——钢梁受拉区合力。 |

### 3）塑性中和轴在钢梁腹板内（当 $b_e h_{c1} f_c < Af$，且 $b_e h_{c1} f_c < Af - 2b_f t_f f$ 时）

**表 5.13　弯矩承载力计算公式**

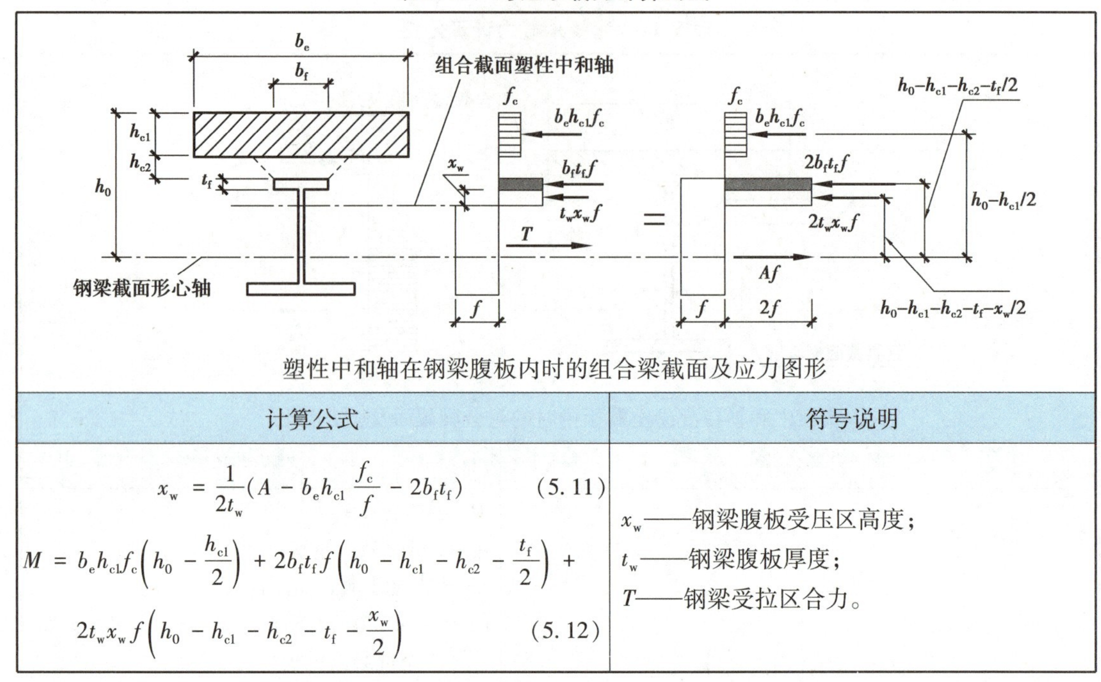


塑性中和轴在钢梁腹板内时的组合梁截面及应力图形

| 计算公式 | 符号说明 |
| --- | --- |
| $x_w = \frac{1}{2t_w}\left(A - b_e h_{c1}\frac{f_c}{f} - 2b_f t_f\right)$　(5.11)<br>$M = b_e h_{c1} f_c\left(h_0 - \frac{h_{c1}}{2}\right) + 2b_f t_f f\left(h_0 - h_{c1} - h_{c2} - \frac{t_f}{2}\right) + 2t_w x_w f\left(h_0 - h_{c1} - h_{c2} - t_f - \frac{x_w}{2}\right)$　(5.12) | $x_w$——钢梁腹板受压区高度；<br>$t_w$——钢梁腹板厚度；<br>$T$——钢梁受拉区合力。 |

## ▶ 5.4.2　组合截面受剪承载力

虽然研究资料表明，混凝土翼板能承担一部分剪力（10%～30%），但为了简化计算和偏于安全，《组合结构设计规范》（JGJ 138—2016）规定组合截面的剪力全部由钢梁腹板来承担，其抗剪承载力按式（5.13）要求计算：

$$V \leqslant h_w t_w f_v \tag{5.13}$$

## ▶ 5.4.3　界面纵向水平抗剪承载力

在进行弹性设计时，抗剪连接件的数量和分布是根据剪力的大小及分布来确定的，而在塑性设计时，抗剪连接件的数量却是由组合截面的抗弯承载力决定的，即要使抗剪连接件做到使组合截面的抗弯承载力得到充分发挥，而其自身不事先破坏。这样的剪切连接，就称为完全剪切连接。否则，称为不完全剪切连接（或部分剪切连接）。抗剪连接件的布置方式应视其自身的变形能力而定。塑性变形能力强的，如采用栓钉，则可发生界面上抗剪连接件间的水平剪力重分布。当纵向水平剪切作用最大处（支座上方）的栓钉达到其极限承载力时，仍具有变形能力，即在承载力不增加的同时，变形可继续增加。这样，邻近的和跨中的栓钉的受剪会继续增加，最终也可相继达到或接近其极限承载力，如图 5.16 所示。

利用纵向水平剪力重分布的特性就可以将栓钉等距布置，而不需按界面上的纵向水平剪力流的大小和分布来布置栓钉。但若采用其他变形能力差的抗剪连接件（如块式），则应按荷载引起的水平剪力流的分布来布置连接件，因在变形小的连接件之间不会出现纵向水平剪力重分布，其破坏形式是“拉链式”破坏。当受剪最大的连接件破坏时，邻近的连接件会相继发生破坏。

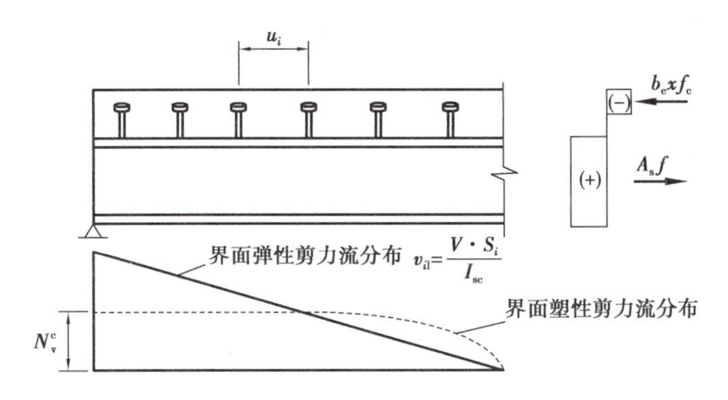


图 5.16　界面弹性和塑性剪力流分布

## ▶ 5.4.4　计算实例

【例 5.3】　一简支组合梁如图 5.17 所示，钢梁为热轧窄翼缘 H 型钢 HN450×200×9×14（见 H 型钢产品《热轧 H 型钢和剖分 T 型钢》（GB/T 11263—2017）），采用 Q355 钢，翼板混凝土强度等级为 C30，翼板带有压型钢板 YX70-200-600，组合梁在施工阶段设有一临时支撑，组合梁的间距为 4.2 m。根据以下给出的已知条件，试分别进行施工阶段和使用阶段的强度和变形验算。

$g_{1k}$ = 13.76 kN/m，$q_{1k}$ = 4.2 kN/m（施工可变荷载），

$g_{2k}$ = 3.36 kN/m（拆除支撑后，面层吊顶重），$q_{2k}$ = 8.4 kN/m（使用可变荷载）。

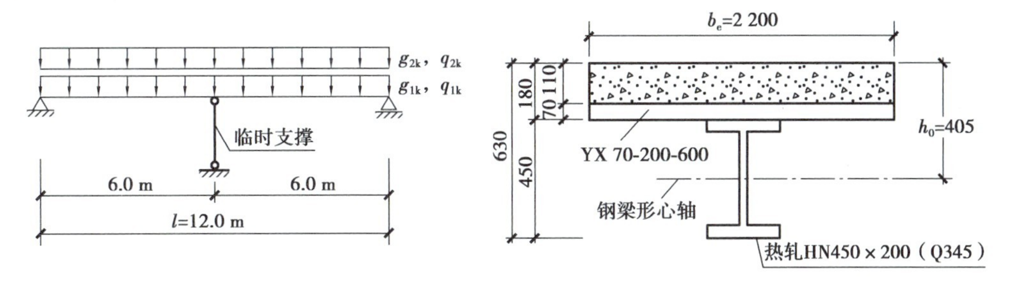


图 5.17　简支组合梁计算简图和截面示意图（未注明尺寸单位：mm）

热轧窄翼缘 H 型钢 HN450×200×9×14 截面参数：

$b$ = 200 mm；$h$ = 450 mm；$t$ = 14 mm；$t_w$ = 9 mm；$r$ = 20 mm；$I_x$ = 33 700 cm$^4$；$W_x$ = 1 500 cm$^3$；$S_x$ = 810.75 cm$^3$；$A$ = 97.41 cm$^2$；$E_s$ = 2.06×10$^5$ N/mm$^2$；$f$ = 310 N/mm$^2$。

混凝土翼板截面参数：

弹性模量 $E_c$ = 3.0×10$^4$ N/mm$^2$；$f_c$ = 14.3 N/mm$^2$，计算宽度：$b_0 + l/6$ = 200+12 000/6 = 2 200 mm，$b_0 + S_0$ = 200+(4 200−200) = 4 200 mm，$b_0 + 12h_{c1}$ = 200+12×180 = 2 360 mm，取 $b_e$ = 2 200 mm。

【解】　1）施工阶段的强度与变形验算

（1）内力

$$M = \frac{1}{8}(1.3 \times 13.76 + 1.5 \times 4.2) \times 6.0^2 = 108.85(\text{kN} \cdot \text{m})$$

$$V = \frac{1}{2}(1.3 \times 13.76 + 1.5 \times 4.5) \times 6.0 = 73.91(\text{kN})$$

(2)整体稳定(在钢梁跨中设有一道水平支撑)

$$\frac{l_0}{b}=\frac{6\ 000}{200}=30>10.5(\text{不满足})\qquad [\text{见《钢结构设计标准》(GB 50017—2017)}]$$

需验算钢梁的整体稳定:(查表得 $\varphi_b=0.59$)

$$\varphi_b=0.59\times\frac{235}{310}=0.45\qquad [\text{见《钢结构设计标准》(GB 50017—2017)}]$$

$$\sigma=\frac{M}{\varphi_b w_x}=\frac{108.85\times10^6}{0.45\times1500\times10^3}=161.26<f=310(\text{N/mm}^2)(\text{满足})$$

(3)抗弯强度

$$\sigma=\frac{M_x}{\gamma_x w_x}\quad \text{因 }\gamma_x=1.05>\varphi_b,\text{稳定验算起控制作用}$$

(4)抗剪强度

$$\tau=\frac{VS_x}{t_w I_x}=\frac{73.91\times10^3\times810.75\times10^3}{9\times33\ 700\times10^4}=19.76\ \text{N/mm}^2<f_v=180\ \text{N/mm}^2(\text{满足})$$

(5)挠度

$$v=\frac{1}{185}\times\frac{(g_{1k}+q_{1k})\left(\frac{l}{2}\right)^4}{EI_x}=\frac{1}{185}\times\frac{(13.76+4.2)\times6\ 000^4}{2.06\times10^5\times33\ 700\times10^4}=1.81\text{mm}=\frac{l}{3\ 315}\ll\frac{l}{400}$$

2)使用阶段的强度与变形验算

(1)内力

$$M=\frac{1}{8}\times[1.3\times(13.76+3.36)+1.5\times8.4]\times12^2=627.41(\text{kN}\cdot\text{m})$$

$$V=\frac{1}{2}\times[1.3\times(13.76+3.36)+1.5\times8.4]\times12=209.14(\text{kN})$$

(2)抗弯强度

受压区高度:

$$x=\frac{Af}{b_e f_c}=\frac{97.41\times10^2\times310}{2\ 200\times14.3}=96\ \text{mm}<h_{c1}=110\ \text{mm}(\text{塑性中性轴在混凝土板内})$$

$$\begin{aligned}M_u&=Af\left(h_0-\frac{x}{2}\right)\\&=97.41\times10^2\times310\times(405-96/2)\\&=1\ 078.0(\text{kN}\cdot\text{m})>627.41(\text{kN}\cdot\text{m})\quad(\text{满足})\end{aligned}$$

(3)抗剪强度

$$\begin{aligned}V_u&=t_w h_w f_v\\&=9\times422\times180=683.64\ \text{kN}>209.14\ \text{kN}\quad(\text{满足})\end{aligned}$$

(4)界面纵向抗剪强度

选用 $\phi22$ 栓钉连接件($f_y=240,f_u=360$)

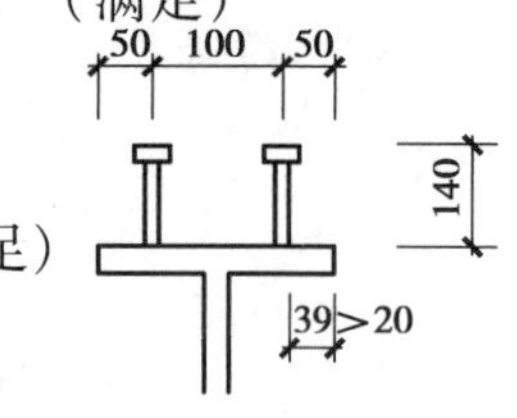


图 5.18　抗剪连接件

$$N_v^c=\begin{cases}0.7A_sf_u=0.7\times380\times400=106.4(\text{kN})\\0.43A_s\sqrt{E_cf_c}=0.43\times380\times\sqrt{3.0\times10^4\times14.3}=107.0(\text{kN})\end{cases}$$

考虑压型钢板存在时的折减系数

$$\beta_v=\frac{0.85}{\sqrt{n_0}}\times\frac{b_w}{h_e}\left(\frac{h_d-h_e}{h_e}\right)=\frac{0.85}{\sqrt{2}}\times\frac{60}{70}\left(\frac{140-70}{70}\right)=0.515$$

一个肋内连接件的承载力为：

$$n_s\beta_vN_v^c=2\times0.515\times106.4=98.63(\text{kN})$$

界面纵向抗剪强度：

$$V_c=n(n_s\beta_vN_v^c)=\frac{6\ 000}{200}\times110=3\ 300\ \text{kN}>Af=3\ 020(\text{属于完全剪切连接})$$

(5)变形验算

①组合截面惯性矩：

a. 短期荷载效应：$\left(\alpha_E=\frac{E_s}{E_c}=\frac{2.06\times10^5}{3.0\times10^4}=6.87\right)$

**表 5.14 组合截面惯性矩计算**

图 5.19(a) 组合截面（$220/\alpha_E=32.0$；110；70；450；①；②；$y$）

| 部分截面 | $A_i/\text{cm}^2$ | $y_i/\text{cm}$ | $A_iy_i/\text{cm}^3$ | $A_iy_i^2/\text{cm}^3$ | $I_i/\text{cm}^4$ |
|---|---|---|---|---|---|
| ① | 352 | 0 | 0 | 0 | 3 549 |
| ② | 97.41 | 35 | 3 409 | 119 327 | 33 700 |
| $\sum$ | 449.41 | | 3 409 | 119 327 | 37 249 |

$$y_s=\frac{\sum A_iy_i}{\sum A_i}=\frac{3\ 409}{449.41}=7.59(\text{cm})$$

$$\begin{aligned}I_{eq}&=\sum I_i+\sum A_iy_i^2-y_s^2\sum A_i\\&=37\ 249+119\ 327-7.59^2\times449.41\\&=130\ 686(\text{cm}^4)\end{aligned}$$

b. 长期荷载效应：

**表 5.15 组合截面惯性矩计算**

图 5.19(b) 组合截面（$220/2\alpha_E$；110；70；450；①；②；$y$）

| 部分截面 | $A_i/\text{cm}^2$ | $y_i/\text{cm}$ | $A_iy_i/\text{cm}^3$ | $A_iy_i^2/\text{cm}^3$ | $I_i/\text{cm}^4$ |
|---|---|---|---|---|---|
| ① | 176 | 0 | 0 | 0 | 1 774.7 |
| ② | 97.41 | 35 | 3 409 | 119 327 | 33 700 |
| $\sum$ | 273.41 | | 3 409 | 119 327 | 35 474.7 |

$$y_s = \frac{3\ 409}{273.41} = 12.47(\text{cm})$$

$$I_{eq} = 35\ 474.7 + 119\ 327 - 12.47^2 \times 273.41 = 112\ 286(\text{cm}^4)$$

②考虑滑移效应的刚度折减[见《组合结构设计规范》(JGJ 138—2016)]：

**表 5.16　考虑滑移效应刚度计算**

| 计算公式 | 短期荷载效应 | 长期荷载效应 |
|---|---|---|
| $I_0 = I + \frac{I_{ef}}{\alpha_E}$ | $I_0 = 33\ 700 + 3\ 549 = 37\ 249(\text{cm}^4)$ | $I_0 = 33\ 700 + 1\ 171.5 = 34\ 872(\text{cm}^4)$ |
| $A_0 = \frac{A(A_{ef}/\alpha_E)}{A + (A_{ef}/\alpha_E)}$ | $A_0 = \frac{97.41 \times 352}{97.41 + 352} = 76.30(\text{cm}^2)$ | $A_0 = \frac{97.41 \times 169.5}{97.41 + 169.5} = 61.86(\text{cm}^2)$ |
| $A_1 = \frac{I_0 + A_0 d_c^2}{A_0}$ | $A_1 = \frac{37\ 249 + 76.30 \times 35^2}{76.30}$ $= 1\ 713.2(\text{cm}^2)$ | $A_1 = \frac{34\ 872 + 61.86 \times 35^2}{61.86}$ $= 1\ 788.7(\text{cm}^2)$ |
| $k = \frac{2\beta_v N_v^c}{P}$ | $k = \frac{2 \times 0.515 \times 106.7 \times 10^3}{200}$ $= 550(\text{N/mm})$ | $k = 550\ (\text{N/mm})$ |
| $j = 0.81 \times \sqrt{\frac{kA_1}{EI_0}}$ | $j = 0.81 \times \sqrt{\frac{550 \times 1\ 713.6 \times 10^2}{2.06 \times 10^5 \times 37\ 249 \times 10^4}}$ $= 8.98 \times 10^{-4}$ | $j = 0.81 \times \sqrt{\frac{550 \times 1\ 788.7 \times 10^2}{2.06 \times 10^5 \times 34\ 872 \times 10^4}}$ $= 9.48 \times 10^{-4}$ |
| $\eta = \frac{36Ed_cA_0}{khl^2}$ | $\eta = \frac{36 \times 2.06 \times 10^5 \times 350 \times 76.30}{550 \times 630 \times 1\ 200^2}$ $= 0.40$ | $\eta = \frac{36 \times 2.06 \times 10^5 \times 350 \times 61.86}{550 \times 630 \times 1\ 200^2}$ $= 0.32$ |
| $\xi = \eta\left[0.4 - \frac{3}{(jl)^2}\right]$ | $\xi = 0.40 \times \left[0.4 - \frac{3}{(8.98 \times 10^{-4} \times 12\ 000)^2}\right]$ $= 0.15$ | $\xi = 0.32 \times \left[0.4 - \frac{3}{(9.48 \times 10^{-4} \times 12\ 000)^2}\right]$ $= 0.12$ |
| $B = \frac{EI_{eq}}{1 + \xi}$ | $B_s = \frac{EI_{eq}}{1 + 0.15} = 0.87EI_{eq}$ | $B_s = \frac{EI_{eq}}{1 + 0.12} = 0.89EI_{eq}$ |

③挠度计算

a. 荷载效应标准组合：

$$v = \frac{5}{384} \times \frac{(g_{1k} + g_{2k} + q_{2k})l^4}{B_s}$$

$$= \frac{5}{384} \times \frac{(13.76 + 3.36 + 8.4) \times 12\ 000^4}{0.87 \times 2.06 \times 10^5 \times 130\ 686 \times 10^4}$$

$$= 29.42(\text{mm}) = \frac{l}{408} < v_{lim} = \frac{l}{400}$$

b. 荷载效应准永久组合：

$$v = \frac{5}{384} \times \frac{(g_{1k} + g_{2k} + 0.5q_{2k})l^4}{B_s}$$

$$= \frac{5}{384} \times \frac{(13.76 + 3.36 + 0.5 \times 8.4) \times 12\ 000^4}{0.89 \times 2.06 \times 10^5 \times 112\ 286 \times 10^4} = 28.01(\text{mm})$$

$$= \frac{l}{428} < \frac{l}{400}$$

# 5.5　连续组合梁弹性和塑性设计

## 5.5.1　弹性分析

在弹性分析时连续组合梁除具有与简支组合梁相同的特点，还有自身的特点。如中间支座处的混凝土翼板在负弯矩的作用下将出现开裂，从而使组合截面的刚度降低和导致连续组合梁的刚度沿梁长发生变化。考虑这一因素，《组合结构设计规范》(JGJ 138—2016)规定：对于连续组合梁，在中间支座两侧各 0.15$l$($l$ 为梁的跨度)范围内，不计受拉区混凝土对刚度的影响，但应计入翼板有效宽度 $b_e$ 范围内配置的纵向钢筋的作用，如图 5.20 所示。

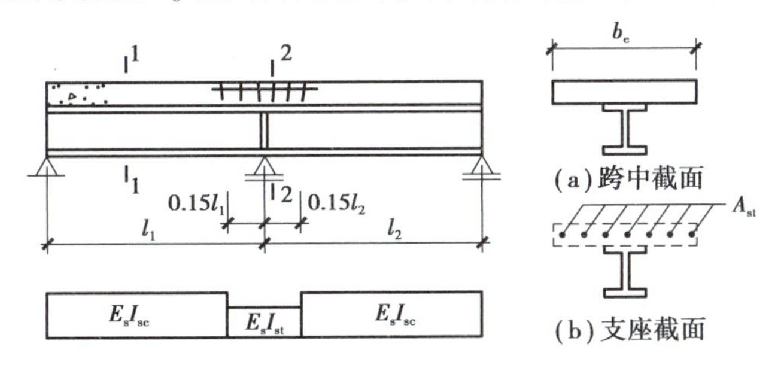


图 5.20　内力计算时抗弯刚度的确定方法

在确定了刚度后，连续组合梁如同一根变截面的连续梁，其内力可用力法或位移法计算，在表 5.17 中给出了用力法计算时的变截面单跨梁在常见荷载作用下的位移计算公式。

表 5.17　变刚度简支梁梁端位移计算公式

| 截面形式 | 荷载 | | | |
|---|---|---|---|---|
| | $M_A$ 作用于 A 端（A、B 简支，跨度 $l$） | 均布荷载 $q$（A、B 简支，跨度 $l$） | 两个集中荷载 $P$（$l/3$、$l/3$、$l/3$，跨度 $l$） | 跨中集中荷载 $P$（$l/2$、$l/2$，跨度 $l$） |
| A $EI/\alpha$ $EI$ $EI/\alpha$ B；0.15$l$，$l$，0.15$l$；$\theta_A$，$\Delta$，$\theta_B$ | $\theta_A = \frac{M_A l}{3EI}[1+0.389\times(\alpha-1)]$<br>$\theta_B = \frac{M_A l}{6EI}[1+0.122\times(\alpha-1)]$<br>$\Delta = \frac{M_A l^2}{24EI}[1+0.135\times(\alpha-1)]$ | $\theta_A = \frac{ql^3}{24EI}[1+0.122\times(\alpha-1)]$<br>$\theta_B = \theta_A$<br>$\Delta = \frac{5ql^4}{384EI}[1+0.038\times(\alpha-1)]$ | $\theta_A = \frac{Pl^2}{9EI}[1+0.101\times(\alpha-1)]$<br>$\theta_B = \theta_A$<br>$\Delta = \frac{23Pl^3}{648EI}[1+0.032\times(\alpha-1)]$ | $\theta_A = \frac{Pl^2}{16EI}[1+0.09\times(\alpha-1)]$<br>$\theta_B = \theta_A$<br>$\Delta = \frac{Pl^3}{32EI}[1+0.036\times(\alpha-1)]$ |

续表

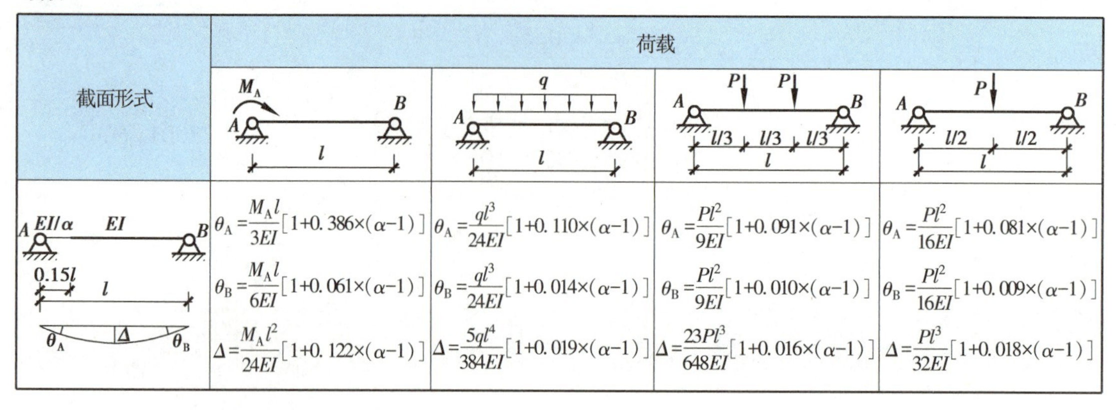

| 截面形式 | 荷载 | | | |
|---|---|---|---|---|
| | $M_A$, A, B, $l$ | $q$, A, B, $l$ | P, P, A, B, $l/3$, $l/3$, $l/3$, $l$ | P, A, B, $l/2$, $l/2$, $l$ |
| A, $EI/\alpha$, $EI$, B, $0.15l$, $l$, $\theta_A$, $\Delta$, $\theta_B$ | $\theta_A=\dfrac{M_A l}{3EI}[1+0.386\times(\alpha-1)]$<br>$\theta_B=\dfrac{M_A l}{6EI}[1+0.061\times(\alpha-1)]$<br>$\Delta=\dfrac{M_A l^2}{24EI}[1+0.122\times(\alpha-1)]$ | $\theta_A=\dfrac{ql^3}{24EI}[1+0.110\times(\alpha-1)]$<br>$\theta_B=\dfrac{ql^3}{24EI}[1+0.014\times(\alpha-1)]$<br>$\Delta=\dfrac{5ql^4}{384EI}[1+0.019\times(\alpha-1)]$ | $\theta_A=\dfrac{Pl^2}{9EI}[1+0.091\times(\alpha-1)]$<br>$\theta_B=\dfrac{Pl^2}{9EI}[1+0.010\times(\alpha-1)]$<br>$\Delta=\dfrac{23Pl^3}{648EI}[1+0.016\times(\alpha-1)]$ | $\theta_A=\dfrac{Pl^2}{16EI}[1+0.081\times(\alpha-1)]$<br>$\theta_B=\dfrac{Pl^2}{16EI}[1+0.009\times(\alpha-1)]$<br>$\Delta=\dfrac{Pl^3}{32EI}[1+0.018\times(\alpha-1)]$ |

## ▶ 5.5.2 塑性分析

在塑性分析时连续组合梁同样具有一些与简支组合梁相同的特点，要考虑有无临时支撑的影响，另外也有自身不同之处。连续组合梁中间支座处翼板混凝土的开裂及翼板钢筋的屈服将先后导致刚度的降低，引起支座弯矩的减少，跨中弯矩相应地增大。翼板混凝土开裂的影响应通过采用变截面刚度来考虑，而翼板钢筋的屈服则可通过对支座处的弹性弯矩调幅（折减）来考虑。钢筋混凝土翼板的延性越好，可进行调幅的幅度越大，而翼板的延性又与板中配筋率及钢筋的变形能力有关；塑性内力的存在是以梁内的较大的塑性变形为前提的，为了防止在变形过程中出现失稳，以及为了防止因跨度过分悬殊、荷载作用过分集中而影响梁内的塑性发展，考虑塑性内力重分布法分析内力时，应符合下列条件：

①梁截面的宽厚比应符合表5.2的规定。

②内力合力与不利荷载组合必须满足平衡条件。

③相邻的两跨的跨度之差不应超过短跨的45%。

④边跨跨度不应小于邻跨的70%，也不得大于邻跨的115%。

⑤在每跨的$l/5$范围内，不得集中作用该跨半数以上的荷载。

⑥中间支座截面的受力比$\gamma=A_{st}f_{st}/A_s f_p$应小于0.5，并大于0.15。

⑦采用弹性分析计算的内力调幅不得超过30%。

按塑性分析计算简支组合梁时，仅利用了截面的塑性强度储备，而计算连续组合梁时，除利用了截面的塑性强度储备外，还利用了超静定结构的塑性强度储备，即可在多个截面同时出现塑性，直至结构成为可变体系。在实际计算中当计算得到的跨中和支座弯矩均小于各截面的弯矩承载力时，则无须挖掘和利用超静定结构的塑性强度储备；如果支座处的弯矩大于该处的截面弯矩承载力，则可对支座弯矩进行调幅，即减小支座弯矩，增大跨中弯矩，这种处理方式实际上就是在挖掘和利用超静定结构的塑性强度储备。通过对支座弯矩的调幅处理，支座截面的塑性强度储备一般可被充分利用，但跨中截面的塑性强度储备常常还有富余，那里还不会出现塑性铰；如果要同时充分利用支座和跨中截面的塑性强度储备，则可用塑性分析的机动法来计算结构的最大极限承载力。

**表 5.18　均布荷载作用下边跨及中间跨的极限荷载**

| | $l_0$, $M'$, $M$, $X_m$, $l$ | | | $l_0$, $M'$, $M$, $X_1$, $l$ | | |
|---|---|---|---|---|---|---|
| $\frac{M'}{M}$ | $\frac{q \cdot l^2}{M}$ | $\frac{x_{max}}{l}$ | $\frac{l_0}{l}$ | $\frac{q \cdot l^2}{M}$ | $\frac{x_{max}}{l}$ | $\frac{l_0}{l}$ |
| 0.00 | 8.000 | 0.500 | 1.000 | 8.00 | 0.000 | 1.000 |
| 0.05 | 8.199 | 0.494 | 0.988 | 8.40 | 0.012 | 0.976 |
| 40.10 | 8.395 | 0.488 | 0.980 | 8.80 | 0.023 | 0.954 |
| 0.15 | 8.590 | 0.483 | 0.965 | 9.20 | 0.034 | 0.932 |
| 0.20 | 8.782 | 0.477 | 0.950 | 9.60 | 0.044 | 0.912 |
| 0.25 | 8.972 | 0.472 | 0.944 | 10.0 | 0.053 | 0.894 |
| 0.30 | 9.161 | 0.467 | 0.935 | 10.4 | 0.061 | 0.878 |
| 0.35 | 9.348 | 0.463 | 0.925 | 10.8 | 0.070 | 0.860 |
| 0.40 | 9.533 | 0.458 | 0.916 | 11.2 | 0.077 | 0.846 |
| 0.45 | 9.717 | 0.454 | 0.907 | 11.6 | 0.085 | 0.830 |
| 0.50 | 9.899 | 0.450 | 0.899 | 12.0 | 0.092 | 0.816 |
| 0.55 | 10.80 | 0.445 | 0.891 | 12.4 | 0.098 | 0.804 |
| 0.60 | 10.26 | 0.442 | 0.883 | 12.8 | 0.105 | 0.790 |
| 0.65 | 10.44 | 0.438 | 0.875 | 13.2 | 0.111 | 0.778 |
| 0.70 | 10.62 | 0.434 | 0.868 | 13.6 | 0.117 | 0.766 |
| 0.75 | 10.79 | 0.431 | 0.861 | 14.0 | 0.122 | 0.756 |
| 0.80 | 10.97 | 0.427 | 0.854 | 14.4 | 0.127 | 0.746 |
| 0.85 | 11.14 | 0.424 | 0.847 | 14.8 | 0.132 | 0.736 |
| 0.90 | 11.31 | 0.421 | 0.841 | 15.2 | 0.137 | 0.726 |
| 0.95 | 11.49 | 0.417 | 0.835 | 15.6 | 0.142 | 0.716 |
| 1.00 | 11.66 | 0.414 | 0.828 | 16.0 | 0.146 | 0.708 |

在采用塑性分析的机动法时，只须先计算出中间支座和跨中截面弯矩承载力，之后可利用表 5.18 直接求得连续组合梁的极限承载力、最大跨中弯矩作用点以及反弯点的位置。

#### 1)中间支座截面在负弯矩作用下的承载力

混凝土翼板厚度与组合截面高度之比通常较小,在负弯矩作用下,翼板在大多数情况下全处于受拉区和开裂状态,故在中间支座截面处,只考虑钢筋与钢梁的共同作用,并且钢筋的作用位置可近似地认为是在翼板高度的中间。由于钢筋面积一般远比钢梁截面面积小,组合截面的塑性中和轴常在钢梁内,其位置可有以下两种情况:

①塑性中和轴在钢梁翼缘内(当 $A_{st}f_{st}<Af$,且 $A_{st}f_{st}\geqslant Af-2b_{f}t_{f}f$ 时)(表 5.19)

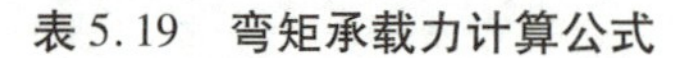

**表 5.19 弯矩承载力计算公式**

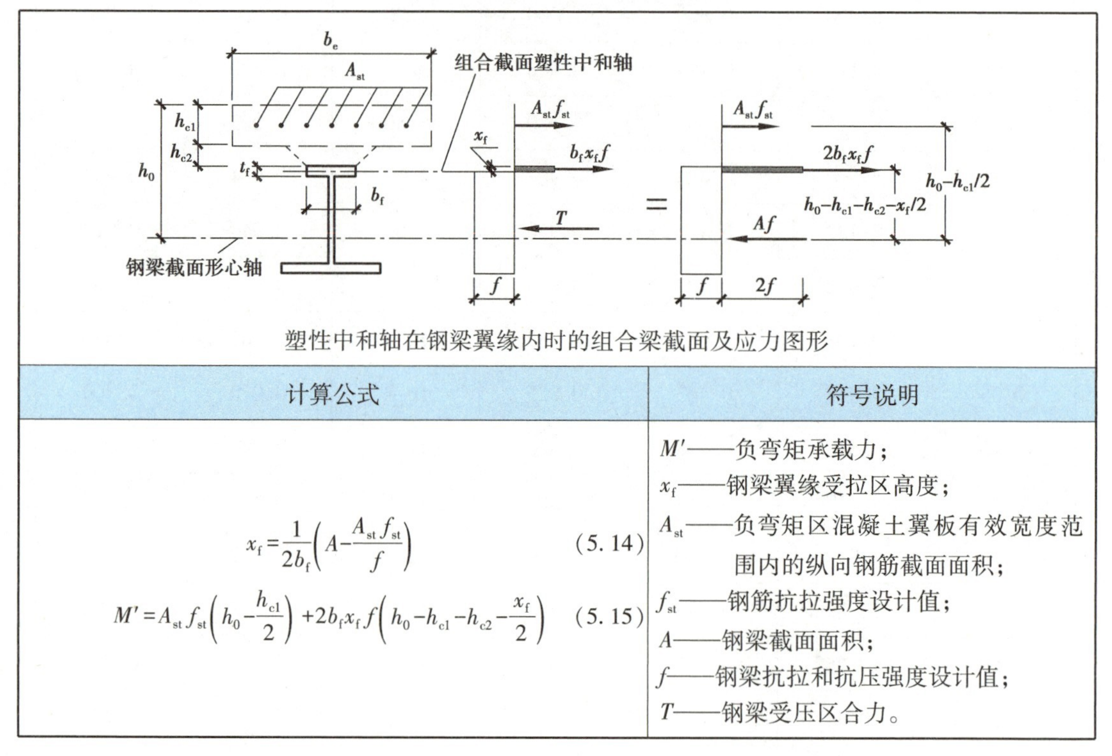



塑性中和轴在钢梁翼缘内时的组合梁截面及应力图形

| 计算公式 | 符号说明 |
|---|---|
| $$x_f=\frac{1}{2b_f}\left(A-\frac{A_{st}f_{st}}{f}\right) \quad (5.14)$$ $$M'=A_{st}f_{st}\left(h_0-\frac{h_{c1}}{2}\right)+2b_fx_ff\left(h_0-h_{c1}-h_{c2}-\frac{x_f}{2}\right) \quad (5.15)$$ | $M'$——负弯矩承载力;<br>$x_f$——钢梁翼缘受拉区高度;<br>$A_{st}$——负弯矩区混凝土翼板有效宽度范围内的纵向钢筋截面面积;<br>$f_{st}$——钢筋抗拉强度设计值;<br>$A$——钢梁截面面积;<br>$f$——钢梁抗拉和抗压强度设计值;<br>$T$——钢梁受压区合力。 |

②塑性中和轴在钢梁腹板内(当 $A_{st}f_{st}<Af$,且 $A_{st}f_{st}<Af-2b_{f}t_{f}f$ 时)(表 5.20)。

**表 5.20 弯矩承载力计算公式**

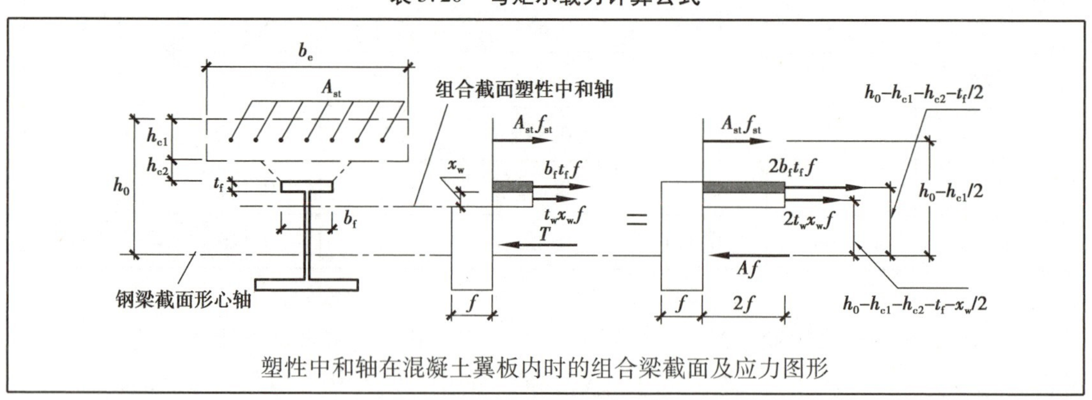



塑性中和轴在混凝土翼板内时的组合梁截面及应力图形

续表

| 计算公式 | 符号说明 |
| --- | --- |
| $$x_w=\frac{1}{2t_w}\left(A-A_{st}\frac{f_{st}}{f}-2b_ft_f\right) \quad (5.16)$$ $$M'=A_{st}f_{st}\left(h_0-\frac{h_{c1}}{2}\right)+2b_ft_ff\left(h_0-h_{c1}-h_{c2}-\frac{t_f}{2}\right)+$$ $$2t_wx_wf\left(h_0-h_{c1}-h_{c2}-t_f-\frac{x_w}{2}\right) \quad (5.17)$$ | $M'$——负弯矩承载力；<br>$x_w$——钢梁腹板受拉区高度；<br>$t_w$——钢梁腹板厚度；<br>$A_{st}$——负弯矩区混凝土翼板有效宽度范围内的纵向钢筋截面面积；<br>$f_{st}$——钢筋抗拉强度设计值；<br>$T$——钢梁受压区合力。 |

### 2)中间支座处弯矩剪力的共同作用

在连续组合梁的抗剪承载力计算时所做的假定与简支组合梁时的一样，即均不考虑混凝土翼板及托板的抗剪作用，而是假定全部剪力由钢梁腹板来承担。在中间支座处，当弯矩和剪力同时较大时，应考虑其相互影响，《钢结构设计标准》(GB 50017—2017)给出了以下两种情况下不考虑弯矩剪力的共同作用：

①受正弯矩的组合截面；

②$A_{st}f_{st}\geqslant 0.15Af$ 的受负弯矩的组合截面。

其余情况则须考虑弯矩剪力的共同作用。在负弯矩和剪力的共同作用下，可得到如下的应力分布，如图 5.21 所示，根据 Von · Mises 的屈服条件可知：腹板的弯曲应力在剪应力存在时，不可能再达到 $f$ 值，而是有所降低，其降幅可按屈服条件 $\sigma_{eq}=\sqrt{\sigma_w^2+3\tau_w^2}$ 进行折减，其中 $\sigma_w$ 为腹板的弯曲应力，$\tau_w$ 为腹板的剪应力，其值为$\tau_w=V/(t_wh_w)$。在计算折减系数时，先引入一个参数，即荷载引起的剪应力与剪应力设计值的比值：$\bar{q}=\tau_w/f_v=\tau_w/(f/\sqrt{3})$，然后将$\tau_w=\bar{q}f/\sqrt{3}$代入屈服条件，即可得到在剪应力存在时的弯曲屈服应力折减系数：

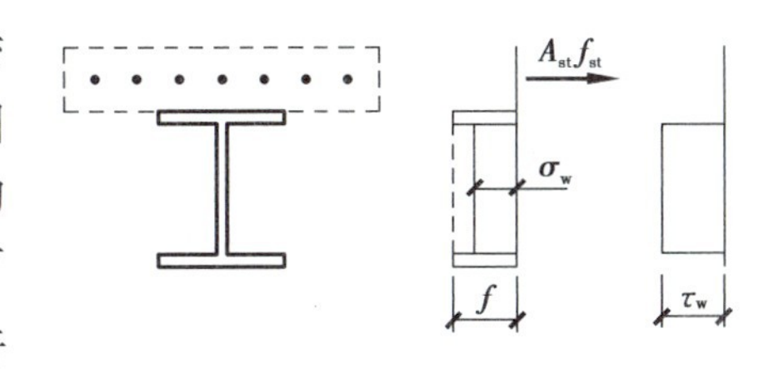


图 5.21　腹板弯曲应力的折减和腹板剪应力

$$\sigma_w=\sqrt{f^2-3\cdot\left(\frac{\bar{q}f}{\sqrt{3}}\right)^2}=f\underbrace{\sqrt{1-\bar{q}^2}}_{\text{折减系数}} \tag{5.18}$$

这样在计算弯矩承载力时将用到两个不同的屈服应力，即钢梁翼缘的屈服应力为 $f$，钢梁腹板的屈服应力为 $\sigma_w$，为避免使用两个不同的屈服应力，也可以对腹板厚度进行折减，这在计算上更方便。

$$t'_w=t_w\sqrt{1-\bar{q}^2} \tag{5.19}$$

式中　$t'_w$——折减后的腹板厚度，也可以理解为被剪应力“消耗后”所剩下的供弯曲应力使用的腹板面积，这个面积与其他部分的截面一起供纯弯使用，其弯矩承载力可利用式(5.14)—式(5.17)计算得到。

### 3)抗剪连接件的计算与布置

在进行抗剪连接件设计时,首先应对连续组合梁进行分段,即从弯矩零点(包括反弯点)到弯矩最大值点进行分段。在每一区段内(钢结构规范中将这些区段称为剪跨),界面纵向水平剪力流及该区段内的剪力均具有相同的方向,如图 5.22 所示,在图中组合梁被沿界面切开,使界面上的各个连接件的剪力暴露出来,这样可清楚地看到:在每一区段内连接件剪力的合力应分别与混凝土翼板和钢梁中的合力构成平衡力系,即应满足式(5.21)的平衡条件:

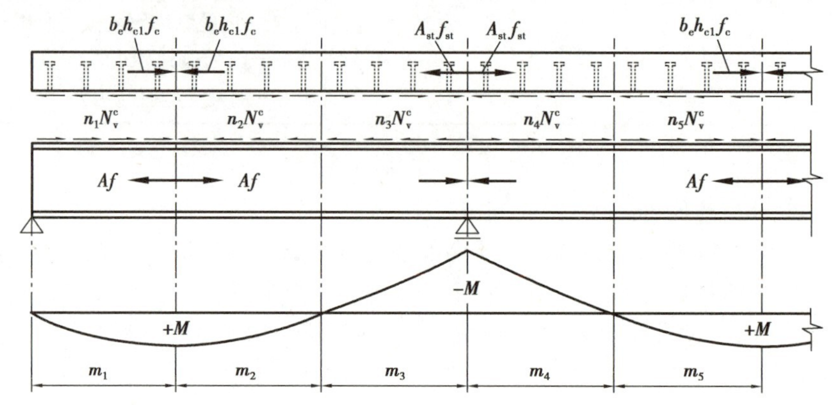


图 5.22　连续梁剪跨区段划分图

(1)位于正弯矩区段的剪跨

$$V_{si}=\begin{cases}Af,当 f\leqslant b_e h_{c1} f_c\\ b_e h_{c1} f_c,当 b_e h_{c1} f_c\leqslant Af\end{cases} \tag{5.20a}$$

(2)位于负弯矩区段的剪跨

$$V_{si}=A_{st} f_{st} \tag{5.20b}$$

在每一区段剪跨内若按完全剪切连接,该区段内连接件承载力的合力应大于或等于 $V_{si}$,即应满足式(5.21):

$$n_i N_v^c\geqslant V_{si} \tag{5.21}$$

若不满足式(5.21),则属于部分剪切连接。

由于在剪跨 2 和剪跨 3、剪跨 4 和剪跨 5 界面上的水平剪力(或剪力流)方向一致,可两跨合并视为一跨进行抗剪连接件设计,在设计时应对位于中间支座连接件的承载力乘以折减系数 0.9,对位于悬臂部分的乘以折减系数 0.8。

## ▶ 5.5.3　计算实例

**【例 5.4】**　有一连续组合梁,其截面及材料同例 5.2,如图 5.23 所示,在施工阶段设有临时支撑,无须进行施工阶段验算。支座处混凝土翼板中的钢筋面积为 $A_{st}=22.0\ \text{cm}^2$,$f_{st}=300\ \text{N/mm}^2$。验算该梁在荷载作用下强度是否满足要求,并用塑性分析的机动法计算该梁的最大极限荷载。

$g_{1k}=14.0\ \text{kN/m}$,

$g_{2k}=5.0\ \text{kN/m}$(拆除支撑后,面层吊顶重),$q_{2k}=13.0\ \text{kN/m}$(使用活荷载)

梁上的设计荷载值:

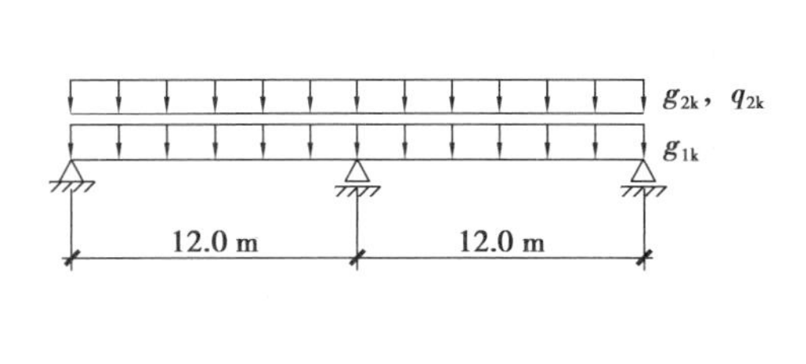


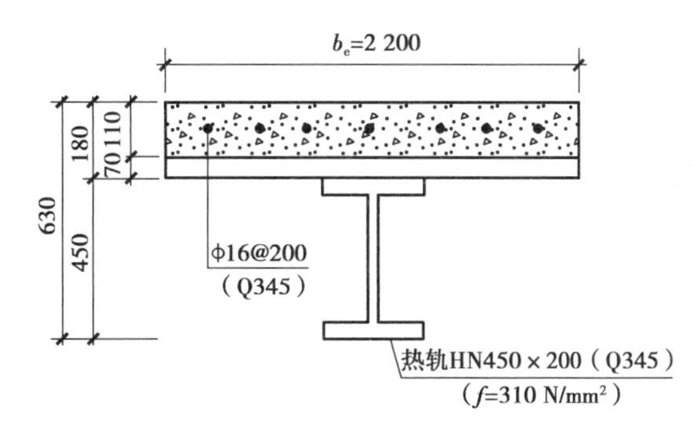


图5.23　连续组合梁

$1.3\times(g_{1k}+q_{1k})+1.5\times q_{2k}=1.3\times(14.0+5.0)+1.5\times13.0=44.20\ (\text{kN/m})$

**【解】**　①跨中截面强度 $M_u$ 验算

计算跨中最大弯矩($M_{qmax}$)时,考虑了可变荷载的最不利布置。截面弯矩承载力($M_u$)同例5.3。

$$M_{qmax}=0.07\times1.3\times(14.0+5.0)\times12^2+0.096\times1.5\times13.0\times12^2=518.54(\text{kN}\cdot\text{m})$$

$$M_u=1\ 078\ \text{kN}\cdot\text{m}>518.54\ \text{kN}\cdot\text{m}$$

②中间支座截面强度验算

$$M'_q=0.125\times44.20\times12^2=795.60\ (\text{kN}\cdot\text{m})$$

计算截面弯矩承载力($M'$)

$$A_{st}f_{st}=2\ 200\times300=660(\text{kN})$$

$$Af-2b_ft_ff=97.41\times310-2\times200\times14\times310=1\ 283.7(\text{kN})$$

$$A_{st}f_{st}\leqslant Af-2bb_ft_ff\rightarrow\text{塑性中和轴在腹板内}$$

$$\begin{aligned}x_w&=\frac{1}{2t_w}\left(A-A_{st}\frac{f_{st}}{f}-2b_ft_f\right)\\&=\frac{1}{2\times9}\times\left(97.41\times10^2-2\ 200\times\frac{300}{310}-2\times200\times14\right)\\&=112(\text{mm})\end{aligned}$$

$$\begin{aligned}M'&=A_{st}f_{st}\left(h_0-\frac{h_{c1}}{2}\right)+2b_ft_ff\left(h_0-h_{c1}-h_{c2}-\frac{t_f}{2}\right)+2t_wx_wf\left(h_0-h_{c1}-h_{c2}-t_f-\frac{x_w}{2}\right)\\&=2\ 200\times300\times\left(405-\frac{110}{2}\right)+2\times200\times14\times310\times\left(405-180-\frac{14}{2}\right)+\\&\quad 2\times9\times112\times\left(405-180-14-\frac{112}{2}\right)\\&=231\times10^6+378.45\times10^6+96.87\times10^6\\&=706.32\times10^6(\text{N}\cdot\text{mm})<M'_q=795.60(\text{kN}\cdot\text{m})(\text{不满足})\end{aligned}$$

对荷载引起的支座弯矩进行调幅,即将荷载弯矩 $M'_q$ 降至截面塑性弯矩 $M'$,其降幅(调幅)为:$\dfrac{M'_q-M'}{M'_q}=\dfrac{795.60-706.32}{795.60}=0.11<0.15$ 满足《钢结构设计标准》(GB 50017—2017)要求。

调幅后的跨中和支座截面弯矩如图 5.24 所示。

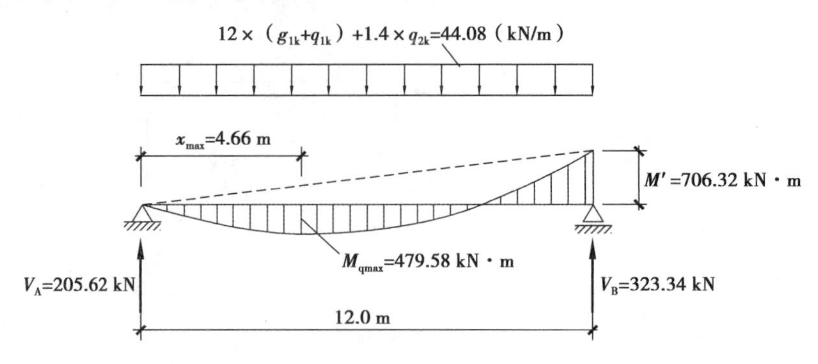


图 5.24 调幅后的跨中和支座截面弯矩

验算调幅后的跨中截面强度：

跨中最大弯矩为：

$$M_{qmax} = \frac{V_A^2}{2q} = \frac{206.34^2}{2 \times 44.20} = 481.63(\text{kN} \cdot \text{m}) < M_u = 1\ 078(\text{kN} \cdot \text{m})(\text{满足要求})$$

这里可清楚地看到经调幅后,支座截面的塑性强度得到了充分利用,但跨中截面的塑性强度仍还有富余。

③用机动法求最大极限荷载：

$$\frac{M'}{M} = \frac{706.32}{1\ 078} = 0.65$$

查表得：

$$\frac{ql^2}{M} = 10.44$$

$$q_{max} = 10.44 \times \frac{1\ 078}{12^2} = 78.16(\text{kN/m}) > q = 37.8(\text{kN/m})$$

$$\frac{x_{max}}{l} = 0.438$$

$$x_{max} = 0.438 \times 12 = 5.256(\text{m})$$

采用机动法时的跨中和支座截面弯矩如图 5.25 所示。

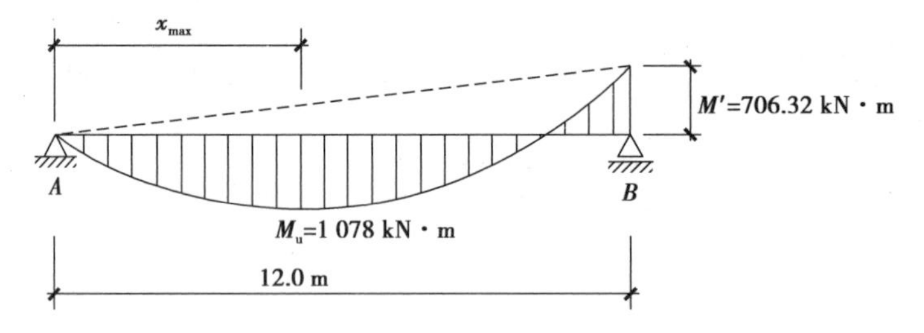


图 5.25 采用机动法时的跨中和支座截面弯矩

④中间支座处抗剪验算：

$$V_u = t_w h_w f = 9 \times 422 \times 180 = 683.64(\text{kN}) > V_B = 323.34(\text{kN})$$

⑤中间支座处弯距与剪力的相互作用：

$$\frac{A_{st}f_{st}}{Af}=\frac{660}{3\ 019.7}=0.219>0.15$$

不考虑相互作用[见《钢结构设计标准》(GB 50017—2017)]。

⑥界面纵向抗剪强度验算:

选用栓钉 $\phi22$,横向两排间距为 100 mm,纵向间距为 $u=200$ mm

一个肋内连接件的承载力:

$$\beta_v=\frac{0.85}{\sqrt{n_0}}\cdot\frac{b_w}{h_e}\left(\frac{h_d-h_e}{h_e}\right)$$
$$=\frac{0.85}{\sqrt{2}}\cdot\frac{60}{70}\left(\frac{150-70}{70}\right)=0.589$$

$$n_s\beta_vN_v^c=2\times0.589\times106.4=125(\text{kN})$$

界面纵向抗剪验算(图 5.26):

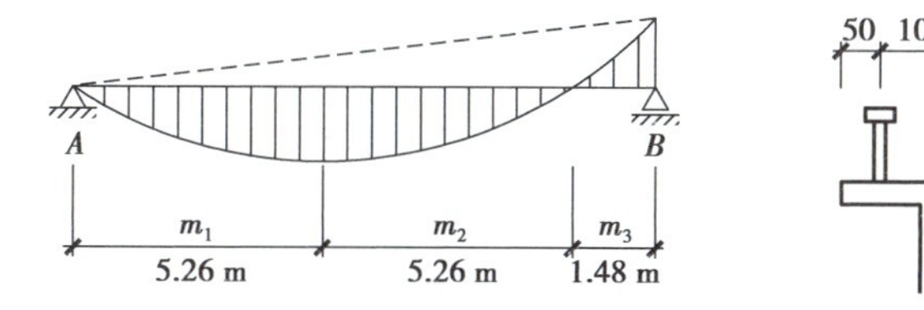


图 5.26　抗剪连接件的剪跨及尺寸

剪跨 $m_1$:

$$n_1=\frac{5\ 260}{200}=26.3,\text{取 }26$$

$n_1(n_s\beta_vN_v^c)=26\times125=3\ 250(\text{kN})>Af=3\ 020(\text{kN})$(完全剪切连接,满足要求)

剪跨 $m_2+m_3$:

$$n_2+n_3=\frac{5\ 260}{200}+\frac{1\ 480}{200}=33.7,\text{取 }33$$

$(n_2+n_3)(n_s\beta_vN_v^c)=33\times126=4\ 158(\text{kN})>Af+A_{st}f_{st}=3\ 020+660=3\ 680(\text{kN})$

完全剪切连接,满足要求。

## 5.6　组合梁混凝土翼板及板托纵向抗剪验算

混凝土翼板是通过抗剪连接件与钢梁连接在一起的,这种连接实际上是点状连接。翼板中混凝土的压应力将会聚(即应力集中)到各抗剪连接件处后再传至钢梁,将引起在每个连接件前翼板中压应力方向的改变,即应力逐渐集中指向连接件,形成许多“斜压杆”,如图 5.26 所示。翼板中未改变方向的纵向压力可与改变方向的“斜压杆”的纵向分量构成平衡;而“斜压杆”的横向分量则只能与翼板中的拉力构成平衡,因混凝土的抗拉强度低,均不考虑混凝土参与抗拉,这拉力只有通过设置受拉钢筋来承担,也就是说:“斜压杆”的横向分量与横向钢筋的拉力构成了平衡。所以在纵向抗剪验算时除要计算横向受拉钢筋外,还应验算“斜压杆”的强度。在验算之前须根据翼板的不同构成形式以及连接件的横向布置形式确定如图 5.27 所示的验算截面(薄弱截面)。

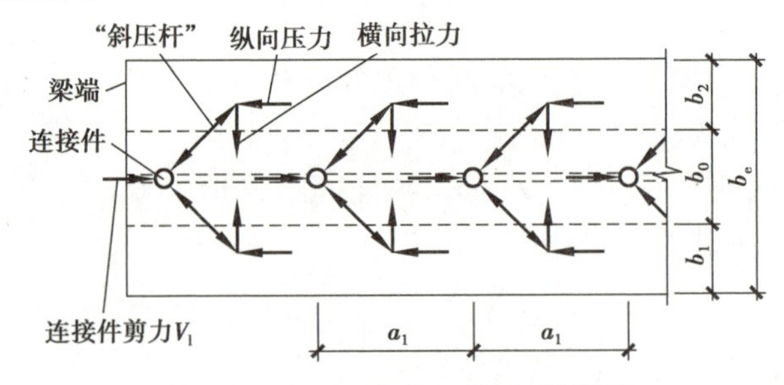


图 5.27 混凝土翼板受剪计算模型

组合梁混凝土翼板与板托纵向受剪面及横向钢筋如图 5.28 所示。

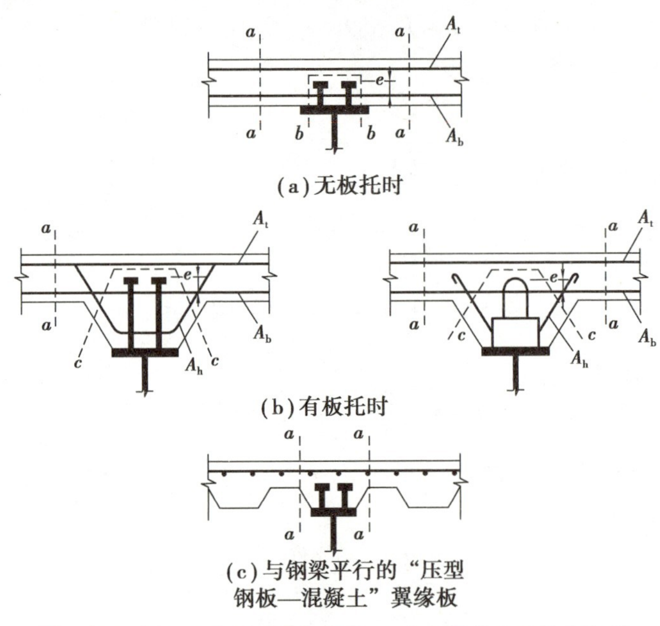


(a)无板托时

(b)有板托时

(c)与钢梁平行的“压型钢板—混凝土”翼缘板

图 5.28 组合梁混凝土翼板与板托纵向受剪面及横向钢筋

然后,可按表 5.21 中的式子确定对应于每个截面的纵向剪力 $V_1$。

表 5.21 验算界面的纵向剪力

| 截面 | 纵向剪力 | | 符号说明 |
| --- | --- | --- | --- |
| $a—a$ | $V_1=\begin{cases}\dfrac{n_i\cdot N_v^c}{a_1}\cdot\dfrac{b_1}{b_e}\\\dfrac{n_i\cdot N_v^c}{a_1}\cdot\dfrac{b_2}{b_e}\end{cases}$,<br>$V_1$ 取两者中的较大者 | $a_1$ $a_1$<br>$n_1\cdot N_v^c$<br>$V_1$计算简图 | $V_1$——混凝土翼板单位长度纵向界面剪力,以 N/mm 计;<br>$n_i$——一个横截面上连接件的个数;<br>$N_v^c$——一个连接件的剪力强度设计值;<br>$a_1$——连接件纵向间距;<br>$b_e$——组合梁翼板的有效宽度;<br>$b_1,b_2$——在有效宽度范围内梁侧的翼板宽度,按 5.3.2 节中的规定第采用,设计时取两者中的较大者。 |
| $b—b$<br>$c—c$ | $V_1=\dfrac{n_i\cdot N_v^c}{a_1}$ | | |

在确定了对应于验算截面的纵向剪力值后，可按表 5.22 中的公式计算横向钢筋的面积。

**表 5.22　验算界面的横向钢筋**

<table>
<tr><th>截　面</th><th colspan="2">$A_s$</th><th>强度验算公式</th><th>符号说明</th></tr>
<tr><td>$a—a$</td><td colspan="2">$A_b+A_t$</td><td rowspan="5">横向钢筋：<br>$V_1 \leqslant K_1 S L_s + 0.7 A_s f_{st}$<br>"斜压杆"：<br>$V \leqslant K_2 L_s f_c$，<br>最小配筋率：<br>$\dfrac{A_s f_{st}}{L_s} \geqslant 0.75$</td><td rowspan="5">$L_s$——纵向受剪界面的周边长度，按图 5.28 采用；<br>$S$——应力单位，1 N/mm$^2$；<br>$K_1$——采用普通混凝土时为 0.9，采用轻质混凝土时为 0.7；<br>$K_2$——采用普通混凝土时为 0.19，采用轻质混凝土时为 0.15；<br>$A_s$——单位梁长纵向受剪界面上与界面相交的横向钢筋截面面积（mm$^2$/mm），按图 5.28 和此表第二列所示的计算式采用；<br>$A_b$——单位长度组合梁翼板底部钢筋截面面积；<br>$A_t$——单位长度组合梁翼板上部钢筋截面面积；<br>$A_h$——单位长度组合梁板托横向钢筋截面面积。</td></tr>
<tr><td>$b—b$</td><td colspan="2">$2A_b$</td></tr>
<tr><td rowspan="2">$c—c$</td><td>$e$<30 mm</td><td>$2A_h$</td></tr>
<tr><td>$e \geqslant 30$ mm</td><td>$2(A_h+A_b)$</td></tr>
</table>

## 5.7　部分剪切连接

在采用完全剪切连接时，界面上的抗剪强度大于或等于截面弯矩承载力所需的混凝土翼板中或钢梁中的合力，即满足 $n_f N_v^c \geqslant b_e x f_c = A f_p$，也就是说截面达到其弯矩承载力时，界面上不会事先因抗剪强度不足而发生破坏。在部分剪切连接时，情况恰好相反，截面还未达到弯矩承载力时，界面已发生剪切破坏，界面上抗剪切强度小于混凝土翼板或钢梁中弯矩承载力所对应的合力，即 $n_f N_v^c < b_e x f_c = A f_p$。这种界面上的抗剪承载力不足通常是连接件的数量不足而引起。譬如，采用带压型钢板的组合梁在弯矩承载力很大时，连接件的布置可因压型钢板肋的位置限制而不能设置很多。部分剪切连接可带来下列负正方两面的结果：

①界面滑移增大，组合梁挠度增加。

②组合截面弯矩承载力降低。

③若连接件具有良好的延性时，连接件间的塑性剪力重分布发展充分。

如果将部分及完全剪切连接时的连接件抗剪承载力分别定义为：

$$V_1 = n_r N_v^c, V_f = n_f N_v^c \tag{5.22}$$

则它们的比值就是剪切连接度：

$$\eta = \frac{V_1}{V_f} \tag{5.23}$$

可利用弯矩承载力与剪切连接度的相关曲线根据剪切连接度直接求得部分剪切连接时的弯矩承载力。绘制弯矩承载力与剪切连接度的相关曲线可使用两种方法，一种是直线近似法，一种是平衡条件精确法。

1）直线近似法

采用近似直线法时，先算出无剪切连接（$\eta=0$）和完全剪切连接（$\eta=1$）时的弯矩承载力 $M_s$ 和 $M_u$，将这两点作一连线，即得到该近似直线，其方程为：

$$M = M_s + \eta \cdot (M_u - M_s) \tag{5.24}$$

内插可得到其间的任意剪切连接度所对应的弯矩承载力。

2）平衡条件精确法

该方法是利用两个平衡条件（$\sum N=0$，$\sum M=0$）来求得组合截面弯矩承载力。利用第一个平衡条件可求得受压区高度，利用第二个平衡条件可求得弯矩承载力。

采用延性连接件时的部分连接理论如图 5.29 所示。

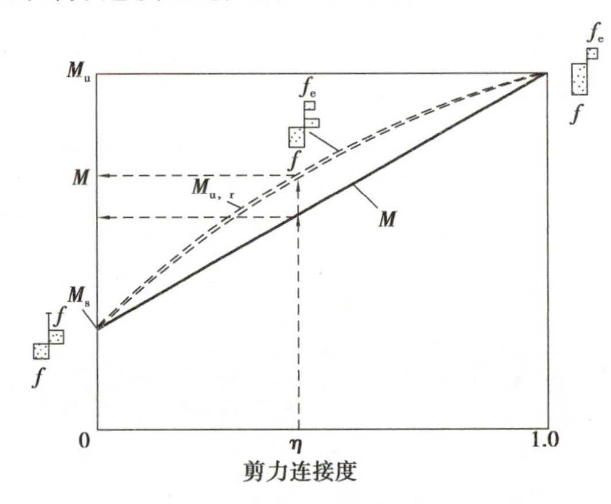


图 5.29　采用延性连接件时的部分连接理论

部分剪切连接时界面的剪切承载力较低，翼板的抗压和钢梁的抗拉强度均不能得到充分发挥。组合截面的塑性中和轴一般在钢梁内，视其界面的剪切承载力的大小塑性中和轴既可在钢梁的翼缘也可在腹板内，计算弯矩承载力的公式与完全剪切连接时的相似，只须如下稍加修改即可：

①塑性中和轴在钢梁翼缘内（当 $b_e x_c f_c < Af$，且 $b_e x_c f_c \geq Af - 2b_f t_f f$ 时）（表 5.23）。

表 5.23　弯矩承载力计算公式

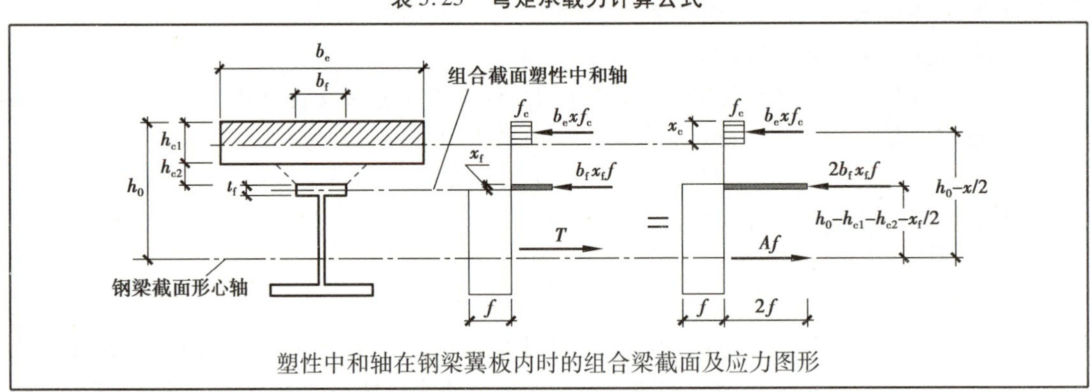


塑性中和轴在钢梁翼板内时的组合梁截面及应力图形

续表

| 计算公式 | 符号说明 |
| --- | --- |
| $x_c=\dfrac{n_r N_v^c}{b_e f_c}$<br>$x_f=\dfrac{1}{2b_f}\left(\dfrac{A-b_e x_c f_c}{f}\right)$ (5.25)<br>$M=b_e x_c f_c\left(h_0-\dfrac{x_c}{2}\right)+2b_f x_f f\left(h_0-h_{c1}-h_{c2}-\dfrac{x_f}{2}\right)$ (5.26) | $x_c$——混凝土翼板受压区高度；<br>$n_r$——部分剪切连接时一个剪跨区的抗剪连接件数目；<br>$N_v^c$——每个抗剪连接件的纵向抗剪承载力；<br>$x_f$——钢梁翼缘受压区高度；<br>$A$——钢梁截面面积；<br>$T$——钢梁受拉区合力。 |

②塑性中和轴在钢梁翼缘内（当 $b_e x_c f_c<Af$，且 $b_e x_c f_c<Af-2b_f t_f f$ 时）（表 5.24）。

**表 5.24　弯矩承载力计算公式**

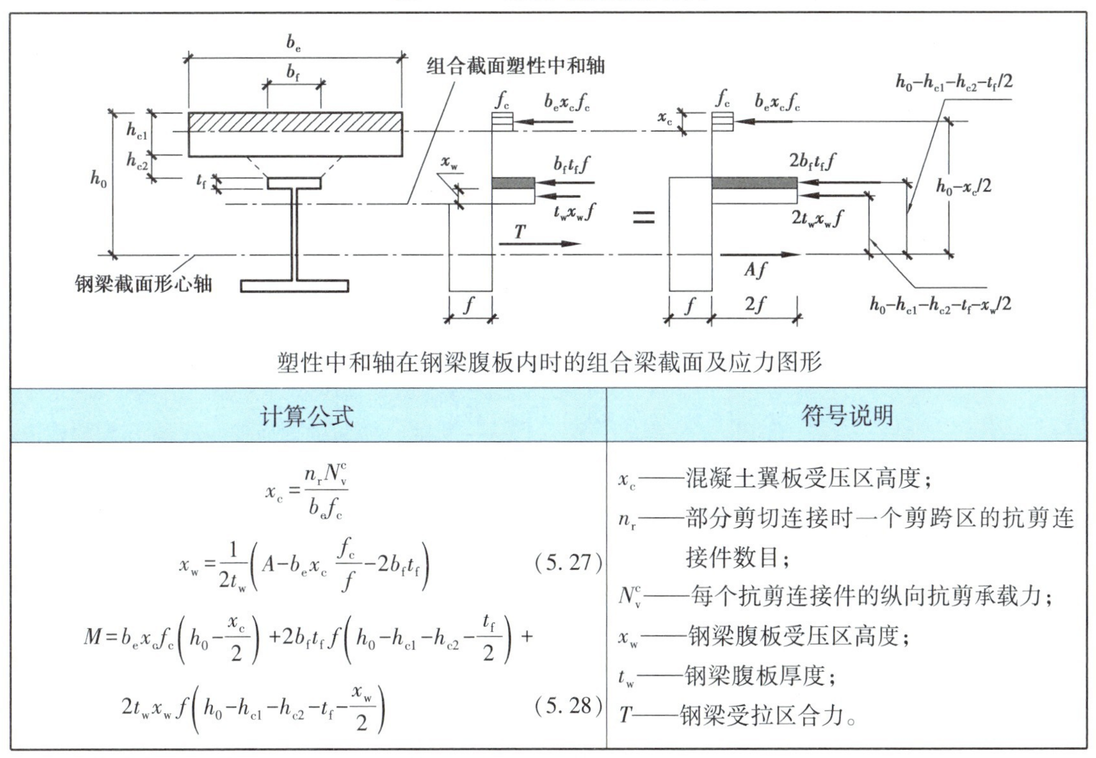


塑性中和轴在钢梁腹板内时的组合梁截面及应力图形

| 计算公式 | 符号说明 |
| --- | --- |
| $x_c=\dfrac{n_r N_v^c}{b_e f_c}$<br>$x_w=\dfrac{1}{2t_w}\left(A-b_e x_c\dfrac{f_c}{f}-2b_f t_f\right)$ (5.27)<br>$M=b_e x_c f_c\left(h_0-\dfrac{x_c}{2}\right)+2b_f t_f f\left(h_0-h_{c1}-h_{c2}-\dfrac{t_f}{2}\right)+$<br>$2t_w x_w f\left(h_0-h_{c1}-h_{c2}-t_f-\dfrac{x_w}{2}\right)$ (5.28) | $x_c$——混凝土翼板受压区高度；<br>$n_r$——部分剪切连接时一个剪跨区的抗剪连接件数目；<br>$N_v^c$——每个抗剪连接件的纵向抗剪承载力；<br>$x_w$——钢梁腹板受压区高度；<br>$t_w$——钢梁腹板厚度；<br>$T$——钢梁受拉区合力。 |

图 5.25 中虚线表示的曲线是利用平衡条件法求得的对应于各剪切连接度的弯矩承载力，由此可知，直线内插值虽然偏离了精确值，但误差并不大，计算又简单，且偏于安全。

《钢结构设计标准》（GB 50017—2017）规定：最小剪切连接度不得小于 0.5。另外还需指出的是，按部分剪切连接设计时，宜采用延性好的连接件，否则连接件的布置应按界面纵向剪力大小的分布来设置，以防止一旦一个连接件破坏而引起界面上拉链式的破坏。

## 5.8 组合梁挠度及裂缝验算

### 5.8.1 挠度计算

滑移效应的刚度折减计算见表 5.25。

**表 5.25 滑移效应的刚度折减计算**

| | |
|---|---|
| 组合梁考虑滑移效应的折减刚度 $B$ 可按下式确定：<br>$$B=\frac{EI_{eq}}{1+\xi} \quad (5.29)$$ | $E$——钢梁的弹性模量；<br>$I_{eq}$——组合梁的换算截面惯性矩；对荷载的标准组合，可将截面中的混凝土翼板有效宽度除以钢材与混凝土弹性模量的比值 $\alpha_E$ 换算为钢截面宽度后，计算整个截面的惯性矩；对荷载的准永久组合，则除以 $2\alpha_E$ 进行换算；对于钢梁与压型钢板混凝土组合板构成的组合梁，取其较弱截面的换算截面进行计算，且不计压型钢板的作用；<br>$\zeta$——刚度折减系数。 |
| 刚度折减系数 $\zeta$ 按下式计算（当 $\zeta\leq0$ 时，取 $\zeta=0$）：<br>$$\xi=\eta\left[0.4-\frac{3}{(jl)^2}\right]$$<br>$$\eta=\frac{36Ed_cA_0}{khl^2};$$<br>$$j=0.81\sqrt{\frac{kA_1}{EI_0}}\ (\text{mm}^{-1})$$<br>$$A_0=\frac{A_{cf}A}{\alpha_EA+A_{cf}};$$<br>$$A_1=\frac{I_0+A_0d_c^2}{A_0}$$<br>$$I_0=I+\frac{I_{cf}}{\alpha_E}$$ | $A_{cf}$——混凝土翼板截面面积；对压型钢板混凝土组合板的翼板，取其较弱截面的面积，且不考虑压型钢板；<br>$A$——钢梁截面面积；<br>$I$——钢梁截面惯性矩；<br>$I_{cf}$——混凝土翼板的截面惯性矩；对压型钢板混凝土组合板的翼板，取其较弱截面的惯性矩，且不考虑压型钢板；<br>$d_c$——钢梁截面形心到混凝土翼板截面（对压型钢板混凝土组合板为其较弱截面）形心的距离；<br>$h$——组合梁截面高度；<br>$l$——组合梁的跨度，mm；<br>$k$——抗剪连接件刚度系数，$k=\frac{n_sN_v^c}{p}$，N/mm；<br>$p$——抗剪连接件的纵向平均间距，mm；<br>$n_s$——抗剪连接件在一根梁上的列数；<br>$\alpha_E$——钢材与混凝土弹性模量的比值。 |

挠度是按弹性计算，要追踪变形的各个阶段，故考虑的因素较多，它们分别是：

①施工阶段与使用阶段的不同结构体系：施工阶段是钢梁，使用阶段是组合梁。

②长期荷载（徐变）和短期荷载（不考虑徐变）所对应的不同混凝土翼板大小，导致不同

的组合截面刚度。

③有无滑移时的不同组合截面刚度(滑移效应)。界面的滑移(总是存在的)会导致翼板与钢梁不能完全组合工作,即不能保持整个组合截面变形后仍为平截面,其结果是:有滑移时组合截面的刚度要比无滑移时小。

④连续组合梁负弯矩区混凝土翼板开裂引起的截面刚度降低。负弯矩区不计入混凝土对组合截面刚度的贡献,同时也不再考虑滑移引起的刚度折减;但在正弯矩区,须考虑界面滑移引起的刚度折减。

⑤需计算因温度、混凝土收缩引起的变形。

⑥简支与连续梁的不同,即有无荷载最不利布置的不同。例如,可变荷载的隔跨布置。

⑦荷载组合的不同。应分别按标准组合和准永久组合进行计算,以其中数值大者为验算值。

考虑以上因素计算得到的挠度值应满足《钢结构设计标准》(GB 50017—2017)规定的容许值$[\nu]$的要求:

$$\max(\nu_s,\nu_l) \leqslant [\nu] \tag{5.30}$$

考虑滑移效应的刚度折减按表5.25中的计算公式进行计算:

## ▶ 5.8.2　裂缝计算

裂缝宽度验算见表5.26。

**表5.26　裂缝宽度验算**

<table>
<tr><th>裂缝宽度验算和计算可按以下公式计算:</th><th>符号</th></tr>
<tr><td>

$w_{max} \leqslant w_{lim}$

最大裂缝宽度限值($w_{lim}$):

<table>
<tr><td rowspan="2">环境类别</td><td colspan="2">钢筋混凝土结构</td><td colspan="2">预应力混凝土结构</td></tr>
<tr><td>裂缝控制等级</td><td>$w_{lim}$/mm</td><td>裂缝控制等级</td><td>$w_{lim}$/mm</td></tr>
<tr><td>一</td><td>三</td><td>0.3(0.4)</td><td>三</td><td>0.2</td></tr>
<tr><td>二</td><td>三</td><td>0.2</td><td>二</td><td>—</td></tr>
<tr><td>三</td><td>三</td><td>0.2</td><td>—</td><td>—</td></tr>
</table>

</td><td>

$\alpha_{cr}$——构件受力特征系数;

$\psi$——裂缝间纵向受拉钢筋应变不均匀系数:当$\psi$<0.2时,取$\psi=0.2$;当$\psi$>1时,取$\psi=1$;对直接承受重复荷载的构件,取$\psi=1$;

$\sigma_{sk}$——按荷载效应的标准组合计算的钢筋混凝土构件纵向受拉钢筋的应力或预应力混凝土构件纵向受拉钢筋的等效应力;

$E_s$——钢筋弹性模量;

$c$——最外层纵向受拉钢筋外边缘至受拉区底边的距离,mm:当$c$<20时,取$c=20$;当$c$>65时,取$c=65$;

$\rho_{te}$——按有效受拉混凝土截面面积计算的纵向受拉钢筋配筋率;在最大裂缝宽度计算中,当$\rho_{te}$<0.01时,取$\rho_{te}=0.01$;

</td></tr>
</table>

续表

| 裂缝宽度验算和计算可按以下公式计算: | 符号 |
| --- | --- |
| $w_{max}=2.7\psi\frac{\sigma_{sk}}{E_s}\left(1.9c+0.08\frac{d_{eq}}{\rho_{te}}\right)$<br>$\psi=1.1-0.65\frac{f_{tk}}{\rho_{te}\sigma_{sk}}$<br>$d_{eq}=\frac{\sum n_i d_i^2}{\sum n_i v_i d_i}$<br>$\rho_{te}=\frac{A_s+A_p}{A_{te}}$ | $A_{te}$——有效受拉混凝土截面面积:对轴心受拉构件,取构件截面面积;对受弯、偏心受压和偏心受拉构件,取 $A_{te}=0.5bh+(b_f-b)h_f$,此处,$b_f$、$h_f$ 为受拉翼缘的宽度、高度;<br>$A_s$——受拉区纵向非预应力钢筋截面面积;<br>$A_p$——受拉区纵向预应力钢筋截面面积;<br>$d_{eq}$——受拉区纵向钢筋的等效直径,mm;<br>$d_i$——受拉第 $i$ 种纵向钢筋的公称直径,mm;<br>$n_i$——受拉第 $i$ 种纵向钢筋的根数;<br>$v_i$——受拉第 $i$ 种纵向钢筋的相对粘结特性系数。 |

在一般情况下组合梁的翼板厚度相对于组合截面高度较小,在负弯矩的作用下,翼板整个高度常常处于受拉区,翼板受力近似于轴心受拉。裂缝宽度计算应按《混凝土结构设计标准(2024 年版)》(GB/T 50010—2010)进行。裂缝的宽度主要与下列因素有关:

①与受拉区钢筋的工作应力大小有关,应力越大,裂缝越宽。

②与钢筋的直径有关,直径越大,裂缝越宽。

③与钢筋的间距有关,间距越大,裂缝越宽。

④钢筋的表面特征(光面或带肋)。

钢筋的工作应力是由荷载和钢筋的面积大小决定的,当不满足裂缝宽度要求时,荷载方面没有调整的余地,主要通过下列措施来进行调整:

①增加钢筋面积,以降低钢筋的工作应力。

②减小钢筋直径或钢筋间距,以增加钢筋的表面积来提高表面抗剪强度,减小裂缝的平均宽度。

③或同时采用①和②的措施。

裂缝宽度计算可按表 5.26 中的公式计算。

## 5.9 组合梁一般构造要求及施工简介

### 5.9.1 构造要求

#### 1)组合梁

①组合梁截面高度不宜超过钢梁截面高度的 2.5 倍。

②混凝土板托高度 $h_{c2}$ 不宜超过翼板厚度 $h_{c1}$ 的 1.5 倍。

③板托的顶面宽度不宜小于钢梁上翼缘宽度与 $1.5h_{c2}$ 之和。

④组合梁边梁混凝土翼板的构造应满足图 5.30 的要求。

⑤连续组合梁在中间支座负弯矩区的上部纵向钢筋及分布钢筋，应按《混凝土结构设计标准(2024 年版)》(GB/T 50010—2010)的规定设置。

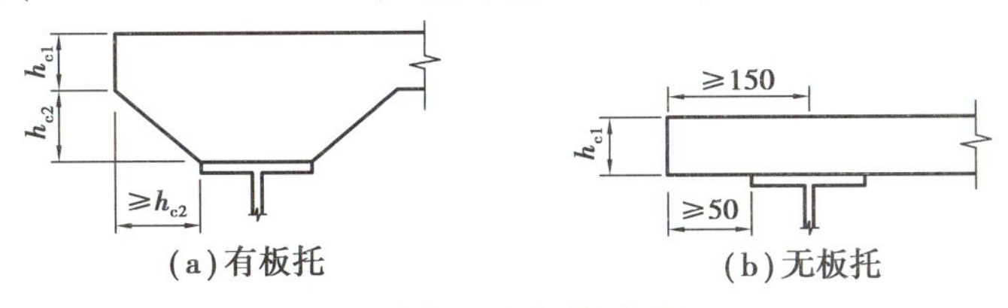


图 5.30　边梁构造图

#### 2)抗剪连接件

详见第 3 章的第 3 节的有关内容。

#### 3)钢梁

钢梁顶面不得涂刷油漆，在浇灌(或安装)混凝土翼板以前应清除铁锈、焊渣、冰层、积雪、泥土和其他杂物。

### ▶ 5.9.2　施工简介

组合梁的钢梁制作与安装同一般钢梁相同，是根据《钢结构工程施工质量验收标准》(GB 50205—2020)的要求进行的。钢梁的制作可在工厂或施工现场完成。工厂制作不受天气影响，制作精度高；而现场制作省去了由制作厂到工地现场的运输，具体选用何种方案，视构件的大小及施工单位的具体情况而定。若选用热轧工字钢，则只需在其上焊接抗剪连接件。若采用焊接工字钢，则制作工序较繁较多；目前我国绝大部分使用的钢梁都是通过焊接制作的，其制作及安装工序如图 5.31 所示。

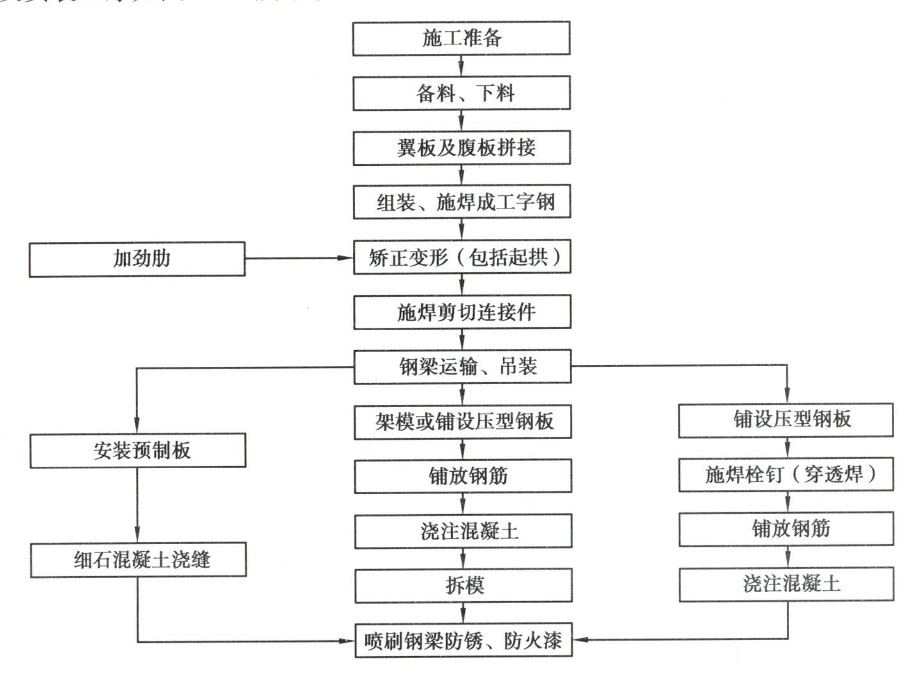


图 5.31　施工流程图

## 本章小结

1. 组合梁是指通过剪切连接件将钢梁与混凝土板连成整体共同工作的受弯构件。当组合梁承受正弯矩时,混凝土板处于受压区,钢梁大部分处于受拉区,因而能够充分发挥两种材料各自的强度优势。与钢筋混凝土梁相比,它具有承载力高、自重轻、便于施工的特点。与钢构件相比,它又具有抗弯刚度大、变形小、稳定性好等优点。

2. 组合梁的受力过程可分为弹性、弹塑性和屈服 3 个阶段。在型钢受拉翼缘屈服之前,以及组合梁中配置足够数量的剪切连接件的情况下,截面应变基本符合平截面假定。

3. 组合梁的设计有弹性理论和塑性理论两种方法。对于直接承受动力荷载的组合梁、钢梁板件宽厚比较大且组合截面中和轴在钢梁腹板内通过的组合梁,应按弹性理论进行分析。不直接承受动力荷载的组合梁、钢梁板件宽厚比较小及组合截面中和轴在混凝土板或板托内通过时,组合梁截面可按塑性理论分析。组合梁的挠度计算采用弹性理论。

4. 组合梁应按两个受力阶段分别进行承载力计算和变形验算。第一受力阶段,即楼板的混凝土达到强度设计值前,混凝土板只能作为外加荷载来考虑。第二受力阶段,楼板的混凝土已经达到强度设计值,钢梁与混凝土之间存在组合作用,可按组合梁进行计算。

5. 组合梁按弹性理论的计算,截面的应力和变形都可按照材料力学的公式进行。必要时还应考虑荷载长期作用时混凝土徐变的影响,以及温度应力和混凝土收缩引起的应力。

6. 组合梁按照塑性理论的设计,必须保证组合梁最终出现塑性铰,并能发生充分的转动、变形。如果钢梁的板件厚度过薄,就会产生局部屈曲,从而降低组合梁的受弯承载力,以致达不到塑性弯矩或发生足够的转动,因此必须对钢板的宽厚比加以限制。

7. 组合梁按塑性方法设计,在受弯承载力极限状态时,认为受压区混凝土的应力达到轴心抗压强度设计值;钢梁无论受压还是受拉,其应力均达到相应的钢材强度设计值。可不考虑施工过程中有无支撑及混凝土徐变、收缩与温度作用的影响。

8. 连续组合梁的内力分析可采用弹性分析法和塑性分析法。弹性分析法认为组合梁是一个变刚度梁,在确定梁的刚度时,距中间支座 $0.15l$ 范围内($l$ 为梁的跨度),忽略拉区混凝土板的影响,但应计入板中纵向钢筋面积对梁抗弯刚度的贡献。在其余的跨中区段,应考虑混凝土板与钢梁共同工作的作用。塑性分析法就是连续组合梁考虑塑性内力重分布的分析方法,可通过弯矩调幅法实现。

9. 连续组合梁中间支座截面的混凝土板内配筋只要满足截面的材料总强度比($l$)$\geqslant 0.15$ 的条件,就可分别按纯剪和纯弯进行截面设计,而不必考虑弯剪之间的相互影响。

10. 剪切连接设计是组合梁设计的重要内容,有弹性设计法和塑性设计法两种方法。弹性设计法假定钢梁与混凝土板之间的纵向水平剪力完全由连接件承担,不考虑二者叠合面上存在的粘结力。塑性设计法认为剪切连接件受荷载很大时会发生较大滑移,使叠合面上各个连接件产生内力重分布,各连接件受力大小基本相等,与连接件所在位置无关。

11. 受构造等原因影响,剪切连接件的设置数量少于完全剪切连接所需的剪切连接件数量时,可采用部分剪切连接设计法。对于连续组合梁的正弯矩区段,它不仅可以减少剪切连接件的数量,方便施工,而且不会显著降低截面的受弯承载力。

12. 在采用柔性剪切连接件的简支组合梁中,钢与混凝土之间粘结滑移对组合梁挠度的影响已经较大,不能忽略,这时应采用考虑粘结滑移效应的折减刚度法进行挠度计算。连续组合梁应按变截面刚度梁进行计算。

13. 组合梁中的钢梁在施工阶段和使用阶段存在整体稳定和局部稳定问题,因此应当采用一定的措施避免组合梁在达到极限承载力之前丧失稳定性,必要时进行钢梁的整体稳定性计算和考虑腹板屈服后强度的抗弯和抗剪承载力计算,或配置加劲肋。

## 习　题

5.1　当混凝土翼板通过抗剪连接件与钢梁连接共同受力后,组合梁的截面中产生了什么新的内力? 与没有连接的非组合梁相比有哪些显著特点?

5.2　混凝土翼板与钢梁组合作用的大小是否与界面滑移大小有关? 若有关,关系怎样?

5.3　什么情况下要求组合梁按弹性设计,什么情况下可采用塑性设计?

5.4　有无临时支撑会给组合梁在计算上带来哪些不同? 同一根组合梁有支撑和无支撑时的极限承载力是否相同?

5.5　混凝土的徐变会引起翼板中的压力增加还是减少? 钢梁中的拉力又会怎样变化? 在计算中如何考虑混凝土徐变的影响?

5.6　混凝土收缩及温差变化会引起组合梁内出现什么情况?

5.7　哪些组合梁可能出现整体失稳,在什么地方? 有些什么措施可用来提高组合梁的整体稳定性?

5.8　防止出现局部失稳的简便计算方法是什么? 防止出现局部失稳的措施有哪些?

5.9　采用塑性设计时对组合梁的钢梁有何要求?

5.10　组合梁的塑性设计与弹性设计相比有些什么优点?

5.11　连续组合梁的塑性设计与简支组合梁的塑性设计相比有些什么附加要求和限制?

5.12　组合截面塑性中和轴是否与该截面重心轴重合? 两者各自是怎样定义的?

5.13　在计算组合截面的弯矩承载力时,根据塑性中和轴所在的位置(在翼板内、在钢梁翼缘内或在钢梁腹板内)分别有不同的计算公式,在哪一种情况下,即塑性中和轴在哪一个区域内计算出的弯矩承载力较大?

5.14　在设计连接件时,为什么要将组合梁按弯矩图分段? 在每一区段(或剪跨)内各连接件的受剪方向是否一致?

5.15　混凝土翼板与钢梁的连接沿长度方向是点状间断式,这种连接会导致翼板中压应力呈均匀分布还是呈扩散式的分布? 在连接件附近翼板中压应力是否有应力集中现象?

5.16　对组合梁混凝土翼板及板托的纵向抗剪验算主要内涵是什么?

5.17　组合梁的挠度与界面滑移有何关系?

5.18　有一组合梁楼盖,组合梁为简支梁,梁的计算跨度为 $l=15.0$ m,间距 $S_0=3.60$ m,混凝土板厚 $h_c=150$ mm。钢梁采用 HM588×300,材料为 Q235,混凝土采用 C30,楼面活荷载

为 $p=2.50\ kN/m^2$。有起供且加临时支撑。

有一组合梁楼盖，组合梁为简支梁（图 5.32），梁的计算跨度为 $l=15.0$ m，间距 $S_0=3.60$ m，混凝土板厚 $h_c=150$ mm。钢梁采用 HM588×300，材料为 Q235，混凝土采用 C30，楼面活荷载为 $p=2.50\ kN/m^2$。对钢梁设有临时支撑且施加反弯曲。试计算组合梁在下列荷载作用下的内力及应力，并验算其强度。

①竖向荷载（$g_k=17.17$ kN/m，$q_k=9.0$ kN/m）。

②钢梁反弯曲为 $w=-20$ mm 时引起的内力和应力

③混凝土收缩（$\varepsilon_c=0.272\times10^{-3}$）。

④温度差（混凝土翼板温度比钢梁温度低 10 ℃）。

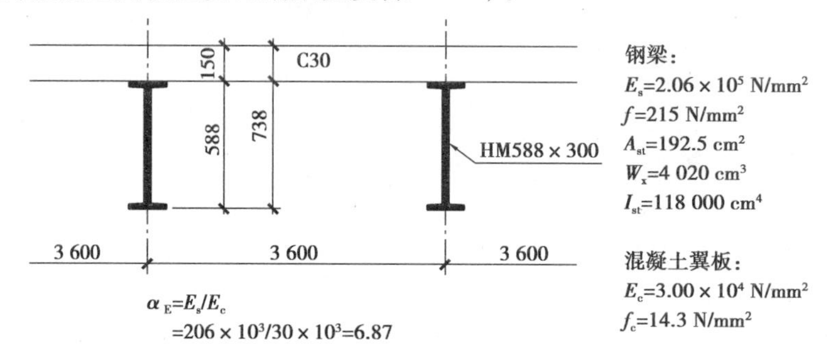


图 5.32　组合简支梁截面及梁间距

5.19　有一组合梁楼盖，组合梁为简支梁（图 5.33），梁的计算跨度为 $l=9.0$ m，间距 $S_0=3.60$ m，混凝土板厚 $h_c=150$ mm。钢梁采用 HN600×200，材料为 Q235，混凝土采用 C30，楼面活荷载为 $p=2.50\ kN/m^2$。没有起拱且不加临时支撑。试计算组合梁在下列荷载作用下的内力及应力，并验算其强度。

①竖向荷载（$g_k=16.72$ kN/m，$q_k=9.0$ kN/m）。

②混凝土收缩（$\varepsilon_c=0.272\times10^{-3}$）。

③温度差（混凝土翼板温度比钢梁温度低 10 ℃）。

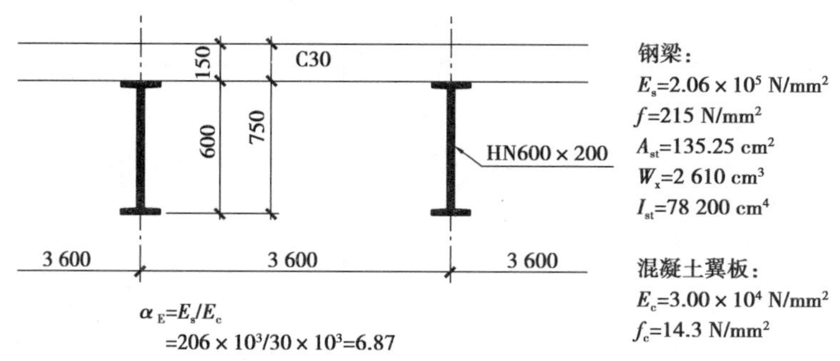


图 5.33　组合简支梁截面及梁间距

5.20　一简支组合梁如图 5.34 所示，钢梁为热轧工字钢 HN600×200，材料为 Q235，翼板混凝土为 C30，翼板带有压型钢板 YX70-200-600，组合梁在施工阶段设有一临时支撑，组合梁的间距为 4.2 m。根据以下给出的已知条件，试分别进行施工阶段和使用阶段的强度和变形验算。

$g_{1k}=18.94$ kN/m,$q_{1k}=4.2$ kN/m(施工活荷载);

$g_{2k}=3.36$ kN/m(拆除支撑后,面层吊顶重),$q_{2k}=8.4$ kN/m(使用活荷载)

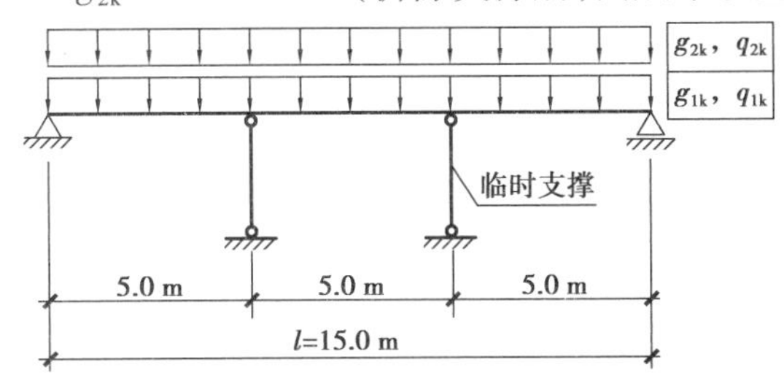


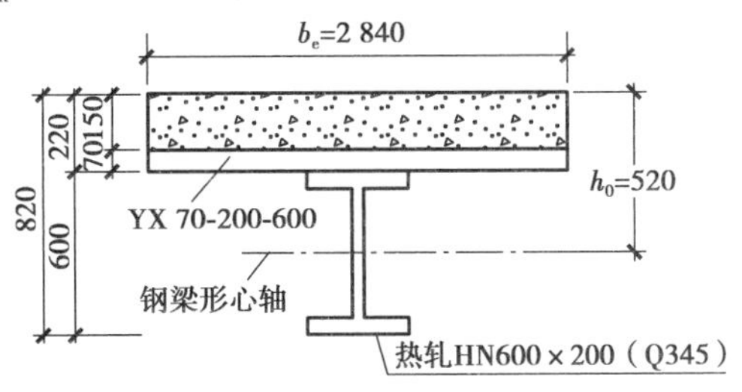


图5.34　组合简支梁的计算简图及截面尺寸

HN工字钢截面参数:

$b=200$ mm;$h=600$ mm;$t=17$ mm;$t_w=11$ m;$r=20$ mm;$I_x=78\ 200$ cm$^4$;$W_x=2\ 610$ cm$^3$;$A=135.2$ cm$^2$;$E_s=2.06\times10^5$ N/mm$^2$;$f=215$ N/mm$^2$

混凝土翼板截面参数:

$E_c=3.0\times10^4$ N/mm$^2$;$f_c=14.3$ N/mm$^2$

# 第6章 型钢混凝土结构

基本要求：

(1)了解型钢混凝土结构的特点与适用范围。

(2)掌握型钢混凝土构件的受力机理与破坏形态。

(3)掌握型钢混凝土梁、型钢混凝土柱、钢与混凝土组合剪力墙等构件的设计与计算。

(4)了解型钢混凝土结构的构造要求。

## 6.1 型钢混凝土结构基本概念

型钢混凝土组合构件是一种由核心部分的型钢、外部的钢筋和混凝土3种材料组成能协同工作的组合构件，其中，型钢主要指轧制型钢、焊接组合截面或空腹型钢(图6.1—图6.3)，钢筋指纵向受力主筋、箍筋，其截面组成特点是将型钢埋入钢筋混凝土中。

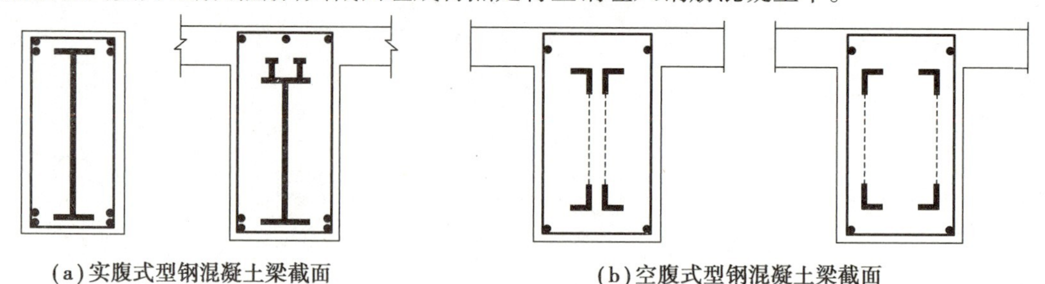

(a)实腹式型钢混凝土梁截面

(b)空腹式型钢混凝土梁截面

图6.1 型钢混凝土梁截面示意图

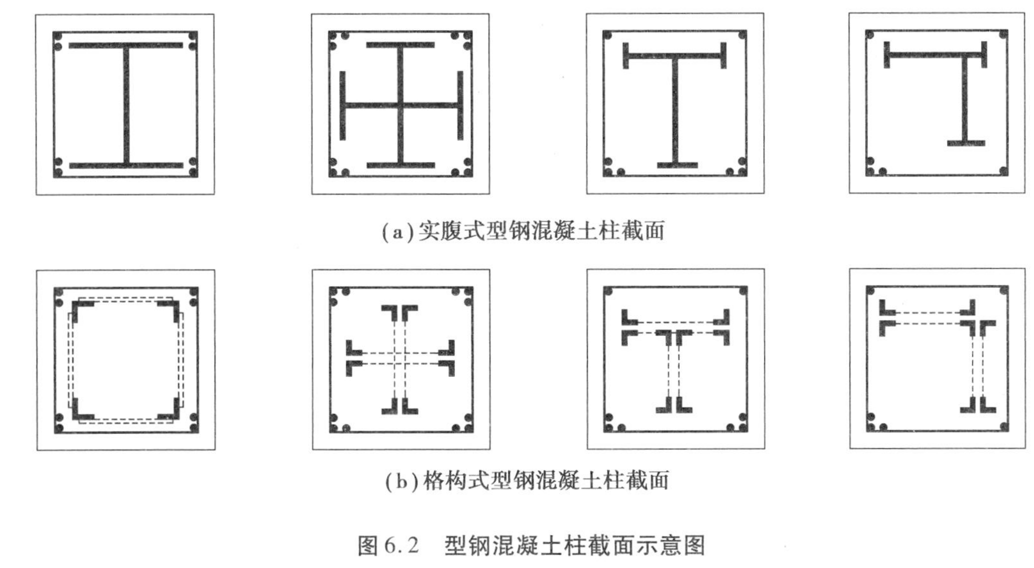


图 6.2　型钢混凝土柱截面示意图

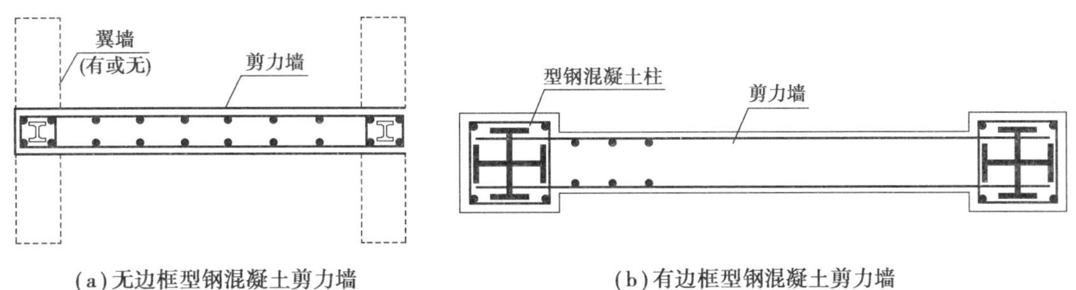


图 6.3　型钢混凝土剪力墙截面示意图

根据所用型钢的不同又可分为实腹式和空腹式两大类，实腹式型钢多采用轧制 H 型钢（宽翼缘工字钢）、双工字钢、双槽钢、十字形钢、矩形及圆形钢管，或采用钢板、角钢、槽钢等拼制焊接而成。空腹式构件的型钢一般由缀板或缀条连接角钢或槽钢组成。为了约束混凝土，在配置实腹型钢的构件中还配有少量钢筋与箍筋。型钢混凝土结构的基本构件包括型钢混凝土梁、柱、节点，其受力性质包括轴压、偏压，受弯、受剪、偏压剪及弯剪扭等多种形式。型钢混凝土组合结构是由型钢混凝土组合构件组成的一种钢与混凝土组合结构形式，以抵抗各种外部作用效应的一种结构。型钢混凝土结构在各国有不同的名称，英国、美国等国家将这种结构称为混凝土包钢结构；在日本则称为钢骨混凝土（steel reinforced concrete，SRC）；在国内，冶金部行业标准《钢骨混凝土结构技术规程》（YB 9082—2006）称为钢骨混凝土；苏联则将这种结构称为劲性钢筋混凝土，将置于混凝土中的型钢称为劲性钢，将配置的钢筋称为柔性钢。受英、美、苏、日等国的影响，我国对这种结构的名称叫法也不一致。后两个名称我国也沿用过。对于钢筋混凝土结构而言，在混凝土中主要配置的是型钢，故称为型钢混凝土结构。建设部 2001 年 10 月 23 日发布的《型钢混凝土组合结构技术规程》（JGJ 138—2001）则正式将这种结构称为型钢混凝土组合结构。

实腹式型钢混凝土构件制作简便，加工费用低、承载能力大、抗震性能好，因此目前实腹式构件被广泛采用；空腹式构件比较节约钢材，但制作费用较高，抗震性能比普通钢筋混凝土构件稍好,抗震性能相对于实腹式型钢较差,因此目前应用不多。高层建筑框架柱内的型钢,抗震设防时宜采用实腹式型钢,非抗震设防时也可采用带斜腹杆的格构式焊接型钢。

实腹式型钢混凝土梁又可分为充满型和非充满型。充满型实腹式型钢混凝土梁是指梁截面的受压区和受拉区均配置型钢[图6.4(a)];非充满型实腹式型钢混凝土梁是指实腹式型钢仅配置在梁截面的受拉区,或进入部分受压区[图6.4(b)]。有抗震设防要求的框架结构梁应采用充满型实腹型钢。设置了足够数量抗剪连接件的充满型型钢混凝土梁称为完全粘结梁,型钢偏置在截面受拉区而未设置抗剪连接件的梁称为非完全粘结梁。在设计中应避免采用非完全粘结梁。

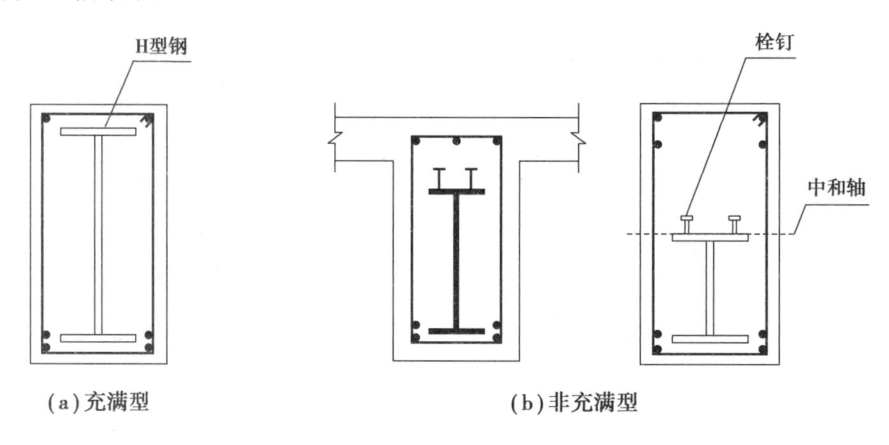


图6.4 型钢混凝土型钢类型

对于截面高度很大的梁,其型钢宜采用型钢桁架。型钢混凝土剪力墙和型钢混凝土筒体,宜在剪力墙的端部或边缘构件内配置实腹型钢;与各层楼板高度处剪力墙内的型钢暗梁连接,形成暗框架。当抗震设防烈度较高时,宜在型钢混凝土剪力墙与型钢暗框架之间增加型钢斜杆,从而在剪力墙内形成竖向型钢暗支撑。在高层建筑的各种结构体系中,均可以将型钢混凝土构件与钢构件或钢筋混凝土构件一起使用。但在结构设计中应注意沿高度改变结构类型引起楼层侧向刚度和水平承载力突变所带来的不利影响,并处理好过渡层的构造以及不同材料构件的连接节点。

由于钢、钢筋混凝土与型钢混凝土构件各有特点,如果在同一栋建筑中合理运用这些构件类型,可最大限度地满足建筑功能的需要,建造出经济性好、可靠性高的建筑。比如在高层钢结构中,基础及地下室部分多采用钢筋混凝土结构,上部采用纯钢结构,而中间需要设置型钢混凝土结构过渡层。在超高层钢筋混凝土结构中,为了保证底层柱在很大轴力下具有良好的变形能力,也可以采用型钢混凝土构件。

型钢混凝土组合结构是一种优于钢结构和钢筋混凝土结构的新型结构,它分别继承了钢结构和钢筋混凝土结构各自的优点,也克服了两者的缺点而产生的一种新型结构体系(杂交结构体系)。可充分利用钢(抗拉)和混凝土(抗压)的特点,按照最佳几何尺寸,组成最优的组合构件,使其具有构件刚度大,与钢结构相比,防火、防腐性能好,具有较大的抗扭及抗倾覆能力。并且,与钢筋混凝土结构相比,型钢混凝土具有质量轻、构件延性好的特点,可增加净空高度和使用面积,同时缩短施工期,节约模板,特别在高层和超高层建筑及桥梁结构中,更加体现了其承载能力和克服结构施工技术难题的优点。与钢筋混凝土结构相比,还有一定量的二次抗火设计(指组合构件,而不是劲性构件)。其缺点是结构需要特定的剪力连接件和结构焊接设备及专门焊接技术人员。

由于型钢混凝土结构具有上述优点,因此,它在土木工程中具有广阔的应用前景。尤其是国家产业政策的推动,提倡推广建筑用钢,这就使得型钢混凝土结构的发展具有更加广阔的前景。从型钢混凝土构件应用的范围来讲,在多层、高层建筑、桥梁等建筑物和构筑物中,从建筑结构形式方面讲,型钢混凝土结构适用于框架结构、框架—剪力墙结构、底层大空间剪力墙结构、框架—核心筒结构、筒中筒结构等结构,这些结构中的构件可以全部采用型钢混凝土,也可以部分采用型钢混凝土;这些结构某几层或某些局部也可以采用型钢混凝土。从抗震角度来讲,型钢混凝土结构适用于非地震区和抗震设防烈度为6至9度的多层、高层建筑和一般构筑物。

## 6.2 型钢混凝土梁正截面承载力计算

### 6.2.1 型钢混凝土梁的破坏形态

为研究型钢混凝土梁正截面承载能力,西安建筑科技大学与原冶金部建筑研究总院、中国建筑科学院、原郑州工学院、西南交通大学、原南京建筑工程学院等曾对配实腹式型钢的型钢混凝土梁的进行了抗弯试验研究。主要对混凝土受压区的应力图形特征、型钢腹板的应力变化规律、型钢与混凝土基本共同工作、粘结滑移影响等进行了研究。

试验研究结果表明,设剪力连接件的实腹式型钢混凝土梁[图6.4(b)]或充满型实腹式型钢混凝土梁[图6.4(a)],在达到极限承载力之前,型钢与混凝土基本能够共同工作。实腹式型钢混凝土梁中型钢截面的应变分布与混凝土截面的应变分布基本协调一致,且接近于直线分布(图6.9),型钢与混凝土的中和轴重合。这表明,在达到极限承载力之前,型钢与混凝土的粘结力一般不会被破坏(图6.5)。所以,可以认为这种实腹式型钢混凝土梁截面中型钢与混凝土的应变符合平截面假定。

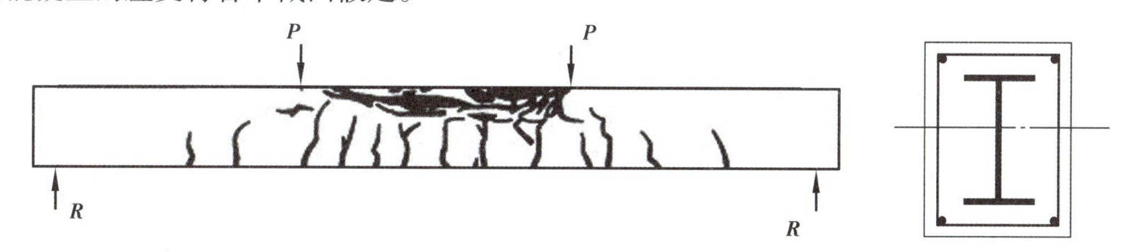


图6.5 完全粘结梁的破坏形态

试验表明,对充满型实腹式型钢混凝土梁,首先在纯弯段出现裂缝,表现为一致的竖向裂缝,后在剪跨段出现裂缝。只有加载到一定阶段,剪跨段才出现裂缝,并逐渐指向加载点而形成斜裂缝,剪跨比越小,这种现象越明显。

在试验中,当加载到15% ~20%的极限弯矩时,充满型实腹式型钢混凝土梁试件首先在纯弯段开始出现裂缝。随着荷载的增加,裂缝开展。加载到50%左右的极限荷载,裂缝基本出齐。

继续加载会发生裂缝发展停滞现象,由于实腹式型钢混凝土梁中型钢的刚度较大,裂缝开展到型钢的下翼缘附近时,会受到型钢的阻止。同时与钢筋混凝土梁相比,在梁宽度和高度方向,型钢均更大范围地约束着混凝土的受拉变形,尤其是在型钢腹板与翼缘之间的核心混凝土,受到一定程度的约束,使其具有较大的刚度。所以裂缝发展到型钢下翼缘附近,裂缝并不随荷载的增加而继续发展,出现裂缝发展停滞现象。与钢筋混凝土梁不同,由于裂缝发展的停滞,虽然构件已经开裂,但实腹式型钢混凝土梁的弯矩—跨中挠度试验曲线并无明显的转折点(图 6.6)。当荷载加大到一定程度,型钢受拉翼缘开始屈服,随之腹板沿高度方向也逐渐屈服。此时裂缝几乎同时迅速发展,有的裂缝可发展到型钢上翼缘附近。

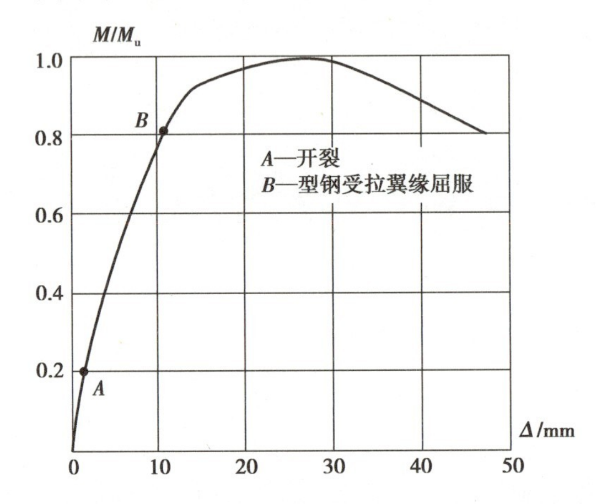


图 6.6　实腹式型钢混凝土梁的弯矩—跨中挠度试验曲线

继续加载到 80% 左右的极限荷载,受压翼缘高度处出现水平的粘结裂缝。随着荷载的进一步增加,断续的水平裂缝贯通,保护层剥落,受压区混凝土被压碎而构件破坏。受压区型钢保护层越小,粘结劈裂破坏越为明显。

对于充满型实腹式型钢混凝土梁,这种粘结滑移影响并不明显。若用钢筋混凝土梁裂缝计算方法来计算型钢混凝土梁,可以发现试验测得的裂缝间距比计算值要大些,但是裂缝宽度要小一些,尤其在使用荷载阶段,这也是因为型钢比钢筋能更好地抑制了混凝土的裂缝发展。

## ▶ 6.2.2　型钢混凝土梁截面应力分析

根据试验研究,对充满型实腹式型钢混凝土梁的抗弯性能进行分析。

图 6.7(a)所示为两点集中加载实腹式型钢混凝土梁的荷载-跨中挠度($P$-$\delta$)曲线。与上述受力过程相应的实腹式型钢混凝土梁截面应力分布如图 6.8 所示。图中 $S$ 和 RC 分别代表型钢和钢筋混凝土部分。由图 6.8 可知,实腹式型钢混凝土梁的正截面受力过程分为以下几个阶段。

0-1 阶段:实腹式型钢混凝土梁受拉区混凝土未开裂,梁中型钢和混凝土的应力均较小,荷载—跨中挠度曲线为直线,截面受力处于弹性阶段,如图 6.8(b)所示。

1-2 阶段:荷载-跨中挠度曲线达到 1 点时,实腹式型钢混凝土梁混凝土受拉区开始出现裂缝。若型钢混凝土梁中含钢率较大,混凝土的收缩将引起拉应力而导致其提前开裂。此

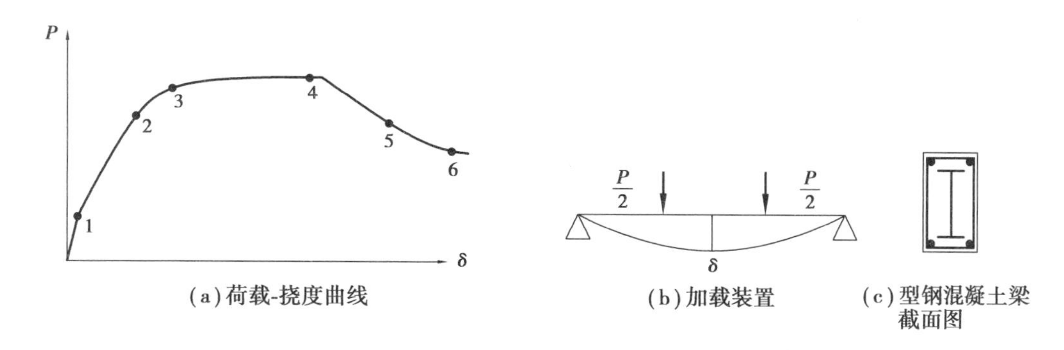


(a)荷载-挠度曲线 (b)加载装置 (c)型钢混凝土梁截面图

图6.7 实腹式型钢混凝土梁的荷载-跨中挠度曲线示意图

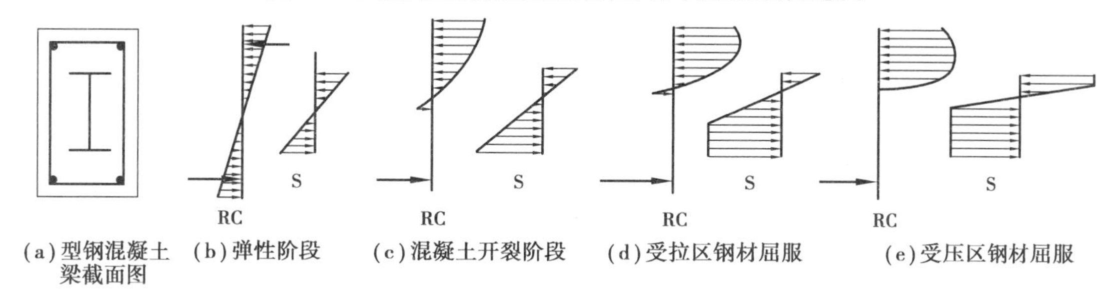


(a)型钢混凝土梁截面图 (b)弹性阶段 (c)混凝土开裂阶段 (d)受拉区钢材屈服 (e)受压区钢材屈服

图6.8 实腹式型钢混凝土梁截面的应力发展过程

后,随荷载的增加,裂缝不断发展,并逐渐趋于稳定,梁开裂后的截面刚度虽然有所减小,型钢截面的刚度较大,其减小的程度比钢筋混凝土梁小,所以荷载-跨中挠度曲线基本上仍为一条直线。荷载-跨中挠度曲线没有产生转折。在1-2阶段,型钢混凝土梁中型钢和钢筋仍受力处于弹性状态,如图6.8(c)所示。

2-3阶段:随着荷载的不断增加,受拉钢筋和型钢受拉翼缘先后达到屈服(图6.6中2点和3点,何者先屈服取决于各自的屈服应变及配置位置),此时截面刚度有较大降低,荷载-跨中挠度曲线明显弯曲。由于型钢腹板自下而上逐渐进入屈服阶段,如图6.8(d)所示,受拉钢筋和型钢受拉翼缘屈服后荷载仍有一定的增加。继续加载后,型钢上翼缘达到受压屈服状态,仅有腹板中部的一部分截面尚处于弹性受力状态,如图6.8(e)所示。

3-4阶段:梁的截面刚度已很小,受压区混凝土的应力发展显著加快,荷载-跨中挠度曲线接近水平线。

4-5阶段:在荷载-跨中挠度曲线达到4点时,荷载达到最大值,在型钢上翼缘处受压区混凝土压碎。实腹式型钢混凝土梁的抗弯承载力也随之降低,混凝土保护层剥落的范围和程度都比钢筋混凝土梁大。

5-6阶段:在这一阶段,实腹式型钢混凝土梁的承载力主要依靠型钢维持变形可以持续发展很长一段时间。所以,实腹式型钢混凝土梁的延性性能比钢筋混凝土梁优越。

试验研究结果表明,没设置剪力连接件的实腹式型钢混凝土梁,当荷载加载到大约80%的极限荷载前,型钢与混凝土基本能共同工作,粘结滑移影响并不明显;当荷载加载到超过80%的极限荷载后,型钢与混凝土不能共同工作,型钢与混凝土之间的粘结滑移明显,此时已经不符合平截面假定。由于粘结滑移的存在将影响型钢混凝土梁的极限承载力、破坏形态、计算假定以及刚度和裂缝计算。

当型钢偏置于截面受拉区时,如不在型钢上翼缘设置足够的剪力连接件,型钢上翼缘与混凝土的交界面处可能发生相对滑移,导致型钢和混凝土不能共同工作,接近破坏时交界面附近将产生较大的纵向裂缝,混凝土压碎高度较大,延性较差,所以应在型钢上翼缘设置足够数量的抗剪连接件[图6.3(b)]。试验表明,设置足够的抗剪连接件后,在受力过程中基本符合平截面假定,破坏时型钢上翼缘与混凝土的交界面并无明显纵向裂缝。

在国内,西安建筑科技大学还对配空腹式角型钢架的型钢混凝土梁进行了抗弯试验研究。结果表明,从加载开始直到达到极限承载力的整个工作阶段,角型骨架与混凝土之间基本保持了良好的粘结,空腹式型钢混凝土梁的抗弯性能与钢筋混凝土梁的抗弯性能基本相同。同时,配角型骨架的型钢混凝土梁与相同配筋率的钢筋混凝土梁延性系数之比平均为2.8,说明空腹式型钢混凝土梁的延性比钢筋混凝土梁的延性好。

### ▶ 6.2.3 型钢与混凝土的共同作用

实腹式型钢混凝土梁与钢筋混凝土梁的显著区别之一是型钢与混凝土的粘结力远小于钢筋与混凝土的粘结力。国内外的试验表明,型钢与混凝土的粘结力大约只相当于光面钢筋粘结力的45%。在钢筋混凝土结构中,钢筋的表面积与截面面积的比值较大,在有足够的锚固长度时,钢筋与混凝土交界面的粘结强度可以保证二者变形协调,使钢筋的强度得以发挥,因而在钢筋混凝土构件中都认为直到构件破坏,钢筋与混凝土是共同工作的。而在型钢混凝土组合结构中,型钢的表面积与截面面积的比值较小,且表面平整,粘结强度比较小,二者之间容易产生滑移。所以,仅仅依靠粘结强度来保证型钢与混凝土的共同工作是不够的。

型钢与混凝土共同工作的标志是二者之间仅存在可以忽略的相对滑移。为确保型钢与混凝土共同作用,应采用下述相应措施。

#### 1)采用充满型实腹型钢混凝土梁

型钢混凝土梁的试验研究表明,当型钢上翼缘处于截面受压区,且配置一定构造钢筋时,型钢与混凝土能保持较好的共同工作,截面应变分布基本上符合平截面假定(图6.9)。

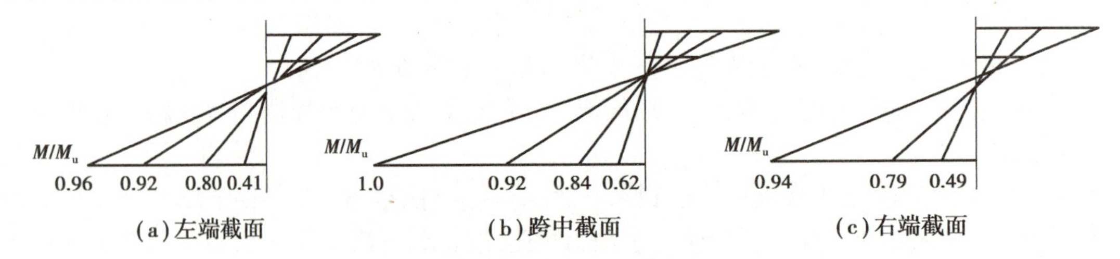


图6.9 实腹式型钢混凝土梁的截面应变分布

#### 2)在型钢上翼缘处焊接抗剪连接件

若型钢混凝土梁中型钢全截面处于受拉区且未在型钢上翼缘设置抗剪连接件,则当截面拉应力较大时,型钢上翼缘与混凝土交界面处的较大剪应力将使交界面发生粘结破坏,从而出现纵向裂缝,引起相对滑移,不能共同工作。

#### 3)配置必要的纵向钢筋和箍筋

箍筋的作用除了增强截面抗剪承载力,还起到约束核心混凝土的作用。配置必要的纵向钢筋和箍筋，加强纵向钢筋和箍筋对混凝土的约束，能增强构件塑性铰区的变形能力和耗能能力，保证混凝土和型钢、纵向钢筋共同工作。

## ▶ 6.2.4　型钢混凝土梁正截面抗弯承载力计算

### 1）基本假定

①截面应变分布符合平截面假定，型钢与混凝土之间无相对滑移。

②不考虑混凝土的抗拉强度。

③取受压边缘混凝土极限压应变 $\varepsilon_{cu}=0.003$，相应的最大压应力取混凝土轴心受压强度设计值 $f_c$。受压区应力图简化为等效矩形应力图，并取混凝土抗压强度设计值为 $\alpha_1 f_c$。

④型钢腹板的应力图形为拉、压梯形应力图形。设计计算时，简化为等效矩形应力图形。

⑤钢筋应力等于其应变与弹性模量的乘积，但不大于其强度设计值。受拉钢筋和型钢受拉翼缘的极限拉应变取 $\varepsilon_{sh}=0.01$。

### 2）正截面抗弯承载力

充满型型钢混凝土框架梁是以“适筋梁”破坏作为其抗弯承载力的极限状态，图 6.8(e) 所示为一矩形截面充满型型钢混凝土框架梁达到抗弯承载力极限状态时的应力分布。因此，充满型型钢混凝土框架梁应保证受拉钢筋和型钢受拉翼缘首先屈服，然后受压翼缘屈服，直至最后受压混凝土压碎，整个充满型型钢混凝土框架梁才达到抗弯承载力而破坏。

充满型实腹式型钢混凝土框架矩形截面梁达到抗弯承载力极限状态时，型钢混凝土梁型钢上、下翼缘达到屈服强度设计值 $f_a$，$f'_{af}$。计算时将型钢翼缘作为纵向受力钢筋考虑，型钢腹板并没有完全屈服，如图 6.10 所示。此时，其承担弯矩 $M_{aw}$、轴向力 $N_{aw}$。对型钢腹板的应力分布进行积分，并作一些简化就可得到 $M_{aw}$ 和 $N_{aw}$。简化的条件是 $\delta_1 h_0<x/\beta_1$，表示型钢腹板上端处于受压区，同时 $\delta_2 h_0>x/\beta_1$，表示型钢腹板下端处于受拉区。

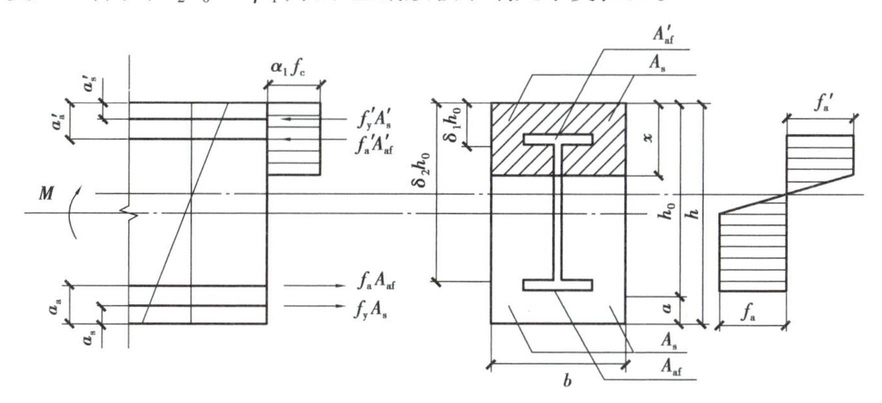


图 6.10　型钢混凝土梁正截面的抗弯承载力计算简图

根据上述基本假定，充满型实腹式型钢混凝土框架矩形截面梁达到抗弯承载力极限状态［图 6.8(e)］时，简化正截面抗弯承载力计算简图如图 6.10 所示。

由平衡条件 $\sum M=0$、$\sum X=0$，可得基本方程：

①持久、短暂设计状况。

弯矩的平衡方程：

$$M \leqslant M_u = \alpha_1 f_c bx\left(h_0 - \frac{x}{2}\right) + f'_y A'_s(h_0 - a'_s) + f'_a A'_{af}(h_0 - a'_a) + M_{aw} \tag{6.1a}$$

水平力的平衡方程:

$$\alpha_1 f_c bx + f'_y A'_s + f'_a A'_{af} - f_y A_s - f_a A_{af} + N_{aw} = 0 \tag{6.1b}$$

②地震设计状况。

$$M \leqslant \frac{1}{\gamma_{RE}}\left[\alpha_1 f_c bx(h_0 - \frac{x}{2}) + f'_y A'_s(h_0 - a'_s) + f'_a A'_{af}(h_0 - a'_a) + M_{aw}\right] \tag{6.2a}$$

$$\alpha_1 f_c bx + f'_y A'_s + f'_a A'_{af} - f_y A_s - f_a A_{af} + N_{aw} = 0 \tag{6.2b}$$

式中 $\gamma_{RE}$——型钢混凝土组合梁正截面承载力抗震调整系数,$\gamma_{RE}=0.75$;

$\alpha_1$——混凝土等效矩形应力的图形系数,仅与混凝土应力应变曲线有关。当混凝土强度等级不超过C50时,$\alpha_1$ 取为1.0,当混凝土强度等级为C80时,$\alpha_1$ 取为0.94,其间按线性内插法确定;

$\beta_1$——混凝土等效矩形应力的图形系数,仅与混凝土应力应变曲线有关。当混凝土强度等级不超过C50时,$\beta_1$ 取为0.8,当混凝土强度等级为C80时,$\beta_1$ 取为0.74,其间按线性内插法确定;

$h_0$——截面有效高度,即型钢受拉翼缘和纵向受拉钢筋合力点至混凝土受压外边缘的距离,$h_0=h-a$,$h$ 为型钢混凝土梁截面高度,$a$ 为型钢受拉翼缘和纵向受拉钢筋合力点至混凝土受拉边缘的距离;

$b$——充满型实腹式型钢混凝土框架梁矩形截面的宽度;

$x$——混凝土受压区高度;

$a_a, a'_a$——分别为型钢受拉、受压翼缘截面形心至混凝土截面近边的距离;

$a_s, a'_s$——分别为纵向受拉、受压钢筋合力点至混凝土截面近边的距离;

$A_{af}, A'_{af}$——分别为梁中型钢受拉、受压翼缘的截面面积;

$A_s, A'_s$——分别为梁中纵向受拉、受压钢筋的截面面积;

$f_y, f'_y$——分别为纵向受拉、受压钢筋的强度设计值;

$f_a, f'_a$——分别为型钢抗拉、抗压强度设计值,即《钢结构设计标准》(GB 50017—2017)中钢材的抗拉、抗压的强度设计值$f$;

$f_c$——混凝土的轴心抗压强度设计值;

$M_{aw}$——型钢腹板承担的轴向合力对型钢受拉翼缘和纵向受拉钢筋合力点的力矩;

$N_{aw}$——型钢腹板承担的轴向合力。

当满足 $\delta_1 h_0 < x/\beta_1$,$\delta_2 h_0 > x/\beta_1$ 条件时:型钢混凝土梁内型钢腹板的抗弯承载力 $M_{aw}$、轴向承载力 $N_{aw}$ 分别按式(6.3)计算:

$$M_{aw} = [0.5(\delta_1^2 + \delta_2^2) - (\delta_1 + \delta_2) + 2.5\xi - (1.25\xi)^2] t_w h_0^2 f_a \tag{6.3a}$$

$$N_{aw} = [2.5\xi - (\delta_1 + \delta_2)] t_w h_0 f_a \tag{6.3b}$$

式中 $\xi$——混凝土相对受压区高度,$\xi = x/h_0$;

$t_w$——型钢腹板厚度;

$t_f$——型钢翼缘厚度;

$h_w$——型钢腹板高度;

$\delta_1$——型钢腹板上端至截面上边缘距离与 $h_0$ 的比值；

$\delta_2$——型钢腹板下端至截面上边缘距离与 $h_0$ 的比值。

为保证梁的型钢上翼缘和受压纵向钢筋在混凝土被压碎前屈服，应满足：

$$x \geqslant a'_a + t_f \tag{6.4}$$

在持久、短暂设计状况时，为了保证梁具有较好的塑性变形性能，即梁的破坏形态为型钢下翼缘和受拉纵向钢筋先屈服，然后受压区混凝土被压碎，截面相对受压区应满足：

$$\xi \leqslant \xi_b \tag{6.5a}$$

由平截面假定，得到型钢混凝土梁截面的界限相对受压区高度 $\xi_b$，

$$\xi_b = \frac{\beta_1}{1 + \dfrac{f_y + f_a}{2 \times 0.003 E_s}} \tag{6.5b}$$

式中　$E_s$——钢筋的弹性模量；

$\beta_1$——当强度等级不超过 C50 的混凝土，取 $\beta_1 = 0.8$，C80 混凝土取 $\beta_1 = 0.74$，其间按线性内插法取值；

在地震设计状况时，$x$ 应满足以下要求：

一级框架梁：

$$x \leqslant 0.25 h_o \tag{6.6a}$$

二、三级框架梁：

$$x \leqslant 0.35 h_o \tag{6.6b}$$

【例 6.1】　如图 6.11 所示，某一型钢混凝土框架梁，采用混凝土强度等级为 C30，型钢采用 Q355 钢，钢筋采用 HRB335（$E_s = 2.0 \times 10^5$ N/mm$^2$），该型钢混凝土框架梁的截面尺寸为 $b$ = 500 mm，$h$ = 900 mm，梁内型钢型号为热轧 H 型钢 HZ600（600×220×12×19），该梁应承担的负弯矩设计值为 $M$ = 1 250 kN · m，试用基于平截面假定的抗弯承载力的计算方法确定该梁纵向钢筋面积。$f_c$ = 14.3 N/mm$^2$，$f_a$ = 295 N/mm$^2$（第二组），$f_y$ = 300 N/mm$^2$。

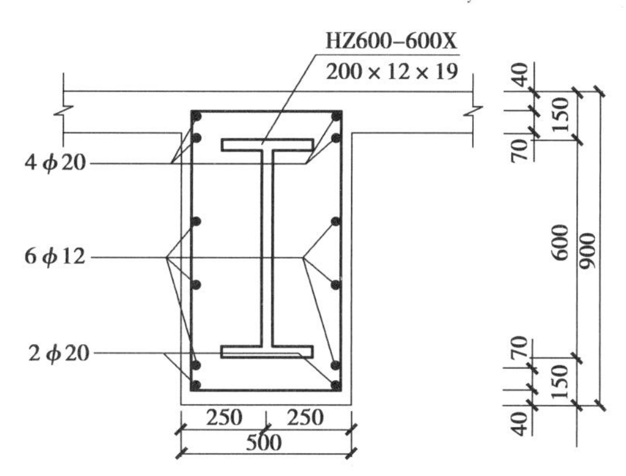


图 6.11　例 6.1 截面示意图

【解】　由于该梁承受负弯矩，中和轴以上受拉，受拉第一排钢筋的面积 $A_{s1}$ = 2×314 = 628 m$^2$，$a_{s1}$ = 40 mm，受拉第二排钢筋的面积 $A_{s1}$ = 2×314 = 628 m$^2$，$a_{s2}$ = 110 mm，型钢受拉翼缘的面积 $A_{sf}$ = 220×19 m$^2$，$a_{af}$ = 150+19/2（mm）。已知，$f_a$ = 295 N/mm$^2$，$f_y$ = 300 N/mm$^2$。

受拉钢筋及型钢受拉翼缘合力点到混凝土受拉边缘距离为：

$$a_h=\frac{A_{s1}a_{s1}f_y(\text{第一排钢筋})+A_{s2}a_{s2}f_y(\text{第二排钢筋})+A_{af}(a_{af}+t_f/2)f_a}{A_{s1}f_y+A_{s2}f_y+A_{af}f_a}$$

$$=\frac{2\times314\times300\times40+2\times314\times300\times110+220\times19\times295\times(150+19/2)}{2\times314\times300+2\times314\times300+220\times19\times295}=139.7(\text{mm})$$

$h_0=h-a_h=900-139.7=760.3$ mm，由图 6.10 可知：

$$\delta_1h_0=150+19=169\text{ mm},\delta_1=169/h_0=169/760.3=0.222$$

$$\delta_2h_0=900-169=731\text{ mm},\delta_2=731/h_0=731/760.3=0.961$$

因混凝土强度等级为 C30，所以，取 $\alpha_1=1.0$，$\beta_1=0.8$。

假定 $\delta_1h_0<x/\beta_1=1.25x$，$\delta_2h_0>x/\beta_1=1.25x$，则，

$$M_{aw}=[0.5(\delta_1^2+\delta_2^2)-(\delta_1+\delta_2)+2.5\xi-(1.25\xi)^2]t_wh_0^2f_a$$

$$=\left[\frac{1}{2}(0.222^2+0.961^2)-(0.222+0.961)+2.5\xi-(1.25\xi)^2\right]\times12\times760.3^2\times295$$

$$=-1\,425\,460\,400+5\,115\,796\,500\xi-3\,197\,372\,800\xi^2(\text{N}\cdot\text{mm})$$

当不考虑受压钢筋，$f'_yA'_s=0$

则根据平衡方程式(6.1a)有，

$$M=M_u=\alpha_1f_cbx\left(h_0-\frac{x}{2}\right)+f'_yA'_s(h_0-a'_s)+f'_aA'_{af}(h_0-a'_a)+M_{aw}$$

$$1\,250\times10^6=1.0\times14.3\times500\times760.3^2\times\xi\times(1-0.5\xi)+295\times220\times19\times[760.3-(150+19/2)]-1\,425\,460\,400+5\,115\,796\,500\xi-3\,197\,372\,800\xi^2$$

求得，$\xi=0.243$。

$$\xi_b=\frac{\beta_1}{1+\frac{f_y+f_a}{2\times0.003E_s}}=\frac{0.8}{1+\frac{300+295}{2\times0.003\times2\times10^5}}=0.535,$$

所以，$\xi=0.243<\xi_b=0.535$，$x=\xi h_0=0.243\times760.3=184.8(\text{mm})$，

$x>a'_a+t_f=150+19=144$ mm，满足适应条件要求。

$\delta_1h_0=169\text{ mm}<x/\beta_1=1.25x=1.25\times184.8=231(\text{mm})$，

$\delta_2h_0=731\text{ mm}>x/\beta_1=1.25x=231$ mm，因此，上述假定 $\delta_1h_0<x/\beta_1=1.25x$，$\delta_2h_0>x/\beta_1=1.25x$ 成立。

$$N_{aw}=[2.5\xi-(\delta_1+\delta_2)]t_wh_0f_a=[2.5\times0.243-(0.222+0.961)]\times12\times760.3\times295$$

$$=-1\,548\,936(\text{N})$$

由于计算不考虑受压钢筋作用，$f'_yA'_s=0$，同时型钢上下翼缘对称，则有 $f'_aA'_{af}=f_aA_{af}$，

则根据平衡方程式(6.1b)求得，

$$A_s=\frac{\alpha_1f_cbx+N_{aw}}{f_y}=\frac{1.0\times14.3\times500\times184.8-1\,548\,936}{300}<0,$$

按照构造要求，选用 4 ⌀20（$A_s=1256\text{ mm}^2$），$A_s>\rho_{min}bh=0.002\times500\times900=900(\text{mm}^2)$。

# 6.3　型钢混凝土梁斜截面的承载力计算

国内外学者对型钢混凝土梁的斜截面受剪承载力进行了大量的试验研究，通过试验研究分析了型钢混凝土梁的斜截面受剪破坏形态、受剪破坏机理以及影响抗剪承载力的主要因素等。

## 6.3.1　型钢混凝土梁斜截面的破坏形态

试验研究表明，实腹式型钢混凝土梁的斜截面破坏形态主要有 3 种类型：剪切斜压破坏、剪压破坏和剪切粘结破坏。

(1)剪切斜压破坏

在剪跨比 $\lambda<1.5$，且含钢率较大的情况下，发生型钢混凝土梁斜截面的受剪斜压破坏，如图 6.12 所示。加荷到一定值时，首先在加载点下弯矩最大截面附近出现弯曲裂缝 1。因剪跨比较小，剪跨区段弯曲裂缝发展较慢。在加荷至 30% ~50% 的极限荷载时形成斜裂缝 2。若剪跨比 $\lambda<1.0$，也可能先出现腹剪斜裂缝 3。随着荷载的加大，裂缝 2 或 3 斜向发展，形成沿加载点与支座连线附近的主斜裂缝。此后，临近极限荷载时，在主斜裂缝上左右出现几条大致与之平行的斜裂缝 4，形成斜向受压短柱。在型钢屈服前，型钢腹板承担了由斜裂缝面上混凝土转移来的应力，承载力并不降低。在型钢屈服后，型钢腹板对混凝土的受压变形起到的约束作用，混凝土斜向受压短柱因达到极限压应变而被斜向压碎，承载力缓慢下降，变形才较快增长。最后，导致梁因混凝土斜向压碎而达到极限承载力，发生型钢混凝土梁的斜截面受剪斜压破坏。

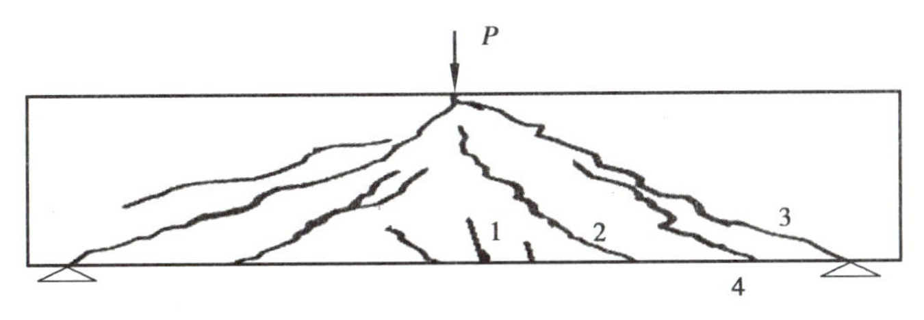


图 6.12　斜压破坏

(2)剪压破坏

在剪跨比 $\lambda>1.5$ 且含钢率较小的情况下，发生型钢混凝土梁的斜截面剪压破坏，如图 6.13 所示。首先出现的也是弯曲裂缝 1，随着荷载的增加，剪跨区段的弯曲裂缝逐渐发生倾斜并指向加载点。随后出现斜裂缝 2，但由于受到试验加载垫板下垂直压应力的约束，斜裂缝不能发展至梁顶。此后剪力主要通过斜裂缝 2 上方块体向支座传递。当接近极限荷载时出现荷载点和支座点连接直线附近的斜裂缝 3，型钢腹板的应力急剧增大直至屈服，与斜裂缝相交的箍筋屈服，荷载值仍可缓慢加大。最后，斜裂缝端部剪压区混凝土在正应力和剪应力的共同作用下被压碎，导致破坏。

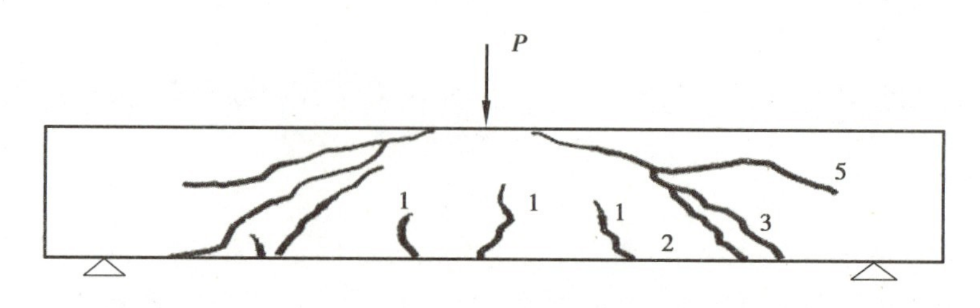


图 6.13　剪压破坏

(3)剪切粘结破坏

试验证明,对没有设置抗剪连接件的型钢混凝土梁,型钢表面与混凝土的粘结力只相当于光面钢筋与混凝土的粘结力的 1/2,是比较小的。型钢混凝土梁中型钢表面与混凝土之间的相对滑移主要是靠型钢与混凝土之间的化学胶结力与摩擦力来抵抗。

剪跨比较大、不配置箍筋或箍筋很少的情况下,加荷初期,由于剪力较小,型钢与混凝土能作为一个整体而共同工作。随着荷载增加,型钢与混凝土之间的化学粘结力逐渐降低,型钢与混凝土的粘结力极易丧失,乃至完全丧失;型钢与混凝土之间仅存在摩擦力来传递剪力,传递剪力的能力降低,其抗剪承载力大大降低。于是,在型钢翼缘外侧的混凝土中将产生集中应力。当这部分混凝土的主拉应力逐渐达到其抗拉强度时,即在型钢上、下翼缘附近产生劈裂裂缝 6 和 7,如图 6.14 所示,并迅速沿型钢翼缘水平方向发展,发生较大范围的混凝土保护层剥落,承载力下降。对于配有箍筋的有腹筋梁,由于箍筋对型钢外围混凝土的约束,因而提高了构件的粘结强度,因此在配实腹钢的型钢混凝土梁中配置适量的箍筋是必要的。若梁承受均布荷载,由于荷载对混凝土的约束作用,发生剪切粘结破坏的可能性要小些。

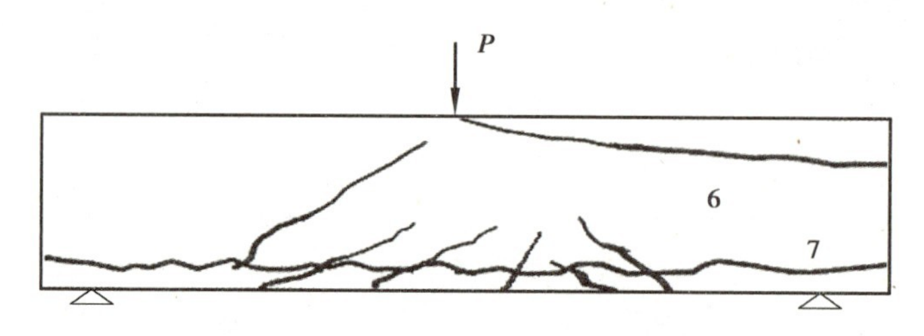


图 6.14　剪切粘结破坏

综上所述,设计时型钢混凝土梁以斜压破坏、剪压破坏作为斜截面受剪极限状态,达到斜截面受剪极限状态时,型钢腹板已屈服,箍筋屈服、斜压混凝土短柱或剪压区混凝土被压碎。斜压破坏、剪压破坏通过型钢混凝土梁的斜截面受剪计算解决。剪切粘结破坏的预防是通过构造解决,设计中应通过配置必要的构造箍筋、设置抗剪连接件、增加型钢外围混凝土厚度等措施提高型钢混凝土梁抵抗剪切粘结破坏的能力,以防止剪切粘结破坏的发生。

## ▶ 6.3.2　影响型钢混凝土梁斜截面受剪性能的因素

国内外大量钢混凝土受弯构件的斜截面受剪承载力试验研究表明,型钢混凝土梁斜截面受剪性能及破坏形态主要与下列因素有关。

(1)剪跨比 $\lambda$

剪跨比 $\lambda = M/Vh_0 = a/h_0$,其中 $h_0$ 为型钢受拉翼缘和纵向受拉钢筋合力点至混凝土截面受压边缘的距离。在集中荷载作用下，剪跨比的变化实际反映了弯、剪相互作用的关系。受剪承载力随剪跨比增大而降低。均布荷载下，型钢混凝土梁的斜裂缝靠近支座，型钢腹板中正应力相对较小，承载力主要由剪应力控制，型钢腹板的受力基本上接近纯剪状态。剪跨比的大小影响剪切破坏形态，剪跨比较小($\lambda=1\sim1.5$)时，剪跨段内的正应力较小，剪应力起控制作用。最后型钢腹板在近似纯剪应力状态下达到屈服强度，混凝土短柱发生剪切斜压破坏。剪跨比较大($\lambda=1.5\sim2.5$)时，剪跨段内正应力较大，一种情况是，混凝土和型钢腹板处于弯剪复杂应力状态，斜截面发生剪压破坏。另一种情况是，混凝土受压区和型钢受拉翼缘的较大正应力使混凝土保护层与型钢翼缘交界面产生较大的剪应力，若混凝土保护层厚度较小便容易产生水平剪切粘结裂缝，如箍筋配置不足，便发生剪切粘结破坏。剪跨比 $\lambda>2.5$ 时，梁的承载力往往由弯曲应力控制，一般发生弯曲破坏。

不同跨高比的型钢混凝土梁的剪切试验表明，均布荷载作用下，跨高比对混凝土与型钢的抗剪能力均影响不大；均布荷载作用下型钢混凝土梁的抗剪能力比集中荷载作用下的抗剪能力有所提高。

(2)型钢腹板含钢率

型钢腹板含钢率($\rho_w=A_w/bh_0,A_w=t_wh_w$)不同的梁抗剪强度不同。在一定范围内随着含钢率的增加，型钢混凝土的抗剪能力提高。在含钢量较大的梁中，被约束的混凝土较多，因此对提高混凝土的强度与变形能力都是有利的。特别是配实腹型钢的梁，这种约束作用尤为明显。型钢腹板的刚度较大，斜裂缝出现前，其剪应变与混凝土的基本一致。斜裂缝出现后，由于型钢对腹部混凝土的拉、压变形较强的约束作用，梁的抗剪刚度的降低并不显著。当斜裂缝充分发展、接近受剪极限状态时，型钢腹板达到屈服，对混凝土的约束作用丧失，梁的抗剪刚度很快降低，变形迅速增大。型钢腹板屈服后，梁仍然有较大的变形能力，其极限变形远大于钢筋混凝土梁，表现出较好的延性性质。总之，型钢腹板含钢率对型钢混凝土梁斜裂缝开裂荷载、受剪承载力和延性有显著影响。型钢腹板含量越大，梁的斜裂缝开裂荷载和受剪承载力越高。但是，如若型钢腹板含量过大，对受剪承载力的提高作用却有所减弱，甚至在达到极限受剪承载力、外围混凝土已破坏时，型钢腹板可能并未屈服。然而，这种梁在超过极限承载力后的承载力衰减较小，型钢腹板含量大对提高延性的作用还是很大的。

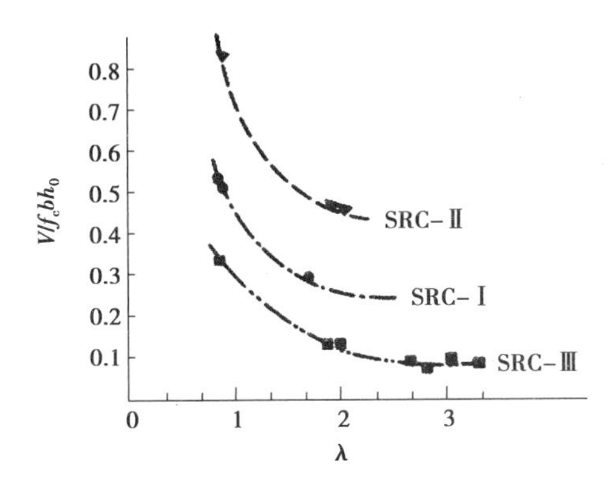


图6.15　剪跨比对型钢混凝土受弯构件的斜截面受剪承载力的影响

图6.15所示为剪跨比不同时梁的斜截面受剪承载力与型钢腹板含量关系的试验结果。表明若剪跨比相同,受剪承载力随腹板含量的增加而增大,呈线性关系。剪跨比增大,则腹板含量对受剪承载力的有利作用减小。

(3)混凝土的强度等级

混凝土的强度等级直接影响混凝土所承担的剪力部分。试验表明,型钢混凝土梁中混凝土部分的受剪承载力,随混凝土强度等级的提高而提高。而且混凝土所承担的剪力基本上与其强度等级呈线性关系。由于混凝土的强度等级直接影响到混凝土斜压杆的强度、混凝土与型钢的粘结强度或混凝土剪压区的强度,剪跨比一定时,混凝土部分的受剪承载力大致随混凝土强度等级的提高而提高,剪跨比较小时增长率较大,剪跨比较大时增长率较小。

(4)配箍率

斜裂缝出现前,箍筋的应力很小,基本上不起作用。当斜裂缝出现后,与斜裂缝相交箍筋的应力陡然增加。配实腹型钢的型钢混凝土梁中配置一定数量的箍筋是必要的。原西安冶金建筑学院的研究表明,配箍率 $\rho_{sv}=A_{sv}/bs$ 为0.23%的试件在接近极限荷载时会出现一些粘结裂缝,但未出现剪切粘结破坏,而未配置箍筋的试件则发生剪切粘结破坏。型钢含量和配箍率设计适当的梁产生剪压破坏时,与斜裂缝相交的箍筋基本上屈服。一方面箍筋本身承担一部分剪力,另一方面,箍筋对于约束混凝土的变形起着重要作用,从而使梁的强度与变形能力都得到改善。同时,配置足够数量的钢箍对混凝土的约束作用能有效防止型钢翼缘与混凝土交界面的剪切粘结破坏。

(5)型钢翼缘宽度与梁宽度的比值 $b_f/b$

型钢翼缘的宽度 $b_f$ 与梁宽 $b$ 之比对型钢混凝土梁的破坏形态与抗剪强度都有一定的影响。当 $b_f/b$ 较大时,型钢约束的混凝土相对较多,对于提高梁的抗剪强度与变形能力是有利的。但另一方面,当 $b_f/b$ 大到一定程度时,较易产生沿着型钢上下翼缘的粘结劈裂破坏,这又是不利的。型钢翼缘对梁腹部混凝土具有约束作用,能提高梁的受剪承载力和变形能力,但是如果 $b_f/b$ 值过大,则梁侧混凝土保护层($b-b_f$)过小,容易产生剪切粘结破坏。型钢混凝土梁的剪切粘结承载力与 $b_f/b$ 大致呈直线关系。

(6)型钢翼缘的混凝土保护层

对于配实腹型钢的型钢混凝土梁,在型钢上下边缘附近应力与变形较大,沿着型钢的上下翼缘容易丧失粘结力而产生型钢翼缘与混凝土之间的相对滑移,有时可能产生粘结劈裂裂缝。在型钢外围配置钢箍,会增加对型钢外围混凝土的约束,有着明显的效果。所以,型钢混凝土梁混凝土的保护层的厚度应比钢筋混凝土梁大。

### ▶ 6.3.3 型钢混凝土梁斜截面抗剪承载力计算

目前,《组合结构设计规范》(JGJ 138—2016)采用叠加计算方法,认为型钢部分与钢筋混凝土部分受剪承载力之和作为型钢混凝土构件的受剪承载力。当型钢含量较少时采用钢筋混凝土梁的方法计算结果比较符合实际;剪力分配计算方法理论上较为合理,但计算复杂,剪力的分配也不易准确。

下面只介绍配实腹式型钢的型钢混凝土梁的斜截面的抗剪承载能力计算，对于配空腹式型钢的梁，其斜截面受力性能与钢筋混凝土梁基本类似，可按《混凝土结构设计标准（2024年版）》（GB/T 50010—2010）有关公式计算，将上、下弦型钢考虑为纵向钢筋，斜腹杆承载力的竖向分量作为受剪箍筋考虑。配实腹式型钢的型钢混凝土梁经斜截面的抗剪承载能力计算，当按计算不需要箍筋时，箍筋应按《混凝土结构设计标准（2024年版）》（GB/T 50010—2010）的构造要求配置，以防止剪切粘结破坏的发生。

通过试验分析研究，型钢混凝土梁的抗剪承载能力分别由混凝土、型钢和箍筋三者抗剪承载力组成，而且混凝土、型钢和箍筋三者之间抗剪承载力又相互影响。试验结果表明，无论均布荷载或集中荷载，在斜压破坏和剪压破坏的情况下，虽然型钢与混凝土的粘结力较差，但由于连续配置的型钢翼缘、腹板对混凝土变形的约束呈有利作用，因此型钢混凝土梁中混凝土的抗剪能力，总的来讲并不比钢筋混凝土梁中混凝土的抗剪能力低。以下介绍叠加法得到型钢混凝土梁的抗剪承载力，即为型钢部分与钢筋混凝土部分抗剪承载力之和。

#### 1）抗剪承载能力计算公式

型钢混凝土梁达到斜截面受剪极限状态时，型钢腹板屈服，同时箍筋屈服。斜压短柱或剪压区混凝土被压碎。以下型钢混凝土梁斜截面受剪承载力计算公式是根据型钢混凝土梁的剪压破坏剪极限状态建立的。

型钢混凝土梁斜截面受剪承载力可采用钢筋混凝土部分和型钢部分承载力叠加的形式表示：

$$V=V_{a}+V_{rcu} \tag{6.7}$$

式中 $V_{rcu}$——钢筋混凝土部分的受剪承载力；

$V_{a}$——型钢部分的受剪承载力。

钢筋混凝土部分由混凝土部分的受剪承载力与箍筋的受剪承载力两部分组成：

$$V_{rcu}=V_{c}+V_{sv} \tag{6.8}$$

式中 $V_{c}$——混凝土部分的受剪承载力；

$V_{sv}$——与斜裂缝相交的箍筋受剪承载力。

混凝土部分的受剪承载力

$$V_{c}=\alpha_{cv}f_{t}bh_{0} \tag{6.9}$$

式中 $h_0$——纵向受拉钢筋重心至梁受压边缘的距离，即取 $h_0=h-a_s$；

$a_s$——型钢下翼缘至受拉区边缘的距离；

$b$——型钢混凝土梁的宽度；

$f_t$——混凝土抗拉强度设计值；

$\alpha_{cv}$——型钢混凝土梁的混凝土抗剪强度系数，非抗震设计时，经对试验数据的回归分析和可靠度分析，均布荷载作用时可取 $\alpha_{cv}=0.8$，抗震设计时，$\alpha_{cv}=0.5$；在集中荷载作用下，非抗震设计时，$\alpha_{cv}=0.2/(\lambda+1.5)$（见图6.16）；抗震设计时，$\alpha_{cv}=0.06/(\lambda+1.5)$ 在钢筋混凝土梁中，$\alpha_{cv}=0.7$。

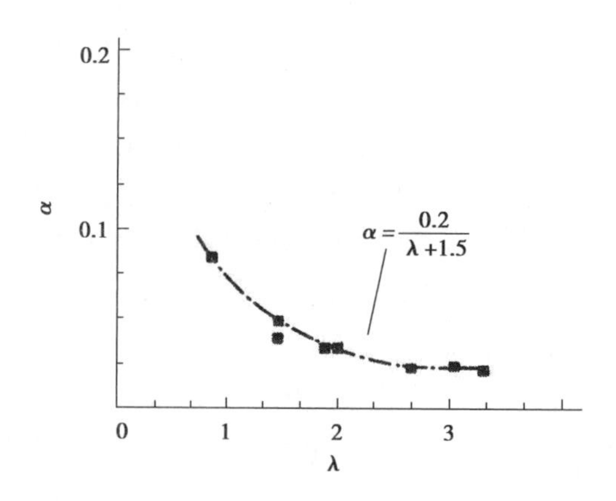


**图 6.16　混凝土抗剪强度系数 $\alpha$ 与剪跨比 $\lambda$ 的关系曲线**

斜裂缝相交的箍筋受剪承载力

$$V_{sv}=\beta_{sv}f_{yv}\frac{A_{sv}}{s}h_0 \tag{6.10}$$

式中　$f_{yv}$——箍筋抗拉强度设计值；

$A_{sv}$——配置在同一截面内箍筋各肢的全部截面面积；

$s$——沿构件长度方向箍筋的间距；

$\beta_{sv}$——箍筋抗力系数，不论荷载形式，均可取 $\beta_{sv}=1$。

可以假定型钢腹板全截面处于纯剪状态（抗剪强度为 $f_a/\sqrt{3}$），而且试验研究表明，型钢部分的受剪承载力实际上是由型钢腹板贡献的受剪承载力 $V_w$，其值与材料强度、腹板含量有关。故型钢部分的受剪承载力按下列公式计算：

$$V_a=V_w=\beta_a f_a t_w h_w \tag{6.11}$$

式中　$f_a$——型钢腹板的抗拉强度设计值，一般与型钢翼缘相同，即为整个型钢的抗拉强度设计值；

$\beta_a$——型钢抗力系数，$\beta_a=0.58$；

$t_w$——型钢腹板厚度；

$h_w$——型钢腹板高度。

当型钢混凝土梁上承受荷载的以集中荷载为主时，型钢部分的受剪承载力按下列公式计算。

$$V_a=V_w=\frac{0.58}{\lambda}f_a t_w h_w \tag{6.12}$$

综上所述，型钢混凝土梁斜截面受剪承载力：

$$V=V_c+V_{sv}+V_a=\alpha_{cv}f_t bh_0+\beta_{sv}f_{yv}\frac{A_{sv}}{s}h_0+\frac{0.58}{\lambda}f_a t_w h_w \tag{6.13}$$

（1）在《组合结构设计规范》（JGJ 138—2016）中，在均布荷载作用下，实腹式型钢混凝土框架梁的斜截面受剪承载力按下列公式计算：

①持久、短暂设计状况

$$V\leqslant 0.8f_t bh_0+f_{yv}\frac{A_{sv}}{s}h_0+0.58f_a t_w h_w \tag{6.14a}$$

②地震设计状况

$$V\leqslant\frac{1}{\gamma_{RE}}\left(0.6f_{c}bh_{0}+f_{yv}\frac{A_{sv}}{s}h_{0}+0.58f_{a}t_{w}h_{w}\right) \tag{6.14b}$$

式中 $V$——实腹式型钢混凝土框架梁所承担的剪力设计值,按式(6.19)确定;

$\gamma_{RE}$——梁斜截面受剪的承载力抗震调整系数,$\gamma_{RE}=0.85$。

(2)在《组合结构设计规范》(JGJ 138—2016 中,当型钢混凝土独立梁上承受的荷载以集中荷载为主时,其斜截面受剪承载力应按下列公式计算:

①持久、短暂设计状况

$$V\leqslant\frac{1.75}{\lambda+1.5}f_{t}bh_{0}+f_{yv}\frac{A_{sv}}{s}h_{0}+\frac{0.58}{\lambda}f_{a}t_{w}h_{w} \tag{6.15a}$$

②地震设计状况

$$V\leqslant\frac{1}{\gamma_{RE}}\left(\frac{1.05}{\lambda+1.5}f_{t}bh_{0}+f_{yv}\frac{A_{sv}}{s}h_{0}+\frac{0.58}{\lambda}f_{a}t_{w}h_{w}\right) \tag{6.15b}$$

式中 $\lambda$——计算截面剪跨比,可取 $\lambda=a/h_0$,$a$ 为计算截面至支座截面或节点边缘的距离。计算截面取集中荷载作用点处的截面。当 $\lambda<1.5$ 时取 $\lambda=1.5$;当 $\lambda>3$ 时取 $\lambda=3$。

其他符号同前。

### 2)剪力设计值

(1)持久、短暂设计状况

按荷载效应基本组合的最不利值计算。

(2)地震设计状况

按下列规定计算:

①一级抗震等级的框架结构和9度设防烈度的一级抗震等级框架

$$V=1.1\frac{(M_{bua}^{l}+M_{bua}^{r})}{l_{n}}+V_{Gb} \tag{6.16a}$$

②其他情况

一级抗震等级

$$V=1.3\frac{(M_{b}^{l}+M_{b}^{r})}{l_{n}}+V_{Gb} \tag{6.16b}$$

二级抗震等级

$$V=1.2\frac{(M_{b}^{l}+M_{b}^{r})}{l_{n}}+V_{Gb} \tag{6.16c}$$

三级抗震等级

$$V=1.1\frac{(M_{b}^{l}+M_{b}^{r})}{l_{n}}+V_{Gb} \tag{6.16d}$$

四级抗震等级,取地震作用组合下的剪力设计值。

式中 $M_{bua}^{l}$,$M_{bua}^{r}$——框架梁左、右端采用实配钢筋和实配型钢数量、材料强度标准值,且考虑承载力抗震调整系数的正截面受弯承载力所对应的弯矩值;梁有效翼缘宽度取梁两侧跨度的1/6和翼板厚度6倍中的较小者;

$M_b^l, M_b^r$——考虑地震作用组合的框架梁左、右端弯矩设计值；

$V_{Gb}$——考虑地震作用组合时的重力荷载代表值产生的剪力设计值，可按简支梁计算确定；

$l_n$——梁的净跨度。

在式(6.16)中，$M_{bua}^l$ 与 $M_{bua}^r$ 之和应分别按顺时针和逆时针方向进行组合，并取其较大值。$M_b^l$ 与 $M_b^r$ 之和，应分别按顺时针和逆时针方向进行计算的两端考虑地震组合的弯矩设计值之和的较大值，对一级抗震等级框架，两端弯矩均为负弯矩时，绝对值较小的弯矩应取零。

### 3)截面适用条件

斜截面受剪承载力试验表明，当 $V/f_c bh_0$ 超过一定值后，剪压破坏时型钢不能达到屈服，箍筋也有可能不屈服，因此，型钢混凝土梁的受剪截面应符合下列条件：

(1)持久、短暂设计状况

$$V \leqslant 0.45\beta_c f_c bh_0 \tag{6.17a}$$

式中　$\beta_c$——混凝土强度影响系数，当混凝土强度不超过 C50 时，$\beta_c$ 取 1.0，当混凝土强度 C80 时，$\beta_c$ 取 0.8，其间按线性内插法确定。

(2)地震设计状况

$V$ 应同时符合下列条件：

$$V \leqslant \frac{1}{\gamma_{RE}}(0.36\beta_c f_c bh_0) \tag{6.17b}$$

由于型钢和混凝土的粘结作用极易丧失而导致剪切粘结破坏。在进行非抗震设计与抗震设计时，为避免型钢含量过小，还要求满足

$$\frac{f_a t_w h_w}{\beta_c f_c bh_0} \geqslant 0.10 \tag{6.18}$$

**【例 6.2】**　某一非抗震框架梁采用型钢混凝土结构，如图 6.17 所示，该梁的截面尺寸为 $b$=450 mm，$h$=850 mm，型钢型号为热轧 H 型钢 HZ600(600×220×12×19)，混凝土强度等级为 C30($f_c$ = 14.3 N/mm²，$f_t$ = 1.43 N/mm²)，型钢采用 Q355 钢($f_a$ = 295 N/mm²)，箍筋采用 HPB235($f_y$=210 N/mm²)，该梁承受的负弯矩设计值为 $V$=1 600 kN，试验算此梁的斜截面抗剪承载力。

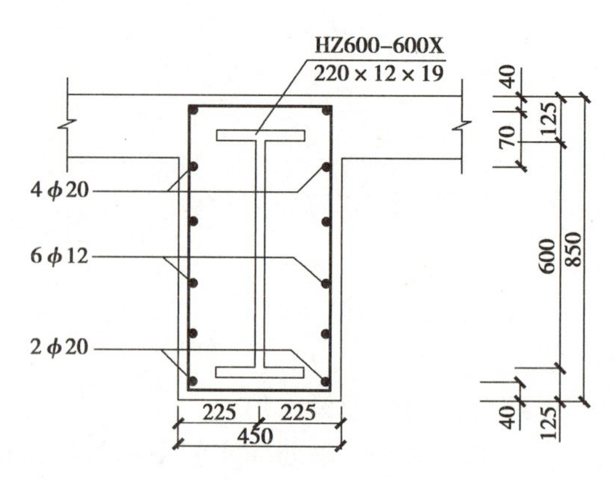


图 6.17　例 6.2 示意图

【解】 受拉钢筋及型钢受拉翼缘合力点到混凝土受拉边缘距离为：

$$a_h=\frac{A_{s1}a_{s1}f_y(\text{第一排钢筋})+A_{s2}a_{s2}f_y(\text{第二排钢筋})+A_{af}\left(a_{af}+\frac{t_f}{2}\right)f_a}{A_{s1}f_y+A_{s2}f_y+A_{af}f_a}$$

$$=\frac{2\times314\times300\times40+2\times314\times300\times110+220\times19\times295\times\left(125+\frac{19}{2}\right)}{2\times314\times300+2\times314\times300+220\times19\times295}=120.6(\text{mm})$$

$h_0=h-a_h=850-120.6=729.4(\text{mm})$

截面尺寸校核：

$V=1\ 600\ \text{kN}<0.45\beta_c f_c bh_0=0.45\times1.0\times14.3\times450\times729.4=2\ 112.2(\text{kN})$

首先验算是否需要配置箍筋

$0.08f_c bh_0=0.08\times14.3\times450\times729.4=375.5\ \text{kN}<V=1\ 600\ \text{kN}$,

要求配置箍筋。

$$\frac{A_{sv}}{s}=\frac{V-0.08f_c bh_0-0.58f_a t_w h_w}{f_{yv}h_0}$$

$$=\frac{(1\ 600-375.5)\times10^3-0.58\times295\times12\times(600-19\times2)}{210\times729.4}=0.46$$

采用双肢箍 $n=2$，直径 $d=8$ mm，$A_{sv}=2\times50.3\ \text{mm}^2=101.6\ \text{mm}^2$，

$$\rho_{sv}=\frac{A_{sv}}{bs}=\frac{2\times50.3}{450\times200}=0.11\%<\rho_{svmin}=0.24\frac{f_t}{f_{yv}}=0.24\frac{1.43}{210}=0.16\%$$

不满足要求，另取双肢箍Φ10@200。

$$\rho_{sv}=\frac{A_{sv}}{bs}=\frac{2\times78.5}{450\times200}=0.17\%>\rho_{svmin}=0.24\frac{f_t}{f_{yv}}=0.16\%$$，满足要求。

$s_{max}=\frac{2\times78.5}{0.46}=341\ \text{mm}>200\ \text{mm}$，按构造要求取 $s=200$ mm。

所以，抗剪箍筋为双肢箍Φ10@200，梁斜截面抗剪承载力满足要求。

## 6.4 型钢混凝土梁的裂缝计算

在正常使用阶段，型钢混凝土构件同普通钢筋混凝土构件一样，常常带裂缝工作。控制裂缝宽度的理由是，过大的裂缝会引起混凝土中型钢和钢筋的严重锈蚀，降低构件的耐久性，从而使构件的承载力下降；同时，过宽的裂缝会损坏结构的外观，给人们心理上造成不安全感。结构构件正常使用极限状态的要求主要是指在各种作用下其裂缝宽度和变形不应超过规定的限值。

对于型钢混凝土受弯构件，由于型钢的存在，其周围一定范围内受拉混凝土的有效面积增加，使钢筋和型钢的有效埋置区加大，从而有效约束混凝土的区域增加。有关试验实测表明，型钢混凝土梁的平均裂缝间距较钢筋混凝土梁大些，但裂缝宽度却小些。试验也说明，虽然型钢混凝土梁的裂缝开展宽度较钢筋混凝土梁要小，但仍有出现超出界限值的裂缝宽度的

可能。由于我国目前型钢混凝土梁的配钢率普遍不高($\rho$=2.0% ~3.0%),为满足正常使用极限状态,需进行裂缝宽度验算。

裂缝控制有两个基本问题:裂缝宽度的计算和达到正常使用极限状态时的裂缝宽度限值。根据有关研究,对于型钢混凝土梁裂缝宽度的控制值,建议采用与钢筋混凝土受弯构件相同的值。在型钢混凝土受弯构件裂缝宽度限值确定后,根据混凝土裂缝理论和型钢混凝土梁在荷载作用下的试验结果,通过分析型钢混凝土受弯构件裂缝开展的力学机理,裂缝开展过程中型钢、钢筋和混凝土的应力分布和变化,型钢对型钢混凝土梁裂缝宽度的影响,可以得出型钢混凝土受弯构件裂缝宽度的计算公式。

正常使用极限状态的一个问题是型钢混凝土梁的裂缝控制,另一问题就是型钢混凝土梁的刚度与变形计算。考虑到钢筋和型钢受拉部分都会对受拉混凝土的粘结滑移有影响,特别是靠近钢筋的那部分型钢,在计算型钢混凝土梁的有效配钢(筋)率时,除计入纵向受拉钢筋面积外,还应考虑型钢下翼缘和部分腹板的作用。

### ▶ 6.4.1 裂缝的出现、开展和裂缝特征

型钢混凝土梁的受弯裂缝首先在纯弯段的受拉边缘混凝土最弱的截面出现,如图6.18(a)所示。裂缝一般先在纯弯段出现,然后才出现在剪跨段。型钢混凝土梁的开裂荷载为10% ~15%的极限荷载。第一批裂缝出现在弯矩最大截面附近,随着荷载的增加,由于钢筋和混凝土间的粘结应力传递作用,在第一批裂缝间可能出现第二批裂缝。当荷载达到3 ~4倍的开裂荷载时,纯弯段加载到50%的极限荷载时,裂缝基本出齐。直到梁破坏时,均表现为一致的竖向裂缝。剪跨段一般先出现竖向的短小裂缝,加载到一定阶段则逐渐发展为指向加载点的斜向裂缝,剪跨比越小,这种现象越明显。与钢筋混凝土梁相比,型钢混凝土梁的配钢率一般较多,所以裂缝出现后,钢筋和型钢的应力增加较少,弯矩-挠度曲线不因受拉区混凝土开裂而有明显的转折点。受拉张紧的混凝土开裂后向裂缝两侧回缩,由于包裹在钢筋和型钢下翼缘附近的混凝土受型钢和钢筋作用产生粘结力,因此使混凝土回缩受到一定程度的约束。沿梁截面高度,混凝土的回缩是不均匀的,混凝土对型钢的握裹力相对差一些。由于与混凝土的接触面大,型钢和钢筋一样对靠近它表面的混凝土约束作用较强,这些部位的混凝土回缩量小些,而外表混凝土较为自由,则回缩量大些。当荷载继续增加时,由于混凝土回缩和钢筋、型钢下翼缘受拉伸长,在其他一些较弱截面处继续出现新的裂缝。

通过试验可知,裂缝具有以下特征,裂缝一旦出现就上升到一定的高度,这个高度约在型钢下翼缘附近。当裂缝发展到型钢下翼缘附近时,由于具有较大刚度的型钢的存在,且处于型钢翼缘之间的混凝土应变受到约束[图6.18(b)],从而使裂缝向上发展受到了抑制和延缓。

通过比较,型钢混凝土梁的平均裂缝间距较钢筋混凝土梁大一些,但其裂缝宽度开展却较小。其主要原因是由于型钢的存在,使得周围一定范围内受拉的有效混凝土面积增加[图6.18(b)],这就需要较大长度($l_{cr}$)上的粘结应力来平衡有效混凝土面积上的拉应力。

从钢筋约束区的概念出发,裂缝的开展是由于钢筋和型钢外围混凝土的回缩,而每根钢筋及型钢对混凝土回缩的约束作用有一定范围,即通过粘结应力将拉力扩散到混凝土上去,能够有效约束混凝土回缩的区域。在型钢混凝土构件中,由于型钢的存在,钢筋和型钢的有效埋置区增大,从而增大了有效约束混凝土的区域,使得型钢混凝土构件裂缝宽度较钢筋混

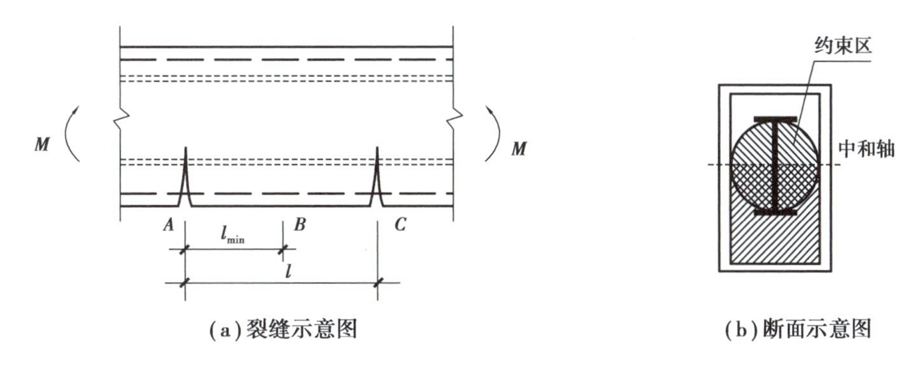


(a)裂缝示意图　　(b)断面示意图

图 6.18　裂缝分布图、受型钢约束的混凝土区域

凝土构件为小。

在加载初期,钢筋和型钢的应变比值不大,继续加载后,则表现为钢筋的应变变化幅度大,型钢下翼缘应变变化幅值较小,钢筋和型钢的应变是不均匀的,在裂缝截面处,钢筋与型钢应变最大。在使用阶段后期,型钢应变幅值较小,约为钢筋应变变化幅值的 1/3。型钢混凝土梁的裂缝实测表明,提高型钢的配钢率,对减小裂缝宽度是有效的。

### 6.4.2　型钢混凝土梁裂缝宽度计算

试验结果表明,在正常使用阶段,型钢混凝土梁的裂缝宽度不一定小于钢筋混凝土梁。因此,为满足正常使用极限状态的要求,需要进行裂缝宽度验算。而且,受拉钢筋水平处的裂缝宽度普遍比型钢受拉翼缘水平处的裂缝宽度大,因此受拉钢筋的应变是影响裂缝宽度的主要因素,裂缝宽度的计算以受拉钢筋水平位置为准。

#### 1)混凝土构件裂缝宽度的计算理论

混凝土的抗拉强度比抗压强度小得多,在不大的拉应力下混凝土就可能出现裂缝,故裂缝宽度计算是混凝土构件特有的问题。关于钢筋混凝土构件裂缝问题的研究,各国曾进行了大量的试验和理论工作,提出了各种不同变量的裂缝计算方法,并反映在各国规范所采用的裂缝宽度计算公式中。应注意的是,尽管对裂缝问题有了相当的研究,但是至今对于影响裂缝宽度的主要因素,以及这些因素与裂缝宽度的定量关系,并未取得比较一致的看法。钢筋混凝土裂缝计算采用粘结滑动理论、无滑动理论、一般裂缝理论等 3 种理论。

(1)粘结滑动理论

粘结滑动理论假定混凝土中拉应力在整个截面或有效受拉区面积上为均匀分布,拉应力不超过混凝土的抗拉强度,并认为裂缝的间距取决于钢筋与混凝土之间粘结应力的分布。裂缝出现后,由于钢筋与混凝土之间出现相对滑动而促进了裂缝的继续发展,此时钢筋与混凝土之间不再保持变形协调。粘结滑动理论认为影响裂缝间距的主要因素是钢筋直径与截面配筋率的比值。

(2)无滑动理论

无滑动理论假定钢筋与混凝土间有充分的粘结,不发生相对滑动。假设钢筋表面裂缝宽度等于零,裂缝宽度随着与钢筋距离的增大而增大。裂缝截面存在着出平面的应变,钢筋以外的保护层混凝土存在弯曲变形。影响裂缝宽度的主要因素是混凝土保护层厚度。大量的试验证实,无滑动理论揭示了影响裂缝宽度的一个重要因素是保护层厚度(钢筋到构件表面的距离)。从裂缝的机理来看,无滑动理论考虑了应变梯度的影响。采用在有裂缝的局部范围内,变形不再保持平面的假定,无疑比粘结滑动理论更合理,但它假定钢筋处完全没有滑动,裂缝宽度为零,把保护层厚度作为唯一的影响因素,过于简单化。

(3)一般裂缝理论

一般裂缝理论是粘结滑动理论和无滑动理论的结合。一般裂缝理论的裂缝间距公式为

$$l_m = K_1 c + K_2 \frac{d}{\rho} \tag{6.19}$$

上式右边第一项代表由保护层厚度 $c$ 决定的最小应力传递长度,第二项代表相对滑动引起的应力传递长度的增值。实际上,一般裂缝理论较好地反映了影响裂缝宽度的钢筋直径与截面配筋率的比值、混凝土保护层厚度等主要参数。

### 2)型钢混凝土受弯构件裂缝宽度计算的基本假定

型钢混凝土受弯构件裂缝宽度计算采取以下基本假定:

①使用阶段截面应变符合平截面假定。

②钢筋、型钢和混凝土开裂前均在弹性范围内工作。

③开裂截面不考虑混凝土的受拉作用。

④非开裂截面受拉区混凝土应力均匀分布。

前 3 个假定则是裂缝分析中通用的,第 4 个假定是考虑混凝土受拉时的弹塑性变形性能,实际上只在裂缝间的中间截面才近似正确。

### 3)裂缝宽度计算的具体位置

实际构件中裂缝的宽度是一个随机变量,合理的方法是根据对量测数据进行统计分析得到的裂缝宽度频率分布,建立平均裂缝宽度与最大相对裂缝宽度的关系。

对于钢筋混凝土受弯构件裂缝计算的具体位置,美国规范(ACI 318)按梁底面的裂缝宽度计算;苏联规范则是按钢筋形心处的裂缝宽度计算;欧洲混凝土协会标准(CEB—FIP)的规范按距梁底 200 mm 范围的钢筋有效埋置区的最大裂缝宽度计算;我国《混凝土结构设计标准(2024 年版)》(GB/T 50010—2010)未指明计算裂缝的具体位置,最大裂缝宽度计算是指受拉钢筋合力位置高度处构件侧表面的裂缝宽度。我国《混凝土结构设计标准(2024 年版)》(GB/T 50010—2010)设计中的控制裂缝宽度的原则是超过相对最大裂缝宽度的裂缝的出现概率不大于 5%,最大裂缝宽度具有 95% 的保证率。

实测表明,在使用阶段,下部受拉钢筋的应力普遍高于型钢下翼缘的应力,试验实测纵向受拉钢筋合力点处的裂缝宽度普遍高于型钢下翼缘处裂缝宽度,说明受拉钢筋的应变(或应力)是影响裂缝宽度的主要因素。型钢筋混凝土受弯构件的裂缝宽度计算位置应以受拉钢筋合力处为基准。

### 4)最大裂缝宽度

与钢筋混凝土梁一样,以考虑钢(筋)与混凝土间的粘结滑移和混凝土保护层厚度影响的

一般裂缝理论为基础,采用我国《混凝土结构设计标准(2024 年版)》(GB/T 50010—2010)关于裂缝计算位置和最大裂缝宽度具有 95% 的保证率的原则,在进行型钢混凝土梁的裂缝宽度计算时,将纵向受拉钢筋和型钢受拉翼缘、部分腹板的总面积称为等效钢筋面积 $A_e$,其等效直径为 $d_e$,考虑裂缝宽度的不均匀性和荷载长期作用影响的型钢混凝土受弯构件(梁)最大裂缝宽度按下式计算:

$$w_{max}=2.1\psi\frac{\sigma_{sa}}{E_s}\left(1.9c+0.08\frac{d_e}{\rho_{te}}\right) \tag{6.20a}$$

$$\psi=1.1\left(1-\frac{M_c}{M_s}\right) \tag{6.20b}$$

$$M_c=0.235f_{tk}bh^2 \tag{6.20c}$$

$$\sigma_{sa}=\frac{M}{0.87(A_s h_{0s}+A_{af}h_{0f}+kA_{aw}h_{0w})} \tag{6.20d}$$

$$d_e=\frac{4(A_s+A_{af}+kA_{aw})}{u} \tag{6.20e}$$

$$\rho_{te}=\frac{A_s+A_{af}+kA_{aw}}{0.5bh} \tag{6.20f}$$

$$u=n\pi d_e+(2b_f+2t_f+2kh_{aw})\times 0.7 \tag{6.20g}$$

式中　$\psi$——考虑型钢翼缘作用的钢筋应变不均匀系数;当计算值 $\psi<0.4$ 时,取 $\psi=0.4$;当 $\psi>1.0$ 时,取 $\psi=1.0$;

$\sigma_{sa}$——考虑型钢受拉翼缘和部分腹板及受拉钢筋的钢筋应力值;

$d_e$,$\rho_{te}$——考虑型钢受拉翼缘与部分腹板面积及纵向受拉钢筋的有效直径、有效截面配筋率;

$c$——纵向受拉钢筋的混凝土保护层厚度;

$M_c$——混凝土截面的抗裂弯矩;

$f_{tk}$——混凝土抗拉强度标准值;

$A_a$,$A_{af}$——纵向受拉钢筋、型钢受拉翼缘面积;

$A_{aw}$,$h_{aw}$——型钢腹板面积、高度;

$h_{0s}$,$h_{0f}$,$h_{0w}$——纵向受拉钢筋、型钢受拉翼缘、$kA_{aw}$ 截面重心至混凝土截面受压边缘的距离;

$k$——型钢腹板影响系数,其值取梁受拉侧 1/4 梁高范围内腹板高度与整个腹板高度的比值;

$E_s$——纵向受拉钢筋的弹性模量;

$u$——纵向受拉钢筋和型钢受拉翼缘与部分腹板周长之和;

$n$——纵向受拉钢筋的根数。

式(6.23g)右边的系数 0.7 是考虑型钢表面较光滑的粘结作用折减系数。

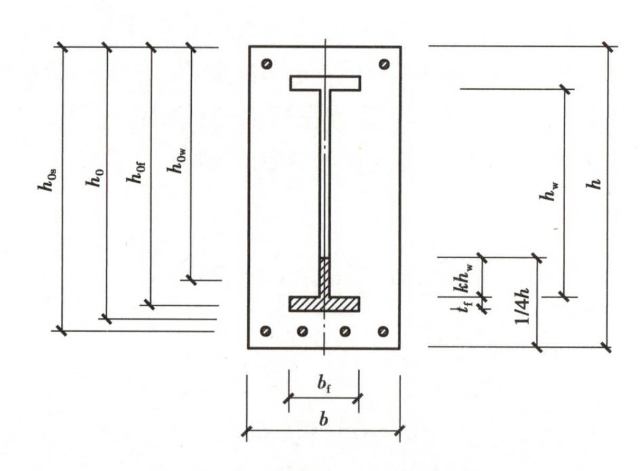


图 6.19　型钢混凝土受弯构件最大裂缝宽度计算示意图

## ▶ 6.4.3　型钢混凝土受弯构件裂缝宽度验算与裂缝控制值

型钢混凝土梁构件的裂缝开展机理,与钢筋混凝土构件基本相同,但应同时考虑纵向受拉钢筋、型钢受拉翼缘和部分腹板对混凝土开裂的影响。

结构构件的最大裂缝宽度允许值,主要是根据结构构件的耐久性要求确定的。结构构件的耐久性与结构所处的环境、构件的功能要求以及构件所配置的钢筋种类有关。从环境因素和构件功能看,型钢混凝土受弯构件与普通钢筋混凝土受弯构件所受影响和作用相同;至于环境条件对钢材的腐蚀影响、钢材种类对腐蚀的敏感性则主要取决于型钢混凝土构件中的用钢种类。

型钢混凝土受弯构件中的钢材有两种,即钢筋与型钢。钢筋是经过冶炼热轧制成的热轧钢筋,型钢混凝土受弯构件中常用的 HPB235 为低碳钢,HRB335、HRB 400 均为低合金钢,与《混凝土结构设计标准(2024 年版)》(GB/T 50010—2010)中规定的用作普通钢筋混凝土构件非预应力钢筋的种类完全相同。型钢混凝土受弯构件中使用热轧而成的工字钢、槽钢、角钢和钢板等各种型材,则为碳素结构钢的低碳钢(Q235 钢)和部分低合金钢(主要是 Q355、Q390 钢),它们都是我国结构工程中常用的建筑结构钢,其熔炼化学成分相同或相近,就钢材在腐蚀性环境中的敏感性和耐锈性来说,与上述建筑用钢筋具有相同的程度和能力。

因此,型钢混凝土受弯构件的耐久性标准之一的最大裂缝宽度允许值,可以直接取用普通钢筋混凝土受弯构件相同的限值,即按照《混凝土结构设计标准(2024 年版)》(GB/T 50010—2010)规定的裂缝控制等级。

当符合前述配筋(钢)且允许出现裂缝的型钢混凝土受弯构件,型钢混凝土梁最大裂缝宽度应按荷载短期效应组合,并考虑长期荷载作用的影响计算,其最大值 $w_{\max}$ 应不大于裂缝宽度限值 $w_{\lim}$

$$w_{\max} \leqslant w_{\lim} \tag{6.21}$$

最大裂缝宽度限值 $w_{\lim}$:室内正常环境下的一般构件,$w_{\lim}=0.3$ mm;露天或室内高湿度环境条件下的构件,$w_{\lim}=0.2$ mm。

## 6.5　型钢混凝土梁的刚度和变形计算

对于弹性材料，在使用阶段，构件应力应变呈直线关系，抗弯刚度 EI 为常数。但型钢混凝土梁是弹塑性构件，梁的刚度随荷载的变化而变化，而且型钢混凝土梁刚度的大小与含钢率等因素有关。如果能求得型钢混凝土梁的刚度值 $B$，则仍可采用材料力学方法求得其变形。因此，型钢混凝土梁的变形计算，可以归结为如何计算型钢混凝土梁的刚度问题。

试验表明，与钢筋混凝土梁相比，型钢混凝土梁的荷载变形曲线具有两个显著特点。当型钢混凝土梁达到开裂荷载后，裂缝开展到型钢下翼缘水平处，由于受到刚度较大的型钢的约束，裂缝几乎不再向上发展，裂缝宽度增加也不大，在弯矩-挠度曲线上并没有明显转折点，在受拉钢筋和型钢下翼缘屈服以前，裂缝开展产生了停滞现象。当钢筋屈服后，型钢下翼缘也随之屈服，变形增大，型钢下翼缘屈服后，型钢与混凝土之间产生了较大的相对滑移，型钢对混凝土的有效约束减小，变形急剧增加。当钢筋和型钢下翼缘屈服后，裂缝发展迅速，中和轴急剧上升，型钢对的混凝土约束也基本丧失，最后混凝土被压碎而破坏。另一特点是使用阶段型钢混凝土梁的刚度降低较小，基本接近于线性关系。

因为型钢混凝土梁是由钢筋混凝土及型钢两部分组合而成，型钢腹板使型钢混凝土梁刚度显著增加。因为腹板具有一定的刚度，而且腹板对裂缝的产生与开展起着抑制作用。试验表明，梁的刚度随型钢含量、纵向受拉钢筋含量的增加而增大。当梁的正截面受弯承载力相同时，型钢混凝土梁的刚度比钢筋混凝土梁有所提高。因此，影响型钢混凝土梁刚度和变形的因素主要有型钢腹板、含钢率、梁的截面尺寸、混凝土及钢材的强度等级、纵向钢筋的数量、荷载作用时间等。其中最主要的因素是型钢腹板、梁的含钢率。

### ▶ 6.5.1　型钢混凝土梁的刚度计算

型钢混凝土梁的刚度计算的基本假定：

①在使用荷载阶段，型钢混凝土梁符合平截面假定。

②在使用荷载阶段，钢筋、型钢和混凝土均在弹性范围内工作。

③裂缝截面不考虑受拉混凝土的作用。

在正常使用荷载下，梁是带裂缝工作的。型钢混凝土梁在垂直裂缝出现以前，其截面基本上处于弹性状态，截面刚度可按换算截面的弹性刚度计算。试验表明，垂直裂缝出现后，纯弯区段内的平均应变符合平截面假定，可认为型钢混凝土梁的型钢部分与钢筋混凝土部分的变形保持协调，型钢混凝土梁截面的平均曲率 $\phi$ 和型钢截面的平均曲率 $\phi_a$ 及钢筋混凝土截面的曲率 $\phi$ 相等：

$$\phi=\phi_a=\phi_{RC} \tag{6.22}$$

正常使用极限状态时，型钢混凝土梁的抗弯刚度为：

$$B_s= B_{RC}+ B_a \tag{6.23}$$

式中　$B_s$——荷载短期效应作用下型钢混凝土梁的抗弯刚度；

$B_{RC}$——型钢混凝土梁中钢筋混凝土部分的抗弯刚度；

$B_a$——型钢混凝土梁中型钢部分的抗弯刚度。

试验表明,当梁截面一定时,钢筋混凝土截面部分的抗弯刚度主要与受拉钢筋配筋率有关。有关研究分析表明,当型钢混凝土梁的纵向受拉钢筋配筋率为0.3%~1.5%时,钢筋混凝土部分的抗弯刚度可按下列公式计算:

$$B_{RC}=(0.22+3.75\alpha_E\rho_s)E_cI_c \tag{6.24}$$

式中 $\alpha_E$——钢筋弹性模量与混凝土弹性模量之比,$\alpha_E=E_s/E_c$;

$E_c$——混凝土弹性模量。

在使用阶段,型钢混凝土梁中的型钢部分的抗弯刚度为:

$$B_a=E_aI_a \tag{6.25}$$

在荷载短期效应标准组合下,型钢混凝土梁的抗弯刚度为

$$B_s=(0.22+3.75\alpha_E\rho_s)E_cI_c+E_aI_a \tag{6.26}$$

式中 $E_a$——型钢的弹性模量;

$I_c$——按截面尺寸计算的混凝土截面惯性矩;

$I_a$——型钢的截面惯性矩。

长期荷载作用下,由于受压区混凝土的徐变、钢筋与混凝土之间的粘结滑移徐变以及混凝土收缩等影响使梁抗弯刚度下降,型钢混凝土梁的长期刚度 $B_l$ 按下式计算:

$$B_l=\frac{M_s}{M_l(\theta-1)+M_s}B_s \tag{6.27}$$

式中 $M_s$——按荷载效应标准组合计算的弯矩值;

$M_l$——按荷载效应准永久组合计算的弯矩值;

$\theta$——考虑荷载长期作用对挠度的增大系数。当 $\rho_s'=0$ 时 $\theta=2.0$,当 $\rho_s'=\rho_s$ 时 $\theta=1.6$,当 $\rho_s'$ 为中间值时按直线内插法取用;

$\rho_s,\rho_s'$——分别为纵向受拉钢筋和纵向受压钢筋的配筋率,$\rho_s=A_s/(bh_0)$,$\rho_s'=A_s'/(bh_0)$。

## 6.5.2 型钢混凝土梁的变形计算

在正常使用极限状态下,型钢混凝土框架梁的挠度 $\nu$,可按构件的刚度采用结构力学的方法计算。在等截面构件中,可假定各同号弯矩区段内的刚度相等,并按等刚度原则取用该区段内最大弯矩处的刚度。挠度 $\nu$ 应按荷载效应标准组合并考虑荷载长期作用影响的长期刚度 $B_l$ 进行计算,挠度计算值不应大于规定的限值,即 $\nu_{max}\leqslant\nu_{lim}$。

**表6.1 型钢混凝土框架梁最大挠度限值 $\nu_{lim}$**

| 计算跨度($l_0$) | 挠度允许值 $\nu_{lim}$ | 计算跨度($l_0$) | 挠度允许值 $\nu_{lim}$ |
|---|---|---|---|
| $l_0<7$ m | $l_0/200(l_0/250)$ | $l_0>9$ m | $l_0/300(l_0/400)$ |
| 7 m$\leqslant l_0\leqslant$9 m | $l_0/250(l_0/300)$ | | |

**【例6.3】** 某型钢混凝土框架梁的计算长度为12 m,其截面尺寸为350 mm×800 mm,如图6.20所示,型钢(H-500×200×12×16,$A_{af}=3\ 200\ mm^2$,$kA_{aw}=408\ mm^2$)采用Q355,$E_a=2.06\times10^5\ N/mm^2$;混凝土采用C40,$E_c=3.25\times10^4\ N/mm^2$ $f_{tk}=2.39\ N/mm^2$;梁纵筋为HRB33,$E_s=$

$2\times10^5$ N/mm$^2$，受拉纵筋为4 Φ22($A_s$=1 520.4 mm$^2$)，受压纵筋为2 Φ20($A_s'$=628.3 mm$^2$)，箍筋为HPB235级。经计算可得，$h_{os}=h-a_s=759$ mm，$h_{of}=650$ mm，$h_{ow}=617$ mm，$kh_{aw}=34$ mm。已知，通过内力分析得跨中弯矩为 $M_s=459$ kN·m，$\nu_{lim}=l_0/300$，$M_s/M_l=1.5$。试验算该型钢混凝土框架梁的最大裂缝宽度和最大挠度是否满足要求。

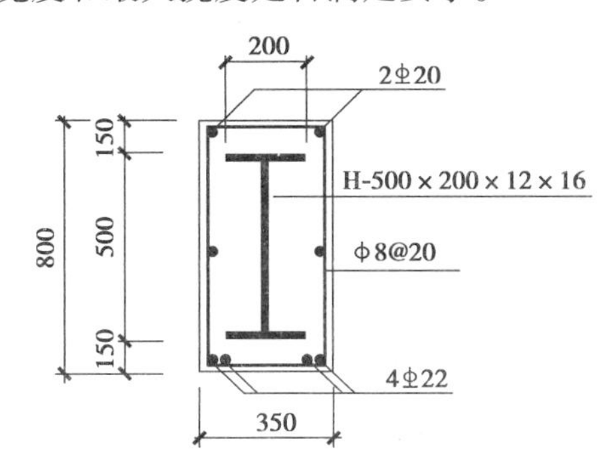


图6.20　例6.3 截面示意图

【解】　(1)该型钢混凝土框架梁的最大裂缝宽度验算

$M_c=0.235bh^2f_{tk}=0.235\times350\times800^2\times2.39=125.81$(kN·m)

根据式(6.23g)，考虑型钢翼缘作用的钢筋应变不均匀系数 $\psi$ 为：

$$\psi=1.1\left(1-\frac{M_c}{M_s}\right)=1.1\times\left(1-\frac{125.8}{459}\right)=0.798$$

根据式(6.23b)，纵向受拉钢筋和型钢受拉翼缘与部分腹板周长之和为：

$$u=n\pi d_e+(2b_f+2t_f+2kh_{aw})\times0.7$$
$$=4\times\pi\times22\times(2\times200+2\times16+2\times34)\times0.7=626.46(\text{mm})$$

再根据式(6.23e)和式(6.23f)，分别求出考虑型钢受拉翼缘与部分腹板及受拉钢筋的有效直径 $d_e$、有效配筋率 $\rho_{te}$。

$$d_e=\frac{4(A_s+A_{af}+kA_{aw})}{u}=\frac{4\times(1\ 520.4+3\ 200+408)}{626.46}=31.02(\text{mm})$$

$$\rho_{te}=\frac{A_s+A_{af}+KA_{aw}}{0.56bh}=\frac{1\ 520.4+3\ 200+408}{0.5\times350\times800}=0.036\ 6$$

根据式(6.23d)，求出考虑型钢受拉翼缘与部分腹板及受拉钢筋的应力值 $\sigma_{sa}$。

$$\sigma_{sa}=\frac{M_s}{0.87\times(A_s\cdot h_{os}+A_{af}\cdot h_{of}+kA_{aw}\cdot h_{ow})}$$
$$=\frac{459\times10^6}{0.87\times(1\ 520.4\times760+3\ 200\times650+408\times617)}=151.29(\text{N/mm}^2)$$

最后，根据式(6.23a)，求出最大裂缝宽度 $w_{max}$。

$$w_{max}=2.1\psi\frac{\sigma_{sa}}{E_s}\left(1.9c+0.08\frac{d_e}{\rho_{te}}\right)$$
$$=2.1\times0.798\times\frac{151.29}{2\times10^5}\left(1.9\times30\times0.08\times\frac{31.02}{0.036\ 6}\right)$$
$$=0.16<w_{lim}=0.3(\text{室内正常环境})$$

因此,该型钢混凝土框架梁满足最大裂缝宽度限值要求。

(2)型钢混凝土框架梁的挠度验算

$$I_c=\frac{1}{12}bh^3=\frac{1}{12}\times350\times800^3=1.493\times10^{10}(\text{mm}^4)$$

$$I_a=\frac{1}{12}\times200\times500^3-\frac{1}{12}(200-12)(500-32)^3=4.774\times10^8(\text{mm}^4)$$

$$\rho_s=A_s/bh_o=\frac{1\ 520.4}{350\times760}\times100\%=0.571\ 6\%$$

$$\rho_s'=A_s/bh_o=\frac{628.3}{350\times760}\times100\%=0.236\ 2\%$$

0.236 2%

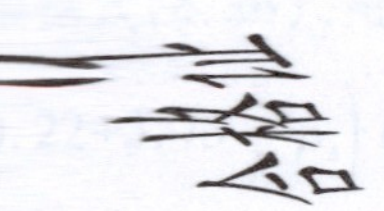

$$2.06\times10^5\times4.774\times10^8=2.690\ 9\times10^{14}(\text{N}\cdot\text{mm}^2)$$

再按式(6.27),求出该梁的长期刚度 $B_l$:

$$B_l=\frac{M_s}{M_l(\theta-1)+M_s}B_s=\frac{M_s/M_l}{(\theta-1)+M_s/M_l}B_s=\frac{1.5}{(1.765-1)+1.5}\times2.690\ 9\times10^{14}$$

$$=1.782\ 1\times10^{14}(\text{N}\cdot\text{mm}^2)$$

从而可得到该型钢混凝土框架梁的挠度为:

$$v=\frac{5M_sl_0^2}{48B_l}=\frac{5\times459\times10^6\times12\ 000l_0}{48\times1.782\ 1\times10^{14}}\approx\frac{l_0}{311}<v_{\lim}=\frac{l_0}{300}$$

因此,该型钢混凝土框架梁满足允许挠度限值要求。

## 6.6 型钢混凝土柱正截面受弯承载力计算

### 6.6.1 型钢混凝土轴心受压柱受力性能和破坏形态

根据材料力学定义,当柱中只有轴向力,不存在弯矩,或轴向力的偏心距等于零时,称为轴心受压柱。在实际工程中,由于构件制作与安装的偏差以及材质的不均匀,即使轴心受压柱通常总是存在着初始偏心,因此绝对的轴心受压并不存在。但是这种偏差小到一定程度,在工程上可以忽略,可按轴心受压计算。

从轴心受压型钢混凝土柱的试验中可以观察到,在加载初期,型钢、钢筋与混凝土能较好地共同工作,变形是协调的,型钢和混凝土的压应变基本上相等;随着荷载的增加,沿着柱纵向产生裂缝;荷载继续增加,纵向裂缝逐渐贯通,形成若干小柱发生劈裂破坏;在合适的配筋情况下，首先是型钢、钢筋的应力到达其屈服强度，随着荷载增大，钢材变形加大。最后，混凝土到达轴心受压极限压应力时，混凝土被压碎，柱子破坏。当轴心受压型钢混凝土柱达到最大荷载时，型钢与纵向钢筋能达到受压屈服，混凝土的应力能达到混凝土的轴心抗压强度。根据试验在构件临近破坏，箍筋应力不是很高，在构件破坏时箍筋应力才急剧增大，大部分构件的箍筋应力能达到屈服强度。

轴心受压型钢混凝土柱与普通钢筋混凝土轴心受压柱的受力破坏过程中有许多相似之处，与普通钢筋混凝土柱不同之处是，当加载到 80% 以上的极限荷载时，型钢与混凝土的粘结滑移明显，因此一般在沿型钢翼缘处均有明显的纵向裂缝。在轴心受压型钢混凝土柱的试验中还发现，在合理配钢的情况下，粘结滑移对轴心受压柱的承载能力没有明显的影响。由于型钢与混凝土粘结强度低于混凝土的轴心抗压强度，试件在临近破坏之前，混凝土出现较多的纵向裂缝，型钢混凝土短柱的轴向受压破坏形态与混凝土棱柱体类似。

综合国内外的有关试验资料，型钢混凝土轴压柱有下述 4 种破坏形式：

(1) 弯曲破坏

长细比较大的型钢混凝土轴压长柱易发生弯曲破坏。在加载初期，在型钢混凝土轴压柱的中部出现挠曲变形；随着荷载的增加，在受拉一侧的混凝土出现横向裂缝，混凝土逐步退出工作；其后，受压区混凝土压碎，试件破坏。

(2) 压溃破坏

一般发生在型钢混凝土轴压短柱中部。在加载过程中，在型钢混凝土轴压柱中部的受压区，首先出现纵向和斜向裂缝；随着荷载的增加，裂缝沿柱纵向延伸，并形成一条主裂缝；最后外围混凝土大片剥落，试件破坏。

(3) 劈裂破坏

多发生在没有设置箍筋的型钢混凝土轴压柱中。加载后，在型钢混凝土轴压柱端，很快形成多条纵向裂缝，并迅速形成一条主裂缝，混凝土压碎剥落，试件破坏。

(4) 柱头破坏

一般发生在荷载达到 80% 的极限荷载左右时。在加载过程中，型钢混凝土轴压柱柱头首先出现纵向裂缝；最后出现混凝土压碎剥落，试件破坏。

## 6.6.2　型钢混凝土轴心受压柱正截面承载力计算

### 1) 型钢混凝土轴心受压短柱的极限承载力

大量轴心受压型钢混凝土短柱试验表明，在轴心受压型钢混凝土短柱中，型钢与混凝土的变形从加载开始到短柱破坏基本上是协调一致的，型钢与混凝土能共同工作，截面应变符合平截面假定。在柱达到极限荷载时，型钢和混凝土都达到屈服状态。因此，轴心受压型钢混凝土短柱的极限承载力可采用叠加法进行计算。箍筋和横向钢筋对核心混凝土有约束作用，轴心受压型钢混凝土短柱中，配箍筋不仅提高柱子的延性，而且有助于混凝土和型钢的变形协调，所以，轴心受压型钢混凝土柱一般都要设置箍筋。但矩形箍筋对于提高混凝土的承载力的作用不明显，计算轴心受压型钢混凝土短柱正截面的极限承载力时不考虑箍筋的作用。

$$N_{su}=f_cA_c+f'_yA'_s+f'_aA'_a \tag{6.28}$$

式中　$N_{su}$——轴心受压型钢混凝土短柱的极限承载力；

$f_c$——混凝土的轴心抗压强度设计值；

$A_c$——混凝土的截面面积；

$f'_y$——纵向钢筋的抗压强度设计值；

$A'_s$——纵向钢筋的截面面积；

$f'_a$——型钢的抗压强度设计值；

$A'_a$——型钢的有效截面面积(扣除孔洞面积后的净面积)。

设计中,混凝土轴心受压的极限压应变一般取 0.002,普通的 HRB235、HPB335 钢已经屈服。因此,在计算时,型钢的应力可取钢材的抗压强度。试验表明,混凝土的强度取值基本上与规范中混凝土轴心抗压强度标准值相同。

#### 2)型钢混凝土轴心受压长柱的极限承载力

轴心受压型钢混凝土长柱破坏时,并未达到其材料强度极限承载能力,却达到稳定极限承载能力而发生失稳破坏。轴心受压型钢混凝土长柱的极限承载力计算可以与钢筋混凝土柱采用同样的方法,在轴心受压型钢混凝土短柱计算的基础上建立:

$$N_{lu}=\varphi N_s=\varphi(f_cA_c+f'_yA'_s+f'_aA'_a) \tag{6.29}$$

式中　$N_{lu}$——轴心受压型钢混凝土长柱的极限承载力。

$\varphi$——型钢混凝土柱的稳定系数,按表 6.2 采用,由构件长细比 $l=l_0/i$ 来确定。

最小回转半径按下列公式计算:

$$i=\sqrt{\frac{I_0}{A_0}} \tag{6.30a}$$

$$I_0=I_c+\alpha_aI_a+\alpha_sI_s \tag{6.30b}$$

$$A_0=A_c+\alpha_aA_a+\alpha_sA_s \tag{6.30c}$$

$$\alpha_a=\frac{E_a}{E_c};\alpha_s=\frac{E_s}{E_c} \tag{6.30d}$$

式中　$I_0$——换算截面惯性矩;

$A_0$——换算截面面积;

$I_c$——混凝土截面惯性矩(扣除钢筋和型钢面积对经过换算截面重心轴的惯性矩);

$I_a$——型钢对经过换算截面重心轴的惯性矩;

$I_s$——钢筋对换算截面重心轴的惯性矩;

$E_c$——混凝土的弹性模量;

$E_a$——型钢的弹性模量;

$E_s$——钢筋的弹性模量。

#### 3)型钢混凝土轴心受压柱正截面承载力计算

《组合结构设计规范》(JGJ 138—2016)规定:型钢混凝土轴心受压构件,当配有箍筋或在纵向型钢上焊有缀板或缀条时,其轴心受压承载力按下列公式计算:

$$N\leqslant N_{lu}=0.9\varphi(f_cA_c+f'_yA'_s+f'_aA'_a) \tag{6.31}$$

式中　$N$——轴向力设计值。

表6.2　型钢混凝土柱的稳定系数 $\varphi$

| $l_0/i$ | ≤28 | 35 | 42 | 48 | 55 | 62 | 69 | 76 | 83 | 90 | 97 |
|---|---|---|---|---|---|---|---|---|---|---|---|
| $\varphi$ | 1.00 | 0.98 | 0.95 | 0.92 | 0.87 | 0.81 | 0.75 | 0.70 | 0.65 | 0.60 | 0.56 |
| $l_0/i$ | 104 | 111 | 118 | 125 | 132 | 139 | 146 | 153 | 160 | 167 | 174 |
| $\varphi$ | 0.52 | 0.48 | 0.44 | 0.40 | 0.36 | 0.32 | 0.29 | 0.26 | 0.23 | 0.21 | 0.19 |

注：1. $l_0$ 为构件的计算长度；2. $i$ 为截面的最小回转半径。

## ▶ 6.6.3　型钢混凝土偏心受压柱受力性能和破坏形态

一般当构件长细比 $l_0/h\leqslant5$（$l_0$ 为柱的计算长度，$h$ 为柱的截面高度），属于短柱，当构件长细比 $5<l_0/h\leqslant30$，属于长柱。在结构发生层间位移和构件发生挠曲变形时，偏心受压长柱中的轴向力会引起附加弯矩（二阶弯矩），也称为二阶效应。影响二阶弯矩大小的最主要因素是长细比 $l_0/h$。对于长细比较大的柱，其二阶效应的影响是不可忽略的。二阶弯矩也与偏心率有关。对于偏心距很大的构件，弯矩起主要作用，相对于弯矩的影响来说轴向力很小，二阶矩的影响较小。相反，对于小偏心受压构件，以轴压力为主，因此附加弯矩要大些。

型钢混凝土偏心受压柱也有短柱、长柱之分。型钢混凝土偏心受压短柱的强度主要取决于压区混凝土的特性、型钢腹板的应力和型钢与混凝土的变形协调。短柱、长柱正截面承载力区别主要是长柱的长细比较大。

与钢筋混凝土偏压构件类似，影响型钢混凝土偏心受压长柱受力特性较大的因素是长细比 $l_0/h$ 和偏心距 $e_0=M/N$。相对偏心距 $e_0/h$ 的大小也是影响其破坏形态的主要因素。型钢受压翼缘变形增长情况基本上与受压区混凝土变形情况相同。在偏心距不变的情况下，受压翼缘变形随长细比增大而增加。长细比相同时，随着偏心距的增大，混凝土边缘最大压变也增大，偏心距越大增加越快。根据试验实测结果在极限荷载下，不论长细比、偏心距大小如何，型钢受压翼缘应变均超过屈服应变。

西安建筑科技大学4种不同长细比 $l_0/h=6,8,10,14$ 的试验表明：对于长细比 $l_0/h\leqslant10$ 的构件，二阶弯矩的影响都较小；当 $l_0/h=14$ 时，二阶弯矩的影响已较明显。可采用与钢筋混凝土柱采用长短柱的相似方法，即当 $l_0/h\leqslant8$ 时不考虑二阶弯矩影响；当 $l_0/h>8$ 时，必须考虑附加挠度引起的二阶弯矩影响。

### 1）型钢混凝土偏压短柱的受力性能和破坏形态

国内有关单位试验表明：型钢混凝土偏压短柱的破坏是以受压区混凝土的破坏为特征，但型钢的应力情况不同，其破坏形态也有所不同。根据试验研究，对型钢混凝土偏心受压柱的正截面破坏形态分为受拉破坏与受压破坏两大类：

（1）小偏心受压破坏（受压破坏）

型钢混凝土偏压短柱在受压破坏前，受拉区横向裂缝出现较迟，或不出现，受拉纵向钢筋和型钢受拉翼缘应力较小，且发展较慢，而型钢受压翼缘和混凝土的压应力发展较快。当达到最大承载力时，受拉钢筋并未屈服。型钢混凝土偏压短柱在受压破坏时，在受压侧型钢翼缘位置沿柱高中部附近的保护层混凝土出现粘结裂缝，突然压碎，并随混凝土的压碎整体向外凸出,呈片状剥落,纵向裂缝向上、下两端迅速延伸,最后压区混凝土被压碎,承载力急剧下降。混凝土的压碎区及纵向裂缝区域较大。

型钢混凝土偏压短柱受压破坏的特征:混凝土边缘纤维的应变达到极限压应变,而型钢受拉(或受压较小侧)翼缘的应变尚小于型钢屈服应变。

其截面弯矩-曲率关系与钢筋混凝土小偏心受压构件基本相同。

(2)大偏心受压破坏(受拉破坏)

当加荷到一定程度,柱受拉侧混凝土开裂,出现基本与柱轴线垂直的横向裂缝。受拉区横向裂缝出现较早,以后横向裂缝不断延伸发展,但因型钢抗弯刚度较大,混凝土的开裂对截面刚度影响不大,弯矩-曲率曲线在开裂荷载处无明显转折。偏心距越大,破坏过程越缓慢,越平稳,横向裂缝开展越大。随着荷载的增加,受拉钢筋与型钢受拉翼缘相继屈服。受拉钢筋和型钢受拉翼缘应力达到屈服强度后,大偏心受压构件变形明显加快,此时受压边缘混凝土尚未达到极限压应变,荷载还可以继续增大,直到受拉区一部分型钢腹板也屈服,大偏心受压构件才开始破坏,一直加荷至受压混凝土达到了极限压应变,逐渐压碎剥落,柱则告破坏。达到最大承载力时,纵向受拉钢筋已屈服,型钢受拉翼缘及腹板部分也已进入屈服状态。

受拉破坏一般发生在偏心率 $e_0/h$ 较大的情况,所以称为大偏心受压破坏。

图 6.20 所示为偏心受压型钢混凝土柱的实测截面弯矩-曲率关系。与钢筋混凝土柱相同,型钢混凝土柱达到极限承载力是以受压区混凝土压碎为标志的。试件 1 的 $e_0/h_c=2.0$,表现为受拉破坏特征;试件 2 的 $e_0/h_c=0.19$,表现为受压破坏特征;试件 3 的 $e_0/h_c=0.68$,接近界限破坏。

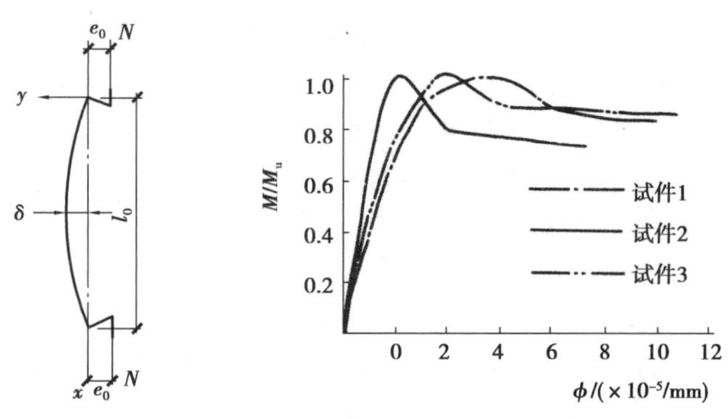


**图 6.21　偏心受压型钢混凝土柱的截面弯矩-曲率关系**

型钢混凝土偏压短柱受压破坏的特征:受拉钢筋应力达到屈服强度,受压混凝土达到了极限压应变,型钢腹板,不论是受压区还是受拉区一般都是部分屈服,部分未屈服。弯矩-曲率曲线有一较长的转折过程,破坏过程缓慢平稳,荷载仍可维持较长时间,变形能力很大。

无论哪种破坏,过了最大荷载点后,由于受压区保护层混凝土被压碎而退出工作,截面弯矩有一较快的衰减过程。此后,型钢以及受型钢翼缘和箍筋约束的混凝土部分仍具有一定的承载力,弯矩-曲率关系有一较长且接近水平的曲线,水平段的荷载值为最大荷载的 70% ~ 90%。这一特性也不同于钢筋混凝土偏心受压构件,表明型钢混凝土构件在经历了严重的破坏后,仍有一定的承载力和很好的变形能力。

型钢混凝土偏心受压柱在大偏心受压破坏和小偏心受压破坏之间没有典型的界限破坏,

区分大偏心受压破坏和小偏心受压破坏的分界点理论上是以受拉钢材合力作用点处应力是否达到屈服强度为依据。该点可定义为界限破坏。由于实腹式型钢腹板在截面高度上是连续的,型钢混凝土柱没有典型的界限破坏。一般以型钢受拉翼缘受拉屈服与受压边缘混凝土极限压应变同时发生的情况定义为型钢混凝土柱的界限破坏。

国内外的试验结果表明,在截面满足一定构造配筋要求的情况下,型钢混凝土偏心受压构件从开始受力直至达到破坏阶段的过程中,截面应变分布基本符合平截面假定(图7.3),型钢与截面混凝土可以较好地共同工作。

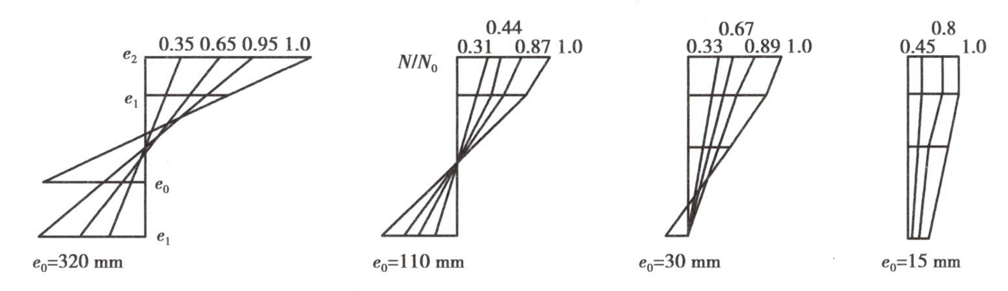


**图6.22　型钢混凝土偏心受压构件的截面应变分布**

#### 2)型钢混凝土偏心受压长柱受力性能和破坏形态

达到极限荷载时型钢混凝土偏心受压长柱承载力以受压区混凝土被压碎及型钢受压翼缘屈服为破坏标志,而大偏压构件的受拉区(或小偏心受压构件的受压较小边)的应力状态,主要取决于偏心距及构件长细比。大偏心受压构件的型钢受拉翼缘应力已达到屈服强度,而小偏心受压构件的型钢受拉(或受压较小)边缘应力一般达不到屈服强度。

对偏心受压长柱的极限强度计算方法是在短柱强度计算的基础上考虑二次弯矩的影响。对偏心距乘以一个偏心距增大系数 $\eta$。值得注意的是由于型钢混凝土柱的含钢率较高,柱含钢率对柱刚度的影响不容忽视。国外规范对型钢混凝土柱刚度计算都考虑了含钢率对柱刚度的影响。我国则采用将型钢及钢筋的刚度折算成“等效”的混凝土的截面刚度来计算,以考虑含钢率对型钢混凝土柱的刚度影响。

### ▶　6.6.4　型钢混凝土偏心受压柱正截面承载力计算

根据上述型钢混凝土柱的偏心受压受力性能,其正截面承载力计算可采用与型钢混凝土梁相同的方法,即以应变平截面假定为基础的计算方法。研究表明,采用上述基本假定的正截面承载力计算结果,与试验值符合较好,型钢混凝土梁的基本计算假定与受弯构件正截面受弯承载力基本相同。以下介绍《组合结构设计规范》(JGJ 138—2016)中实腹式型钢混凝土柱的计算方法。

#### 1)偏心受压承载力计算

(1)基本假定

型钢混凝土受弯构件及受压弯构件的试验表明,在外荷载作用下,同一截面内的混凝土、钢筋、型钢的应变保持平面,受压极限应变接近于0.003,破坏形态以型钢翼缘达到屈服、型钢翼缘外混凝土压碎为承载能力极限状态。其基本性能与钢筋混凝土偏压构件相似。因此,

《型钢混凝土组合结构技术规程》(JGJ 138—2001)对框架柱正截面受压承载力的计算作了如下的基本假定。

①型钢与混凝土之间无相对滑移,截面应变分布符合平截面假定。

②取受压边缘混凝土极限压应变 $\varepsilon_{cu}=0.003$,相应的最大压应力取混凝土轴心受压强度设计值$f_c$。

③型钢腹板的应力图形为拉、压梯形应力图形。设计计算时,简化为等效矩形应力图形。

④钢筋应力等于其应变与弹性模量的乘积,但不大于其强度设计值。受拉钢筋和型钢受拉翼缘的极限拉应变取 $\varepsilon_{su}=0.01$。

⑤不考虑混凝土的抗拉强度。

(2)偏心受压承载力计算

根据以上基本假定,简化后的充满型实腹式型钢混凝土框架柱的偏心受压正截面承载力计算图形如图 7.4 所示。充满型实腹型钢混凝土框架梁矩形截面达到受弯承载力极限状态时,上、下翼缘达到屈服强度设计值$f_a$,$f'_a$,计算时将型钢翼缘作为纵向受力钢筋考虑,此时,型钢腹板并没有完全屈服,如图 7.4 所示,把型钢腹板应力图形简化为拉压矩形应力图后,其承受弯矩 $M_{aw}$、轴向力 $N_{aw}$。

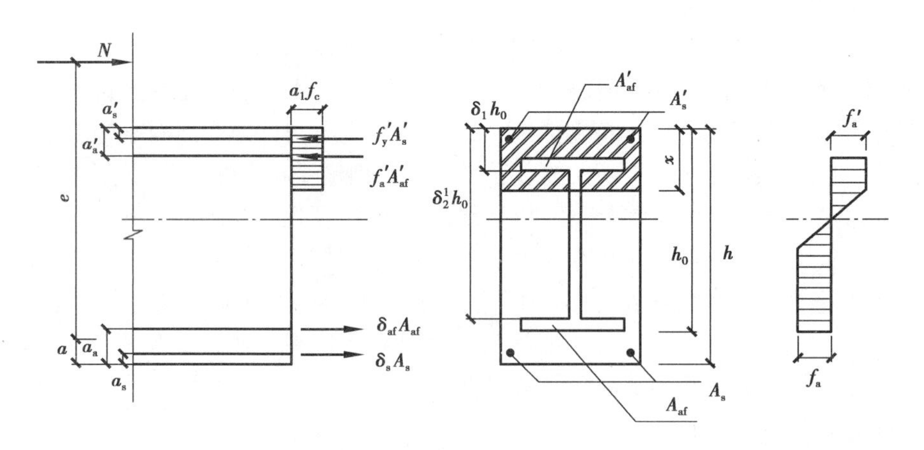


**图 6.23 框架柱正截面偏心受压承载力计算**

充满型实腹式型钢混凝土框架柱矩形截面达到偏心受压正截面承载力极限状态时,由平衡条件 $\sum M=0$、$\sum X=0$,可得到截面型钢为充满型实腹型钢的型钢混凝土框架柱的偏心受压正截面承载力计算公式:

①持久、短暂设计状况

$$N \leqslant \alpha_1 f_c bx + f'_y A'_s + f'_a A'_{af} - \sigma_s A_s - \sigma_a A_{af} + N_{aw} \tag{6.32a}$$

$$Ne \leqslant \alpha_1 f_c bx\left(h_0 - \frac{x}{2}\right) + f'_y A'_s(h_0 - a'_s) + f'_a A'_{af}(h_0 - a'_a) + M_{aw} \tag{6.32b}$$

②地震设计状况

$$N \leqslant \frac{1}{r_{RE}}[\alpha_1 f_c bx + f'_y A'_s + f'_a A'_{af} - \sigma_s A_s - \sigma_a A_{af} + N_{aw}] \tag{6.33a}$$

$$Ne \leqslant \frac{1}{\gamma_{RE}}\left[\alpha_1 f_c bx\left(h_0-\frac{x}{2}\right)+f'_y A'_s(h_0-a'_s)+f'_a A'_{af}(h_0-a'_a)+M_{aw}\right] \tag{6.33b}$$

$$e=\eta e_i+\frac{h}{2}-a \tag{6.34a}$$

$$\eta=1+\frac{1}{1\ 400e_i/h_0}\left(\frac{l_0}{h}\right)\zeta_1\zeta_2 \tag{6.34b}$$

$$\zeta_1=0.5f_c\frac{A}{N_c} \tag{6.34c}$$

$$\zeta_2=1.15-0.01l_0/h \tag{6.34d}$$

式中　$\gamma_{RE}$——型钢混凝土组合柱正截面承载力抗震调整系数，$\gamma_{RE}=0.8$，轴压比小于 0.5 时，$\gamma_{RE}=0.75$；

$M_{aw}$——型钢腹板承受的轴向合力对纵向受拉钢筋和型钢受拉翼缘合力点的力矩；

$N_{aw}$——型钢腹板承受的轴向合力对纵向受拉钢筋和型钢受拉翼缘合力点的力；

$f_y,f'_y$——纵向受拉、受压钢筋的强度设计值；

$f_a,f'_a$——型钢抗拉、抗压强度设计值；

$f_c$——混凝土的轴心抗压强度设计值；

$e$——轴向力作用点至纵向受拉钢筋和型钢受拉翼缘的合力点之间的距离；

$e_i$——截面的初始偏心距，$e_i=e_0+e_a$；

$e_0$——轴向力对截面重心的偏心距，$e_0=M/N$

$e_a$——由于荷载位置的不定性、材料不均匀以及施工误差等因素引起的附加偏心距，其值取 20 mm 和偏心方向截面尺寸的 1/30 二者中的较大值；

$\eta$——轴向力偏心距增大系数，当柱的长细比 $l_0/h(l_0/d)$ 小于或等于 8 时，可取 $\eta=1.0$；

$\zeta_1$——偏心受压构件的截面曲率修正系数，当计算值 $\zeta_1>1$ 时，取 $\zeta_1=1$；

$\zeta_2$——考虑构件长细比 $l_0/h_c$ 对截面曲率的影响系数，当 $l_0/h<15$ 时，取 $\zeta_2=1.0$；

$a_a,a'_a$——分别为型钢受拉、受压钢筋翼缘截面形心至混凝土截面近边的距离；

$a_s,a'_s$——分别为纵向受拉、受压钢筋合力点至混凝土截面近边的距离；

$A_s,A'_s$——充满型实腹式型钢混凝土框架梁中纵向受拉、受压钢筋的截面面积；

$A_{af},A'_{af}$——充满型实腹式型钢混凝土框架梁中型钢受拉、受压翼缘的截面面积；

$\sigma_s,\sigma_a$——柱截面受拉边或受压较小边的纵向钢筋应力、型钢翼缘应力。型钢混凝土柱截面受拉边或受压较小边的纵向钢筋应力 $\sigma_s$ 和型钢翼缘应力 $\sigma_a$，按下列规定取值：

当 $x\leqslant\xi_b h_0$ 时，为大偏心受压构件，

$$\sigma_s=f_y,\ \sigma_a=f_a \tag{6.35}$$

当 $x>\xi_b h_0$ 时，为小偏心受压构件；$\sigma_s,\sigma_a$ 按下列近似公式计算：

$$\sigma_s=\frac{f_y}{\xi_b-\beta_1}\left(\frac{x}{h_0}-\beta_1\right) \tag{6.36a}$$

$$\sigma_a=\frac{f_a}{\xi_b-\beta_1}\left(\frac{x}{h_0}-\beta_1\right) \tag{6.36b}$$

按平截面假定,型钢混凝土柱截面受压界限破坏时的相对受压区高度按下式确定:

$$\xi_b = \frac{\beta_1}{1 + \frac{f_y + f_a}{2 \times 0.003 E_s}} \tag{6.37}$$

式中 $\beta_1$——当混凝土强度等级不超过 C50 时,$\beta_1 = 0.8$;C80 混凝土 $\beta_1 = 0.74$;其间按线性内插法取值。

型钢腹板承受的轴向合力对型钢受拉翼缘和纵向受拉钢筋合力点的力矩 $M_{aw}$ 与型钢腹板承受的轴向合力 $N_{aw}$,按下列规定取值:

当 $\delta_1 h_0 < x/\beta_1$,$\delta_2 h_0 > x/\beta_1$ 时,大偏压柱,

$$N_{aw} = \left[\frac{2}{\beta_1}\xi - (\delta_1 + \delta_2)\right] t_w h_0 f_a \tag{6.38}$$

$$M_{aw} = \left[\frac{1}{2}(\delta_1^2 + \delta_2^2) - (\delta_1 + \delta_2) + \frac{2}{\beta_1}\xi - \left(\frac{1}{\beta_1}\xi\right)^2\right] t_w h_0^2 f_a \tag{6.39}$$

当 $\delta_1 h_0 < x/\beta_1$,$\delta_2 h_0 > x/\beta_1$ 时,小偏压柱,

$$N_{aw} = [(-\delta_1 + \delta_2)] t_w h_0 f_a \tag{6.40}$$

$$M_{aw} = \left[\frac{1}{2}(\delta_1^2 - \delta_2^2) + (-\delta_1 + \delta_2)\right] t_w h_0^2 f_a \tag{6.41}$$

### 2)框架柱内力设计值

(1)持久、短暂设计状况

非抗震设计按荷载效应基本组合的最不利值计算。

(2)地震设计状况

抗震设计应考虑地震作用组合时框架柱的节点上、下端截面内力设计值,按下列规定计算:

①节点上、下柱端的弯矩设计值。

a. 一级抗震等级的框架结构和 9 度设防烈度一级抗震等级的各类框架

$$\sum M_c = 1.2 \sum M_{bua} \tag{6.42a}$$

b. 框架结构

二级抗震等级 $$\sum M_c = 1.5 \sum M_b \tag{6.42b}$$

三级抗震等级 $$\sum M_c = 1.3 \sum M_b \tag{6.42c}$$

四级抗震等级 $$\sum M_c = 1.2 \sum M_b \tag{6.42d}$$

c. 其他各类框架

一级抗震等级 $$\sum M_c = 1.4 \sum M_b \tag{6.42e}$$

二级抗震等级 $$\sum M_c = 1.2 \sum M_b \tag{6.42f}$$

三、四级抗震等级 $$\sum M_c = 1.1 \sum M_b \tag{6.42g}$$

式中 $\sum M_c$——节点上、下柱端的弯矩设计值之和。节点上、下柱端的弯矩设计值一般可按上、下柱端弹性分析所得的考虑地震作用组合的弯矩比进行分配;

$\sum M_{bua}$ ——同一节点左、右梁端按顺时针和逆时针方向组合，采用实配钢筋和实配型钢数量、材料强度标准值，且考虑承载力抗震调整系数的正截面受弯承载力所对应的弯矩值之和的较大值；每端 $M_{bua}$ 值按式(6.2)计算；

$\sum M_{b}$ ——同一节点左、右梁端，按顺时针和逆时针方向考虑地震作用组合的弯矩设计值之和的较大值；一级抗震等级，当两端弯矩均为负弯矩时，绝对值较小的弯矩值应取零。

②考虑地震作用组合的框架结构底层柱下端截面的弯矩设计值，对一、二、三、四级抗震等级应分别乘以弯矩增大系数1.7、1.5、1.3和1.2。底层柱纵向钢筋宜按柱上、下端的不利情况配置。顶层柱、轴压比小于0.15柱，其柱端弯矩设计值可取地震作用组合下的弯矩设计值。

③一、二、三级抗震等级的节点上、下柱端的轴向压力设计值，取地震作用组合下各自的轴向压力设计值。

**【例6.4】** 某型钢混凝土柱截面高、宽分别为800 mm、650 mm，该柱采用的混凝土强度等级为C30，纵向受力钢筋采用HRB335，柱内型钢采用Q355钢，该柱内的型钢采用宽翼缘工字钢HK450b，截面尺寸为450 mm×300 mm×14 mm×26 mm，$W_a = 3\ 550\ \text{cm}^3$。该柱需承受的弯矩设计值 $M_x = 1\ 800\ \text{kN}\cdot\text{m}$，轴向压力的设计值 $N = 6\ 000\ \text{kN}$，$\eta = 1.0$，试用基于平截面假定的计算方法确定该柱所能承受的极限弯矩。已知：$f_c = 14.3\ \text{N/mm}^2$，$f_y = 300\ \text{N/mm}^2$，$f_a = 295\ \text{N/mm}^2$。

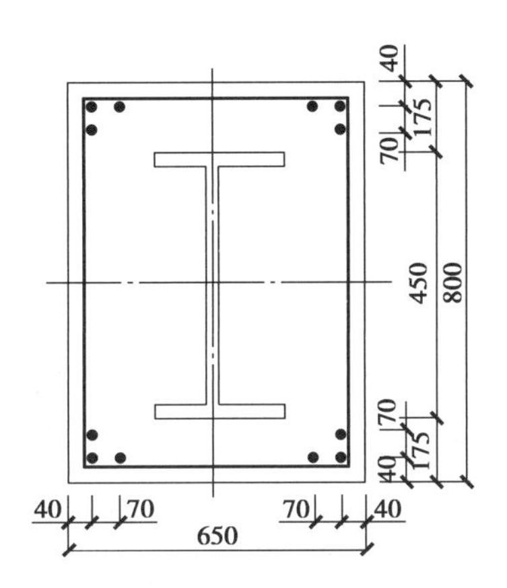


图6.24 例6.4示意图

**【解】** 受拉钢筋及型钢受拉翼缘部分合力点到混凝土受拉边缘距离为：

$$a_h = \frac{1\ 964\times300\times40+982\times300\times110+300\times26\times295\times(175+26/2)}{1\ 964\times300+982\times300+300\times26\times295} = 153(\text{mm})$$

$h_0 = h - a_h = 800 - 153 = 647(\text{mm})$

$\delta_1 h_0 = 175 + 26 = 201(\text{mm})$，$\delta_1 = 201/h_0 = 201/647 = 0.31$

$\delta_2 h_0 = 800 - 201 = 599(\text{mm})$，$\delta_2 = 599/h_0 = 599/647 = 0.93$

因混凝土强度等级为C30，所以，取 $\alpha_1 = 1.0$，$\beta_1 = 0.8$。

$$\xi_b=\frac{\beta_1}{1+\frac{f_y+f_a}{2\times0.003E_s}}=\frac{0.8}{1+\frac{300+295}{2\times0.003\times2\times10^5}}=0.535,$$

$$\sigma_s=\frac{f_y}{\xi_b-\beta_1}\left(\frac{x}{h_0}-\beta_1\right)=\frac{300}{0.535-0.8}(\xi-0.8)=-1\ 132\xi+906$$

$$\sigma_a=\frac{f_a}{\xi_b-\beta_1}\left(\frac{x}{h_0}-\beta_1\right)=\frac{295}{0.535-0.8}(\xi-0.8)=-1\ 113\xi+891$$

先假定 $\delta_1h_0<\frac{1}{\beta_1}x=1.25x,\delta_2h_0>\frac{1}{\beta_1}x=1.25x$，则有

$$N_{aw}=\left[\frac{2}{\beta_1}\xi-(\delta_1+\delta_2)\right]t_wh_0f_a=[2.5\xi-(0.31+0.93)]\times14\times647\times295$$

$$=6\ 680\ 275\xi-3\ 313\ 416$$

假设纵向钢筋选用 12 Φ25，$A'_s=2\ 945\ \text{mm}^2,A_s=2\ 945\ \text{mm}^2$。

将已知数据代入平衡条件 $N=\alpha_1f_cbx+f'_yA'_s+f'_aA'_{af}-\sigma_sA_s-\sigma_aA_{af}+N_{aw}$，

$6\ 000\times10^3=1\times14.3\times650\times0.535\times647+300\times2\ 945+295\times300\times26-$

$2\ 945\times(-1\ 132\xi+906)-(-1\ 113\xi+891)\times300\times26+6\ 680\ 275\xi-3\ 313\ 416$

可求得，$\xi=0.67$

$\xi=0.67>\xi_b=0.535$，该型钢混凝土柱为小偏心受压构件。

$x=\xi h_0=0.67\times647=433.5(\text{mm})$

$\delta_1h_0=201\ \text{mm}<x/\beta_1=1.25x=542\ \text{mm},\delta_2h_0=599\ \text{mm}>x/\beta_1=1.25x=542\ \text{mm}$，

因此，上述假定成立。

$$M_{aw}=\left[\frac{1}{2}(\delta_1^2+\delta_2^2)-(\delta_1+\delta_2)+\frac{2}{\beta_1}\xi-\left(\frac{1}{\beta_1}\xi\right)^2\right]t_wh_0^2f_a$$

$$=\left[\frac{1}{2}(0.31^2+0.93^2)-(0.31+0.93)+2.5\times0.67-(1.25\times0.67)^2\right]\times14\times647^2\times295$$

$$=367.965\ 140(\text{kN}\cdot\text{m})$$

$$M=\alpha_1f_cbx\left(h_0-\frac{x}{2}\right)+f'_yA'_s(h_0-a'_s)+f'_aA'_{af}(h_0-a'_a)+M_{aw}$$

$=1.0\times14.3\times650\times433.5\times(647-433.5/2)+300\times2\ 945\times(647-153)+295\times300\times26\times$ $[647-(175+26/2)]+370\ 137\ 090$

$=3\ 596.4(\text{kN}\cdot\text{m})>1\ 800(\text{kN}\cdot\text{m})$

## 6.7 型钢混凝土柱斜截面受剪承载力计算

型钢混凝土偏心受压构件的斜截面受剪承载力对结构的抗震能力有重要影响，在工程设计中应予充分注意。实腹式型钢混凝土偏心受压构件在轴力与弯矩共同作用的同时，还要受到较大的剪力作用，因此，型钢混凝土偏心受压构件除进行正截面偏心受压承载力计算，还应验算其斜截面的受剪承载力。

型钢混凝土偏心受压构件上作用有较大的轴力,使偏心受压构件处于压弯剪复杂应力状态。由于较大的轴向压力对型钢混凝土偏心受压构件的受剪承载力会产生一定的影响,延缓了斜裂缝的出现和开展,使混凝土的剪压区高度增大,型钢混凝土偏心受压构件斜截面的受剪承载力得到提高。

实腹式型钢混凝土偏心受压构件的斜截面抗剪性能与实腹式型钢混凝土梁有许多相似之处,但由于较大的轴向压力的存在,又与型钢混凝土梁有不同之处。由于型钢的存在,实腹式型钢混凝土偏心受压构件的受剪破坏过程与钢筋混凝土柱也有明显的不同。由于型钢的存在,实腹式型钢混凝土偏心受压构件中出现的斜裂缝数量较少,且很快形成主斜裂缝,破坏过程较快。

剪跨比较小的实腹式型钢混凝土短柱破坏形式均为剪切破坏,或以剪切破坏为主,型钢混凝土偏心受压构件剪切破坏形态主要与配钢形式、剪跨比、轴压比等因素有关。

## ▶ 6.7.1　型钢混凝土偏心受压构件剪切破坏形态

国内外型钢混凝土短柱剪切试验表明,型钢混凝土短柱剪切破坏形态可分为剪切斜压破坏、剪切粘结破坏和弯剪破坏3类。

### 1)剪切斜压破坏

剪切斜压破坏往往发生在剪跨比 $\lambda<1.5$ 的偏心受压构件中。在剪力作用下,在柱受剪平面出现许多与柱对角线方向大致相同的斜裂缝。在反复荷载作用下,正反两个方向均出现斜裂缝,形成交叉裂缝,交叉裂缝导致混凝土保护层的剥落;随着荷载的增加与反复作用,斜裂缝相继出现和发展,并将混凝土沿柱对角线方向出现若干混凝土斜压小柱体,这些斜压小柱体被压溃而剥落,导致抗剪承载能力下降,最后,型钢混凝土偏心受压构件剪切斜压破坏。

### 2)剪切粘结破坏

剪切粘结破坏较易发生在 $1.5<\lambda<2.5$ 的实腹式型钢柱,在较大的轴向压力作用下,柱中产生横向拉伸变形,因此,型钢混凝土偏心受压构件比型钢混凝土偏心受压构件梁更易发生剪切粘结破坏。在弯剪作用下,柱端首先出现弯曲的水平裂缝,这种弯曲裂缝一般发展很慢,随着剪力的增加,在型钢翼缘处还产生沿柱全长连续分布的短小斜向裂缝,斜裂缝是由于型钢翼缘与混凝土之间的粘结破坏引起的。破坏前,沿着型钢翼缘处出现竖向裂缝。在反复荷载作用下将出现两个方向的斜裂缝,沿着柱两侧型钢翼缘均出现竖向粘结裂缝。粘结裂缝很快贯通,最后,竖向粘结裂缝处混凝土保护层剥落,剪切承载力下降,导致型钢混凝土偏心受压构件发生剪切粘结破坏。

### 3)弯剪破坏

当剪跨比 $\lambda>2.5$ 时,型钢混凝土偏心受压构件往往发生弯剪破坏,首先在柱端出现水平弯曲裂缝;反复荷载作用时水平裂缝连通,与斜裂缝相交叉。当柱截面抗剪承载力高于抗弯承载力时,则拉区钢材先屈服,而后剪切破坏。反之,则拉区钢材未屈服而发生剪切破坏。

## 6.7.2 影响斜截面受剪承载力的因素

### 1)剪跨比

剪跨比对柱剪切破坏形态有明显影响。一般剪切承载能力随着剪跨比的增大而减小。但是剪跨比大于一定的值,剪跨比对承载能力的影响就不明显。剪跨比 $\lambda<1.5$ 时,一般发生斜压破坏;当剪跨比 $1.5<\lambda<2.5$ 时,一般多出现剪切粘结破坏,对柱的剪切开裂荷载与剪切承载能力有着明显的影响;当剪跨比 $\lambda>2.5$ 时,一般为弯剪型破坏。

### 2)轴压比

型钢混凝土偏心受压构件斜截面受剪性能与型钢混凝土偏心受压构件梁不同,因为型钢混凝土偏心受压构件上作用有较大的轴向压力。柱中的轴向压力有利于抑制斜裂缝出现和开展,并提高剪切极限承载力。当轴压比 $N/f_c bh\leqslant 0.5$ 时,柱的斜截面受剪承载力基本上随轴压力的增加呈线性增加。但是随着轴压比的增加,构件的延性有所下降。此外,轴压比对其破坏形态也有一定影响,轴压比较大时,易出现剪切粘结破坏。轴压比很大时,柱的破坏形态有所改变,破坏时受压起控制作用,因此,型钢混凝土偏心受压构件的剪切承载力并不随轴压比的增大而无限地提高。

## 6.7.3 型钢混凝土偏心受压柱斜截面承载力计算

### 1)斜截面受剪承载力计算公式

如前所述,对于型钢混凝土偏心受压构件,根据试验研究,柱的轴压比($N/f_c bh_0$)与剪压比($V/f_c bh_0$)基本上是线性关系,说明由于轴压力的存在,对柱的抗剪是有利的,使柱的抗剪承载力得到提高。在试验研究的基础上,我国《组合结构设计规范》(JGJ 138—2016)规定,型钢混凝土柱的斜截面受剪承载力可表达为:

$$V=V_{RC}+V_{sw}+V_N \tag{6.43}$$

式中 $V_{RC}$——钢筋混凝土承担的剪力;

$V_{sw}$——型钢腹板承担的剪力;

$V_N$——考虑轴压力 $N$ 对柱抗剪承载力的提高部分。

根据式(7.38),型钢混凝土柱的斜截面受剪承载力由钢筋混凝土的承载力部分、型钢的承载力部分和轴压力 $N$ 对柱抗剪承载力的提高部分组成。计算时型钢承载力部分只考虑型钢受剪方向板件的抗剪作用。

(1)持久、短暂设计状况时,型钢混凝土柱受剪承载力按下列公式计算:

$$V\leqslant\frac{1.75}{\lambda+1.5}f_t bh_0+f_{yv}\frac{A_{sv}}{s}h_0+\frac{0.58}{\lambda}f_a t_w h_w+0.07N \tag{6.44a}$$

(2)地震设计状况时,型钢混凝土柱受剪承载力按下列公式计算:

$$V\leqslant\frac{1}{\gamma_{RE}}\left(\frac{1.05}{\lambda+1.5}f_t bh_0+f_{yv}\frac{A_{sv}}{s}h_0+\frac{0.58}{\lambda}f_a t_w h_w+0.056N\right) \tag{6.44b}$$

式中 $V$——型钢混凝土柱所承受的剪力设计值;

$\gamma_{RE}$——承载力抗震调整系数,受剪时 $\gamma_{RE}=0.85$;

$\lambda$——型钢混凝土偏心受压构件的计算剪跨比，当偏心受压构件结构中柱的反弯点在柱层高范围内时，柱的剪跨比也可采用 1/2 柱净高与柱截面有效高度的比值 $H_n/2h_0$。当计算值 $\lambda<1$ 时，取 $\lambda=1$，$\lambda>3$ 时，取 $\lambda=3$；

$N$——偏心受压构件轴向压力设计值，抗震设计时应为考虑地震作用组合时轴向压力设计值，当 $N>0.3f_cA_c$ 时，取 $N=0.3f_cA_c$。

### 2）型钢混凝土偏心受压构件的受剪截面限制条件及剪力设计值

（1）持久、短暂设计状况时，柱的受剪截面应满足：

$$V \leqslant 0.45\beta_c f_c bh_0 \tag{6.45a}$$

$$\frac{f_a t_w h_w}{\beta_c f_c bh_0} \geqslant 0.10 \tag{6.45b}$$

（2）地震设计状况时，还应满足：

$$V \leqslant \frac{1}{\gamma_{RE}}(0.36\beta_c f_c bh_0) \tag{6.46}$$

### 3）型钢混凝土偏心受压构件的剪力设计值

在进行非抗震设计时，剪力设计值按荷载效应基本组合的最不利值计算。抗震设计时，剪力设计值应考虑地震作用组合一、二、三、四级抗震等级的型钢混凝土偏心受压框架柱、转换柱的剪力设计值 $V$，应按下列规定计算：

①一级抗震等级的框架结构和 9 度设防烈度一级抗震等级的各类框架

$$V=1.2\frac{M_{cua}^t+M_{cua}^b}{H_n} \tag{6.47a}$$

②框架结构

二级抗震等级
$$V=1.3\frac{M_c^t+M_c^b}{H_n} \tag{6.47b}$$

三级抗震等级
$$V=1.2\frac{M_c^t+M_c^b}{H_n} \tag{6.47c}$$

四级抗震等级
$$V=1.1\frac{M_c^t+M_c^b}{H_n} \tag{6.47d}$$

③其他各类框架

一级抗震等级
$$V=1.4\frac{M_c^t+M_c^b}{H_n} \tag{6.47e}$$

二级抗震等级
$$V=1.2\frac{M_c^t+M_c^b}{H_n} \tag{6.47f}$$

三、四级抗震等级
$$V=1.1\frac{M_c^t+M_c^b}{H_n} \tag{6.47g}$$

式中　$M_{cua}^t$，$M_{cua}^b$——偏心受压构件上、下端采用实配钢筋和实配型钢数量、材料强度标准值，且考虑承载力抗震调整系数的正截面受弯承载力所对应的弯矩值，$M_{cua}^t$ 与 $M_{cua}^b$ 之和应分别按顺时针和逆时针方向计算，并取其较大值；

$M_c^t, M_c^b$——考虑地震作用组合的偏心受压构件上、下端弯矩设计值，$M_c^t$ 和 $M_c^b$ 之和应分别按顺时针和逆时针方向计算，并取其较大值；

$H_n$——柱的净高度。

【例 6.5】 某一型钢混凝土偏心受压柱的截面如图 6.25 所示，柱的净高 $H_n$ = 3.15 m；柱的轴力设计值为 $N$ = 8 500 kN，剪力设计值为 $V$ = 800kN，柱顶和柱底截面的弯矩设计值 $M_c^t = M_c^b$ = 1 260 kN · m，9 度抗震设防。

经过柱截面承载力设计后，柱的截面和配筋如图 6.25 所示。柱的截面尺寸为 $b = h$ = 800 mm；型钢采用十字形柱截面，截面尺寸为 500 mm×200 mm×20 mm×20 mm，截面面积为 $A_{ss}$ = 34 400 mm²，截面抵抗模量为 $W_{ss}$ = 2 601×10³ mm³。竖向钢筋为 12 ⏀18，受拉区和受压区纵向钢筋的截面面积为 $A_s = A_s'$ = 1 526 mm²。型钢采用 Q235 钢，主筋和箍筋分别采用 HRB335 和 HPB235 钢筋，混凝土强度等级采用 C30。

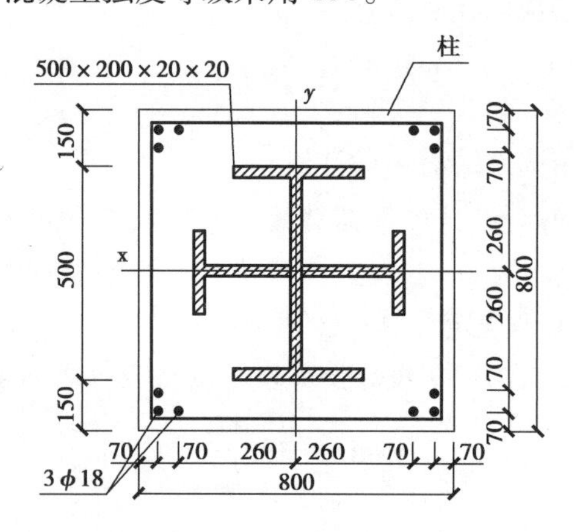


图 6.25 某型钢混凝土偏心受压构件截面配筋和配钢

【解】 (1)剪力设计值

$$V = 1.2\frac{M_{cua}^t + M_{cua}^b}{H_n} = 1.2\times\left(\frac{1\ 260 + 1\ 260}{3.15}\right) = 960(\text{kN})$$

(2)截面尺寸验算

$$0.45\beta_c f_c bh_0 = 0.45\times1.0\times14.3\times800\times707 = 3\ 639.636(\text{kN}) > V = 960\ \text{kN}$$

$$\frac{f_a t_w h_w}{\beta_c f_c bh_0} = \frac{215\times20\times460}{1.0\times14.3\times800\times707} = 0.24 > 0.10$$

$$\frac{1}{\gamma_{RE}}(0.36\beta_c f_c bh_0) = \frac{1}{0.85}\times(0.36\times1.0\times14.3\times800\times707) = 3\ 425.54(\text{kN}) > V = 960\ \text{kN}$$

截面尺寸满足要求。

(3)箍筋计算

$$\lambda = \frac{H_n}{2h_0} = \frac{3\ 150}{2\times707} = 2.23$$

$N$ = 8 500 kN > $0.3\alpha_c f_c A_c$ = 2 598 kN，故取 $N$ = 2 598 kN

$$\frac{A_{sv}}{s}=\frac{V\cdot\gamma_{RE}-\frac{0.16}{\lambda+1.5}f_c bh_0-\frac{0.58}{\lambda}f_a t_w h_w-0.056N}{0.8f_{yv}h_0}$$

$$=\frac{880\ 000\times0.85-\frac{0.16}{2.23+1.5}\times14.3\times800\times707-\frac{0.58}{2.23}\times215\times20\times460-0.056\times2\ 598\ 000}{0.8\times210\times707}<0$$

故按构造要求采用Φ8@200双肢箍。

## 6.8　钢与混凝土组合剪力墙正截面承载力计算

近年来，随着我国经济的快速发展和城市化进程的推进，超高层建筑在我国得到了迅速发展与应用。目前超高层建筑中常用的结构体系有框架—核心筒结构体系和筒中筒结构体系等。作为超高层结构中的主要竖向承重和抗侧力结构构件，核心筒剪力墙承担着巨大的轴力、弯矩和剪力作用。为使核心筒剪力墙具有足够的抗震承载能力和高轴向压力作用下的侧向变形能力，近年来出现了多种形式的钢与混凝土组合剪力墙和并在工程中得到了广泛的应用。

### 6.8.1　钢与混凝土组合剪力墙形式及要求

钢与混凝土组合剪力墙或抗震墙作为结构的水平抗侧力构件，主要承担高层和超高层建筑的大部分水平荷载，并承担其左、右开间内的半跨竖向荷载。钢与混凝土组合剪力墙按其受力特点可分为型钢混凝土剪力墙和钢板混凝土剪力墙和带钢斜撑混凝土剪力墙，如图6.26—图6.28所示。

#### 1）型钢混凝土剪力墙

型钢混凝土剪力墙是指在钢筋混凝土剪力墙两端的边缘构件中或同时沿墙截面长度分布设置型钢后形成的剪力墙。按照配置钢骨截面形式的不同，型钢混凝土剪力墙可分为普通型钢混凝土剪力墙[图6.26(a)]和钢管混凝土剪力墙[图6.26(b)]。型钢（钢管）混凝土剪力墙中的型钢（钢管）可以提高剪力墙的压弯承载力、延性和耗能能力；提高剪力墙的平面外刚度，避免墙受压边缘在加载后期出现平面外失稳。型钢（钢管）的销栓和对墙体的约束作用可以提高剪力墙的受剪承载力。剪力墙端部设置型钢后也易于实现与型钢混凝土梁或钢梁的可靠连接。钢管混凝土剪力墙中的钢管能够有效约束管内混凝土，因此其抗震性能优于普通型钢混凝土剪力墙。

#### 2）钢板混凝土剪力墙

钢板混凝土剪力墙主要应用于超高层建筑的核心筒底部。由于超高层建筑核心筒底部剪力墙的厚度一般由轴压比限值控制，在剪力墙中设置钢板后可降低剪力墙的轴压比，从而减小剪力墙厚度，减轻结构自重，提高建筑有效使用面积。由于钢材的抗剪强度是混凝土抗剪强度的几十倍，钢板混凝土剪力墙具有很高的受剪承载力，可承担核心筒底部的巨大剪力。

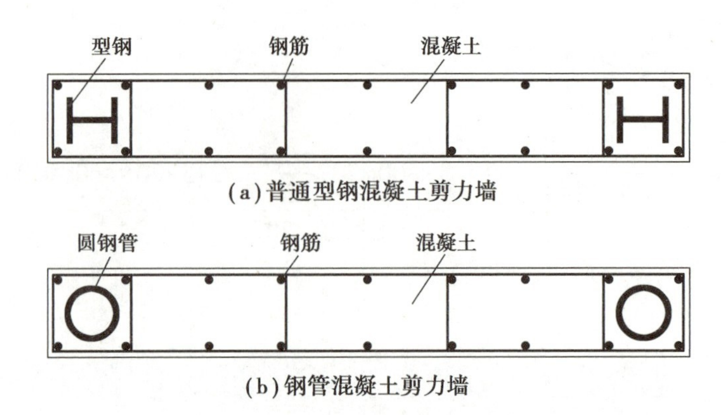

(a)普通型钢混凝土剪力墙

(b)钢管混凝土剪力墙

图 6.26　型钢混凝土剪力墙截面

根据钢板布置方式的不同,钢板混凝土剪力墙可分为内置钢板混凝土剪力墙[图 6.27(a)]和外包钢板混凝土剪力墙[图 6.27(b)]。内置钢板混凝土剪力墙是在型钢混凝土剪力墙的基础上,进一步在墙体内设置钢板而形成的。内置钢板上需设置栓钉等抗剪连接件,保证钢板与外包混凝土协同变形。由于外包混凝土可约束钢板的平面外变形,从而有效防止钢板发生局部屈曲。外包钢板混凝土剪力墙是将钢板包在混凝土外侧,并通过一定的构造措施使钢板与混凝土协同工作而形成的剪力墙。外包钢板混凝土剪力墙的外包钢板可作为混凝土浇筑的模板使用,在使用阶段也可防止混凝土裂缝外露。因此,外包钢板混凝土剪力墙具有较好的正常使用性能和施工便利性,值得在工程中推广应用。

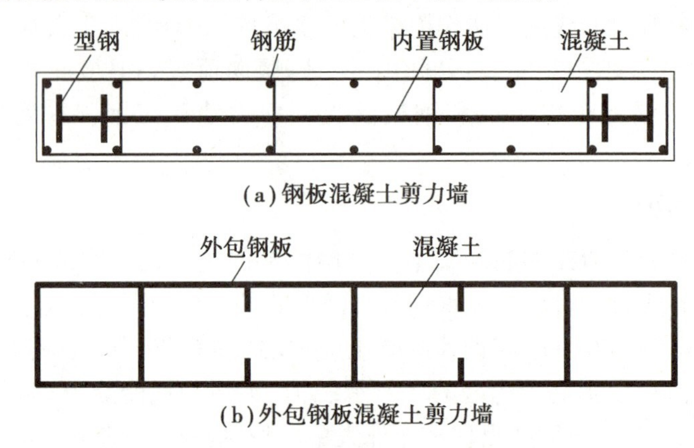

(a)钢板混凝土剪力墙

(b)外包钢板混凝土剪力墙

图 6.27　钢板混凝土剪力墙截面

### 3)带钢斜撑混凝土剪力墙

带钢斜撑混凝土剪力墙(图 6.28)是在钢筋混凝土剪力墙内埋置型钢柱、型钢梁和钢支撑而形成的剪力墙。设置钢斜撑可显著提高剪力墙的受剪承载力,防止剪力墙发生剪切脆性破坏。带钢斜撑混凝土剪力墙主要用于超高层建筑核心筒中剪力需求较大的部位,如设伸臂钢架的楼层。钢斜撑上需设置栓钉,保证与周围混凝土协同工作。钢斜撑一般采用工字形截面,也可采用钢板斜撑。为保证钢板斜撑的受压稳定性,需要在斜撑周围加密拉筋,增强混凝土对钢板斜撑的约束作用。

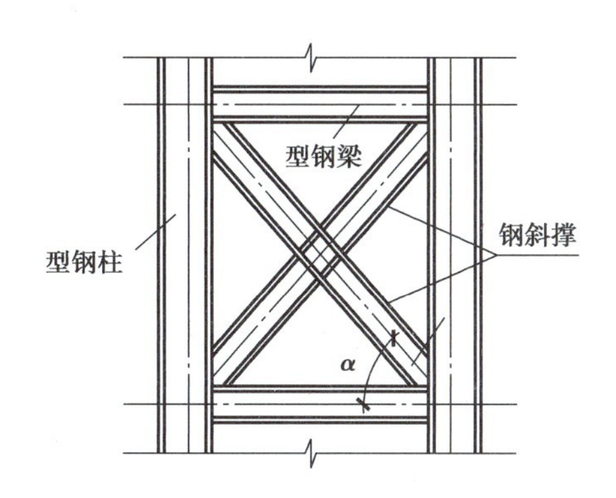


图 6.28　带钢斜撑混凝土剪力墙

有抗震设防要求的钢与混凝土组合剪力墙设计,应符合"强柱弱梁""强剪弱弯""强压弱拉"和"强节点弱构件"等抗震设计原则,以确保剪力墙具有良好的变形能力和较大的耗能能力。钢与混凝土组合剪力墙计算内容包括偏心受压、偏心受拉正截面承载力;斜截面受剪承载力;在集中荷载作用下,钢与混凝土组合剪力墙还应验算局部受压承载力。下面重点介绍我国《组合结构设计规范》(JGJ 138—2016)中的计算方法。

## ▶ 6.8.2　偏心受压钢与混凝土组合剪力墙正截面承载力计算

试验结果分析表明,剪力墙作为偏心受压构件,当受拉区的型钢和竖向钢筋首先屈服时,其极限承载力就是剪力墙的受弯承载力。墙体端部的型钢和竖向钢筋,发挥着相同的作用。试验数据还表明,有、无边框的型钢混凝土剪力墙的正截面偏心受压承载力,可以采用《混凝土结构设计标准(2024 年版)》(GB/T 50010—2010)对沿截面腹部均匀配置竖向钢筋的偏心受压构件规定的正截面受压承载力公式计算,计算中可将墙体两端配置的型钢作为竖向受力钢筋的一部分来考虑。无边框型钢混凝土剪力墙采用《混凝土结构设计标准(2024 年版)》(GB/T 50010—2010)中沿截面腹部均匀配置纵向钢筋的正截面偏心受压承载力计算公式计算承载力是合适的。在框架—剪力墙结构中,周边有型钢混凝土柱和钢筋混凝土梁的现浇钢筋混凝土剪力墙且剪力墙和梁柱有可靠连接时,其正截面偏心受压承载力也按下列公式计算。

### 1)型钢混凝土剪力墙

型钢混凝土剪力墙的偏心受压正截面承载力计算,采取以下基本假定:

①截面应变分布符合平截面假定,型钢与混凝土之间无相对滑移。

②不考虑混凝土的抗拉强度。

③取受压边缘混凝土极限压应变 $\varepsilon_{cu}=0.003$,相应的最大压应力取混凝土轴心受压强度设计值 $f_c$。受压区应力图简化为等效矩形应力图,并取混凝土抗压强度设计值为 $\alpha_1 f_c$,其高度取按平截面假定确定的中和轴高度乘以系数 $\beta_1$。

④型钢腹板的应力图形为拉、压梯形应力图形。计算时,简化为等效矩形应力图形。

⑤钢筋应力取等于钢筋应变与其弹性模量的乘积,但不大于其强度设计值。受拉钢筋和型钢受拉翼缘的极限拉应变取 $\varepsilon_{sh}=0.001$。

根据以上基本假定,型钢混凝土剪力墙达到偏心受压承载力极限状态时的计算简图如图 6.29 所示。

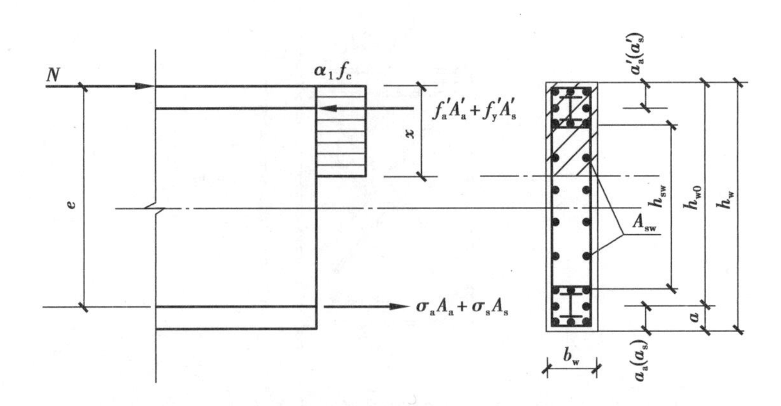


图 6.29 型钢混凝土剪力墙正截面偏压承载力的计算简图

根据平衡条件可得如下基本方程：

(1)持久、短暂设计状况

$$N \leqslant \alpha_1 f_c bx + f'_y A'_s + f'_a A'_a - \sigma_s A_s - \sigma_a A_a + N_{sw} \tag{6.48a}$$

$$Ne \leqslant \alpha_1 f_c b_w x\left(h_{w0} - \frac{x}{2}\right) + f'_y A'_s(h_{w0} - a'_s) + f'_a A'_a(h_{w0} - a'_a) + M_{sw} \tag{6.48b}$$

(2)地震设计状况

型钢混凝土剪力墙的截面设计应符合"强剪弱弯""强压弱拉"的抗震设计原则。抗震设计的双肢剪力墙，墙肢不宜出现小偏心受拉。当任一墙肢为大偏心受拉时，另一墙肢的剪力设计值和弯矩设计值，应乘以增大系数 1.25。求得的截面混凝土相对受压区高度，宜分别不大于 0.35 和 0.45。

$$N \leqslant \frac{1}{\gamma_{RE}}(\alpha_1 f_c bx + f'_y A'_s + f'_a A'_a - \sigma_s A_s - \sigma_a A_a + N_{sw}) \tag{6.49a}$$

$$Ne \leqslant \frac{1}{\gamma_{RE}}\left[\alpha_1 f_c b_w x\left(h_{w0} - \frac{x}{2}\right) + f'_y A'_s(h_{w0} - a'_s) + f'_a A'_a(h_{w0} - a'_a) + M_{sw}\right] \tag{6.49b}$$

(3)钢筋应力 $\sigma_s$ 和型钢翼缘应力 $\sigma_a$ 取值

受拉或受压较小边的 $\sigma_s$ 钢筋应力 $\sigma_s$ 和型钢翼缘应力 $\sigma_a$ 可按下列规定计算：

当 $x \leqslant \xi_b h_{w0}$ 时，为大偏心受压构件，取 $\sigma_s = f_y$，$\sigma_a = f_a$

当 $x > \xi_b h_{w0}$ 时，为小偏心受压构件，取 $\sigma_s = \dfrac{f_y}{\xi_b - \beta_1}\left(\dfrac{x}{h_{w0}} - \beta_1\right)$，$\sigma_a = \dfrac{f_a}{\xi_b - \beta_1}\left(\dfrac{x}{h_{w0}} - \beta_1\right)$

(4)界限相对受压区高度 $\xi_b$ 取

$$\xi_b = \frac{\beta_1}{1 + \dfrac{f_y + f_a}{2 \times 0.003 E_s}}$$

式中 $A_a$，$A'_a$——剪力墙受拉端、受压端配置的型钢全部截面面积；

$A_{sw}$——剪力墙竖向分布钢筋总面积；

$f_{sw}$——剪力墙竖向分布钢筋强度设计值；

$x$——截面受压区高度；

$N_{sw}$——剪力墙竖向分布钢筋承担的轴向力，当 $x > \beta_1 h_{w0}$ 时，取 $N_{sw} = f_{sw} A_{sw}$ 当 $x \leqslant \beta_1 h_{w0}$

时，$N_{sw}=\left(1+\dfrac{x-\beta_1 h_{w0}}{0.5\beta_1 h_{sw}}\right)f_{yw}A_{sw}$；

$M_{sw}$——剪力墙分布钢筋的合力对型钢截面重心的力矩，当 $x>\beta_1 h_{w0}$ 时，取 $M_{sw}=0.5f_{yw}A_{sw}h_{sw}$，当 $x\leqslant\beta_1 h_{w0}$ 时，$M_{sw}=\left[0.5-\left(\dfrac{x-\beta_1 h_{w0}}{\beta_1 h_{sw}}\right)^2\right]f_{yw}A_{sw}h_{sw}$；

$\beta_1$——受压区混凝土应力图形影响系数，当混凝土强度等级不超过 C50 时，$\beta_1$ 取为 0.8，当混凝土强度等级为 C80 时，$\beta_1$ 取为 0.74，其间按线性内插法确定；

$h_{w0}$——剪力墙截面有效高度，取 $h_{w0}=h_w-a$；

$h_{sw}$——剪力墙竖向分布钢筋配置高度；

$b_w$——剪力墙厚度；

$h_w$——剪力墙截面高度；

$e$——轴向力作用点到剪力墙受拉端型钢和钢筋合力点的距离，取 $e=e_0+h_w/2-a$；

$e_0$——轴向力对截面重心的偏心矩，取 $e_0=M/N$；

$a$——受拉端型钢和纵向受拉钢筋合力点到受拉边缘的距离；

$\gamma_{RE}$——承载力抗震调整系数。

### 2）钢板混凝土剪力墙

钢板混凝土剪力墙达到偏心受压承载力极限状态时的计算简图如图 6.30 所示。

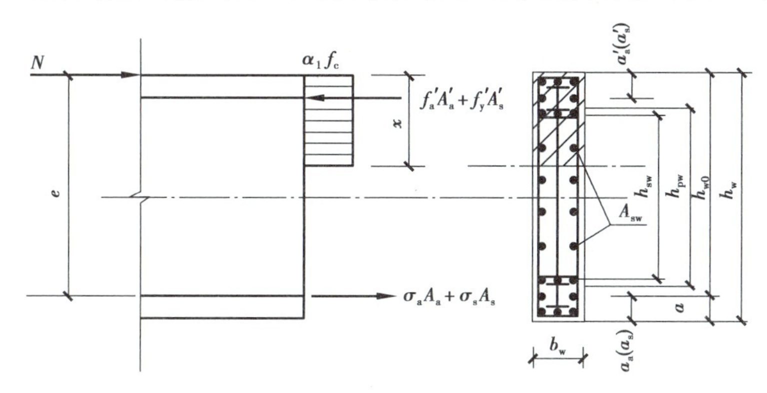


图 6.30　钢板混凝土剪力墙偏心受压时正截面承载力的计算简图

（1）持久、短暂设计状况

$$N\leqslant\alpha_1 f_c b_w x+f'_a A'_a+f'_y A'_s-\sigma_a A_a-\sigma_s A_s+N_{sw}+N_{pw} \tag{6.50a}$$

$$Ne\leqslant\alpha_1 f_c b_w x\left(h_{w0}-\frac{x}{2}\right)+f'_y A'_s(h_{w0}-a'_s)+f'_a A'_a(h_{w0}-a'_s)+M_{sw}+M_{pw} \tag{6.50b}$$

（2）地震设计状况

$$N\leqslant\frac{1}{\gamma_{RE}}[\alpha_1 f_c b_w x+f'_a A'_a+f'_y A'_s-\sigma_a A_a-\sigma_s A_s+N_{sw}+N_{pw}] \tag{6.51a}$$

$$Ne\leqslant\frac{1}{\gamma_{RE}}\left[\alpha_1 f_c b_w x\left(h_{w0}-\frac{x}{2}\right)+f'_y A'_s(h_{w0}-a'_s)+f'_a A'_a(h_{w0}-a'_s)+M_{sw}+M_{pw}\right] \tag{6.51b}$$

（3）钢筋应力 $\sigma_s$ 和型钢翼缘应力 $\sigma_a$ 取值

受拉或受压较小边的钢筋应力 $\sigma_s$ 和型钢翼缘应力 $\sigma_a$ 可按下列规定计算：

当 $x \leqslant \xi_b h_{w0}$ 时，为大偏心受压构件，取 $\sigma_s = f_y, s_a = f_a$

当 $x > \xi_b h_{w0}$ 时，为小偏心受压构件，取 $\sigma_s = \frac{f_y}{\xi_b - \beta_1}\left(\frac{x}{h_{w0}} - \beta_1\right), \sigma_a = \frac{f_a}{\xi_b - \beta_1}\left(\frac{x}{h_{w0}} - \beta_1\right)$

（4）界限相对受压区高度 $\xi_b$ 取

$$\xi_b = \frac{\beta_1}{1 + \frac{f_y + f_a}{2 \times 0.003 E_s}}$$

式中 $A_a, A_a'$——剪力墙受拉端、受压端配置的型钢全部截面面积；

$A_{sw}$—— 剪力墙竖向分布钢筋总面积；

$f_{yw}$——剪力墙竖向分布钢筋强度设计值；

$A_p$——剪力墙截面配置钢板总面积；

$f_p$——剪力墙截面配置钢板强度设计值；

$N_{sw}$——剪力墙竖向分布钢筋所承担的轴向力，当 $x > \beta_1 h_{w0}$ 时，取 $N_{sw} = f_{yw} A_{sw}$，当 $x \leqslant \beta_1 h_{w0}$ 时，$N_{sw} = \left(1 + \frac{x - \beta_1 h_{w0}}{0.5 \beta_1 h_{sw}}\right) f_{yw} A_{sw}$；

$M_{sw}$——剪力墙竖向分布钢筋合力对型钢截面重心的力矩，当 $x > \beta_1 h_{w0}$ 时，取 $M_{sw} = 0.5 f_{yw} A_{sw} h_{sw}$，当 $x \leqslant \beta_1 h_{w0}$ 时，$M_{sw} = \left[0.5 - \left(\frac{x - \beta_1 h_{w0}}{\beta_1 h_{sw}}\right)^2\right] f_{yw} A_{sw} h_{sw}$；

$N_{pw}$——剪力墙截面配置钢板所承担轴向力，当 $x > \beta_1 h_{w0}$ 时，取 $N_{pw} = f_p A_p$，当 $x \leqslant \beta_1 h_{w0}$ 时，$N_{pw} = \left(1 + \frac{x - \beta_1 h_{w0}}{0.5 \beta_1 h_{pw}}\right) f_p A_p$；

$M_{pw}$——剪力墙截面配置钢板合力对型钢截面重心的力矩，当 $x > \beta_1 h_{w0}$ 时，取 $M_{pw} = 0.5 f_p A_p h_{pw}$，当 $x \leqslant \beta_1 h_{w0}$ 时，$M_{pw} = \left[0.5 - \left(\frac{x - \beta_1 h_{w0}}{\beta_1 h_{pw}}\right)^2\right] f_p A_p h_{pw}$；

$\beta_1$——受压区混凝土应力图形影响系数，当混凝土强度等级不超过 C50 时，$\beta_1$ 取为 0.8，当混凝土强度等级为 C80 时，$\beta_1$ 取为 0.74，其间按线性内插法确定；

$h_{sw}$——剪力墙边缘构件阴影部分外的竖向分布钢筋配置高度；

$h_{pw}$——剪力墙截面钢板配置高度；

$h_{w0}$——剪力墙截面有效高度，取 $h_{w0} = h_w - a$；

$h_w$——剪力墙截面高度；

$b_w$——剪力墙厚度；

$e$——轴向力作用点到剪力墙受拉端型钢和钢筋合力点的距离，取 $e = e_0 + h_w/2 - a$；

$e_0$——轴向力对截面重心的偏心矩，取 $e_0 = M/N$。

$a$——受拉端型钢和纵向受拉钢筋合力点到受拉边缘的距离；

$\gamma_{RE}$——承载力抗震调整系数。

**3）带钢斜撑混凝土剪力墙**

由于钢斜撑对剪力墙的正截面受弯承载力的提高作用不明显，因此带钢斜撑混凝土剪力墙的正截面受压承载力计算中，可不考虑斜撑的压弯作用，按型钢混凝土剪力墙计算。

## ▶ 6.8.3　偏心受拉钢与混凝土组合剪力墙正截面承载力计算

### 1）型钢混凝土剪力墙

型钢混凝土剪力墙偏心受拉正截面承载力，采用 $M-N$ 相关曲线受拉段近似线性计算，其计算公式如下：

（1）持久、短暂设计状况

$$N \leqslant \frac{1}{\dfrac{1}{N_{0u}} - \dfrac{e_0}{M_{wu}}} \tag{6.52a}$$

（2）地震设计状况

$$N \leqslant \frac{1}{\gamma_{RE}}\left[\frac{1}{\dfrac{1}{N_{0u}} - \dfrac{e_0}{M_{wu}}}\right] \tag{6.52b}$$

其中，$N_{0u}$，$M_{wu}$ 应按下列公式计算：

$$N_{0u} = f_y(A_s + A'_s) + f_a(A_a + A'_a) + f_{yw}A_{sw} \tag{6.53a}$$

$$M_{wu} = f_y A_s(h_{w0} - a'_s) + f_a A_a(h_{w0} - a'_s) + f_{yw}A_{sw}\left(\frac{h_{w0} - a'_s}{2}\right) \tag{6.53b}$$

式中　$N$——型钢混凝土剪力墙轴向拉力设计值；

$e_0$——轴向拉力对截面重心的偏心矩，取 $e_0 = M/N$；

$N_{0u}$——型钢混凝土剪力墙轴向受拉承载力；

$M_{wu}$——型钢混凝土剪力墙受弯承载力。

其他符号同前。

### 2）钢板混凝土剪力墙

钢板混凝土剪力墙偏心受拉正截面承载力，采用 $M-N$ 相关曲线受拉段近似线性计算，其计算公式如下：

（1）持久、短暂设计状况

$$N \leqslant \frac{1}{\dfrac{1}{N_{0u}} - \dfrac{e_0}{M_{wu}}} \tag{6.54}$$

（2）地震设计状况

$$N \leqslant \frac{1}{\gamma_{RE}}\left[\frac{1}{\dfrac{1}{N_{0u}} - \dfrac{e_0}{M_{wu}}}\right] \tag{6.55}$$

其中，$N_{0u}$，$M_{wu}$ 应按下列公式计算：

$$N_{0u} = f_y(A_s + A'_s) + f_a(A_a + A'_a) + f_{yw}A_{sw} + f_p A_p \tag{6.56a}$$

$$M_{wu} = f_y A_s(h_{w0} - a'_s) + f_a A_a(h_{w0} - a'_s) + f_{yw}A_{sw}\left(\frac{h_{w0} - a'_s}{2}\right) + + f_p A_p\left(\frac{h_{w0} - a'_s}{2}\right) \tag{6.56b}$$

式中　$N$——型钢混凝土剪力墙轴向拉力设计值；

$e_0$——轴向拉力对截面重心的偏心矩，取 $e_0 = M/N$；

$A_p$——剪力墙截面配置钢板总面积；

$f_p$——剪力墙截面配置钢板强度设计值；

$N_{0u}$——型钢混凝土剪力墙轴向受拉承载力；

$M_{wu}$——型钢混凝土剪力墙受弯承载力。

其他符号同前。

### 3）带钢斜撑混凝土剪力墙

由于钢斜撑对剪力墙的正截面受弯承载力的提高作用不明显，因此带钢斜撑混凝土剪力墙的正截面受拉承载力计算中，可不考虑斜撑的拉弯作用，按型钢混凝土剪力墙计算。

**【例 6.6】** 某一钢框架—型钢混凝土核心筒结构，其型钢混凝土核心筒截面如图 6.31 所示。型钢混凝土核心筒的弯矩与剪力方向平行于实体混凝土剪力墙，核心筒的混凝土强度等级为 C50，墙体分布钢筋为 HPB235，暗柱内的竖向钢筋为 HRB335，型钢为 $Q235$ 钢。型钢混凝土核心筒底部截面总的内力设计值分别为：$N = 108\ 300$ kN，$M = 500\ 000$ kN · m，$V = 9\ 000$ kN。按 7 度抗震设防，根据型钢混凝土剪力墙正截面偏压承载力计算方法，试确定该型钢混凝土墙内腹板内竖向分布钢筋配筋。已知 $f_c = 23.1$ MPa、$f_{sy} = 210$ MPa（HPB235）、$f_{sy} = 300$ MPa（HRB335）、$f_{ss} = 215$ MPa。

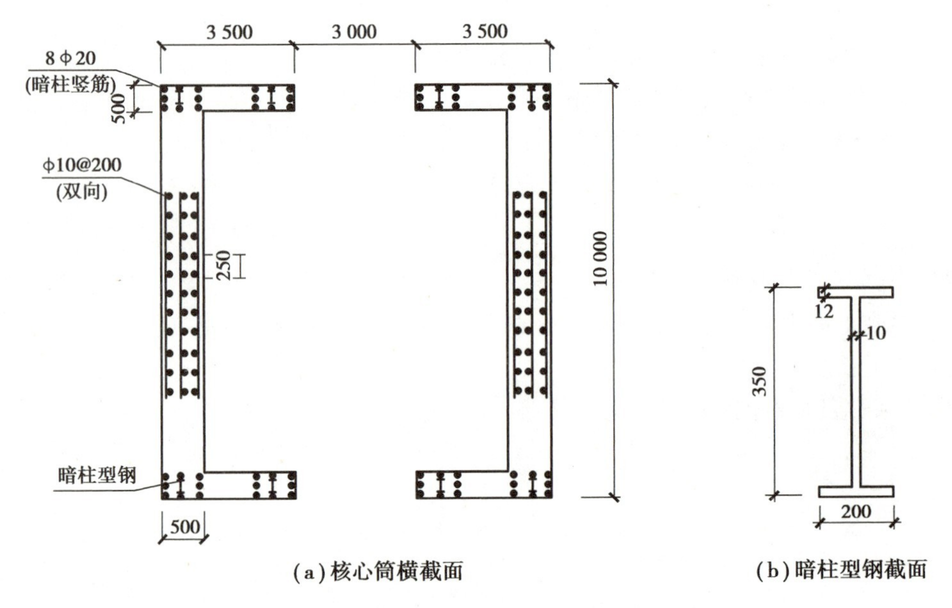


(a) 核心筒横截面　　(b) 暗柱型钢截面

图 6.31　例 6.6 型钢混凝土核心筒截面示意图

**【解】** (1) 内力计算

取半个型钢混凝土核心筒（型钢混凝土剪力墙）作为计算单元，按工字形型钢混凝土剪力墙截面计算，则有：

$$轴力：N = \frac{1}{2} \times 108\ 300 = 54\ 150(\text{kN})$$

弯矩：$M=\frac{1}{2}\times500\ 000=250\ 000(\text{kN}\cdot\text{m})$

剪力：$V=\frac{1}{2}\times9\ 000=4\ 500(\text{kN})$

(2)型钢混凝土剪力墙受压区高度的计算

型钢混凝土剪力墙腹板内设置 3 排竖向分布钢筋网，每排为Φ10@200 mm，型钢混凝土剪力墙竖向分布钢筋的配筋率为：

$$\rho_w=\frac{3\times78.5}{500\times200}\times100\%=0.24\%$$

型钢混凝土剪力墙腹板内竖向分布钢筋的截面面积为：

$$A_{sw}=\frac{10\ 000-2\times500}{200}\times3\times78.5=10\ 600(\text{mm}^2)$$

型钢混凝土剪力墙的截面有效高度：$h_{w0}=h_w-a_s=10\ 000-250=9\ 750(\text{mm})$

假定型钢混凝土剪力墙的中和轴位于其腹板内，则剪力墙的受压区高度为：

$$x=\frac{\gamma_{RE}N+A_{sw}f_{sy}-0.8f_c(b'_f-b_w)h'_f}{f_cb_w+1.5\frac{A_{sw}f_{sy}}{h_{w0}}}$$

$$=\frac{0.85\times54\ 150\times10^3+10\ 600\times210-0.8\times23.1\times(3\ 500-500)\times500}{23.1\times500+1.5\times\frac{10\ 600\times210}{9\ 750}}$$

$$=1\ 727\ \text{mm}\ (h_f>500\ \text{mm})$$

型钢混凝土剪力墙的受压区高度大于工字形截面翼缘高度，所以，剪力墙的中和轴是位于腹板内，且属于大偏心受力

(3)剪力墙端部暗柱竖向

$$\xi=\frac{x}{h_{w0}}=\frac{1\ 727}{9\ 750}=0.177$$

$$\xi_b=\frac{\beta_1}{1+\frac{f_y+f_a}{2\times0.003E_s}}=\frac{}{1+\frac{}{2\times0.003\times2.1\times10}}\quad 68$$

受拉边的钢筋应力 $\sigma_s$ 和型钢翼缘应力 $\sigma_a$ 的计算

$$\sigma_s=\frac{f_y}{\xi_b-\beta_1}\left(\frac{x}{h_0}-\beta_1\right)=\frac{300}{0.568-0.8}(0.177-0.8)=805.6$$

$$\sigma_a=\frac{f_a}{\xi_b-\beta_1}\left(\frac{x}{h_0}-\beta_1\right)=\frac{215}{0.568-0.8}(0.177-0.8)=577.3$$

一根边柱内的型钢截面面积 $A_a=2(16\times200\times2+10\times468)=22\ 160(\text{mm}^2)$

$$\begin{aligned}N_{sw}&=N\gamma_{RE}-\alpha_1f_cbx-f'_yA'_s-f'_aA'_a+\sigma_sA_s+\sigma_aA_a\\&=54\ 150\ 000\times0.85-1.0\times23.1\times500\times1\ 727-300\times2\ 513\times2-215\times22\ 160+\\&\quad 805.6\times2\ 513\times2+577.3\times22\ 160\\&=36\ 650\ 364(\text{N})\end{aligned}$$

$$A_{sw}=\frac{N_{sw}}{\left(1+\frac{x-\beta_1 h_{w0}}{0.5\beta_1 h_{sw}}\right)f_{yw}}=\frac{36\ 650\ 364}{\left(1+\frac{1\ 727-0.8\times 9\ 750}{0.5\times 0.8\times 9\ 920}\right)\times 210}<0$$

因此,剪力墙端部暗柱竖向钢筋仅需按构造要求配置,现采用Φ8@200 配筋。

# 6.9　钢与混凝土组合剪力墙斜截面承载力计算

## ▶　6.9.1　钢与混凝土组合剪力墙受剪性能

大量的研究表明,无边框型钢混凝土剪力墙受剪承载力大于普通钢筋混凝土剪力墙,因为暗柱中型钢对混凝土有较大销栓作用。有边框型钢混凝土剪力墙(型钢混凝土边框梁柱、钢筋混凝土墙板)在水平荷载作用下,首先边框柱形成弯曲裂缝,而后墙板部分出现剪切斜裂缝;荷载继续增大,斜裂缝不断开展并形成许多大致平行的斜裂缝;最后墙板中部的斜裂缝连通而发生剪切破坏。与无边框钢筋混凝土剪力墙破坏的不同之处在于墙板部分发生受剪破坏后,由于边框型钢混凝土柱对墙体的约束作用,剪力墙水平承载力的衰减较小。边框型钢混凝土剪力墙具有较好的延性。

试验结果表明:由于无边框剪力墙端部型钢的销键抗剪作用和对墙体的约束作用,型钢混凝土剪力墙的受剪承载力大于钢筋混凝土剪力墙;剪力墙的墙肢宽度较大时,端部型钢的暗销和约束作用将减弱;当型钢的销键作用得到充分发挥时,墙体斜裂缝的开展宽度已较大。因此,型钢的销键作用和约束作用仅能适当考虑。

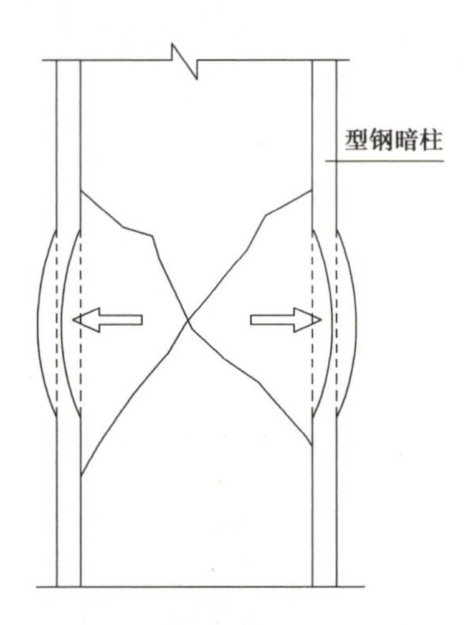


图 6.32　无边框型钢混凝土剪力墙受剪破坏机理

试验表明,无边框型钢混凝土剪力墙中,型钢的抗剪作用主要表现在销键作用,因此,进行承载力验算时,应该采用型钢的全截面面积。试验结果还表明,随着剪力墙的剪跨比 $\lambda$ 的增大,型钢的销键作用逐渐减小;在低周往复荷载作用下,型钢的受剪承载力将有所下降,折减系数约为 0.80。在设置较强型钢的情况下,为了避免在腹板内配置的水平分布钢筋过少,延性降低,有必要限制型钢受剪承载力的取值不得大于腹板受剪承载力的 25%。

## 6.9.2　型钢混凝土剪力墙斜截面受剪承载力

型钢混凝土剪力墙，其斜截面抗剪承载力由混凝土部分的抗剪承载力、水平分布钢筋抗剪承载力和型钢销键抗剪承载力 3 部分组成。对于有、无边框的型钢混凝土剪力墙，《组合结构设计规范》(JGJ 138—2016)，分别给出其斜截面受剪承载力的计算公式。

### 1)无边框型钢混凝土剪力墙

(1)无边框型钢混凝土偏心受压剪力墙

无边框型钢混凝土剪力墙偏心受压时的斜截面受剪承载力，如图 6.33 所示，应符合下列要求：

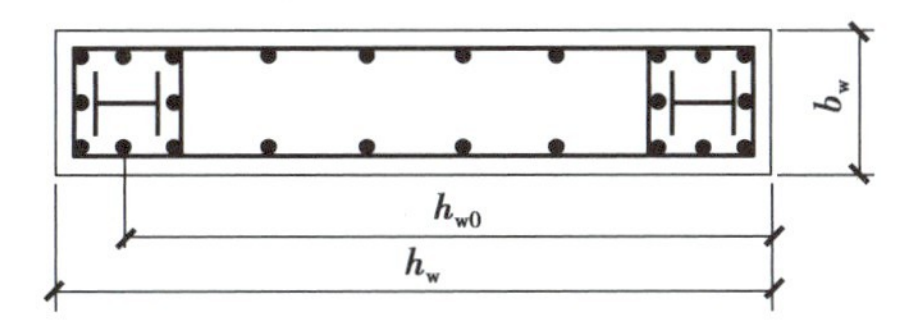


图 6.33　型钢混凝土剪力墙斜截面受剪承载力计算参数示意

①持久、短暂设计状况

$$V \leqslant \frac{1}{\lambda-0.5}\left(0.5f_t b_w h_{w0}+0.13N\frac{A_w}{A}\right)+f_{yh}\frac{A_{sh}}{s}h_{w0}+\frac{0.4}{\lambda}f_a A_{a1} \tag{6.57a}$$

②地震设计状况

$$V \leqslant \frac{1}{\gamma_{RE}}\left[\frac{1}{\lambda-0.5}\left(0.4f_t b_w h_{w0}+0.1N\frac{A_w}{A}\right)+0.8f_{yh}\frac{A_{sh}}{s}h_{w0}+\frac{0.32}{\lambda}f_a A_{a1}\right] \tag{6.57b}$$

(2)无边框型钢混凝土偏心受拉剪力墙

无边框型钢混凝土剪力墙偏心受拉时的斜截面受剪承载力，应符合下列要求：

①持久、短暂设计状况

$$V \leqslant \frac{1}{\lambda-0.5}\left(0.5f_t b_w h_{w0}-0.13N\frac{A_w}{A}\right)+f_{yh}\frac{A_{sh}}{s}h_0+\frac{0.4}{\lambda}f_a A_{a1} \tag{6.58a}$$

当上式右端的计算值小于 $f_{yh}\frac{A_{sh}}{s}h_0+\frac{0.4}{\lambda}f_a A_{a1}$ 时，应取等于 $f_{yh}\frac{A_{sh}}{s}h_0+\frac{0.4}{\lambda}f_a A_{a1}$。

②地震设计状况

$$V \leqslant \frac{1}{\gamma_{RE}}\left[\frac{1}{\lambda-0.5}\left(0.4f_t b_w h_{w0}-0.1N\frac{A_w}{A}\right)+0.8f_{yh}\frac{A_{sh}}{s}h_{w0}+\frac{0.32}{\lambda}f_a A_{a1}\right] \tag{6.58b}$$

当上式右端的计算值小于 $\frac{1}{\gamma_{RE}}\left[0.8f_{yh}\frac{A_{sh}}{s}h_{w0}+\frac{0.32}{\lambda}f_a A_{a1}\right]$ 时，应取等于 $\frac{1}{\gamma_{RE}}\left[0.8f_{yh}\frac{A_{sh}}{s}h_{w0}+\frac{0.32}{\lambda}f_a A_{a1}\right]$。

式中　$\gamma_{RE}$——钢筋混凝土构件受剪承载力抗震调整系数，取 $\gamma_{RE}=0.85$；

$\lambda$——计算截面处的剪跨比，$\lambda=M/Vh_0$；当计算值 $\lambda<1.5$ 时，取 $\lambda=1.5$，$\lambda>2.2$ 时，取 $\lambda=2.2$；

$N$——考虑地震作用组合的剪力墙轴向压力设计值，当 $N>0.2f_c b_w h_w$ 时，取 $N=$

$0.2f_c b_w h_w$。

$s$——剪力墙水平分布钢筋的竖向间距；

$A$——剪力墙的截面面积，有翼缘时其翼缘计算宽度可取下列值中的最小值：剪力墙厚度加两侧各6倍翼缘墙的宽度、墙间距的一半和剪力墙墙肢总高度的$\frac{1}{2}$；

$A_w$——T形、工字形截面剪力墙腹板的截面面积，对矩形截面剪力墙 $A_w=A$；

$A_{sh}$——配置在同一水平截面内的水平分布钢筋的全部截面面积；

$A_a$——剪力墙一端暗柱中型钢截面面积；

$A_{a1}$——剪力墙一端所配型钢的截面面积，当两端所配型钢截面面积不同时，取较小一端的面积；

$f_t$——混凝土轴心抗拉强度设计值；

$f_{yh}$——剪力墙水平分布钢筋抗拉强度设计值。

其他符号同前。

### 2)有边框型钢混凝土剪力墙

有边框柱型钢混凝土剪力墙斜截面受剪承载力由混凝土、水平分布钢筋、边框柱内型钢3部分的受剪承载力组成。对有边框型钢混凝土柱和型钢混凝土梁的剪力墙，如图6.34所示，混凝土承载力部分中应考虑边框柱对墙体的约束作用而使受剪承载力有所提高。

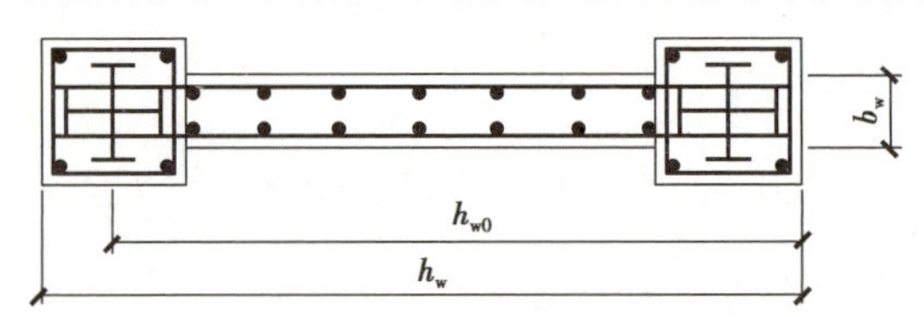


图6.34　带边框型钢混凝土剪力墙斜截面受剪承载力计算参数示意

(1)有边框型钢混凝土偏心受压剪力墙

有边框型钢混凝土剪力墙偏心受压时的斜截面受剪承载力，应符合下列要求：

①持久、短暂设计状况

$$V \leqslant \frac{1}{\lambda-0.5}\left(0.5\beta_r f_t b_w h_{w0}+0.13N\frac{A_w}{A}\right)+f_{yh}\frac{A_{sh}}{s}h_{w0}+\frac{0.4}{\lambda}f_a A_{a1} \tag{6.59a}$$

②地震设计状况

$$V \leqslant \frac{1}{\gamma_{RE}}\left[\frac{1}{\lambda-0.5}\left(0.4\beta_r f_t b_w h_{w0}+0.1N\frac{A_w}{A}\right)+0.8f_{yh}\frac{A_{sh}}{s}h_{w0}+\frac{0.32}{\lambda}f_a A_{a1}\right] \tag{6.59b}$$

(2)有边框型钢混凝土偏心受拉剪力墙

有边框型钢混凝土剪力墙偏心受拉时的斜截面受剪承载力，应符合下列要求：

①持久、短暂设计状况

$$V \leqslant \frac{1}{\lambda-0.5}\left(0.5\beta_r f_t b_w h_{w0}-0.13N\frac{A_w}{A}\right)+f_{yh}\frac{A_{sh}}{s}h_{w0}+\frac{0.4}{\lambda}f_a A_{a1} \tag{6.60a}$$

当上式右端的计算值小 $f_{yh}\frac{A_{sh}}{s}h_0+\frac{0.4}{\lambda}f_a A_{a1}$ 时，应取等于 $f_{yh}\frac{A_{sh}}{s}h_0+\frac{0.4}{\lambda}f_a A_{a1}$。

②地震设计状况

$$V \leqslant \frac{1}{\gamma_{RE}}\left[\frac{1}{\lambda-0.5}\left(0.4\beta_r f_t b_w h_{w0}-0.1N\frac{A_w}{A}\right)+0.8f_{yh}\frac{A_{sh}}{s}h_{w0}+\frac{0.32}{\lambda}f_a A_{a1}\right] \tag{6.60b}$$

当上式右端的计算值小于$\frac{1}{\gamma_{RE}}\left[0.8f_{yh}\frac{A_{sh}}{s}h_{w0}+\frac{0.32}{\lambda}f_a A_{a1}\right]$时，应取等于$\frac{1}{\gamma_{RE}}\left[0.8f_{yh}\frac{A_{sh}}{s}h_{w0}+\frac{0.32}{\lambda}f_a A_{a1}\right]$。

式中　$N$——型钢混凝土剪力墙的轴向拉力设计值；

$\beta_r$——周边柱对混凝土墙体的约束系数，取$\beta_r=1.2$。

其他符号同前。

### 3)剪力设计值

考虑地震作用组合的型钢混凝土剪力墙，其剪力设计值 $V$ 按下列规定计算：

(1)底部加强部位

①9 度特一级、一级

$$V=1.1\frac{M_{wua}}{M_w}V_w \tag{6.61a}$$

②其他情况

特一级抗震等级

$$V=1.9V_w \tag{6.61b}$$

一级抗震等级

$$V=1.6V_w \tag{6.61c}$$

二级抗震等级

$$V=1.4V_w \tag{6.61d}$$

三级抗震等级

$$V=1.2V_w \tag{6.61e}$$

四级抗震等级取地震作用组合下的剪力设计值。

(2)其他部位

特一级抗震等级

$$V=1.4\ V_w \tag{6.61f}$$

一级抗震等级

$$V=1.3\ V_w \tag{6.61g}$$

二、三、四级抗震等级

$$V=V_w \tag{6.61h}$$

式中　$V$——考虑地震作用组合的剪力墙墙肢截面的剪力设计值；

$V_w$——考虑地震作用组合的剪力墙墙肢截面的剪力计算值；

$M_{wua}$——考虑承载力抗震调整系数 $\gamma_{RE}$ 后的剪力墙墙肢正截面受弯承载力，计算中应按实际配筋面积、材料强度标准值和轴向力设计值确定，有翼墙时应计入墙两侧各一倍翼墙厚度范围内的纵向钢筋；

$M_w$——考虑地震作用组合的剪力墙墙肢截面的弯矩计算值。

#### 4)受剪截面限制条件

型钢混凝土剪力墙的剪力主要由钢筋混凝土墙体承担。为避免墙肢剪应力水平过高不致过早地出现斜裂缝,组合剪力墙中的钢筋混凝土墙体发生剪压脆性破坏,墙肢截面应大于最小受剪截面,有必要限制腹板混凝土的剪压比。由于端部型钢的销栓作用和对墙体的约束可提高剪力墙的受剪承载力,型钢混凝土剪力墙的受剪截面控制中,可扣除型钢的受剪承载力贡献,具体规定如下:

①持久、短暂设计状况

$$V_{cw} \leqslant 0.25\beta_c f_c b_w h_{w0} \tag{6.62a}$$

其中:

$$V_{cw} = V - \frac{0.4}{\lambda} f_a A_{a1} \tag{6.62b}$$

②地震设计状况

当剪跨比 $\lambda > 2.5$ 时,

$$V_{cw} \leqslant \frac{1}{\gamma_{RE}}(0.20\beta_c f_c b_w h_{w0}) \tag{6.63a}$$

当剪跨比 $\lambda \leqslant 2.5$ 时,

$$V_{cw} \leqslant \frac{1}{\gamma_{RE}}(0.15\beta_c f_c b_w h_{w0}) \tag{6.63b}$$

其中:

$$V_{cw} = V - \frac{0.32}{\lambda} f_a A_{a1} \tag{6.63c}$$

式中 $V_{cw}$——仅考虑墙肢截面钢筋混凝土部分承受的剪力设计值;

$b_w$,$h_{w0}$——剪力墙截面宽度、有效高度;

$A_{a1}$——剪力墙一端所配型钢的截面面积,当两端所配型钢截面面积不同时,取较小一端的面积;

$\lambda$——计算截面处的剪跨比,$\lambda = M/Vh_{w0}$;当计算值 $\lambda < 1.5$ 时,取 $\lambda = 1.5$,$\lambda > 2.2$ 时,取 $\lambda = 2.2$;此处,$M$ 为与剪力设计值 $V$ 对应的弯矩设计值,当计算截面与墙底之间距离小于 $0.5h_{w0}$ 时,应按距离墙底 $0.5h_{w0}$ 处的弯矩设计值与剪力设计值计算;

其他系数同前。

### ▶ 6.9.3 钢板混凝土剪力墙斜截面受剪承载力

钢板混凝土剪力墙,其斜截面抗剪承载力由混凝土部分的抗剪承载力、水平分布钢筋抗剪承载力、钢板抗剪承载力和型钢销键抗剪承载力 4 部分组成。对于偏心受压、偏心受拉钢板混凝土剪力墙,《组合结构设计规范》(JGJ 138—2016)分别给出其斜截面受剪承载力的计算公式。

#### 1)钢板混凝土偏心受压剪力墙

钢板混凝土剪力墙偏心受压时的斜截面受剪承载力,应符合下列要求:

①持久、短暂设计状况

$$V \leqslant \frac{1}{\lambda - 0.5}\left(0.5 f_t b_w h_{w0} + 0.13N\frac{A_w}{A}\right) + f_{yh}\frac{A_{sh}}{s}h_{w0} + \frac{0.3}{\lambda} f_a A_{a1} + \frac{0.6}{\lambda - 0.5} f_p A_p \tag{6.64a}$$

②地震设计状况

$$V \leqslant \frac{1}{\gamma_{RE}}\left[\frac{1}{\lambda-0.5}\left(0.4f_t b_w h_{w0}+0.1N\frac{A_w}{A}\right)+0.8f_{yh}\frac{A_{sh}}{s}h_{w0}+\frac{0.25}{\lambda}f_a A_{a1}+\frac{0.5}{\lambda-0.5}f_p A_p\right] \quad (6.64b)$$

### 2)钢板混凝土偏心受拉剪力墙

钢板混凝土剪力墙偏心受拉时的斜截面受剪承载力,应符合下列要求:

①持久、短暂设计状况

$$V \leqslant \frac{1}{\lambda-0.5}\left(0.5f_t b_w h_{w0}-0.13N\frac{A_w}{A}\right)+f_{yh}\frac{A_{sh}}{s}h_{w0}+\frac{0.3}{\lambda}f_a A_{a1}+\frac{0.6}{\lambda-0.5}f_p A_p \quad (6.65a)$$

当上式右端的计算值小于 $f_{yh}\frac{A_{sh}}{s}h_{w0}+\frac{0.3}{\lambda}f_a A_{a1}+\frac{0.6}{\lambda-0.5}f_p A_p$ 时,应取等于 $f_{yh}\frac{A_{sh}}{s}h_{w0}+\frac{0.3}{\lambda}f_a A_{a1}+\frac{0.6}{\lambda-0.5}f_p A_p$。

②地震设计状况

$$V \leqslant \frac{1}{\gamma_{RE}}\left[\frac{1}{\lambda-0.5}\left(0.4f_t b_w h_{w0}-0.1N\frac{A_w}{A}\right)+0.8f_{yh}\frac{A_{sh}}{s}h_{w0}+\frac{0.25}{\lambda}f_a A_{a1}+\frac{0.5}{\lambda-0.5}f_p A_p\right] \quad (6.65b)$$

当上式右端的计算值小于 $\frac{1}{\gamma_{RE}}\left[0.8f_{yh}\frac{A_{sh}}{s}h_{w0}+\frac{0.25}{\lambda}f_a A_{a1}+\frac{0.5}{\lambda-0.5}f_p A_p\right]$ 时,应取等于 $\frac{1}{\gamma_{RE}}\left[0.8f_{yh}\frac{A_{sh}}{s}h_{w0}+\frac{0.25}{\lambda}f_a A_{a1}+\frac{0.5}{\lambda-0.5}f_p A_p\right]$。

式中　$N$——考虑地震作用组合的剪力墙轴向压力或拉力设计值,当 $N>0.2f_c b_w h_w$ 时,取 $N=0.2f_c b_w h_w$。

$A$——钢板混凝土剪力墙截面面积;

$A_w$——剪力墙腹板的截面面积,对矩形截面剪力墙 $A_w=A$;

$f_{yh}$——剪力墙水平分布钢筋抗拉强度设计值;

$s$——剪力墙水平分布钢筋的竖向间距;

$A_{sh}$——配置在同一水平截面内的水平分布钢筋的全部截面面积;

$A_{a1}$——钢板混凝土剪力墙一端所配型钢的截面面积,当两端所配型钢截面面积不同时,取较小一端的面积;

$A_p$——剪力墙截面内配置的钢板截面面积;

$f_p$——剪力墙截面内配置钢板的抗拉和抗压强度设计值;

其他符号同前。

### 3)剪力设计值

考虑地震作用组合的带钢斜撑混凝土剪力墙,其剪力设计值 $V$ 按型钢混凝土剪力墙的规定计算。

### 4)受剪截面限制条件

为使剪力墙的腹板不至于过早出现斜裂缝,并避免发生脆性的混凝土剪压破坏,有必要限制腹板混凝土的剪压比。在钢板混凝土剪力墙的受剪截面控制中,可扣除型钢和钢板对受

剪承载力贡献,具体规定如下:

①持久、短暂设计状况

$$V_{cw} \leqslant 0.25\beta_c f_c b_w h_{w0} \tag{6.66a}$$

其中:

$$V_{cw} = V - \left(\frac{0.3}{\lambda} f_a A_{a1} + \frac{0.6}{\lambda - 0.5} f_p A_p\right) \tag{6.66b}$$

②地震设计状况

当剪跨比 $\lambda > 2.5$ 时,

$$V_{cw} \leqslant \frac{1}{\gamma_{RE}}(0.20\beta_c f_c b_w h_{w0}) \tag{6.67a}$$

当剪跨比 $\lambda \leqslant 2.5$ 时,

$$V_{cw} \leqslant \frac{1}{\gamma_{RE}}(0.15\beta_c f_c b_w h_{w0}) \tag{6.67b}$$

其中:

$$V_{cw} = V - \frac{1}{\gamma_{RE}}\left(\frac{0.25}{\lambda} f_a A_{a1} + \frac{0.5}{\lambda - 0.5} f_p A_p\right) \tag{6.67c}$$

式中 $V$——钢板混凝土剪力墙的墙肢截面剪力设计值;

$V_{cw}$——仅考虑墙肢截面钢筋混凝土部分承受的剪力值,即墙肢剪力设计值减去端部型钢和钢板承受的剪力值;

$\lambda$——计算截面处的剪跨比,$\lambda = M/(Vh_{w0})$;当计算值 $\lambda < 1.5$ 时,取 $\lambda = 1.5$,$\lambda > 2.2$ 时,取 $\lambda = 2.2$;当计算截面与墙底之间距离小于 $0.5h_{w0}$ 时,$\lambda$ 应按距离墙底 $0.5h_{w0}$ 处的弯矩设计值与剪力设计值计算;

$A_{a1}$——钢板混凝土剪力墙一端所配型钢的截面面积,当两端所配型钢截面面积不同时,取较小一端的面积;

$\beta_c$——受压区混凝土应力图形影响系数,当混凝土强度等级不超过 C50 时,$\beta_c$ 取为 0.8,当混凝土强度等级为 C80 时,$\beta_c$ 取为 0.74,其间按线性内插法确定。

其他系数同前。

### ▶ 6.9.4 带钢斜撑混凝土剪力墙斜截面受剪承载力

带钢斜撑混凝土剪力墙,其斜截面抗剪承载力由混凝土部分的抗剪承载力、水平分布钢筋抗剪承载力、型钢销键抗剪承载力和钢斜撑抗剪承载力 4 部分组成。对于偏心受压、偏心受拉带钢斜撑混凝土剪力墙,《组合结构设计规范》(JGJ 138—2016)分别给出其斜截面受剪承载力的计算公式。

#### 1)带钢斜撑混凝土偏心受压剪力墙

带钢斜撑混凝土剪力墙偏心受压时的斜截面受剪承载力,应符合下列要求:

①持久、短暂设计状况

$$V \leqslant \frac{1}{\lambda - 0.5}\left(0.5f_t b_w h_{w0} + 0.13N\frac{A_w}{A}\right) + f_{yh}\frac{A_{sh}}{s}h_{w0} + \frac{0.3}{\lambda} f_a A_{a1} + (f_g A_g + \varphi f'_g A'_g)\cos\alpha \tag{6.68a}$$

②地震设计状况

$$V \leqslant \frac{1}{\gamma_{RE}}\left[\frac{1}{\lambda - 0.5}\left(0.4\beta_r f_t b_w h_{w0} + 0.1N\frac{A_w}{A}\right) + 0.8f_{yh}\frac{A_{sh}}{s}h_{w0} + \frac{0.25}{\lambda} f_a A_{a1} + 0.8(f_g A_g + \varphi f'_g A'_g)\cos\alpha\right] \tag{6.68b}$$

### 2)带钢斜撑混凝土偏心受拉剪力墙

带钢斜撑混凝土剪力墙偏心受拉时的斜截面受剪承载力，应符合下列要求：

①持久、短暂设计状况

$$V \leqslant \frac{1}{\lambda-0.5}\left(0.5 f_t b_w h_{w0} - 0.13N\frac{A_w}{A}\right) + f_{yh}\frac{A_{sh}}{s}h_{w0} + \frac{0.3}{\lambda}f_a A_{a1} + (f_g A_g + \varphi f'_g A'_g)\cos\alpha \quad (6.69a)$$

当上式右端的计算值小于$f_{yh}\frac{A_{sh}}{s}h_{w0}+\frac{0.3}{\lambda}f_a A_{a1}+(f_g A_g+\varphi f'_g A'_g)\cos\alpha$时，应取等于$f_{yh}\frac{A_{sh}}{s}h_{w0}+\frac{0.3}{\lambda}f_a A_{a1}+(f_g A_g+\varphi f'_g A'_g)\cos\alpha$。

②地震设计状况

$$V \leqslant \frac{1}{\gamma_{RE}}\left[\frac{1}{\lambda-0.5}\left(0.4 f_t b_w h_{w0} - 0.1N\frac{A_w}{A}\right) + 0.8 f_{yh}\frac{A_{sh}}{s}h_{w0} + \frac{0.25}{\lambda}f_a A_{a1} + 0.8(f_g A_g + \varphi f'_g A'_g)\cos\alpha\right] \quad (6.69b)$$

当上式右端的计算值小于$\frac{1}{\gamma_{RE}}\left[0.8 f_{yh}\frac{A_{sh}}{s}h_{w0}+\frac{0.25}{\lambda}f_a A_{a1}+0.8(f_g A_g+\varphi f'_g A'_g)\cos\alpha\right]$时，应取等于$\frac{1}{\gamma_{RE}}\left[0.8 f_{yh}\frac{A_{sh}}{s}h_{w0}+\frac{0.25}{\lambda}f_a A_{a1}+0.8(f_g A_g+\varphi f'_g A'_g)\cos\alpha\right]$。

### 3)剪力设计值

考虑地震作用组合的带钢斜撑混凝土剪力墙，其剪力设计值 $V$ 按型钢混凝土剪力墙的规定计算。

### 4)受剪截面限制条件

为使剪力墙的腹板不至于过早出现斜裂缝，并避免发生脆性的混凝土剪压破坏，有必要限制腹板混凝土的剪压比。带钢斜撑混凝土剪力墙的受剪截面控制中，可扣除型钢和钢斜撑对受剪承载力贡献，具体规定如下：

①持久、短暂设计状况

$$V_{cw} \leqslant 0.25\beta_c f_c b_w h_{w0} \quad (6.70a)$$

其中：

$$V_{cw} = V - \left[\frac{0.3}{\lambda}f_a A_{a1} + 0.8(f_g A_g + \varphi f'_g A'_g)\cos\alpha\right] \quad (6.70b)$$

②地震设计状况

当剪跨比 $\lambda>2.0$ 时，

$$V_{cw} \leqslant \frac{1}{\gamma_{RE}}(0.20\beta_c f_c b_w h_{w0}) \quad (6.71a)$$

当剪跨比 $\lambda\leqslant 2.0$ 时，

$$V_{cw} \leqslant \frac{1}{\gamma_{RE}}(0.15\beta_c f_c b_w h_{w0}) \quad (6.71b)$$

其中：

$$V_{cw} = V - \frac{1}{\gamma_{RE}}\left[\frac{0.25}{\lambda}f_a A_{a1} + 0.8(f_g A_g + \varphi f'_g A'_g)\cos\alpha\right] \quad (6.71c)$$

式中　$V$——剪力墙的剪力设计值；

$V_{cw}$——仅考虑墙肢截面钢筋、混凝土部分承受的剪力值，即墙肢剪力设计值减去端部型钢和钢斜撑承受的剪力值；

$\lambda$——计算截面处的剪跨比，$\lambda=M/(Vh_{w0})$；当计算值 $\lambda<1.5$ 时，取 $\lambda=1.5$，$\lambda>2.2$ 时，取 $\lambda=2.2$；当计算截面与墙底之间距离小于 $0.5h_{w0}$ 时，$\lambda$ 应按距离墙底 $0.5h_{w0}$ 处的弯矩设计值与剪力设计值计算；

$b_w$，$h_{w0}$——剪力墙截面厚度、截面有效高度；

$h_w$——剪力墙截面高度；

$A_{a1}$——剪力墙一端所配型钢的截面面积，当两端所配型钢截面面积不同时，取较小一端的面积；

$f_c$——混凝土轴心抗压强度设计值；

$f_a$——剪力墙端部型钢抗拉、抗压强度设计值；

$f_g$，$f'_g$——剪力墙受拉、受压钢斜撑的强度设计值；

$A_g$，$A'_g$——剪力墙受拉、受压钢斜撑截面面积；

$j$——受压斜撑面外稳定系数，按现行国家标准《钢结构设计标准》（GB 50017—2017）的规定计算；

$a$——斜撑与水平方向的倾斜角度；

$\beta_c$——受压区混凝土应力图形影响系数，当混凝土强度等级不超过 C50 时，$\beta_c$ 取为 0.8，当凝土强度等级为 C80 时，$\beta_c$ 取为 0.74，其间按线性内插法确定。

其他系数同前。

**【例 6.7】** 条件同例 6.6，型钢混凝土剪力墙内设置 3 排水平分布钢筋网，每排为 Φ10@200mm，按 7 度抗震设防，试验算该型钢混凝土剪力墙斜截面受剪承载力是否满足要求。

**【解】** (1)剪跨比

型钢混凝土剪力墙剪跨比为

$$\lambda=\frac{M}{Vh_{w0}}=\frac{250\ 000\times10^3}{4\ 500\times9\ 750}=5.7>2.2\text{，取 }\lambda=2.2$$

(2)型钢混凝土剪力墙受剪承载力

$N=0.2f_cA_c=0.2\times14.3\times640\ 000=1\ 830\ \text{kN}<8\ 000\ \text{kN}$，故取 $N=1\ 830\ \text{kN}$

一根边柱内的型钢截面面积：$A_a=2(16\times200\times2+10\times468)=22\ 160\ \text{mm}^2$

剪力墙腹板截面与全截面的面积比为：

$$\frac{A_w}{A}=\frac{9\ 000\times500}{9\ 000\times500+2\times3\ 500\times500}=0.56$$

$$0.04f_cbh_0=0.04\times23.1\times500\times9\ 750=4\ 504\ 500\ \text{N}$$

$$0.8f_{yv}\frac{A_{sh}}{s}h_0=0.8\times210\times\frac{78.5\times3}{200}\times9\ 750=1\ 928\ 745\ \text{N}$$

$$V=\frac{1}{\gamma_{RE}}\left[\frac{1}{\lambda-0.5}\left(0.04f_cbh_0+0.1N\frac{A_w}{A}\right)+0.8f_{yv}\frac{A_{sh}}{s}h_0+\frac{0.32}{\lambda}f_aA_a\right]$$

$$=\frac{1}{0.85}\left[\frac{1}{2.2-0.5}(4\ 504\ 500+0.1\times1\ 830\ 000\times0.56)+1\ 928\ 745+\frac{0.32}{2.2}\times215\times22\ 160\right]$$

$=6\ 272.6\ \text{kN}>V=4\ 500\ \text{kN}$，型钢混凝土剪力墙腹板斜截面受剪承载力满足要求。

# 6.10　型钢混凝土结构的构造要求

## ▶ 6.10.1　型钢混凝土结构对材料的要求

型钢混凝土结构的混凝土强度等级不宜低于 C30。随着混凝土强度等级的提高,能够减小以受压为主的构件截面尺寸,减轻自重,提高结构的有效承载力。由于型钢混凝土结构中的型钢能对部分混凝土,以及复式箍筋对混凝土有约束作用,型钢混凝土结构改善了高强混凝土出现脆性的可能,防止无预兆的脆性破坏发生,所以型钢混凝土结构的延性比普通钢筋混凝土结构的延性好。因此,在结构中采用较高强度的混凝土,对于以受压为主的构件有显著的经济效益,可以减少材料加工、吊装、施工中的各种费用。而且,随着科学技术的进步,在结构工程中使用 C40 ~ C60 高强度混凝土越来越多,为保证浇灌混凝土的质量,在型钢混凝土结构中应优先选用流动性好的高性能混凝土。为确保混凝土的质量,要求混凝土粗骨料最大直径不宜大于 25 mm。

型钢混凝土结构对钢筋的要求,除了要满足强度、延性、可焊性、冷弯性能、质量稳定性、锚固性能、耐久性、经济性,尤其要注意型钢混凝土结构中钢筋与型钢相互关系,应在型钢翼缘外配筋,尽可能减少在型钢翼缘上穿洞,为了避免钢筋穿过型钢翼缘,可以采用较高强度的钢筋来减少钢筋根数,但一般的型钢混凝土结构钢筋的设计强度宜控制在 400 $N/mm^2$ 左右,因钢筋强度太高会引起型钢混凝土结构过大的变形和裂缝宽度。为取得较低配筋率,降低工程造价,按国际标准的要求生产出的质量高、价格低的 HRB400 级热轧钢筋,可以作为型钢混凝土结构钢筋的首选钢材。

型钢宜采用 Q235 或 Q355 钢。型钢混凝土梁、柱等构件内的型钢板件(钢板)厚度不宜小于 6 mm。型钢混凝土结构宜优先选用低合金高强度结构钢中的 Q355B、Q355C、Q355D 钢,因为 Q235C、Q235D 级钢的含碳量较低,重要的焊接构件宜优先选用碳素结构钢中的 Q235C、Q235D 钢;型钢混凝土结构宜选用 Q235B、Q235C、Q235D 级碳素钢,不宜选用 Q235A 级钢,因为 Q235A 级钢没有冲击韧性和冷弯性能的保证。型钢混凝土构件上需要设置抗剪连接件时,宜采用栓钉,不得采用短钢筋代替栓钉。型钢上设置的抗剪栓钉的直径宜选用 19 mm 或 22 mm,其长度不宜小于 4 倍栓钉直径。栓钉的间距不宜小于 6 倍栓钉直径。栓钉应符合《电弧螺柱焊用圆柱头焊钉》(GB/T 10433—2002)的规定。

型钢混凝土框架梁、柱比较合适的含钢率(型钢混凝土构件内的型钢柱面面积与构件全截面面积的比值)为 5.0% ~8.0%。最小含钢率为 3.0%,最大含钢率为 15.0%。当型钢混凝土结构梁、柱构件含钢率小于最小含钢率时,可以采用钢筋混凝土构件,而不必采用型钢混凝土构件。美国 LRFD 规范规定型钢混凝土框架柱最小含钢率为 4.0%,当型钢混凝土结构梁、柱构件含钢率大于最大含钢率时,型钢与混凝土的粘结强度较低,若含钢率过大,型钢与混凝土之间的粘结破坏特征将更显著,型钢与混凝土不能有效地共同工作,构件的极限承载力反而下降,此外,含钢率过高,也会造成混凝土浇筑困难。国外对最大含钢率的规定各不相同,日本 AIJ 规范对最大含钢率的规定是 13.3%;美国 LRFD 规范对最大含钢率的规定是 20%;欧洲统一规范 Eurocode 4 对最大含钢率的规定是 19.3%(C20)~35.3%(C60)。

### 6.10.2 型钢混凝土结构构造原则

型钢混凝土结构构造应满足下述原则。

**1)满足基本假定的要求**

试验表明,在外荷载作用下,型钢混凝土受弯构件基本性能与钢筋混凝土受弯构件相似,其截面的平均应变分布符合平截面假定,型钢与混凝土之间无相对滑移,截面内混凝土与型钢能较好地共同工作;受压区混凝土极限变形为0.003。型钢混凝土框架梁的正截面受弯承载力计算是以型钢上翼缘以上混凝土突然压碎、型钢翼缘达到屈服为其极限状态;型钢混凝土压弯构件具有与型钢混凝土受弯构件相类似的基本性能,通过试验研究,提出了型钢混凝土框架柱正截面偏心受压承载力计算的基本假定,在此基础上分别建立了型钢混凝土框架梁、柱正截面偏心受压承载力计算公式。因此,要求型钢混凝土框架梁、柱构件的构造必须满足其承载力的基本假定。

型钢混凝土结构与普通钢筋混凝土结构相比具有承载力高、刚度大、抗震性能好的优点。如何充分地发挥型钢混凝土结构这些优点,使其满足基本假定的要求,则是其结构构造首先要考虑的问题。

在型钢混凝土结构构件中纵向受力钢筋位于型钢之外,并被混凝土所包裹,纵向受力钢筋的作用主要是抗弯;其次是与箍筋形成骨架,约束型钢之外的外包混凝土,以确保其与截面内型钢能较好地共同工作。也可在型钢上翼缘处焊接抗剪连接件,保证截面内型钢与混凝土能更好地共同工作,以满足型钢混凝土结构构件承载力计算的基本假定。

**2)满足优化设计的要求**

在荷载作用下,型钢混凝土结构构件截面设计可以有多种选择,这就要求在型钢混凝土结构构件设计时进行优化计算。型钢混凝土结构构件正截面承载力由混凝土、钢筋及型钢的承载力构成,型钢混凝土构件截面尺寸的大小、造价的高低取决于混凝土、钢筋与型钢材料的选择,优化设计宜取混凝土、钢筋与型钢材料三者各自力价比之和为最大值。

型钢混凝土结构构件由型钢与钢筋混凝土组成,在满足钢材最小用量的前提下,型钢与钢筋可以互补,型钢用量多一些,需用钢筋数量就少一些;反之,钢筋用量多一些,型钢用量即可以减少。设计者可以利用型钢与钢筋的互补性优化设计,也可以缓和型钢混凝土结构构件构造复杂难以施工的矛盾,例如适应内力变化,灵活地在局部加筋,解决型钢连接的削弱,局部加筋可取得经济效益。

**3)满足方便施工与保证混凝土质量的要求**

型钢混凝土结构中型钢布置在钢筋内部,型钢与钢筋间要留出一定的距离,既便于浇筑混凝土,也便于钢材和混凝土之间的传力,还需照顾到箍筋末端弯钩的操作。在节点核心区内水平横隔板处注意解决板下混凝土与板的密切结合。因此,型钢混凝土结构的施工,不像钢结构或钢筋混凝土结构那样单一,两者兼有。

**4)满足抗震性能的要求**

型钢的配置是型钢混凝土结构延性抗震的主要因素。在强震时,框架的梁端和部分柱端以及剪力墙最下层根部产生塑性铰,耗散地震能量。抗震设计时,采用延性耗能机构,要从整体结构以及局部配钢构造来满足塑性铰区的延性要求，才能使型钢混凝土结构充分发挥抗震性能好的优点。采用封闭箍筋、箍筋加密以及剪力墙边设置边缘构件等措施，使塑性铰区混凝土变成约束混凝土，要求塑性铰区钢材对混凝土进行有效的约束，钢材不能有局部屈曲，型钢翼缘不宜穿孔等，以实现强柱弱梁更强节点的抗震设计原则。塑性铰部位的配筋构造要求远高于弹性区，而在塑性铰以外弹性变形范围配筋构造则可以从简。对于抗震等级不同的结构，宜采用不同的抗震（构造）措施，比如抗震等级为三级的型钢混凝土框架的中柱节点核心区，可以考虑少设箍筋，而增加核心区腹板厚度。型钢混凝土结构框架的梁柱节点核心区、短柱、高轴压柱、角柱等是框架结构的重要部位，其构造措施仍然需要对混凝土进行有效的约束。

5）满足耐久性与耐火性的要求

型钢混凝土结构保护层厚度是确定配钢位置的因素之一。从耐火性、耐久性、黏着强度和施工操作各方面要求中、选择其较厚的保护层厚度。对于钢筋的最小保护层厚度，除遵循《混凝土结构设计标准（2024 年版）》（GB/T 50010—2010），还要考虑型钢的最小保护层厚度。对于一类环境中设计使用年限为 100 年的房屋，钢筋保护层厚度应增加 40%。型钢混凝土结构的耐火要求与其保护层厚度有关，在 600 ℃且钢筋应力大约为 1/2 屈服应力时的耐火时间，当保护层为 30 mm 时可耐火 2 h，当保护层厚度为 40 mm 时可耐火 3 h。

### 6.10.3　型钢混凝土结构一般构造要求

1）纵向钢筋

纵向受力钢筋的直径、间距及布置、最小锚固长度、搭接长度应符合《混凝土结构设计标准（2024 年版）》（GB/T 50010—2010）的要求。纵向受力钢筋的直径不宜小于 16 mm。纵筋与型钢的净间距不宜小于 30 mm；并且要考虑使纵筋尽量不要穿过型钢翼缘；其型钢混凝土构件纵筋布置不同于混凝土构件，为避免纵筋穿过型钢，纵筋多集中布置在截面的角部，一般梁、柱截面每角布置 3 根。型钢混凝土组合梁的配筋率宜大于 0.3%，柱中总的配钢率宜大于等于 0.8%。

为节约钢材，贯穿构件的型钢与钢筋，可不按构件的最大内力确定，而在最大内力处附加钢筋。为保证在大变形情况下能维持箍筋对混凝土的约束，在抗震设防的型钢混凝土结构构件中，箍筋应做成封闭箍筋，其末端应有 135°弯钩，弯钩端头平直段长度不应小于 10 倍箍筋直径。《高层建筑混凝土结构技术规程》（JGJ 3—2010）规定，抗震设计时，纵向受力钢筋的锚固长度应按下列各式采用：

一、二级抗震等级　$$l_{aE}=1.15l_a \tag{6.72a}$$

三级抗震等级　$$l_{aE}=1.05l_a \tag{6.72b}$$

四级抗震等级　$$l_{aE}=1.00l_a \tag{6.72c}$$

式中　$l_{aE}$——抗震设计时受拉钢筋的锚固长度；

$l_a$——受拉钢筋的锚固长度。

对于框架梁端、柱端及剪力墙底部应避免在节点核心区和重点区接头。当确实不能避免时，须采用机械连接接头，且钢筋接头面积百分率不应超过 50%。

当型钢混凝土构件为转换梁（框支梁）、柱及抗震等级为二级以上的柱的纵筋，抗震等级为一级的框架梁纵筋，抗震等级为三级的框架底层柱的纵筋等均应采用机械连接。其余接头也可以采用绑扎搭接和等强对焊连接。钢筋的机械连接接头应符合《钢筋机械连接技术规程》(JGJ 107—2016)的规定。钢筋焊接连接接头应符合《钢筋焊接及验收规程》(JGJ 18—2012)。

受力钢筋的连接接头位置宜设置在受力较小处，同一根钢筋上应尽量少设接头。钢筋的连接接头和型钢的接头不得放置在同一部位。梁的底部纵向钢筋的接长，可选择在支座或支座两侧 1/3 跨度范围，不应在跨中接长。梁的上部纵向钢筋可选择在跨中 1/3 跨度范围接长，不应在支座处接长。

**2）箍筋**

由于型钢混凝土结构是钢和混凝土两种材料的组合体，箍筋的作用极其重要，它除了增强截面抗剪承载力，避免结构发生剪切脆性破坏外，还起到约束核心混凝土，增强塑性铰区变形能力和耗能能力的作用，更能起到保证混凝土和型钢、纵筋整体工作的重要作用，因此，建议采用复合螺旋箍。考虑地震作用组合的型钢混凝土结构构件，宜采用封闭箍筋，普通箍筋直径不应小于 8 mm，其末端应有 135°弯钩，弯钩端头平直段长度不应小于 10 倍的箍筋直径。

**3）型钢**

型钢混凝土结构框架梁、柱构件比较合适的含钢率为 5% ~8%。最小含钢率为 3%，最大含钢率为 15%。型钢混凝土结构构件中，型钢钢板厚度不宜小于 6 mm，型钢钢板宽厚比应符合表 6.3 的规定。当型钢钢板宽厚比满足宽厚比限值时，可不进行局部稳定验算。

**表 6.3　钢板宽厚比限值**

| 钢号 | 梁 | | 柱 | | |
|---|---|---|---|---|---|
| | $b_f/t_f$ | $h_w/t_w$ | $b_f/t_f$ | $h_w/t_w$ | $B/t$ |
| Q235 | ≤23 | ≤107 | ≤23 | ≤96 | ≤72 |
| Q355 | ≤19 | ≤91 | ≤19 | ≤81 | ≤61 |
| Q390 | ≤18 | ≤83 | ≤18 | ≤75 | ≤56 |
| Q420 | ≤17 | ≤80 | ≤17 | ≤71 | ≤54 |

限制型钢板材的宽厚比，如图 6.35 所示。目的是确保型钢塑性变形能力的发挥。事实上，在型钢混凝土构件中，即使混凝土保护层剥落后，型钢翼缘的局部压屈也和钢结构有根本的不同。型钢混凝土结构构件由于内部混凝土的约束，压屈时翼缘呈现为固接的压屈波形。H 型型钢的腹板因其两面被厚混凝土所约束，更不容易产生局部压屈。所以，在型钢混凝土组合结构中，钢板翼缘、腹板的宽厚比可以比钢结构构件大。

**4）混凝土保护层**

型钢混凝土构件(梁、柱、剪力墙)中型钢有一定的混凝土保护层厚度，是为了防止型钢发生局部压屈变形，提高型钢抵抗局部压屈变形的能力，保证构件内型钢、钢筋混凝土相互良好粘结而整体工作，也是提高耐火性、耐久性的必要条件。同时也是为了考虑型钢与钢筋的布

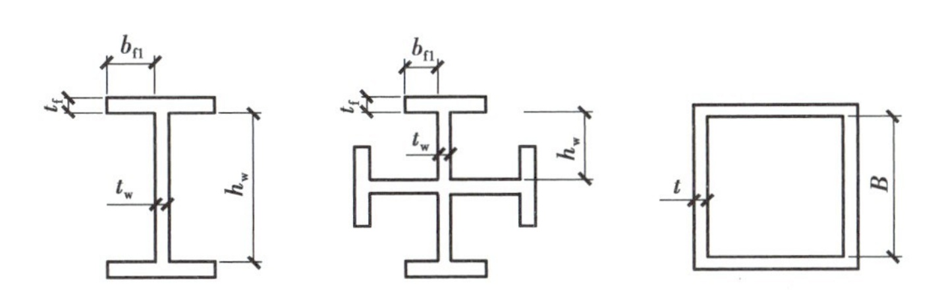


图 6.35　型钢钢板宽厚比示意图

置、主筋间距、钢筋与型钢的距离、混凝土的填充等因素。《组合结构设计规范》(JGJ 138—2016)规定纵向受力钢筋的混凝土保护层不应小于钢筋的公称直径,且应符合《混凝土结构设计标准(2024 年版)》(GB/T 50010—2010)规定的纵向受力钢筋的混凝土保护层最小厚度要求。

型钢混凝土构件的混凝土保护层厚度应根据耐久性、防火性、钢筋以及型钢压屈、钢筋与混凝土的粘结力等因素所确定。从确保钢筋与混凝土的粘结力角度看,一般钢筋的保护层厚度为 1.5 倍的钢筋直径就足够了,如不能满足此要求,粘结应力就会降低。从耐火极限的角度看,对于梁内和柱内的型钢要求 2 h 耐火极限时,混凝土保护层厚度不应小于 50 mm。对型钢混凝土剪力墙中的型钢,要求 2 h 耐火极限时,混凝土保护层厚度不应小于 30 mm。对墙、柱和梁中的钢筋,要求 2 h 耐火极限时,保护层厚度可以为 30 mm,要求 3 h 耐火极限时,混凝土保护层厚度不应小于 40 mm。因此,型钢混凝土构件内型钢的混凝土保护层最小厚度为 50 mm,设计时应根据构件的截面形状考虑确定,确保型钢混凝土的保护层厚度大于等于 50 mm。

根据《组合结构设计规范》(JGJ 138—2016)的规定,对型钢混凝土梁,型钢的混凝土保护层最小厚度,对型钢混凝土梁不宜小于 100 mm,且梁内型钢的翼缘离两侧距离之和($b_1+b_2$),不宜小于截面宽度 $b$ 的 1/3;对型钢混凝土柱不宜小于 120 mm,如图 6.36 所示。箍筋靠近型钢翼缘的侧面,梁的主筋配置在型钢翼缘上下时,型钢下端的翼缘与主筋间必须留有大于等于 40 mm 的填充混凝土的空隙。

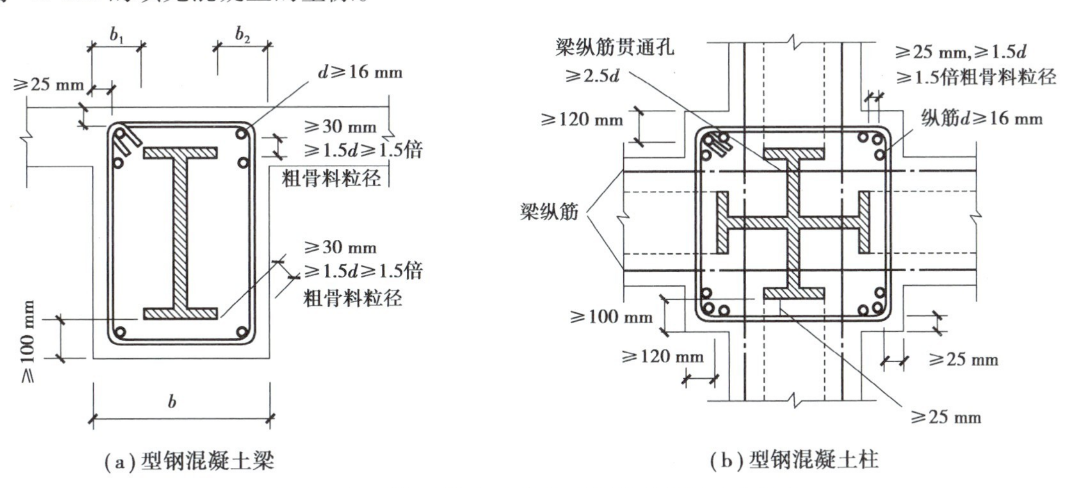


(a) 型钢混凝土梁　　(b) 型钢混凝土柱

图 6.36　型钢混凝土构件中混凝土保护层最小厚度

### 5) 抗剪连接件

型钢与混凝土之间的粘结应力只有钢筋和混凝土的粘结应力的 1/2,为保证混凝土与型钢共同工作,有时有必要设置剪力连接件,一般型钢上的剪力连接件为栓钉。梁跨中的上翼缘或梁端的下翼缘是为了增加型钢翼缘与钢筋混凝土的共同工作而设置剪力连接件。一般情况下,只有在型钢截面有较大变化处才需要设置剪力连接件。

在需要设置栓钉的部位,可按弹性方法计算型钢翼缘外表面处的剪力,该剪力全部由栓钉承担;栓钉承担的剪力设计值可按式(6.73)计算:

$$N_v^c = 0.43A_s\sqrt{E_c f_c} \leqslant 0.7A_s f_{at} \tag{6.73}$$

式中 $N_v^c$——栓钉的受剪承载力;

$A_s$——栓钉连接件的截面面积;

$f_c$——混凝土的抗压强度设计值;

$E_c$——混凝土的弹性模量;

$f_{at}$——栓钉(圆柱头焊钉)极限强度设计值。

### 6.10.4 型钢混凝土组合梁构造要求

#### 1)型钢混凝土梁对截面的要求

为方便型钢混凝土梁的混凝土的浇筑,保证型钢混凝土框架梁对框架节点的约束作用,截面宽度不宜过小,型钢混凝土梁的截面宽度不宜小于 300 mm。若截面高宽比过大,对梁的抗扭和侧向稳定都不利,为确保梁的抗扭和侧向稳定,型钢混凝土梁的截面高度不宜大于其截面宽度的 4 倍,且不宜大于梁净跨的 1/4。

#### 2)型钢混凝土梁对纵向钢筋的要求

型钢混凝土梁中纵向受拉钢筋不宜超过两排,为避免影响梁底部混凝土的浇筑密实性,第二排只能在梁的两侧设置钢筋,框架梁纵向受拉钢筋的配筋率宜大于 0.3%,纵向受拉钢筋的直径不宜小于 16 mm,间距不应大于 200 mm,纵向受拉钢筋的直径宜取 16~25 mm,净距不宜小于 30 mm 和 1.5$d$($d$ 为钢筋的最大直径),如图 6.35(a)所示。如需超过两排,施工上应采取分层浇筑等措施,以保证梁底混凝土的密实。梁的上部和下部纵向钢筋伸入节点的锚固长度要求应符合《混凝土结构设计标准(2024 年版)》(GB/T 50010—2010)的规定。按照这些规定设计的型钢混凝土梁,可以保证混凝土与钢筋、型钢有良好的粘结力,也有利于框架梁在正常使用极限状态下裂缝的均匀分布、减小裂缝宽度。在转换层大梁或托柱梁等主要承受竖向重力荷载的梁中,梁端部型钢上翼缘宜增设栓钉抗剪连接件。

梁的截面高度大于或等于500 mm 时,应在梁的两侧沿高度方向每隔200 mm 设置一根直径不小于 10 mm 的纵向附加腰筋。且腰筋与型钢之间宜配置拉结钢筋,设置纵向附加钢筋有助于增加整体钢筋骨架对混凝土的约束作用,也有助于防止出现混凝土收缩引起的梁侧面裂缝。

纵向受拉钢筋(包括腰筋)伸入节点的锚固要求、贯通梁全长的纵向钢筋数量,以及受压钢筋与受拉钢筋的截面面积比值等,均应满足《混凝土结构设计标准(2024 年版)》(GB/T 50010—2010)对钢筋混凝土梁所作的规定。

梁内纵向受力钢筋若需要贯穿柱内型钢腹板并以 90°弯折锚固在柱截面内时,弯折前的直线段长度不应小于 0.4 倍钢筋锚固长度 $l_a$ 或 $l_{aE}$,且不应小于 12 倍(非抗震设计)或 15 倍(抗震设计)纵向钢筋直径。

### 3) 型钢混凝土梁对箍筋要求

型钢混凝土梁中箍筋的配置应符合《混凝土结构设计标准(2024 年版)》(GB/T 50010—2010)的规定。型钢混凝土框架梁端第一肢箍筋应设置在距柱边不大于 50 mm 处,沿梁全长箍筋的配箍率应不小于《混凝土结构设计标准(2024 年版)》(GB/T 50010—2010)中规定的最小值。地震作用下,型钢混凝土梁端可能出现塑性铰,加密箍筋可以提高梁端截面的塑性转动能力。因此,在有抗震设防要求的型钢混凝土框架梁端部,在距梁端 1.5 ~2.0 倍梁高的范围内应设置箍筋加密区,增强对梁端混凝土的约束,保证梁端塑性铰区“强剪弱弯”的要求。当型钢混凝土梁的截面高度 $h$ 大于梁净跨 $L_0$ 的 1/5 时,型钢混凝土梁全跨的箍筋均应按加密要求配置。加密区长度、箍筋最大间距和箍筋最小直径应满足表 6.4 的要求。在梁的箍筋加密区长度内宜配置复合箍筋,箍筋的肢距可比《混凝土结构设计标准(2024 年版)》(GB/T 50010—2010)的规定适当放宽。

梁端第一个箍筋应设置在距节点边缘不大于 50 mm 处,非加密区的箍筋最大间距不宜大于加密区箍筋间距的 2 倍,沿梁全长箍筋的配筋率($\rho_{sv}=A_{sv}/bs$)应符合抗震规范的有关规定:

①持久、短暂设计状况

$$\rho_{sv} \geqslant 0.24\frac{f_t}{f_{yv}} \tag{6.74a}$$

②地震设计状况

一级抗震等级

$$\rho_{sv} \geqslant 0.30\frac{f_t}{f_{yv}} \tag{6.74b}$$

二级抗震等级

$$\rho_{sv} \geqslant 0.28\frac{f_t}{f_{yv}} \tag{6.74c}$$

三、四级抗震等级

$$\rho_{sv} \geqslant 0.26\frac{f_t}{f_{yv}} \tag{6.74d}$$

表 6.4　梁端箍筋加密区的构造要求

| 抗震等级 | 箍筋加密区长度 | 箍筋最大间距/mm | 箍筋最小直径/mm |
|---|---|---|---|
| 一级 | $2h$ | 100 | 12 |
| 二级 | $1.5h$ | 100 | 10 |
| 三级 | $1.5h$ | 150 | 10 |
| 四级 | $1.5h$ | 150 | 8 |

注:$h$ 为型钢混凝土梁的高度。

### 4) 型钢混凝土梁对型钢的要求

为了保证型钢混凝土梁的混凝土与型钢能较好地共同工作,防止粘结性破坏,并使梁具有足够的延性,型钢混凝土框架梁内的型钢宜采用对称截面的、充满型、宽翼缘实腹型钢。实腹式型钢的翼缘和腹板的宽厚比应满足表 6.3 的规定。型钢可采用轧制的或由钢板焊成的工形钢或 H 型钢;框架梁的型钢与柱的型钢应采用刚性连接。为了便于剪力墙竖向钢筋或管道的通过,也可采用由双槽钢连接成的型钢。型钢的混凝土保护层厚度宜不小于 100 mm。框架梁的含钢率(型钢配置率)宜大于4%,合理的含钢率为5% ~8%。

截面高度很大的型钢混凝土框架梁,可采用配置桁架式型钢的框架梁,为保证构件的受压稳定性,型钢桁架受压构件的长细比宜小于 120。

结构转换层的托柱梁和托墙大梁,以及承受很大重力荷载的梁,在梁端 1.5 倍梁高范围内剪应力较大的区段,其型钢上翼缘的顶面宜增设栓钉,以增大剪压区段型钢上翼缘与混凝土的粘结剪切强度。

若梁端为简支,由于型钢与混凝土的粘结强度较低,两者之间易发生粘结型破坏,使型钢与混凝土的共同工作受到影响,梁的承载力下降。为此,简支梁和悬臂梁的自由端的两端,纵向受力钢筋应设置专用的锚固件,同时,梁内型钢的顶面宜设置栓钉等抗剪连接件。型钢混凝土悬臂梁自由端的型钢顶面宜设置栓钉。

抗剪连接件的设计,应符合《高层民用建筑钢结构技术规程》(JGJ 99—2015)中关于钢与混凝土组合梁连接件的计算要求。

梁内的实腹式型钢(工形钢),在支座处以及上翼缘承受较大的固定集中荷载处,应在型钢腹板两侧对称设置支承加劲肋,以利于承受剪力。

### 5)型钢混凝土梁开孔

开孔型钢混凝土框架梁中的孔位宜设置在剪力较小截面附近[图 6.37(a)],并且宜采用圆形。当孔洞位于离支座 $0.4l$ ($l$ 为梁的跨度)以外时,圆形孔的直径不宜大于 $0.4h$ ($h$ 为梁高),且不宜大于 $0.7h_a$($h_a$ 为型钢截面高度);当孔洞位于离支座 1/4 跨度以内时,圆孔的直径不宜大于 $0.3h$,且不宜大于 $0.5h_a$。控制圆形孔的直径相对于梁高和型钢截面高度的比例,是为了保证型钢混凝土梁开孔截面的受剪承载力。孔洞周边宜设置钢套管,管壁厚度不宜小于梁中型钢腹板厚度,套管与梁中型钢腹板连接的角焊缝高度宜取 $0.7h_w$($h_w$ 为腹板厚度);腹板孔周围宜各焊上厚度稍小于腹板厚度的环形补强板,环板宽度应取 75 ~125 mm;孔边还应加设构造箍筋和水平筋[图 6.37(b)]。对型钢混凝土框架梁的圆孔孔洞截面处,应进行受弯承载力和受剪承载力计算。

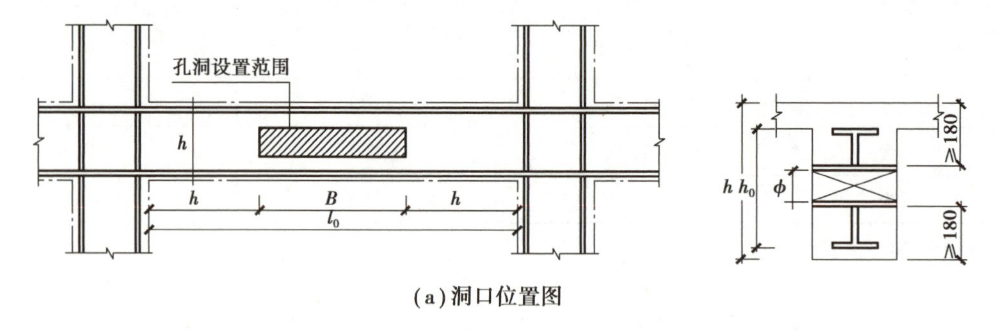


(a)洞口位置图

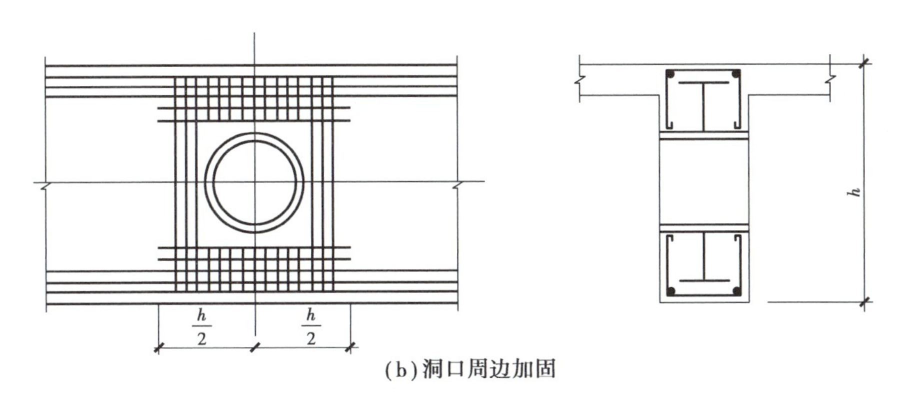


(b) 洞口周边加固

图 6.37　孔洞加强措施

## ▶ 6.10.5　型钢混凝土组合柱构造要求

除了上述一般构造要求,型钢混凝土柱还要满足以下构造要求。

### 1) 型钢混凝土柱对截面要求

(1) 型钢混凝土框架柱的截面基本形式

型钢混凝土框架柱的截面基本形式如图 6.1 所示。型钢混凝土柱长细比不宜大于 30。设防烈度为 8 度或 9 度的框架柱,宜采用正方形截面。工字形及 H 形型钢适用于单向受压柱,十字形型钢常用于中柱,T 字形型钢适用于边柱,L 形型钢则适用于角柱。目前型钢混凝土结构常采用的柱是柱内型钢为十字形型钢,由于其是双轴对称的,因此受力性能较好。对一些建筑物的边柱和角柱,型钢也可为单轴对称的 T 字形截面和不对称的 T 字形截面。当工程实际需要时,型钢也可为矩形和圆形。

(2) 型钢混凝土框架柱的轴压比

轴压比是影响柱的延性的主要因素之一。另外,延性系数随剪跨比的增大而增大,大致成线性关系。型钢混凝土框架柱的轴压比限值是保证框架柱延性性能和耗能能力的必要条件,因此,考虑地震组合的框架柱,型钢混凝土柱的截面还应满足柱的轴压比限值的要求。

试验表明,影响型钢混凝土柱延性的主要因素还是混凝土部分所承担的轴压力,在一定轴力下,随着轴向塑性变形的发展以及混凝土的徐变影响,钢筋混凝土部分承担的轴力逐渐向钢骨部分转移;随轴压比的增大,型钢混凝土框架柱延性降低;当轴压力大于 0.5 倍柱的轴压承载力时,型钢混凝土柱的延性将显著降低。轴压比较小时,型钢混凝土框架柱发生大偏压破坏,延性较好;轴压比较大时,型钢混凝土框架柱发生小偏压破坏,并伴有型钢与混凝土之间的粘结破坏,延性较差。

在钢筋混凝土柱中配置型钢的目的是通过型钢分担部分轴力来降低混凝土截面部分的轴压比,从而提高型钢混凝土柱的延性。这表明型钢混凝土柱中,型钢将承担一定的轴力,型钢混凝土柱的轴压比计算将不同于钢筋混凝土柱,须考虑型钢和混凝土的轴力分配问题。

型钢混凝土轴心受压柱在应变不断增加的过程中,混凝土的应力增长与型钢相比越来越慢,轴力的分配比例也由此而不断变化,即型钢所承担的轴力比例不断增加,混凝土所承担的轴力比例不断降低,所以型钢和混凝土的轴力分配系数是一个随时间改变的变量,这表明型钢混凝土框架柱即使在给定轴力的情况下，也无法达到确定的轴压比，因此用钢筋混凝土柱的计算方法来确定型钢混凝土柱的轴压比是不合适的。

低周反复荷载试验表明，轴压比相同时，型钢混凝土柱比钢筋混凝土柱具有更好的滞回特性和延性性能，因而计算轴压比时，应考虑型钢的有利作用。在综合考虑型钢混凝土柱的截面尺寸、混凝土强度、配箍率、含钢率、型钢强度以及混凝土徐变等因素对型钢混凝土柱轴力分配的影响后，在设计荷载组合效应下，型钢混凝土柱轴压比应按以下公式计算，

$$\mu_N = \frac{N}{f_c A_c + f_a A_a} \leqslant [\mu_N] \tag{6.75}$$

式中 $N$——考虑地震作用组合的框架柱轴向压力设计值；

$[\mu_N]$——型钢混凝土框架柱的轴压比限值，见表 6.5，表 6.5 规定的轴压比限值是在试验研究基础上得到的。二级抗震等级框架柱轴压比限值为 0.75，可以保证其延性系数达到 3.0。

**表 6.5 框架柱的轴压比限值 $\mu_N$**

| 结构类型 | 箍筋形式 | 抗震等级 | | |
|---|---|---|---|---|
| | | 一级 | 二级 | 三级 |
| 框架结构 | 复合箍筋 | 0.65 | 0.75 | 0.85 |
| 框架-剪力墙结构、框架-筒体结构 | 复合箍筋 | 0.70 | 0.80 | 0.90 |
| 框支结构 | 复合箍筋 | 0.60 | 0.70 | 0.80 |

注：剪跨比不大于 2 的框架柱的轴压比限值应比表中数值减小 0.05。

### 2）型钢混凝土柱对纵向受力钢筋的构造要求

为了使型钢能在混凝土、纵向钢筋和箍筋的约束下发挥其强度和塑性性能，型钢混凝土柱中全部纵向受力钢筋的配筋率不宜小于 0.8%。受压侧纵筋的配筋率不应小于 0.2%，也不应超过 3%。竖向钢筋一般设置于柱的角部，但每个角上不宜多于 5 根。且在四角布置一根不小于 14 mm 的纵向钢筋。

型钢混凝土柱的竖向钢筋和型钢的总配钢率不宜超过 15%；一侧竖向钢筋的配筋率，对于 HRB335 级钢筋，不应小于 0.28%（≤C65）或 0.33%（≥C70）；对于 HRB400 级钢筋，不应小于 0.24%（≤C65）或 0.28%（≥C70）。

框架柱承受的弯矩和轴力较大，因此柱内纵向受力钢筋直径不宜小于 16 mm，以便浇筑混凝土，柱中纵向钢筋的净距不宜小于 60 mm，纵向钢筋的间距也不宜大于 300 mm，间距大于 300 mm 时，宜设置直径大于等于 14 mm 的纵向钢筋；柱纵筋与型钢的最小净距不应小于 25 mm。

纵向受力钢筋不应在中间各层节点中截断，其在框架节点区的锚固和搭接应符合《混凝土结构设计标准（2024 年版）》（GB/T 50010—2010）的要求。

### 3）型钢混凝土柱对箍筋的构造要求

在钢筋混凝土柱的试验中就已经证实截面配箍率越高，柱的延性越好，因为箍筋对混凝土的约束作用使混凝土的极限变形增大。在型钢混凝土柱中，箍筋对型钢外围混凝土的约束作用更强，柱发生大变形时，骨架曲线的下降段较为平缓，延性得以提升。箍筋对柱混凝土约

束作用的强弱，既取决于体积配箍率，还取决于箍筋抗拉强度与混凝土抗压强度的比值。

①抗震设防的型钢混凝土框架柱，下列部位应按加密要求配置箍筋。一般框架柱，上、下端各 1 ~1.5 倍截面长边或 1/6 柱净高两者中的较大值；剪跨比不大于 2 的框架柱、框支柱，一级框架角柱，箍筋应沿柱全高加密；且箍筋间距不大于 100 mm。

②型钢混凝土框架柱的箍筋最小直径、柱身一般区段和柱端加密区段的箍筋间距、肢距，均应符合表 6.6 中的规定。

**表 6.6　框架柱柱端箍筋加密区的构造要求**

<table>
<tr><th>抗震等级</th><th>箍筋加密区长度</th><th>箍筋最大间距</th><th>箍筋最小直径</th></tr>
<tr><td>一级</td><td rowspan="4">取矩形截面长边尺寸(或圆形截面直径)、层间柱净高的 1/6 和 500 mm 三者中的较大值</td><td>取纵向钢筋直径的 6 倍、100 mm 二者中的较小值</td><td>$\phi$10</td></tr>
<tr><td>二级</td><td>取纵向钢筋直径的 8 倍、100 mm 二者中的较小值</td><td>$\phi$8</td></tr>
<tr><td>三级</td><td rowspan="2">取纵向钢筋直径的 6 倍 150 mm 二者中的较小值</td><td>$\phi$8</td></tr>
<tr><td>四级</td><td>$\phi$6</td></tr>
</table>

注：① 二级抗震等级的框架柱中箍筋最小直径不小于 $\phi$10 时，其箍筋最大间距可取 150 mm。
② 剪跨比不大于 2 的框架柱、框支柱和一级抗震等级角柱应沿全长加密箍筋，箍筋间距均不应大于 100 mm。

③柱中箍筋的配置应符合《组合结构设计规范》(JGJ 138—2016)的有关规定。考虑抗震设防的型钢混凝土框架柱柱端箍筋加密区长度，箍筋最大间距和最小直径应符合表 8.4 的规定。根据《组合结构设计规范》(JGJ 138—2016)的规定，考虑地震作用组合的型钢混凝土框架柱，柱箍筋加密区段的最小体积配箍率，宜符合表 6.6 的要求。

抗震等级为一、二、三、四级的框架柱，其体积配箍率 $\rho_{sv}$ 应分别不小于 0.8%、0.6%、0.4%；计算复合箍筋的体积配箍率时，应扣除重叠部分的箍筋体积。加密区段以外柱身的体积配箍率，不宜小于表 6.7 要求的 50%。加密区长度以外，箍筋的体积配筋率不宜小于加密区配筋率的一半，并且要求一、二级抗震等级柱中箍筋间距不应大于 10$d$，三级抗震等级柱中不宜大于 15$d$（$d$ 为纵向钢筋直径）。抗震等级为一、二、三级的框架节点核心区的箍筋最小体积配筋率分别不宜小于 0.6%、0.5%、0.4%。

**表 6.7　柱端箍筋加密区的箍筋最小体积配箍率(%)**

| 抗震等级 | 箍筋形式 | 轴压比 | | |
|---|---|---|---|---|
| | | <0.4 | 0.4 ~0.5 | >0.5 |
| 一级 | 复合箍筋 | 0.8 | 1.0 | 1.2 |
| 二级 | 复合箍筋 | 0.6 ~0.8 | 0.8 ~1.0 | 1.0 ~1.2 |
| 三级 | 复合箍筋 | 0.4 ~0.6 | 0.6 ~0.8 | 0.8 ~1.0 |

注：①混凝土强度等级高于 C50 或需要提高柱变形能力或Ⅳ类场地上较高的高层建筑，柱中箍筋的最小体积配筋百分率应取表中相应项的较大值；
②当配置螺旋箍筋时，体积配筋率可减少 0.2%，但不应小于 0.4%；
③一、二级抗震等级且剪跨比不大于 2 的框架柱的箍筋体积配筋率不应小于 0.8%；
④当采用 HRB335 钢筋作箍筋时，表中数值可乘以折减系数 0.85，但不应小于 0.4%。

#### 4)型钢混凝土柱对型钢的构造要求

型钢混凝土柱中型钢的含钢率不宜小于4%，且不宜大于10%。比较合适的含钢率为5%～8%。一定数量的型钢才能使型钢混凝土柱具有比钢筋混凝土柱更高的承载力和更好的延性。若按构造措施要求配置型钢，可不受这一规定的限制。

位于底部加强部位、房屋顶层以及型钢混凝土与钢筋混凝土过渡层的型钢混凝土柱，宜增设栓钉，箱形截面的型钢芯柱也宜设置栓钉，栓钉的竖向间距和水平间距均不宜大于250 mm。

型钢采用实腹式型钢时，其腹板和翼缘的宽厚比，不应大于表6.3中规定的限值。为防止构件的粘结劈裂破坏，型钢的混凝土保护层厚度不宜小于150 mm，最小值为100 mm。

### ▶ 6.10.6 型钢混凝土组合剪力墙构造要求

型钢混凝土剪力墙端部均应配置型钢，型钢周围应配置纵向钢筋和箍筋形成暗柱。型钢混凝土剪力墙腹板部分宜采用混凝土墙板、内含钢支撑混凝土墙板或内含钢板混凝土墙板。腹板厚度一般不小于150 mm。内含钢支撑混凝土墙板、内含钢板混凝土墙板可提高剪力墙的抗剪承载力，但应注意采取适当的构造措施，防止钢支撑或钢板过早产生局部压曲而导致承载力的降低。为保证现浇混凝土剪力墙与边框柱、梁的整体作用，有边框柱、梁现浇钢筋混凝土剪力墙中的水平分布钢筋应绕过或穿过边框柱型钢，且应满足钢筋锚固长度的要求。当间隔穿过时，宜另加补强钢筋。边框柱中的型钢、纵向钢筋、箍筋配置应符合型钢混凝土柱的设计要求，边框梁可采用型钢混凝土梁或钢筋混凝土梁。当不设边框梁时，应在相应位置设置钢筋混凝土暗梁，暗梁的高度可取墙厚的2倍。

#### 1)剪力墙的厚度要求

非抗震设计的剪力墙，其截面厚度不应小于层高或剪力墙无肢长度的1/25，且无边框剪力墙的厚度不应小于180 mm。有边框剪力墙的厚度不应小于200 mm。

按一、二级抗震等级设计的型钢混凝土剪力墙截面厚度，底部加强部位不应小于层高或剪力墙无肢长度的1/16；且无边框剪力墙的厚度不应小于200 mm，有边框剪力墙的厚度不应小于180 mm。当为无边框或翼墙的一字形剪力墙时，其底部加强部位截面厚度尚不应小于层高的1/20。其他部位的厚度不应小于层高或剪力墙无肢长度的1/15，且不应小于180 mm。

按三、四级抗震等级设计的型钢混凝土剪力墙截面厚度，底部加强部位不应小于层高或剪力墙无肢长度的1/20；且无边框剪力墙的厚度不应小于180 mm，有边框剪力墙的厚度不应小于160 mm。

对框架—筒体结构或筒中筒结构的高层建筑，核心筒外墙的截面厚度不应小于层高的1/20或200 mm。

当不满足时，应按《高层建筑混凝土结构技术规程》(JGJ 3—2010)的有关部分计算墙体稳定。

对框架—筒体结构或筒中筒结构的高层建筑，按一、二级抗震等级设计的钢筋混凝土剪力墙的底部加强部位不宜小于层高的1/16。

### 2)剪力墙轴压比限值的要求

随着建筑高度的增加,剪力墙墙肢的轴向压力增大。轴压比是影响剪力墙变形能力的主要因素之一;对于相同情况的剪力墙,随着轴压比的增大,剪力墙的变形能力减小。为了保证剪力墙具有足够的变形能力,有必要限制剪力墙的轴压比。各类结构的特一、一、二、三级剪力墙在重力荷载代表值作用下的墙肢轴压比限值见表 6.8。组合剪力墙轴压比计算中考虑型钢和钢板的贡献;型钢混凝土剪力墙和带钢斜撑混凝土剪力墙的轴压比按式(6.76a)计算,钢板混凝土剪力墙的轴压比按式(6.76b)计算。

$$\mu_N = \frac{N}{f_c A_c + f_a A_a} \tag{6.76a}$$

$$\mu_N = \frac{N}{f_c A_c + f_a A_a + f_p A_p} \tag{6.76b}$$

式中　$N$——墙肢在重力荷载代表值作用下轴向压力设计值;

$A_a$——剪力墙两端暗柱中全部型钢截面面积;

$A_p$——剪力墙截面内配置的钢板截面面积。

**表 6.8　组合剪力墙轴压比限值 $\mu_N$**

| 抗震等级 | 特一级、一级(9 度) | 一级(6、7、8 度) | 二、三级 |
|---|---|---|---|
| 轴压比限值 | 0.4 | 0.5 | 0.6 |

### 3)剪力墙边缘构件的要求

剪力墙墙肢两端设置边缘构件是改善剪力墙延性的重要措施。边缘构件分为约束边缘构件和构造边缘构件两类。试验研究表明,轴压比低的墙肢,即使其端部设置构造边缘构件,在轴向力和水平力作用下仍然有比较大的弹塑性变形能力。特一、一、二、三级剪力墙墙肢底截面在重力荷载代表值作用下的轴压比大于表 6.9 的规定时,以及部分框支剪力墙结构的剪力墙,应在底部加强部位及相邻的上一层设置约束边缘构件。墙肢截面轴压比不大于表 6.9 的规定时,剪力墙可设置构造边缘构件。

**表 6.9　组合剪力墙可不设约束边缘构件的最大轴压比**

| 抗震等级 | 特一级、一级(9 度) | 一级(6、7、8 度) | 二、三级 |
|---|---|---|---|
| 轴压比限值 | 0.1 | 0.2 | 0.3 |

①型钢混凝土剪力墙。型钢混凝土剪力墙约束边缘构件包括暗柱(矩形截面墙的两端,带端柱墙的矩形端,带翼墙的矩形端)、端柱和翼墙(图 7.11)3 种形式。端柱截面边长不小于 2 倍墙厚,翼墙长度不小于其 3 倍厚度,不足时视为无端柱或无翼墙,按暗柱要求设置约束边缘构件。约束边缘构件的构造主要包括 3 个方面:沿墙肢的长度 $l_c$、箍筋配箍特征值 $\lambda_v$,以及竖向钢筋最小配筋率。表 6.10 列出了约束边缘构件沿墙肢的长度 $l_c$ 及箍筋配箍特征值 $\lambda_v$ 的要求。约束边缘构件沿墙肢的长度除应符合表 6.10 的规定外,约束边缘构件为暗柱时,还不应小于墙厚和 400 mm 的较大者,有端柱、翼墙或转角墙时,还不应小于翼墙厚度或端柱沿

墙肢方向截面高度加 300 mm。特一、一、二、三级抗震等级的型钢混凝土剪力墙端部约束边缘构件的纵向钢筋截面面积分别不应小于图 6.38 中阴影部分面积的 1.4%、1.2%、1.0%、1.0%。由表 6.10 可以看出，约束边缘构件沿墙肢长度、配箍特征值与设防烈度、抗震等级和墙肢轴压比有关，而约束边缘构件沿墙肢长度还与其结构形式有关。

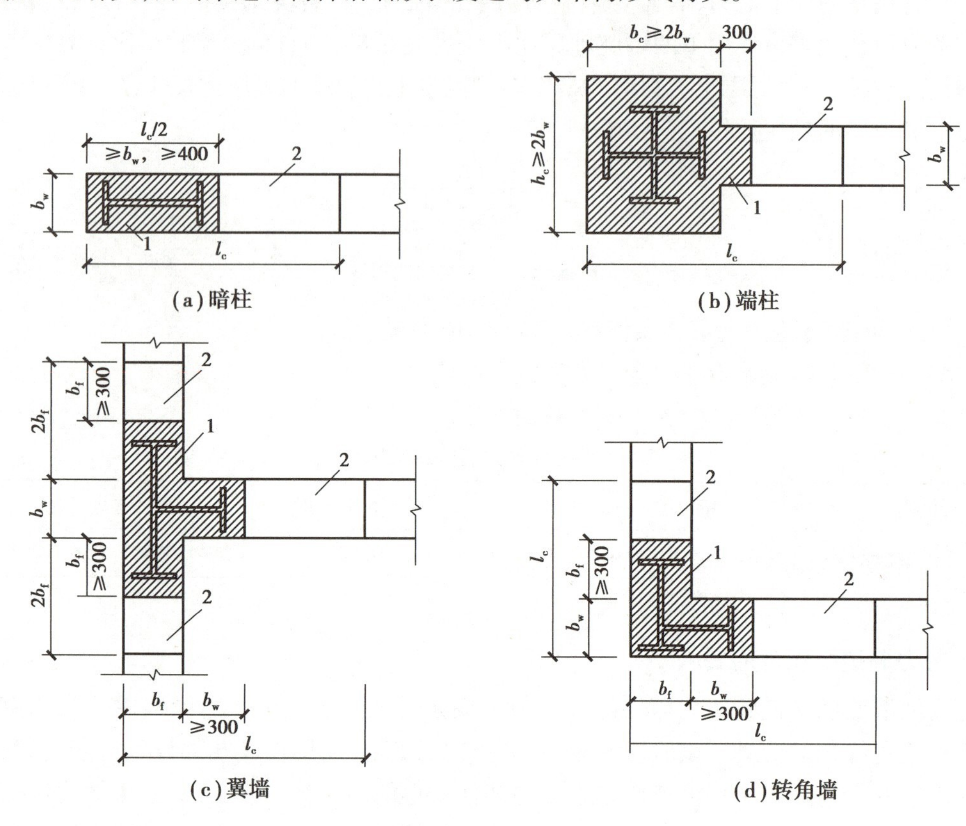


**图 6.38　型钢混凝土剪力墙约束边缘构件**

1—阴影部分；2—非阴影部分

**表 6.10　型钢混凝土剪力墙约束边缘构件沿墙肢长度 $l_c$ 及配箍特征值 $\lambda_v$**

| 抗震等级 | 特一级 | | 一级(9 度) | | 一级(6、7、8 度) | | 二、三级 | |
|---|---|---|---|---|---|---|---|---|
| 轴压比 | $n \leqslant 0.2$ | $n > 0.2$ | $n \leqslant 0.2$ | $n > 0.2$ | $n \leqslant 0.3$ | $n > 0.3$ | $n \leqslant 0.4$ | $n > 0.4$ |
| $l_c$(暗柱) | $0.2h_w$ | $0.25h_w$ | $0.2h_w$ | $0.25h_w$ | $0.15h_w$ | $0.2h_w$ | $0.15h_w$ | $0.2h_w$ |
| $l_c$(翼墙或端柱) | $0.15h_w$ | $0.2h_w$ | $0.15h_w$ | $0.2h_w$ | $0.10h_w$ | $0.15h_w$ | $0.10h_w$ | $0.15h_w$ |
| $\lambda_v$ | 0.14 | 0.24 | 0.12 | 0.20 | 0.12 | 0.20 | 0.12 | 0.20 |

注：$h_w$ 为墙肢截面长度。

配箍特征值需要换算为体积配筋率，才能进一步确定箍筋配置。箍筋体积配筋率 $\rho_v$ 按下式计算：

a. 阴影部分

$$\rho_v \geqslant \lambda_v \frac{f_c}{f_{yv}} \tag{6.77a}$$

b. 非阴影部分

$$\rho_v \geqslant \lambda_v \frac{f_c}{f_{yv}} \tag{6.77b}$$

式中　$\rho_v$——箍筋体积配筋率，计入箍筋、拉筋截面面积；当水平分布钢筋伸入约束边缘构件，绕过端部型钢后90°弯折延伸至另一排分布筋并勾住其竖向钢筋时，可计入水平分布钢筋截面面积，但计入的体积配箍率不应大于总体积配箍率的30%；

$\lambda_v$——约束边缘构件的配箍特征值；

$f_c$——混凝土轴心抗压强度设计值；当强度等级低于C35时，按C35取值；

$f_{yv}$——箍筋及拉筋的抗拉强度设计值。

约束边缘构件长度$l$范围内的箍筋配置分为两部分：图6.39中的阴影部分为墙肢端部，压应力大，要求的约束程度高，其配箍特征值取表6.10规定的数值；图6.39中约束边缘构件的无阴影部分，压应力较小，其配箍特征值可为表6.10规定值的1/2。约束边缘构件内纵向钢筋应有箍筋约束，当部分箍筋采用拉筋时，应配置不少于一道封闭箍筋。箍筋或拉筋沿竖向的间距，特一级、一级不宜大于100 mm，二、三级不宜大于150 mm。

除了要求设置约束边缘构件的各种情况外，剪力墙墙肢两端要设置构造边缘构件，如底层墙肢轴压比不大于表6.8的特一、一、二、三级剪力墙，四级剪力墙，特一、一、二、三级剪力墙约束边缘构件以上部位。型钢混凝土剪力墙构造边缘构件的范围按图6.39所示的阴影部分采用，其纵向钢筋、箍筋的设置应符合表6.11的规定。表6.11中，$A_c$为边缘构件的截面面积，即图6.39所示剪力墙的阴影部分。

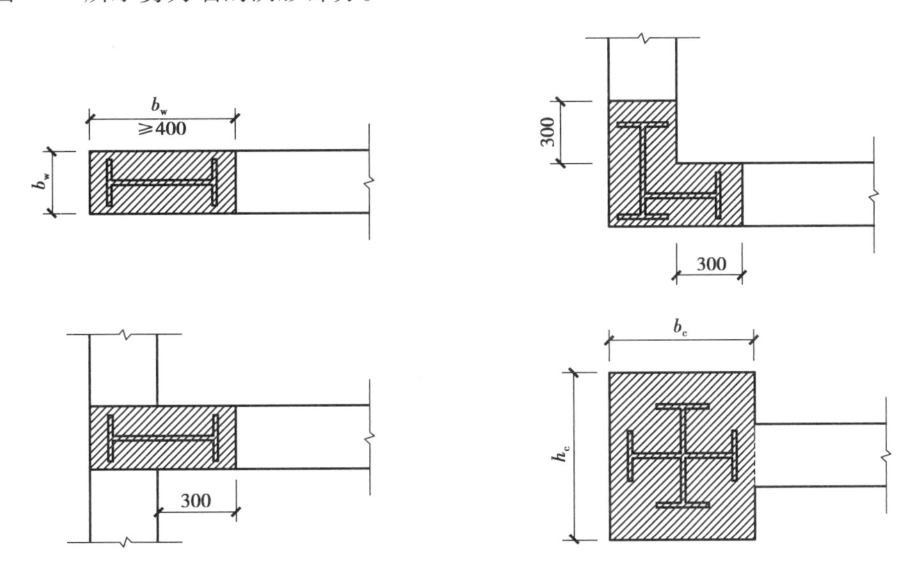


图6.39　型钢混凝土剪力墙约束边缘构件

表 6.11　型钢混凝土剪力墙构造边缘构件的配筋要求

| 抗震等级 | 底部加强部位 | | | 其他部位 | | |
|---|---|---|---|---|---|---|
| | 竖向钢筋最小量（取较大值） | 箍筋 | | 竖向钢筋最小量（取较大值） | 拉筋 | |
| | | 最小直径/mm | 沿竖向最大间距/mm | | 最小直径/mm | 沿竖向最大间距/mm |
| 特一级 | $0.012\ A_c$,$6\phi18$ | 8 | 100 | $0.012\ A_c$,$6\phi18$ | 8 | 150 |
| 一级 | $0.010\ A_c$,$6\phi16$ | 8 | 100 | $0.008\ A_c$,$6\phi14$ | 8 | 150 |
| 二级 | $0.008\ A_c$,$6\phi14$ | 8 | 150 | $0.006\ A_c$,$6\phi12$ | 8 | 200 |
| 三级 | $0.006\ A_c$,$6\phi12$ | 6 | 150 | $0.005\ A_c$,$4\phi12$ | 6 | 200 |
| 四级 | $0.005\ A_c$,$4\phi12$ | 6 | 200 | $0.004\ A_c$,$4\phi12$ | 6 | 200 |

注：$A_c$ 为构造边缘构件的截面面积，即图 6.38 剪力墙截面的阴影部分。

各种结构体系中的剪力墙，当下部采用型钢混凝土约束边缘构件，上部采用型钢混凝土构造边缘构件或钢筋混凝土构造边缘构件时，为避免剪力墙承载力突变，宜在两类边缘构件间设置 1～2 层过渡层，其密钢、纵筋和箍筋配置可低于下部约束边缘构件的规定，但应高于上部构造边缘构件的规定。

型钢混凝土剪力墙边缘构件内型钢的混凝土保护层厚度不宜小于 150 mm，水平分布钢筋应绕过墙端型钢，且符合钢筋锚固长度规定。

②钢板混凝土剪力墙。钢板混凝土剪力墙端部型钢周围应配置纵向钢筋和箍筋，组成内配型钢的约束边缘构件或构造边缘构件。边缘构件沿墙肢的长度、纵向钢筋和箍筋的设置要求同型钢混凝土剪力墙。钢板混凝土剪力墙约束边缘构件阴影部分的箍筋应穿过钢板或与钢板焊接形成封闭箍筋；阴影部分外的箍筋可采用封闭箍筋或与钢板有连接的拉筋。

③带钢斜撑混凝土剪力墙。带钢斜撑混凝土剪力墙端部型钢周围应配置纵向钢筋和箍筋，组成内配型钢的约束边缘构件或构造边缘构件。边缘构件沿墙肢的长度、纵向钢筋和箍筋的设置要求同型钢混凝土剪力墙。

#### 4)剪力墙腹部竖向和水平分布钢筋的要求

各类组合剪力墙的水平和竖向分布钢筋的最小配筋率应符合表 6.12 的规定。另外，特一级型钢混凝土剪力墙的底部加强部位的竖向和水平分布钢筋的最小配筋率为 0.4%。为增强钢板（钢斜撑）两侧钢筋混凝土对钢板（钢斜撑）的约束作用，防止钢板（钢斜撑）发生屈曲，同时加强钢筋混凝土部分与钢板（钢斜撑）的协同工作，钢板混凝土剪力墙和带钢斜撑混凝土剪力墙的水平和竖向分布钢筋的最小配筋率、间距等要求比型钢混凝土剪力墙更为严格。型钢混凝土剪力墙的分布钢筋间距不宜大于 300 mm，直径不应小于 8 mm，拉结钢筋间距不宜大于 600 mm。钢板混凝土剪力墙和带钢斜撑混凝土剪力墙的分布钢筋间距不宜大于 200 mm，拉结钢筋间距不宜大于 400 mm。

表6.12　组合剪力墙分布钢筋最小配筋率

| 抗震等级 | 剪力墙类型 | 水平和竖向分布钢筋 |
|---|---|---|
| 特一级 | 型钢混凝土剪力墙 | 0.35% |
| | 钢板混凝土剪力墙<br>带钢斜撑混凝土剪力墙 | 0.45% |
| 一级、二级、三级 | 型钢混凝土剪力墙 | 0.25% |
| | 钢板混凝土剪力墙<br>带钢斜撑混凝土剪力墙 | 0.4% |
| 四级 | 型钢混凝土剪力墙 | 0.2% |
| | 钢板混凝土剪力墙<br>带钢斜撑混凝土剪力墙 | 0.3% |

#### 5)剪力墙内置型钢、钢板及钢斜撑的要求

型钢混凝土墙的两端应配置实腹型钢暗柱。为保证混凝土对型钢的约束作用，剪力墙端部型钢的混凝土保护层厚度宜大于50 mm。有边框型钢混凝土剪力墙的边框柱，其型钢和钢筋的构造要求以及混凝土保护层厚度，与本章对型钢混凝土柱的要求相同；无边框剪力墙端部型钢的周围应配置竖向钢筋和箍筋，以形成暗柱或翼柱。剪力墙端部暗柱及约束边缘构件的尺寸、纵向钢筋、箍筋和拉筋的构造要求应符合《高层建筑混凝土结构技术规程》(JGJ 3—2010)的规定。当水平剪力很大时，可以在剪力墙腹板内增设型钢板、钢斜撑或型钢暗柱。

钢板混凝土剪力墙的内置钢板厚度不宜小于10 mm。为了保证钢板两侧的钢筋混凝土墙体能够有效约束内置钢板的侧向变形，使钢板与混凝土协同工作，内置钢板厚度与墙体厚度之比不宜大于1/15。钢板混凝土剪力墙在楼层标高处应设置型钢暗梁，使墙内钢板处于四周约束状态，保证钢板发挥抗剪、抗弯作用。内置钢板与四周型钢宜采用焊接连接。钢板混凝土剪力墙的钢板两侧应设置栓钉，以保证钢筋混凝土与钢板共同工作。栓钉布置应满足传递钢板和混凝土之间界面剪力的要求，栓钉直径不宜小于16 mm，间距不宜大于300 mm。

带钢斜撑混凝土剪力墙在楼层标高处应设置型钢，其钢斜撑与周边型钢应采用刚性连接。为防止钢斜撑局部压屈变形，钢斜撑每侧混凝土厚度不宜小于墙厚的1/4，且不宜小于100 mm。钢斜撑全长范围和横梁端1/5跨度范围内的型钢翼缘部位应设置栓钉，其直径不宜小于16 mm，间距不宜大于200 mm，以保证钢斜撑与钢筋混凝土之间的可靠连接。钢斜撑倾角宜取40°~60°。

【例6.8】　某超高层框架—核心筒结构，7度抗震设防，设计基本地震加速度为0.1$g$，设计地震分组为第一组，Ⅱ类场地。核心筒底部某一字形剪力墙墙肢的长度为5 m，根据建筑使用要求，剪力墙厚度确定为800 mm。该剪力墙的抗震等级为一级。在重力荷载代表值作用下，该剪力墙底截面的轴向压力设计值为79.2 MN。墙肢底截面有两组最不利组合的内力设计值：$M=85.2$ MN·m，$N=-109$ MN，$V=11.4$ MN；$M=85.2$ MN·m，$N=-51.6$ MN，$V=11.4$ MN。剪力墙的混凝土强度等级采用C60，纵筋和分布钢筋采用HRB 400级钢筋，钢板

和型钢采用 Q355GJ 钢。试设计该剪力墙墙肢。

**【解】** ①轴压比限值计算。若采用钢筋混凝土剪力墙,轴压比:

$$n=\frac{N}{f_cA_c}=\frac{79.2\times10^6}{27.5\times4\times10^6}=0.72$$

根据规范要求,抗震等级为一级(7 度)时,钢筋混凝土剪力墙的轴压比限值为 0.5。钢筋混凝土剪力墙 $n=0.72>0.5$,故不能采用钢筋混凝土剪力墙。若采用型钢混凝土剪力墙,端部型钢采用 H 型钢,截面为 428 mm×407 mm×20 mm×35 mm,$A=36\ 140$ mm,型钢混凝土剪力墙的轴压比:

$$n=\frac{N}{f_cA_c+f_aA_a}$$

$$=\frac{79.2\times10^6}{27.5\times(4\times10^6-2\times36\ 140)+310\times(2\times36\ 140)}$$

$$=0.61>0.5(\text{不满足要求})$$

需采用钢板混凝土剪力墙, 钢板长度取 3 750 mm, 则边缘构件内部型钢的混凝土保护层厚度为:

$$\frac{5\ 000-3\ 750-428\times2}{2}\ \text{mm}=197\ \text{mm}>150\ \text{mm}(\text{满足构造要求})$$

设钢板厚度为 $x$,因为钢板混凝土剪力墙需满足轴压比设计,即

$$n=\frac{N}{f_cA_c+f_aA_a+f_pA_p}$$

$$=\frac{79.2\times10^6}{27.5\times(4\times10^6-72\ 280-3\ 750x)+310\times72\ 280+310\times3\ 750x}<0.5$$

解得 $x>26.4$ mm,即所需钢板最小厚度为 26.5 mm。

取钢板厚度为 30 mm,$A_p=112\ 500\ \text{mm}^2$,则采用钢板混凝土剪力墙的轴压比。

$$n=\frac{N}{f_eA_e+f_aA_n+f_pA_n}=0.49<0.5(\text{满足要求})$$

②边缘构件设计。由于轴压比 $n=0.49>0.3$,查表 6.10 可知 $l_c=0.2h_w=0.2\times5\ 000\ \text{mm}=1\ 000\ \text{mm}$($h_w$ 为墙肢截面长度)。当约束边缘构件为暗柱时,约束边缘构件长度不应小于墙厚和 400 mm 的较大者,即 $l_c=1\ 000\ \text{mm}>\max(b_w=800\ \text{mm},400\ \text{mm})$,符合要求,故 $l_c$ 取值为 1 000 mm。

约束边缘构件阴影部分的长度 $\max(b_w,0.5l_c,400\ \text{mm})=800$ mm。一级抗震等级的钢板混凝土剪力墙端部约束边缘构件的纵向钢筋截面面积不应小于计算阴影部分面积的 1.2%。即

$$A_s\geqslant800\ \text{mm}\times800\ \text{mm}\times1.2\%=76\ 800\ \ \text{mm}^2$$

实配 20 根直径 25 mm 的钢筋,$A_s=9\ 820\ \text{mm}^2$。

查表 6.10 可知,当 $n>0.3$ 时,约束边缘构件的配箍特征值应为 0.20。$\lambda_v=0.20$ 时箍筋体积配筋率:

$$\rho_v=\lambda_v\frac{f_c}{f_{yv}}=0.2\times\frac{27.5}{360}=1.53\%$$

箍筋直径14 mm,间距80 mm,布置方式如图6.40所示,则实际体积配筋率为1.68%,满足要求。

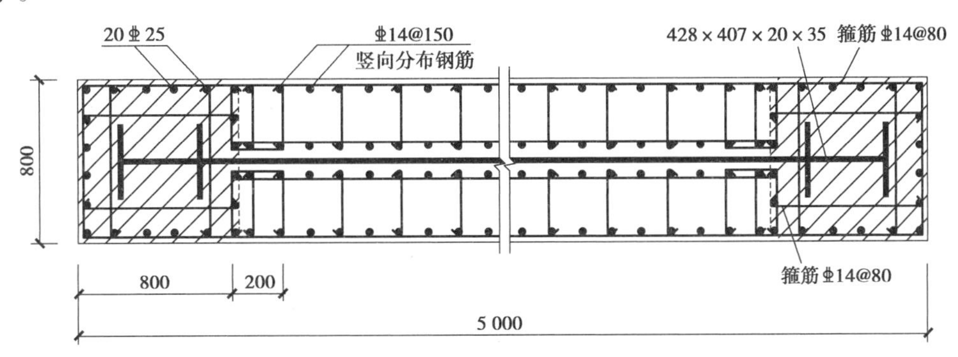


图6.40　题6.8的剪力墙算例配筋图

③偏心受压承载力验算。钢板混凝土剪力墙的分布钢筋间距不宜大于200 mm,查表6.12可知,抗震等级为一级时,钢板混凝土剪力墙分布钢筋最小配筋率为0.4%。

根据构造要求,采用4排分布钢筋,钢筋直径采用14 mm,间距为150 mm,则分布钢筋154×4配筋率为: $\dfrac{154\times4}{800\times150}=0.51\%>0.4\%$(符合要求)

剪力墙边缘构件除阴影部分外的竖向分布钢筋总面积 $A_{sw}=154\times4\times23\ \text{mm}^2=14\ 168\ \text{mm}^2$。

受拉端钢筋、型钢合力点至截面受拉边缘的距离 $a_a=a_s=197\ \text{mm}+\dfrac{428}{2}\ \text{mm}=411\ \text{mm}$。

剪力墙边缘构件除阴影部分外的竖向分布钢筋配置高度 $h_{sw}=5\ 000-(411\times2-50)\times2=3\ 456\ \text{mm}$(50 mm为最外侧钢筋中心到剪力墙边缘的距离)。

受压区混凝土应力图形影响系数$\beta$,当混凝土强度等级不超过C50时,$\beta$取0.8,当混凝土强度等级为C80时,$\beta$取0.74,其间按线性内插法确定。因为采用C60,故$\beta$取0.78。

钢筋弹性模量 $E_s=2\times10^5\ \text{N/mm}^2$。

界限相对受压区高度

$$\xi_b=\frac{\beta_1}{1+\dfrac{f_y+f_a}{2\times0.003E_s}}=\frac{0.78}{1+\dfrac{360+310}{2\times0.003\times2\times10^5}}=0.501$$

$$h_{w0}=h_w-a=5\ 000\ \text{mm}-411\ \text{mm}=4\ 589\ \text{mm}$$

受压区混凝土应力影响系数$\alpha_1$,当混凝土强度等级不超过C50时,$\alpha_1$取1.0,当混凝土强度等级为C80时,$\alpha_1$取0.94,其间按线性内插法确定。因为采用C60,故$\alpha_1$取0.98。

(1)对于第一组最不利荷载组合

$$N\leqslant\frac{1}{\gamma_{RE}}(\alpha_1 f_c b_w x+f'_a A'_a+f'_y A'_s-\sigma_a A_a-\sigma_s A_s+N_{sw}+N_{pw})$$

假设 $x\leqslant\beta_1 h_{w0}$, $x\leqslant\xi_b h_{w0}$,则

$$N_{sw}=\left(1+\frac{x-\beta_1 h_{w0}}{0.5\beta_1 h_{sw}}\right)f_{yw}A_{sw}$$

$$N_{pw}=\left(1+\frac{x-\beta_1 h_{w0}}{0.5\beta_1 h_{pw}}\right)f_p A_p$$

$$\sigma_s=f_y;\sigma_a=f_a$$

所以：

$$x=\frac{\gamma_{RE}N-\left(1-\frac{\beta_1 h_{w0}}{0.5\beta_1 h_{sw}}\right)f_{yw}A_{sw}-\left(1-\frac{\beta_1 h_{w0}}{0.5\beta_1 h_{pw}}\right)f_pA_p}{\alpha_1 f_c b_w+\frac{f_{yw}A_{sw}}{0.5\beta_1 h_{sw}}+\frac{f_pA_p}{0.5\beta_1 h_{pw}}}$$

$$=\frac{0.85\times1.09\times10^8-\left(1-\frac{0.78\times4\ 589}{0.5\times0.78\times3\ 456}\right)\times360\times14\ 168}{0.98\times27.5\times800+\frac{360\times14\ 168}{0.5\times0.78\times3\ 456}+\frac{310\times1.125\times10^5}{0.5\times0.78\times3\ 750}}$$

$$-\frac{\left(1-\frac{0.78\times4\ 589}{0.5\times0.78\times3\ 750}\right)\times310\times112\ 500}{0.98\times27.5\times800+\frac{360\times14\ 168}{0.5\times0.78\times3\ 456}+\frac{310\times1.125\times10^5}{0.5\times0.78\times3\ 750}}$$

$$=3\ 081.4(\text{mm})$$

$$n=\frac{N}{f_cA_c+f_aA_a}=\frac{79.2\times10^6}{27.5\times4\times10^6}=0.61>0.5(\text{不符合要求})$$

$\beta_1 h_{w0}0.78\times4\ 589\text{mm}=3\ 579.42\ \text{mm}>x>\xi_b h_{w0}=0.501\times4\ 589\ \text{mm}=2\ 299.1\ \text{mm}$
此时

$$\sigma_s=\frac{f_y}{\xi_b-\beta_1}\left(\frac{x}{h_{w0}}-\beta_1\right)$$

$$\sigma_a=\frac{f_a}{\xi_b-\beta_1}\left(\frac{x}{h_{w0}}-\beta_1\right)$$

将上式重新代回原式，解得

$$x=2\ 935.2\ \text{mm}>\xi_b h_{w0}$$

$$M_{aw}=\left[0.5-\left(\frac{x-\beta_1 h_{w0}}{\beta_1 h_{sw}}\right)^2\right]f_{yw}A_{sw}h_{sw}$$

$$=\left[0.5-\left(\frac{2\ 935.2-0.78\times4\ 589}{0.78\times3\ 456}\right)^2\right]\times360\times14\ 168\times3\ 456\ \text{N}\cdot\text{mm}$$

$$=7.81\times10^9\ \text{N}\cdot\text{mm}$$

所以

$$M_{pw}=\left[0.5-\left(\frac{x-\beta_1 h_{w0}}{\beta_1 h_{pw}}\right)^2\right]f_pA_ph_{pw}$$

$$=\left[0.5-\left(\frac{2\ 935.2-0.78\times4\ 589}{0.78\times3\ 750}\right)^2\right]\times310\times112\ 500\times3\ 750\ \text{N}\cdot\text{mm}$$

$$=5.9\times10^{10}\ \text{N}\cdot\text{mm}$$

所以

$$\frac{1}{\gamma_{RE}}\left[\alpha_1 f_c b_w x\left(h_{w0}-\frac{x}{2}\right)+f'_aA'_a(h_{w0}-\alpha'_a)+f'_yA'_s(h_{w0}-\alpha'_s)+M_{sw}+M_{pw}\right]$$

$$=\frac{0.98\times27.5\times800\times2\,935.2\times\left(4\,589-\frac{2\,089.52}{2}\right)+310\times36\,140\times(4\,589-411)}{0.85}+$$

$$\frac{360\times9\,820\times(4\,589-411)+7.81\times10^{9}+5.9\times10^{10}}{0.85}$$

$$=3.83\times10^{11}\ \text{N}\cdot\text{mm}$$

$$e_0=\frac{M}{N}=\frac{85.2\times10^{9}}{1.09\times10^{8}}\ \text{mm}=7.82\times10^{2}\ \text{mm}$$

$$e_0=e_0+\frac{h_w}{2}-a=7.82\times10^{2}\ \text{mm}+\frac{5\,000}{2}\ \text{mm}-411\ \text{mm}=2.87\times10^{3}\ \text{mm}$$

$$Ne=(1.09\times10^{8}\times2.87\times10^{3})\ \text{N}\cdot\text{mm}$$

$$=3.13\times10^{11}\ \text{N}\cdot\text{mm}<3.83\times10^{11}\ \text{N}\cdot\text{mm}\text{（承载力符合要求）}$$

（2）对于第二组最不利荷载组

假设 $x\leqslant\beta_1 h_{w0}$，$x\leqslant\xi_b h_{w0}$，解得 $x=2\,089.539\ \text{mm}<\xi_b h_{w0}=2\,299.1\ \text{mm}$，$x\leqslant\beta_1 h_{w0}=3\,579.42\ \text{mm}$。假设成立。

此时

$$M_{sw}=\left[0.5-\left(\frac{x-\beta_1 h_{w0}}{\beta_1 h_{sw}}\right)^2\right]f_{yw}A_{sw}h_{sw}$$

$$=\left[0.5-\left(\frac{2\,089.539-0.78\times4\,589}{0.78\times3\,456}\right)^2\right]\times360\times14\,168\times3\,456\ \text{N}\cdot\text{mm}$$

$$=3.43\times10^{9}\ \text{N}\cdot\text{mm}$$

$$M_{pw}=\left[0.5-\left(\frac{x-\beta_1 h_{w0}}{\beta_1 h_{sw}}\right)^2\right]f_p A_p h_{pw}$$

$$=\left[0.5-\left(\frac{2\,089.539-0.78\times4\,589}{0.78\times3\,750}\right)^2\right]\times310\times112\,500\times3\,750\ \text{N}\cdot\text{mm}$$

$$=3.15\times10^{10}\ \text{N}\cdot\text{mm}$$

所以

$$\frac{1}{\gamma_{RE}}\left[\alpha_1 f_c b_w x\left(h_{w0}-\frac{x}{2}\right)+f'_a A'_a(h_{w0}-\alpha'_a)+f'_y A'_s(h_{w0}-\alpha'_s)+M_{sw}+M_{pw}\right]$$

$$=\frac{0.98\times27.5\times800\times2\,089.539\times\left(4\,589-\frac{2\,089.539}{2}\right)+310\times36\,140\times(4\,589-411)}{0.85}$$

$$+\frac{360\times9\,820\times(4\,589-411)+3.43\times10^{9}+3.15\times10^{10}}{0.85}$$

$$=3.01\times10^{11}\ \text{N}\cdot\text{mm}$$

$$e_0=\frac{M}{N}=\frac{85.2\times10^{9}}{51.6\times10^{6}}\ \text{mm}=1.65\times10^{3}\ \text{mm}$$

$$e_0=e_0+\frac{h_w}{2}-a=1.65\times10^{3}\ \text{mm}+\frac{5\,000}{2}\ \text{mm}-411\ \text{mm}=3.74\times10^{3}\ \text{mm}$$

$$N_e=(51.6\times10^{6}\times3.74\times10^{3})\ \text{N}\cdot\text{mm}$$

$=1.93\times10^{11}\ \text{N}\cdot\text{mm}<3.01\times10^{11}\ \text{N}\cdot\text{mm}$(承载力符合要求)

综上所述,该钢板混凝土剪力墙满足偏心受压承载力计算。

**4)斜截面受剪承载力验算**

为了加强一级剪力墙底部加强部位的受剪承载力,避免过早出现剪切破坏,实现强剪弱弯,墙肢截面组合的剪力设计值应按下式进行调整

$$V=\eta_{vw}V_w=(1.6\times11.4\times10^6)\text{N}=1.82\times10^7\ \text{N}$$

计算截面处的前跨比 $\lambda=M/Vh_{w0}$,当 $\lambda<1.5$ 时,取 1.5;当 $\lambda<2.2$ 时,取 2.2。$\lambda=M/Vh_{w0}=1.02<1.5$,故取 $\lambda=1.5$。

因为剪跨比 $\lambda<1.5$,所以

$$V_{cw}=V-\frac{1}{\gamma_{RE}}\left(\frac{0.25}{\lambda}f_aA_{a1}+\frac{0.5}{\lambda-0.5}f_pA_p\right)$$

$$=1.82\times10^7\ \text{N}-\frac{\frac{0.25}{1.5}\times310\times36\ 140+\frac{0.5\times310\times112\ 500}{1.5-0.5}}{0.85}\text{N}$$

$$=-4.51\times10^6\ \text{N}$$

又 $\beta_c=0.93$,所以

$$\frac{1}{\gamma_{RE}}(0.15\beta_cf_cb_wh_{w0})=\frac{0.15\times0.93\times27.5\times800\times4\ 589}{0.85}=1.66\times10^7\ \text{N}>V_{cw}\text{(符合要求)}$$

剪力墙的轴力设计值,若剪力墙受压,$N$ 取正值,且 $N>0.2f_cb_wh_w$ 时,取 $0.2f_cb_wh_w$。$N=\min(51.6\times10^6,0.2f_cb_wh_w)=2.2\times10^7\ \text{N}\cdot\text{mm}$

$$\frac{1}{\gamma_{RE}}\left[\frac{1}{\lambda-0.5}\left(0.4f_tb_wh_{w0}+0.1N\frac{A_w}{A}\right)+0.8f_{yh}\frac{A_{sh}}{s}h_{w0}+\frac{0.25}{\lambda}f_aA_{a1}+\frac{0.5}{\lambda-0.5}f_pA_p\right]$$

$$=\frac{\frac{0.4\times2.04\times800\times4\ 589+0.1\times2.2\times10^7}{1.5-0.5}+0.8\times360\times\frac{616}{150}\times4\ 589}{0.85}+$$

$$\frac{\frac{0.25\times310\times36\ 140}{1.5}+\frac{0.5\times310\times112\ 500}{1.5-0.5}}{0.85}$$

$$=3.52\times10^7\ \text{N}>V$$

综上所述,该钢板混凝土剪力墙满足斜截面受剪承载力验算。

## 本章小结

1.混凝土中以配型钢为主的构件称为型钢混凝土构件。以配钢型式区分型钢混凝土构件分为配实腹型钢和配角钢骨架空腹式配钢两大类。在配实腹钢的型钢混凝土构件中必需配置一定数量的钢箍与必要的构造或受力纵筋,以保证型钢外围混凝土的可靠约束。

2.型钢混凝土结构具有强度高、刚度大、延性好、抗震性能好、结构截面小等一系列优点,故广泛适用于高层、超高层建筑,大跨、重载建构筑物和高耸结构等,尤其适用于地震区上述

建构筑物。

3. 型钢混凝土构件中,型钢与混凝土的粘结力较小,滑移较大,对强度、变形及裂缝均有影响,不可忽略,尤其是在配实腹钢的型钢混凝土结构计算时,应当考虑粘结滑移的影响。由于粘结滑移的影响,对于配实腹钢的型钢混凝土构件而言,平截面假定已经不再成立,但是在配实腹钢的型钢混凝土梁柱正截面承载能力计算时,可以采用修正平截面假定与减小了的混凝土极限压应变来考虑粘结滑移的影响,这样可使计算大为简化。

4. 配实腹钢的型钢混凝土梁正截面受弯计算时根据中和轴位置不同,分为 3 种情况。因此,计算时应先由 $x$ 值判断属于何种情况,然后按照相应的应力图形进行计算。

5. 影响型钢混凝土梁柱剪切性能有诸多因素,其中剪跨比与轴压比的影响明显,必须考虑。剪切破坏主要有 3 种破坏形态,由于粘结滑移的影响,容易发生剪力粘结破坏。通过试验,取 3 种破坏形态中剪切强度较低的破坏形态作为梁柱剪切强度的计算依据而得出型钢混凝土梁柱斜截面剪切承载能力计算公式。

6. 影响型钢混凝土柱的强度有诸多因素,其中偏心距是主要因素之一。主要与偏心距有关,型钢混凝土柱正截面破坏有两种破坏形态,即大偏心受压与小偏心受压。可以根据两种破坏形态各自的应力图形得出型钢混凝土柱正截面承载能力计算公式。

7. 相比普通钢筋混凝土剪力墙,钢与混凝土组合剪力墙具有更高的承载力、延性和耗能能力。钢板混凝土剪力墙和带钢斜撑混凝土剪力墙具有较高的受剪承载力,适用于核心筒中剪力需求较大的部位。

8. 钢与混凝土组合剪力墙的偏心受压承载力计算采用基于平截面假定的计算方法,偏心受拉承载力采用 $M-N$ 相关曲线受拉段近似线性计算,斜截面受剪承载力采用叠加方法进行计算。

9. 钢与混凝土组合剪力墙的轴压比需控制在一定限值内,以保证剪力墙具有足够的变形能力。

10. 钢与混凝土组合剪力墙两端需设置边缘构件以改善剪力墙的延性。边缘构件沿墙肢的长度、纵向钢筋和箍筋的设置需满足相关构造要求。

11. 节点是连接框架梁柱的关键部位,受力复杂,又非常重要。因此应当十分重视节点的计算与构造。特别是在水平力作用下,节点经常发生剪切破坏,因此一般按照剪切计算设计框架节点。地震区建构筑物及高层、超高层建筑与高耸建筑中的框架节点设计尤应重视。

## 习　题

6.1　型钢混凝土构件与钢筋混凝土构件相比有哪些优点?

6.2　在型钢混凝土梁中,为保证型钢与混凝土共同作用应采取哪些措施?

6.3　在型钢混凝土梁中,型钢的截面形式有哪些? 什么是充满型实腹型钢混凝土梁?

6.4　型钢混凝土梁是由型钢、钢筋和混凝土共同受力,应怎样计算截面的有效高度 $h_0$?

6.5　在型钢混凝土梁中,设置箍筋的作用是什么?

6.6　型钢混凝土梁的破坏形态主要有哪些?

6.7　基于平截面假定的型钢混凝土梁受弯承载力计算采用了哪些基本假定？按照这些基本假定如何进行正截面承载力计算？

6.8　影响型钢混凝土梁斜截面受剪性能的因素有哪些？

6.9　剪跨比 $\lambda$ 对型钢混凝土梁抗剪承载力有哪些影响？

6.10　型钢混凝土梁为什么不会发生受剪斜拉破坏？

6.11　型钢混凝土梁受剪截面尺寸限制条件的意义是什么？

6.12　型钢混凝土梁斜截面受剪承载力是钢筋混凝土部分和型钢部分承载力的简单叠加吗？

6.13　影响型钢混凝土梁裂缝宽度的主要因素有哪些？

6.14　简述裂缝宽度验算的基本思路和方法。

6.15　型钢混凝土轴心受压柱有哪些破坏形式？

6.16　在计算型钢混凝土柱的轴向承载力和正截面强度时为何不考虑箍筋作用？

6.17　型钢混凝土偏心受压短柱的强度主要取决于哪些因素？

6.18　型钢混凝土偏心受压短柱的破坏有哪几种？各类破坏的破坏形态如何？

6.19　型钢混凝土偏心受压柱的正截面破坏形态有哪几种？其破坏特点如何？

6.20　如何判断型钢混凝土柱是大偏心受压破坏还是小偏心受压破坏？

6.21　为什么型钢混凝土柱的变形性能比钢筋混凝土柱好？

6.22　型钢混凝土短柱的剪切破坏形态有哪几种？

6.23　在型钢混凝土柱的斜截面受剪承载力计算中，是否考虑型钢翼缘板的作用？为什么？

6.24　型钢混凝土柱的剪切破坏形态与哪些因素有关？

6.25　改善柱的抗震性能的有效途径有哪些？

6.26　影响型钢混凝土柱抗震性能的因素有哪些？

6.27　型钢混凝土剪力墙有哪几种截面形式？

6.28　型钢混凝土剪力墙、钢板混凝土剪力墙和带钢斜撑混凝土剪力墙中，型钢、钢板和钢斜撑的受力作用分别有哪些？

6.29　无边框型钢混凝土剪力墙与有边框型钢混凝土剪力墙的斜截面计算有什么不同？为什么？如何表达？

6.30　型钢混凝土剪力墙正截面承载力计算有哪些基本假定？

6.31　型钢混凝土剪力墙偏心受压正截面承载力的设计原则是什么？

6.32　型钢混凝土剪力墙正截面承载力计算包括几部分？

6.33　型钢混凝土剪力墙中的型钢暗柱有哪些作用？

6.34　影响型钢混凝土节点抗剪承载力的主要因素有哪些？

6.35　型钢混凝土框架节点域受剪承载力验算设计原则是什么？

6.36　简述型钢混凝土剪力墙抗剪承载力的计算方法。

6.37　如何控制各类钢-混凝土组合剪力墙的受剪截面？

6.38　如何计算各类钢-混凝土组合剪力墙的轴压比？

6.39　型钢混凝土剪力墙约束边缘构件的构造要求与哪些因素有关？

6.40　型钢混凝土剪力墙和钢板混凝土剪力墙的分布钢筋要求有何不同？并说明原因。

6.41　某一框架梁采用型钢混凝土结构，如图6.41所示，该梁的截面尺寸为$b$=500 mm，$h$=650 mm，型钢型号为型钢I36a（360×136×10×15.8），纵向钢筋4Φ25，箍筋采用Φ8@200，混凝土强度等级为C30，型钢采用Q355钢，钢筋采用HRB335，箍筋采用HPB235，该梁承受的弯矩设计值为$M$=500 kN·m，$V$=900 kN。试验算此梁的正截面抗弯承载力和斜截面抗剪承载力。

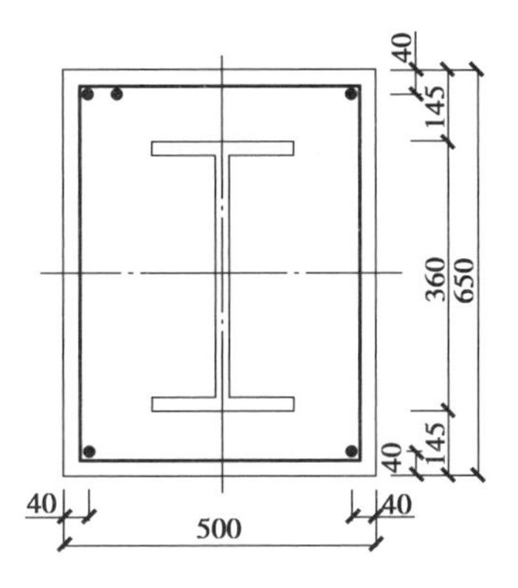


图6.41　题6.41截面示意图

6.42　某一框架梁采用型钢混凝土结构，如图6.42所示，该梁的截面尺寸为$b$=350 mm，$h$=600 mm，采用焊接工字型钢（400×200×10×16），纵向钢筋2Φ22，混凝土强度等级为C30，型钢采用Q235钢，钢筋采用HRB335，该梁承受的弯矩设计值为$M$=420 kN·m，试验算此梁的正截面抗弯承载力。

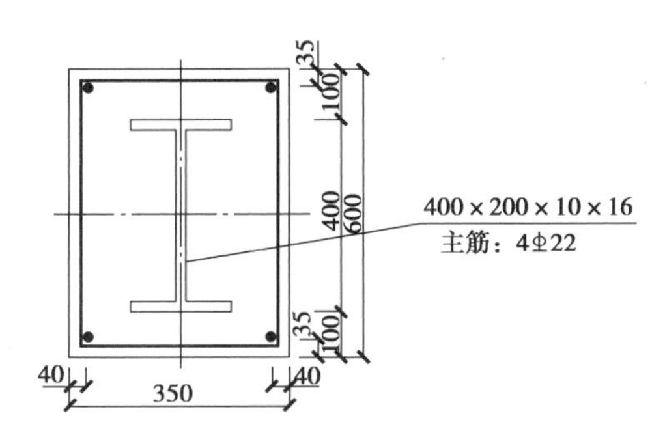


图6.42　题6.42截面示意图

6.43　某一框架梁采用型钢混凝土结构，如图6.42所示，该梁的截面尺寸为$b$=350 mm，$h$=600 mm，混凝土强度等级为C30，采用焊接工字型钢（400×200×10×16），型钢采用Q235钢，箍筋采用HPB235，Φ8@200，该梁承受的剪力设计值为$V$=700 kN，试验算此梁的斜截面抗剪承载力。

6.44　某型钢混凝土柱截面$b$×$h$=550 mm×650 mm。如图6.43所示，该柱采用的混凝土强度等级为C30，纵向钢筋采用HRB335，柱内型钢采用Q355钢，型钢采用400×300×13.5×24，纵向钢筋用12Φ25，该柱需承受的弯矩设计值$M_x$=1 200 kN·m，轴向压力的设计值$N$=4 000 kN·m，试对该柱进行正截面设计（$\eta$=1.0）。

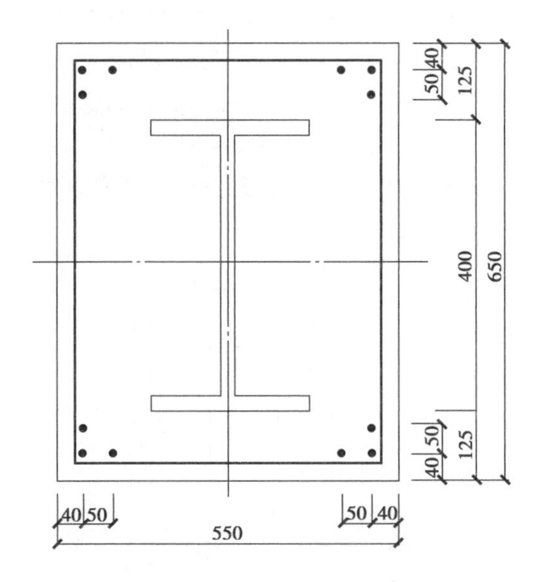


图 6.43　题 6.44 截面示意图

6.45　某一型钢混凝土框架柱净高为 3.0 m，截面尺寸为 400 mm×500 mm，在竖向荷载与地震作用组合下，柱端的内力设计值分别为：剪力 $V$=350 kN，轴向力 $N$=1 400 kN，弯矩为 $M$=160 kN · m。柱内型钢采用 Q235 钢，采用焊接组合截面，其翼缘为 2-200×16，腹板为 1-300×8，纵筋采用 HRB335 级，箍筋采用 HPB235 级，混凝土强度等级为 C30。试计算该柱箍筋用量。

6.46　设有一带边框型钢混凝土剪力墙，已知其内力、截面尺寸以及其边框梁、柱内的型钢和钢筋(图 6.44)。混凝土强度等级为 C40；型钢为 Q235 号钢；边框梁、柱内的主筋采用 HPB235 钢筋；箍筋采用 HPB235 钢筋；腹板内的水平和竖向分布钢筋也都采用 HPB235 钢筋。作用在该有边框型钢混凝土剪力墙上的竖向压力、水平剪力和弯矩设计值分别为 $N$=8 110 kN，$V$=1 950 kN，$M$=19 810 kN · m。8 度设防，试按照剪力墙正截面偏压和斜截面受剪两种受力状态的承载力计算，确定该型钢混凝土墙内腹板内的水平和竖向分布钢筋配筋。

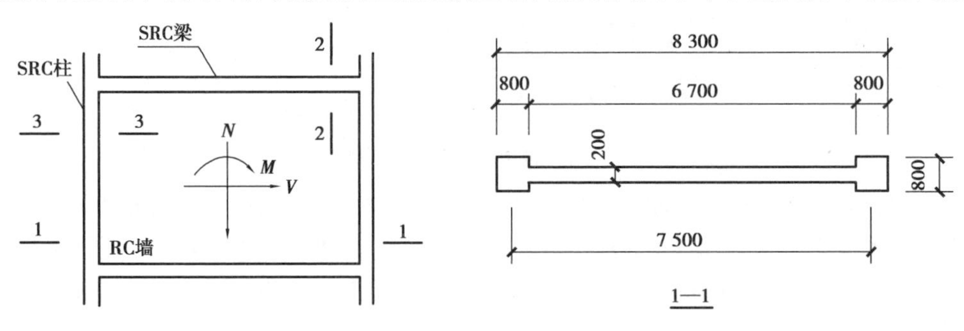

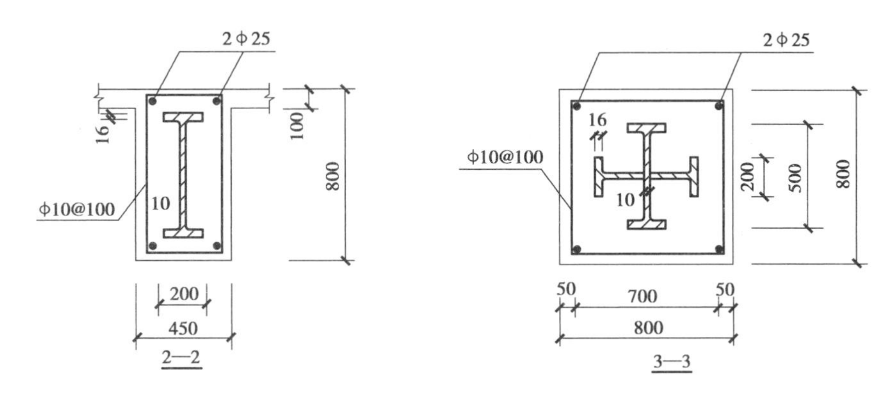


图6.44　题6.46截面示意图

6.47　某工程初步设计时,某一钢筋混凝土框架柱采用C40混凝土,经SATWE计算后得到该框架柱的最不利内力的设计值为:$M$=2 150 kN·m,$N$=12 123 kN;如果采用型钢混凝土柱,截面采用600 mm×800 mm,柱内型钢采用Q235钢,轴压比限制为0.8,试用型钢混凝土柱计算图表法确定柱的截面。

6.48　某一有边框型钢混凝土剪力墙的截面尺寸,如图6.45所示,型钢所用钢材为Q355,混凝土强度等级为C30。竖向分布钢筋采用HRB335,水平分布钢筋采用HPB235,考虑地震作用组合时的内力设计值为$M$=58 000 kN·m,$N$=14 500 kN,$V$=4 200 kN。试对该有边框型钢混凝土剪力墙中的型钢截面及配筋进行设计。

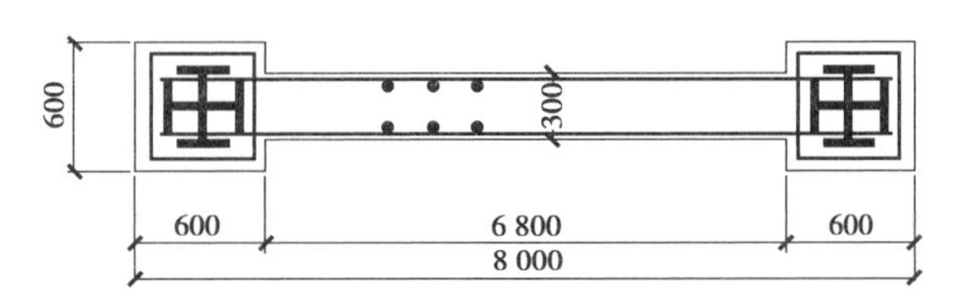


图6.45　题6.48截面示意图

6.49　有一型钢混凝土柱,其截面$b×h$=550 mm×900 mm。该柱采用的混凝土强度等级为C40,纵向钢筋采用HRB335,柱内型钢采用Q355钢,该柱需承受的弯矩设计值$M_x$=2 700 kN·m,轴向压力的设计值$N$ =5 900 kN,试设计该型钢混凝土柱。

6.50　某超高层框架-核心筒结构,7度抗震设防,设计基本地震加速度为0.15$g$,设计地震分组为第一组,Ⅲ类场地。核心筒底部某一字形剪力墙墙肢的长度为7 m,厚度为1 000 mm,抗震等级为一级。在重力荷载代表值作用下,该剪力墙底截面的轴向压力设计值为142 MN。采用钢板混凝土剪力墙进行设计,混凝土强度等级采用C60,纵筋和分布钢筋采用HRB400级钢筋,钢板和型钢采用Q355GJ钢。试选取合适的端部型钢截面,并确定满足轴压比限值要求的最小钢板厚度。

6.51　某高层框架-核心筒结构,8度抗震设防,设计基本地震加速度为0.2$g$,设计地震分组为第二组,Ⅱ类场地。核心筒底部某一字形剪力墙墙肢的长度为4 m,厚度为600 mm,抗震等级为特一级。在重力荷载代表值作用下,该剪力墙底截面的轴向压力设计值为28.5 MN。墙肢底截面有两组最不利组合的内力设计值:$M$=35.8 MN·m,$N$=-39.2 MN,$V$=5.12 MN;$M$=35.8 MN·m,$N$=-10.3 MN,$V$ =5.12 MN。剪力墙的混凝土强度等级采用C60,纵筋和分布钢筋采用HRB400级钢筋,钢板和型钢采用Q355GJ钢。试设计该剪力墙墙肢。

# 第7章 钢管混凝土结构

**基本要求：**

(1)熟悉钢管混凝土结构的特点,理解钢管混凝土结构的工作原理和基本性能。

(2)掌握圆形和矩形钢管混凝土轴心受压构件、偏心受压(压弯)构件的设计方法。

(3)掌握圆形和矩形钢管混凝土构造要求的一般规定。

## 7.1 钢管混凝土结构的基本概念及特点

### 7.1.1 钢管混凝土结构基本概念

钢管混凝土是指在钢管中填充混凝土而形成的构件,按截面形式不同,可分为方钢管混凝土、圆钢管混凝土和多边形钢管混凝土等,工程中常用的几种截面形式有圆形、正方形和矩形,如图7.1—图7.3所示。实际结构中,根据钢管作用的差异,钢管混凝土柱又可分为两种形式:一是组成钢管混凝土的钢管和混凝土在受荷初期即共同受力,如图7.2(a)所示;二是外加荷载仅作用在核心混凝土上,钢管只起对其核心混凝土的约束作用,即所谓的钢管约束混凝土柱,如图7.2(b)所示。本书主要论述实际工程中常用的圆形截面钢管混凝土(以下简称“圆钢管混凝土”)结构、正方形截面钢管混凝土(以下简称“方钢管混凝土”)结构和矩形截面钢管混凝土(以下简称“矩形钢管混凝土”)结构,且钢管和混凝土在受荷初期就共同承受外荷载的情况。

### 7.1.2 钢管混凝土结构的特点

钢管混凝土结构具有下述特点。

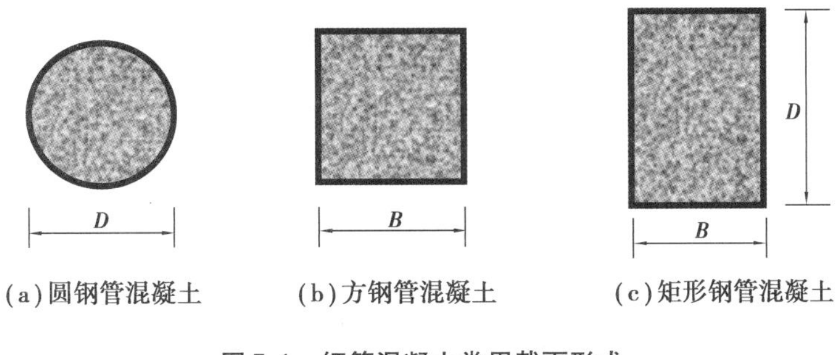


(a)圆钢管混凝土　(b)方钢管混凝土　(c)矩形钢管混凝土

图7.1　钢管混凝土常用截面形式

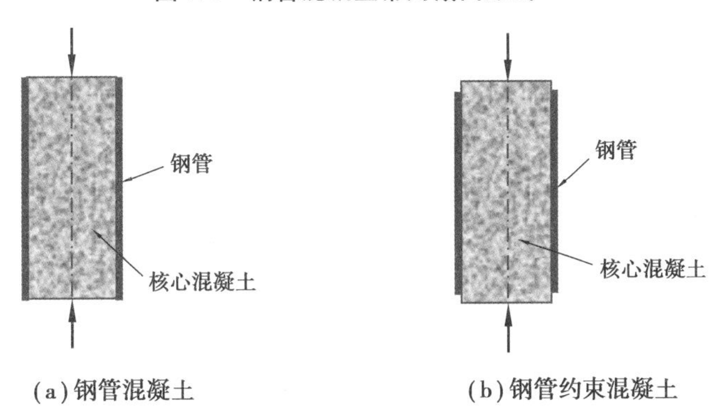


(a)钢管混凝土　(b)钢管约束混凝土

图7.2　钢管混凝土和钢管约束混凝土

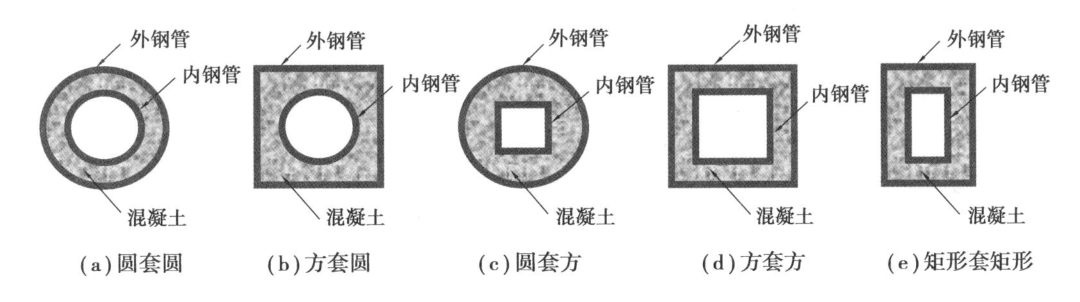


(a)圆套圆　(b)方套圆　(c)圆套方　(d)方套方　(e)矩形套矩形

图7.3　常见的中空夹层钢管混凝土构件截面形式

(1)承载力高

对于薄壁钢管来说,其临界承载力极不稳定,因为它对局部缺陷很敏感。实验证明:薄壁钢管的实际承载力往往只有理论计算值的1/3～1/5,当有残余应力存在时,影响将更大。在钢管中填充混凝土形成钢管混凝土后,钢管约束了混凝土,在轴心受压荷载作用下,混凝土三向受压,延缓了受压时的纵向开裂。而混凝土却可以避免或延缓薄壁钢管过早地发生局部屈曲,两种材料相互弥补了彼此的弱点,却可以充分发挥彼此的长处,从而使钢管混凝土具有很高的承载力,大大高于组成钢管混凝土的钢管和核心混凝土单独承载力之和,产生所谓“1+1>2”的“组合”效果。

哈尔滨锅炉厂的技术人员于1976年曾进行过一次轴心受压试件的对比实验,实验的对象分别是:

①钢管柱:圆钢管截面直径为 400 mm,壁厚为 6 mm,长度为 3 180 mm,采用了 Q235 钢材。

②混凝土柱:截面直径为 388 mm,长度为 3 180 mm,C30 混凝土内配置构造钢筋。

③钢管混凝土柱:截面外直径为 400 mm,钢管壁厚为 6 mm,构件长度为 3 180 mm,Q235 钢材,钢管内填 C30 素混凝土。该次实验获得的承载力结果如下:钢管柱,$N_s$=1 392 kN;混凝土柱,$N_c$=2 607 kN;钢管混凝土柱,$N_{sc}$=6 938 kN。承载力结果的比较情况如图 7.4 所示。可见钢管混凝土具有很高的承载力,$N_{sc}/(N_s+N_c)=1.735$,高于组成钢管混凝土的钢管和核心混凝土单独承载力之和,产生了所谓“1+1>2”的“组合”效果。

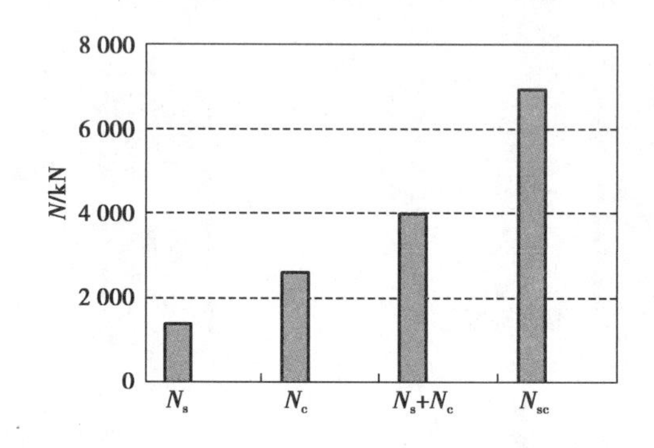


图 7.4 钢管混凝土轴心受压短柱承载力比较

方钢管和矩形钢管对其核心混凝土的约束效果虽不如圆钢管显著,但仍有很好的效果,尤其可以有效地提高构件的延性。另外,节点处理也较容易。研究结果表明:方、矩形钢管混凝土的承载能力大大高于空钢管和混凝土单独承受外荷载能力,也高于二者承载力的叠加,构件的变形能力也很强。图 7.5 所示为 Nakai 等(1998)实验的一方钢管混凝土轴心受压试件与其钢管和核心混凝土单独受力时荷载-变形关系的对比情况,可见方钢管混凝土组合构件的承载能力和延性都明显高于空钢管和混凝土单独承受外荷载时的情况。

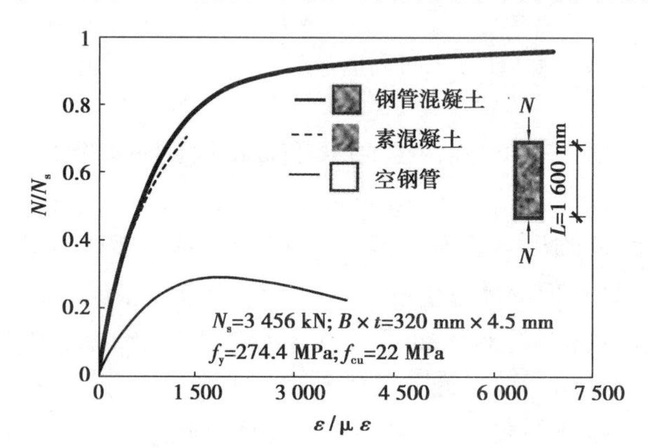


图 7.5 方钢管混凝土 $N/N_s$-$\varepsilon$ 关系

(2)塑性和韧性好

混凝土脆性较大,对于高强度混凝土(各国对高强混凝土的定义有所不同,在我国,一般指立方试块强度 $f_{cu}\geqslant 60$ MPa 的混凝土为高强混凝土)更是如此,其工作的可靠性因此而大为降低。

如果将混凝土灌入钢管中形成钢管混凝土，核心混凝土在钢管的约束下，不但在使用阶段改善了它的弹性性质，而且在破坏时具有很大的塑性变形。试验结果表明，圆钢管混凝土轴心受压短柱破坏时往往可以被压缩到原长的2/3，但仍没有呈现脆性破坏的特征。此外，这种结构在承受冲击荷载和振动荷载时，也具有很大的韧性。由于钢管混凝土具有良好的塑性和韧性，因而抗震性能良好。

(3)施工方便

与钢筋混凝土柱相比，采用钢管混凝土柱没有绑扎钢筋、支模和拆模等工序，施工简便。因管内无钢筋，混凝土浇灌容易，振捣密实。特别是目前采用泵送混凝土，高位抛落不振捣混凝土和免振自密实混凝土等施工工艺，更可加速钢管混凝土构件的施工进度，与预制钢筋混凝土构件相比，不需要构件预制场地；与钢结构构件相比，钢管混凝土的构造通常比钢结构构件简单，焊缝少，易于制作。特别是组成钢管混凝土构件的钢管壁厚一般均较小，现场拼接对焊简便快捷。由于空钢管构件的自重小，可以大大减少运输和吊装等费用。此外，钢管混凝土柱不论是单管柱或组合柱，和普通钢柱相比，柱脚零件少，焊缝短，可以直接插入混凝土基础的预留杯口中，免去了复杂的柱脚构造。

钢管混凝土在施工制造方面发展的一个重要方向是其钢管，以及与钢梁或钢筋混凝土梁连接节点制造的标准化。钢管混凝土本身的施工特点符合现代施工技术工业化的要求，可以大量节约人工费用，降低工程造价。

(4)耐火性能较好

由于组成钢管混凝土的钢管和其核心混凝土之间相互贡献、协同互补、共同工作的优势，使这种结构较钢结构具有更好的耐火性能，因而可降低防火造价。另外，在发生火灾后，随着外界温度的降低，钢管混凝土结构已屈服截面处钢管的强度可以得到不同程度的恢复，截面的力学性能比高温下有所改善，结构的整体性在火灾中也将有所提高，这不仅为结构的加固补强提供了一个较安全的工作环境，也可减少补强工作量，降低维修费用。

(5)经济效果好

作为一种较为合理的结构形式，采用钢管混凝土可以很好地发挥钢材和混凝土两种材料的特性和潜力，使材料得到更为充分和合理的应用，因此，钢管混凝土具有良好的经济效果。

大量工程实践表明：采用钢管混凝土的承压构件比普通钢筋混凝土承压构件可节约混凝土50%左右，减轻结构自重50%左右。钢材用量略高或略相等；和钢结构相比，可节约钢材50%左右。

综上所述，钢管混凝土能适应现代工程结构向大跨、高耸、重载发展和承受恶劣条件的需要，符合现代施工技术的工业化要求，因而正被越来越广泛地应用于单层和多层工业厂房柱、设备构架柱、各种支架、栈桥柱、地铁站台柱、送变电杆塔、桁架压杆、桩、空间结构、高层和超高层建筑以及桥梁结构中，取得了良好的经济效益和建筑效果。

### ▶ 7.1.3　钢管混凝土结构几个重要的相关术语

套箍指标反映钢管混凝土组合截面的几何特征和组成材料的物理特性的综合参数，用$\theta$表示。套箍指标$\theta$是钢管混凝土结构性能描述的重要参数，反映了钢管对混凝土的约束程度。$\theta$过小，钢管对混凝土的约束作用不够，影响构件延性；若过大，则钢管壁可能较厚，不经

济。圆形钢管混凝土框架柱的套箍指标 $\theta$ 宜取0.5~2.5,其表达式见式7.1:

$$\theta=\frac{f_a A_a}{f_c A_c} \tag{7.1}$$

式中 $A_c$,$f_c$——钢管内的核心混凝土横截面面积、抗压强度设计值;

$A_a$,$f_a$——钢管的横截面面积、抗拉和抗压强度设计值。

钢管混凝土结构中还有一个很重要的参数——截面的含钢率,用以反映截面中钢材的面积比。含钢率在本书后面的公式中经常用到。其表达式如下:

$$\alpha_s=\frac{A_a}{A_c} \tag{7.2}$$

式中各参数含义同上。

## 7.2 钢管混凝土轴心受压构件工作性能

钢管混凝土应用最广泛的是作为受压构件,即作为钢管混凝土柱。对钢管混凝土轴心受压短试件强度承载力的计算方法可归纳为两类:一类是确定极限承载力;另一类是确定进入塑性工作阶段的承载力。

由于混凝土工作性能的非线性以及两种材料共同工作时性能的复杂性,求其极限荷载是比较简便的方法。也可认为这类方法是螺旋箍筋钢筋混凝土柱计算原理及方法的移植和发展。基本概念是:钢管对核心混凝土提供了约束,使混凝土三向受压,从而提高了其承载力,达到极限承载力时,钢管纵向应力为零,环向应力达屈服点,因而约束效应最大。然而,不少研究者通过试验观察到试件在达到极限状态时,钢管纵向应力并未降为零,环向应力也未达到单向受拉时的屈服点。本书介绍我国学者提出并得到广泛应用于国内的钢管混凝土结构设计规程中的"统一理论"。

"钢管混凝土统一理论"的基本思想为:分别确定钢材和核心混凝土的应力—应变关系模型,然后利用数值分析方法计算出各类构件(如轴压、轴拉、纯弯曲、纯扭转和纯剪切)的综合荷载—变形全过程关系曲线,由这些综合荷载—变形关系曲线推导出钢管混凝土的各种综合力学性能指标(如轴压和轴拉模量、轴压和轴拉强度指标、抗弯模量和抗弯刚度、剪切模量和剪切刚度、弯曲和剪切强度指标等)。由于计算时采用的钢材及核心混凝土的应力—应变关系模型中已包含了钢材和混凝土二者相互作用的效应,因而在综合荷载—变形全过程关系曲线中也就包含了这种效应,钢管混凝土的综合力学性能指标中也就自然包含了这种效应。利用这些指标和构件的几何性质参数(如截面积、抗弯和抗扭抵抗矩及惯性矩等)可直接计算构件的承载力,概念清楚,计算方便。对于各种复杂受力(如压弯、弯扭、压弯扭等)的情况,同样可以计算出不同加载路径下的荷载—变形全过程关系曲线,并基于此推导各种荷载作用下的极限准则,利用所获得的综合力学性能指标推导各种荷载作用下各自相应的承载力计算公式,从而使各种荷载作用下的承载力计算公式相互衔接起来,概念清晰,符合实用原则,最终形成了钢管混凝土统一理论,并用统一理论的思想指导钢管混凝土的研究。

钢管混凝土统一理论将钢管混凝土视为一种"组合材料",这样,可以用构件的工作曲线研究其组合性能指标,用整个构件的形常数(如刚度等)来计算其承载力。在“统一理论”和“统一设计公式”的指导下,采用构件的组合强度设计指标和组合模量(包括轴压、抗弯和抗剪模量)进行设计,不仅可设计轴心受力构件和偏心受力构件,也可以设计压(拉)、弯、扭、剪复杂应力状态下的构件。另外,在该理论的指导下,还可以进行钢管高强度混凝土的力学性能和设计方法以及钢管混凝土耐火性能及防火设计方法的研究。

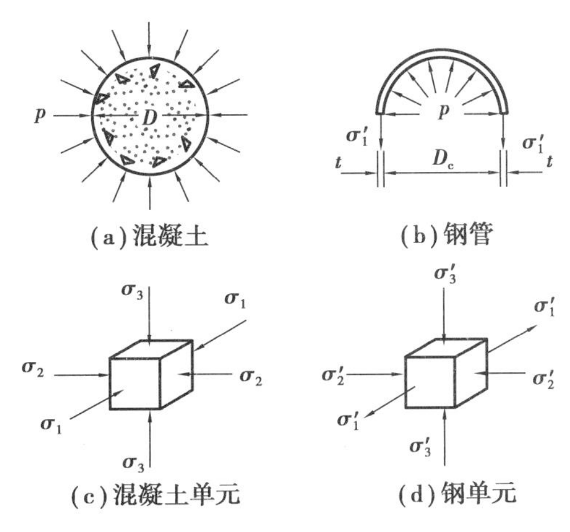


**图7.6　钢管混凝土构件轴心受压时钢管和混凝土的受力状态示意图**

钢管混凝土的工作原理可以用轴心受压的情况来说明。由图7.6可以看出,当钢管混凝土短试件受轴心压力 $N$ 的作用时,随着纵向压力的增大,钢管和核心混凝土的纵向应力和纵向应变都增大,同时将产生横向变形。横向应变与纵向应变的关系为:

$$\varepsilon_{1s}=\mu_s\varepsilon_{3s},\varepsilon_{1c}=\mu_c\varepsilon_{3c} \tag{7.3}$$

式中　$\varepsilon_3,\varepsilon_1$——分别为纵、环向应变;

$\mu$——材料的泊松比(横向变形系数);下标 s,c 分别代表钢管和核心混凝土。

在轴心压力 $N$ 的作用下,钢管和核心混凝土的变形协调,即 $\varepsilon_{3s}=\varepsilon_{3c}$。钢材的泊松比 $\mu_s$ 在弹性阶段为常数(0.283),进入塑性阶段(即应力达到屈服点 $f_y$)时,增大到0.5而保持不变。混凝土的泊松比 $\mu_c$ 则为变数,由低应力时的0.17逐渐增大到0.5,又增大到1.0甚至大于1.0。由式(7.3)可见,钢管混凝土在轴心压力 $N$ 作用下,开始时 $\mu_s>\mu_c$,故 $\varepsilon_{1s}>\varepsilon_{1c}$;但很快 $\mu_c$ 接近并等于 $\mu_s$,即 $\mu_s=\mu_c$,从而 $\varepsilon_{1s}=\varepsilon_{1c}$。随后 $\mu_s<\mu_c$,即 $\varepsilon_{1s}<\varepsilon_{1c}$。这说明,钢管混凝土在压力 $N$ 的作用下,混凝土向外的横向变形大于钢管向外的横向变形,即钢管约束了混凝土的变形,这样就在钢管与混凝土之间产生了相互的作用力,被称为紧箍力 $p$。因而钢管纵向和径向受压而环向受拉,混凝土则处于三向受压,二者均处于三向应力状态。

为了描述钢管混凝土这种组合结构的荷载变形特性,有些研究者引入了钢管混凝土名义压应力 $\overline{\sigma}$ 的概念,即

$$\overline{\sigma}=\frac{N}{A_{sc}} \tag{7.4}$$

式中　$N$——钢管混凝土构件所受轴力;

$A_{sc}$——钢管混凝土截面的组合面积,$A_{sc}=A_s+A_c$,$A_s$,$A_c$ 分别为钢管和内部混凝土的面积。

韩林海(2004)通过研究发现,无论是圆形截面,还是方形截面,钢管混凝土 $\overline{\sigma}$-$\varepsilon$ 关系曲线的基本形状均与约束效应系数 $\xi$ 有关,具体如图 7.7 所示。从图中可看出,随着 $\xi$ 的不同,曲线分为 3 种情况:当 $\xi>\xi_0$ 时,曲线具有强化段,且 $\xi$ 越大,强化的幅度越大;当 $\xi\approx\xi_0$ 时,曲线基本趋于平缓;当 $\xi<\xi_0$ 时,曲线在达到某一峰值点进入下降段,且 $\xi$ 越小,下降的幅度越大,下降段出现得也越早。$\xi_0$ 是使曲线分界的界限值,其大小与钢管混凝土的截面形状有关:对于圆形截面构件,$\xi_0\approx1$,对于方形截面构件,$\xi_0\approx4.5$。

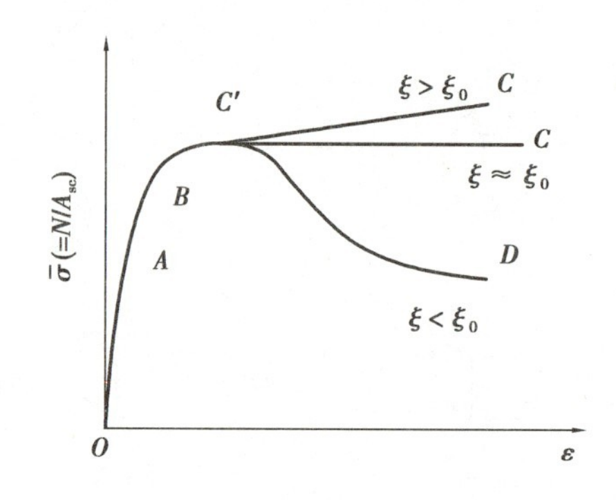


**图 7.7　典型的钢管混凝土 $\overline{\sigma}$-$\varepsilon$ 关系**

对于典型的钢管混凝土的 $\overline{\sigma}$-$\varepsilon$ 关系曲线可分为以下 4 个阶段:

①弹性阶段($OA$)。在此阶段,钢管和核心混凝土一般均为单独受力,$A$ 点大致相当于钢材进入弹塑性阶段的起点。

②弹塑性阶段($AB$)。进入此阶段后,在纵向压力作用下,核心混凝土微裂缝不断开展,使横向变形系数超过钢管的泊松比,二者将产生相互作用力,即钢管对核心混凝土的约束作用,且随着纵向变形的增加,这种约束作用不断增加,在 $B$ 点时,钢材一般进入弹塑性阶段。

③塑性强化段($BC$ 或 $BC'$)。钢管混凝土塑性强化段的变化规律与约束效应系数 $\xi$ 有很大关系,当 $\xi<\xi_0$ 时,强化段终点 $C'$偏离 $B$ 不远,接着就开始出现下降段;只有当 $\xi>\xi_0$ 时,曲线强化阶段才能保持持续发展的趋势。

④下降段($C'D$)。对于 $\xi<\xi_0$ 的情况,曲线在达到峰值点 $C'$后就开始进入下降段,下降段的下降幅度与 $\xi$ 值的大小有关,$\xi$ 越小,下降幅度越大,反之则越小,下降段的后期曲线一般趋于平缓。

以上分析结果表明,钢管混凝土轴心受压时表现出较好的弹性和塑性性能。当 $\xi<\xi_0$ 时,可将荷载—变形关系曲线分为弹性阶段($OA$)、弹塑性阶段($AB$)、强化阶段($BC'$)和下降段($C'D$)4 个阶段,且 $\xi$ 值越大,强化段越长,反之则越短;当 $\xi>\xi_0$ 时,曲线可分为弹性阶段($OA$)、弹塑性阶段($AB$)、强化阶段($BC'$)3 个阶段。

从以上可以看出,钢管混凝土在一次受压时不仅具有较高的承载力,还具有良好的塑性。

## 7.3　钢管混凝土轴心受力构件强度和稳定承载力计算

钢管混凝土构件在工程中的应用主要有单管的柱,还有几个钢管混凝土柱通过缀板或钢管等缀材连接而成的格构式构件。本书主要介绍单管柱的计算与构造,对于格构式构件的设计方法,可参考相关文献。

钢管混凝土轴心受力构件主要有轴心受压和轴心受拉的情况,下面分别叙述。

## ▶ 7.3.1 钢管混凝土轴心受力构件强度计算

### 1)钢管混凝土轴心受压强度计算

钢管混凝土构件由于其受力特点最适宜于作为轴心受压构件,因此轴心受力也是钢管混凝土的最基本特性。本节内容主要介绍基于统一理论的关于圆形截面、矩形截面钢管混凝土轴心受压构件的强度计算。

钢管混凝土轴心受压短柱的强度承载力按下式计算:

$$N \leqslant N_u \tag{7.5}$$

$$N_u = f_{sc} A_{sc} \tag{7.6}$$

式中 $N_u$——钢管混凝土轴心受压构件的强度承载力;

$A_{sc}$——钢管混凝土构件的组合截面面积,$A_{sc}=A_s+A_c$;

$f_{sc}$——钢管混凝土组合轴压强度设计值$f_{sc}$。

钢管混凝土组合轴压强度设计值$f_{sc}$分别按下式计算:

(1)对于圆钢管混凝土:

$$f_{sc}=(1.14+1.02\xi_0)\cdot f_c \tag{7.7a}$$

(2)对于矩形钢管混凝土:

$$f_{sc}=(1.18+0.85\xi_0)\cdot f_c \tag{7.7b}$$

式中 $\xi_0$——构件截面的约束效应系数设计值($\xi_0=\alpha_s \cdot f_a/f_c$);

$f_c$——混凝土的轴心抗压强度设计值;

$f_a$——钢材的抗拉,抗压和抗弯强度设计值。

### 2)钢管混凝土轴心受拉强度计算

类似于钢筋混凝土构件,钢管混凝土构件不适于作为受拉构件,设计中应尽量避免。如果工程中出现受拉的构件可以用钢管或其他形式的适合于受拉的构件。

钢管混凝土轴心受拉时,钢管径向将发生收缩,但受到管内混凝土的阻碍,使钢管处于纵向和环向受拉、径向受压的复杂应力状态,由于径向压力不大,简化为双向受拉工作。管内混凝土由于纵向开裂而处于双向受压应力状态。当钢管混凝土构件轴心受拉时,忽略混凝土的抗拉作用,仅考虑钢管承担拉力,其正截面受拉承载力应满足下式:

①持久、短暂设计状况

$$N \leqslant f_a A_a \tag{7.8a}$$

②地震设计状况

$$N \leqslant \frac{1}{\gamma_{RE}} f_a A_a \tag{7.8b}$$

式中 $N$——钢管混凝土轴心受拉构件的轴向拉力设计值;

$\gamma_{RE}$——承载力抗震调整系数;

$f_a$——钢材的抗拉设计值；

$A_a$——钢管的横截面面积。对于圆形 $A_a=\pi Dt$；对于矩形 $A_a=2(b+h_c)t$；

$b,h$——矩形钢管截面宽度、高度；

$D,t$——钢管的外直径、管壁厚度；

$h_c$——矩形钢管内填混凝土的截面高度，$h_c=h-2t$。

### 7.3.2 钢管混凝土轴心受压构件稳定承载力计算

钢管混凝土构件作为建筑物的承重柱时，当构件的长细比较大时会出现失稳破坏，因此对于钢管混凝土轴心受压构件的设计，应考虑可能由于失稳而对承载力的影响。

#### 1）矩形钢管混凝土轴心受压柱稳定承载力计算

矩形钢管对混凝土的约束效应对承载力的提高并不显著，特别是管壁较薄的构件更是如此，因此《组合结构设计规范》(JGJ 138—2016)忽略了这个影响。方形及矩形截面钢管混凝土轴心受压构件的正截面承载力计算采用叠加法。简化正截面受压承载力计算简图如图7.8所示。

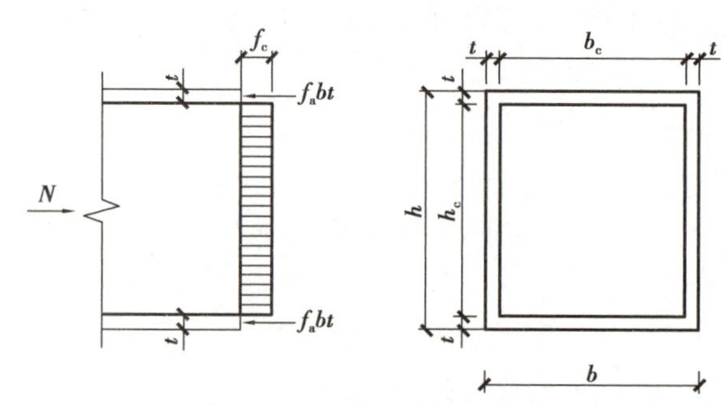


图7.8 轴心受压矩形钢管混凝土柱承载力计算参数示意图

矩形钢管混凝土轴心受压柱的受压承载力应符合下列公式的规定：

(1)持久、短暂设计状况

$$N \leqslant 0.9\varphi(\alpha_1 f_c b_c h_c + 2f_a bt + 2f_a h_c t) \tag{7.9a}$$

(2)地震设计状况

$$N \leqslant \frac{1}{\gamma_{RE}}[0.9\varphi(\alpha_1 f_c b_c h_c + 2f_a bt + 2f_a h_c t)] \tag{7.9b}$$

式中 $N$——矩形钢管柱轴向压力设计值；

$f_a$，$f_c$——矩形钢管抗压和抗拉强度设计值、内填混凝土抗压强度设计值；

$b,h$——矩形钢管截面宽度、高度；

$b_c$——矩形钢管内填混凝土的截面宽度；

$h_c$——矩形钢管内填混凝土的截面高度；

$t$——矩形钢管的管壁厚度；

$\alpha_1$——混凝土等效矩形应力的图形系数，仅与混凝土应力应变曲线有关。当混凝土强度等级不超过C50时，$\alpha_1$ 取为1.0，当混凝土强度等级为C80时，$\alpha_1$ 取为0.94，其间按线性内插法确定；

$\varphi$——轴心受压柱稳定系数，按表7.1取值。

表7.1　钢管混凝土轴心受压柱稳定系数 $x$

| $l_0/i$ | 28 | 35 | 42 | 48 | 55 | 62 | 69 | 76 | 83 | 90 | 97 | 104 |
|---|---|---|---|---|---|---|---|---|---|---|---|---|
| $\varphi$ | 1.00 | 0.98 | 0.95 | 0.92 | 0.87 | 0.81 | 0.75 | 0.70 | 0.65 | 0.60 | 0.56 | 0.52 |

注:1. $l_0$ 为构件的计算长度;

2. $i$ 为截面的最小回转半径,$i=\sqrt{\dfrac{E_cI_c+E_aI_a}{E_cA_c+E_aA_a}}$;

3. 表内中间值可采用插值法求得。

### 2)圆形钢管混凝土轴心受压柱稳定承载力计算

《组合结构设计规范》(JGJ 138—2016)应用极限平衡理论,并根据国内外研究单位的大量试验结果进行修正而得到了圆形截面钢管混凝土轴心受压构件的承载力计算方法。

圆形钢管混凝土轴心受压柱的正截面受压承载力应符合下列公式的规定:

(1)持久、短暂设计状况

当 $\theta\leqslant[\theta]$时:

$$N\leqslant 0.9\varphi_1 f_cA_c(1+\alpha\theta) \tag{7.10a}$$

当 $\theta>[\theta]$时:

$$N\leqslant 0.9\varphi_1 f_cA_c(1+\sqrt{\theta}+\theta) \tag{7.10b}$$

(2)地震设计状况

当 $\theta\leqslant[\theta]$时:

$$N\leqslant\frac{1}{\gamma_{RE}}[0.9\varphi_1 f_cA_c(1+\alpha\theta)] \tag{7.10c}$$

当 $\theta>[\theta]$时:

$$N\leqslant\frac{1}{\gamma_{RE}}[0.9\varphi_1 f_cA_c(1+\sqrt{\theta}+\theta)] \tag{7.10d}$$

式中　$N$——圆形钢管柱轴向压力设计值;

$\gamma_{RE}$——承载力抗震调整系数;

$\alpha$——与混凝土强度等级有关的系数,按表7.2取值;

$\theta$——与混凝土强度等级有关的套箍指标,按式7.1计算;

$[\theta]$——与混凝土强度等级有关的套箍指标界限值,按表7.2取值;

$\varphi_1$——考虑长细比影响的承载力折减系数,按式7.11计算。

(3)圆形钢管混凝土轴心受压柱考虑长细比影响的承载力折减系数。

当 $L_e/D>4$ 时,
$$\varphi_1=1-0.115\sqrt{L_e/D-4} \tag{7.11a}$$

当 $L_e/D\leqslant 4$ 时,
$$\varphi_1=1 \tag{7.11b}$$

$$L_e=\mu L \tag{7.11c}$$

式中　$L$——柱的实际长度;

$D$——钢管的外直径或矩形钢管长边边长;

$L_e$——柱的等效计算长度;

$\mu$——考虑柱端约束条件的计算长度系数,根据梁柱刚度的比值,按《钢结构设计标准》(GB 50017—2017)取值。

表 7.2　系数 $\alpha$、套箍指标界限值 $[\theta]$

| 混凝土等级 | ≤C50 | C55 ~ C80 |
|---|---|---|
| $\alpha$ | 2.00 | 1.80 |
| $[\theta]=\frac{1}{(\alpha-1)^2}$ | 1.00 | 1.56 |

【例 7.1】　某工程中一根两端铰接的轴心受压钢管混凝土柱，采用 $\phi$273 mm×6.5 mm 钢管，Q235 钢材，C40 混凝土，柱长 $L$=6 m，柱长 $L$=5 m，试计算其承载力。

【解】　根据已知条件计算基本物理量：

$$f_a=215\ \text{MPa}\qquad f_c=19.1\ \text{MPa}$$

$$A_a=\frac{\pi}{4}(273^2-260^2)=5\ 439(\text{mm}^2)\qquad A_c=\frac{\pi}{4}\times260^2=53\ 066(\text{mm}^2)$$

计算套箍指标 $\theta$：

$$\theta=\frac{f_aA_a}{f_cA_c}=\frac{5\ 439\times215}{53\ 066\times19.1}=1.154>[\theta]=1.0$$

考虑长细比影响的承载力折减系数 $\varphi_1$ 计算：

由于该柱为两端铰接的轴心受压柱，故 $\mu=1.0, k=1.0$

钢管混凝土柱的等效计算长度：$L_e=\mu kL=1.0\times1.0\times5\ 000=5\ 000(\text{mm})$

由于 $L_e/D=5\ 000/273=18.3>4$，为长柱

$$\begin{aligned}\varphi_1&=1-0.115\sqrt{L_e/D-4}\\&=1-0.115\sqrt{18.3-4}\\&=0.565\end{aligned}$$

所以该柱极限承载力为：

$$\begin{aligned}N&\leqslant0.9\varphi_1f_cA_c(1+\sqrt{\theta}+\theta)\\&=0.9\times0.565\times19.1\times53\ 066\times(1+\sqrt{1.154}+1.154)\\&=1\ 163.8(\text{kN})\end{aligned}$$

## 7.4　钢管混凝土偏心受力构件承载力计算

由于制造误差及初始缺陷，以及复合受力等因素的存在，完全理想的轴心受压构件是很难满足的，工程中的钢管混凝土构件大多属于偏心受压构件。一般研究者和规范都是将轴心受压构件作为具有千分之一杆长的初挠度的压弯构件进行计算的。《组合结构设计规范》(JGJ 138—2016)中就采用了这种办法来考虑工程中的轴心受压构件可能具有的初始缺陷，如构件的初弯曲和荷载的初偏心等。

钢管混凝土偏心受力构件可分为偏心受压和偏心受拉两种情况，一般规程中将其偏心矩产生的弯矩作为外力单独取出，这样偏心受拉构件就相当于轴心受拉构件和受弯构件的共同

作用,即轴向拉力和弯矩的共同作用,为拉弯构件;而偏心受压构件就相当于轴心受压构件和受弯构件的共同作用,即轴向压力和弯矩的共同作用,为压弯构件。

本节分别给出《组合结构设计规范》(JGJ 138—2016)中关于圆形截面、矩形截面钢管混凝土拉弯及压弯构件的承载力计算方法。

### 7.4.1　矩形钢管混凝土偏心受压柱正截面受压承载力计算

矩形钢管混凝土偏心受压框架柱和转换柱正截面受压承载力应符合下列规定:

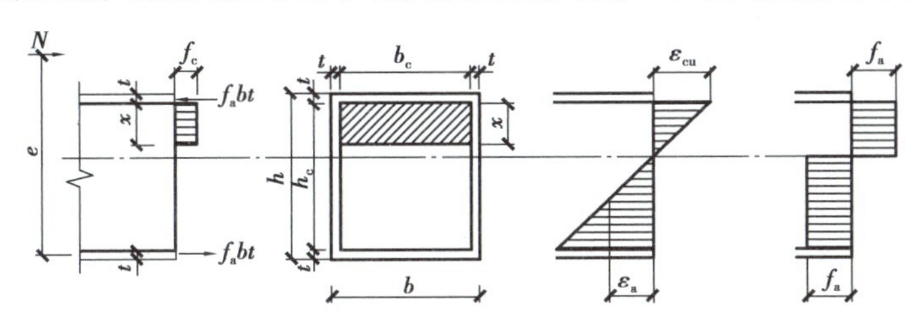

图 7.9　大偏心受压矩形钢管混凝土柱承载力计算参数示意图

**1)当 $x \leqslant \xi_b h_c$ 时,如图 7.9 所示,属于大偏心受压情况**

(1)持久、短暂设计状况

$$N \leqslant \alpha_1 f_c b_c x + 2 f_a t \left(2 \frac{x}{\beta_1} - h_c\right) \tag{7.12a}$$

$$Ne \leqslant \alpha_1 f_c b_c x (h_c + 0.5t - 0.5x) + f_a bt(h_c + t) + M_{aw} \tag{7.12b}$$

(2)地震设计状况

$$N \leqslant \frac{1}{\gamma_{RE}} \left[\alpha_1 f_c b_c x + 2 f_a t \left(2 \frac{x}{\beta_1} - h_c\right)\right] \tag{7.12c}$$

$$Ne \leqslant \frac{1}{\gamma_{RE}} [\alpha_1 f_c b_c x (h_c + 0.5t - 0.5x) + f_a bt(h_c + t) + M_{aw}] \tag{7.12d}$$

$$M_{aw} = f_a t \frac{x}{\beta_1} \left(2h_c + t - \frac{x}{\beta_1}\right) - f_a t \left(h_c - \frac{x}{\beta_1}\right) \left(h_c + t - \frac{x}{\beta_1}\right) \tag{7.12e}$$

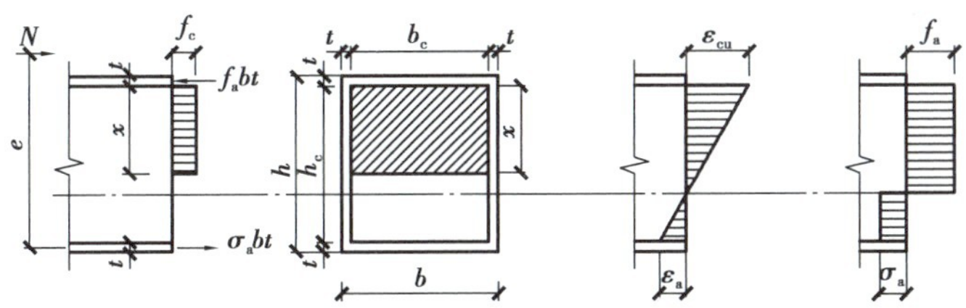

图 7.10　小偏心受压矩形钢管混凝土柱承载力计算参数示意图

**2)当 $x > \xi_b h_c$ 时,如图 7.10 所示,属于小偏心受压情况**

(1)持久、短暂设计状况

$$N \leqslant \alpha_1 f_c b_c x + f_a bt + 2 f_a t \frac{x}{\beta_1} - 2\sigma_a t \left(h_c - \frac{x}{\beta_1}\right) - \sigma_a bt \tag{7.13a}$$

$$Ne \leqslant \alpha_1 f_c b_c x (h_c + 0.5t - 0.5x) + f_a bt(h_c + t) + M_{aw} \tag{7.13b}$$

(2)地震设计状况

$$N \leqslant \frac{1}{\gamma_{RE}}\left[\alpha_1 f_c b_c x + f_a bt + 2f_a t\frac{x}{\beta_1} - 2\sigma_a t\left(h_c - \frac{x}{\beta_1}\right) - \sigma_a bt\right] \quad (7.13c)$$

$$Ne \leqslant \frac{1}{\gamma_{RE}}[\alpha_1 f_c b_c x(h_c + 0.5t - 0.5x) + f_a bt(h_c + t) + M_{aw}] \quad (7.13d)$$

$$M_{aw} = f_a t\frac{x}{\beta_1}\left(2h_c + t - \frac{x}{\beta_1}\right) - \sigma_a t\left(h_c - \frac{x}{\beta_1}\right)\left(h_c + t - \frac{x}{\beta_1}\right) \quad (7.13e)$$

$$\sigma_a = \frac{f_a}{\xi_b - \beta_1}\left(\frac{x}{h_c} - \beta_1\right) \quad (7.13f)$$

(3)$\xi_b$,$e$ 应按下列公式计算

$$\xi_b = \frac{\beta_1}{1 + \frac{f_a}{E_a \varepsilon_{cu}}} \quad (7.13g)$$

$$e = e_i + \frac{h}{2} - \frac{t}{2} \quad (7.13h)$$

$$e_i = e_0 + e_a \quad (7.13i)$$

$$e_0 = \frac{M}{N} \quad (7.13j)$$

式中 $e$——轴力作用点至矩形钢管远端翼缘钢板厚度中心的距离;

$e_0$——轴力对截面重心的偏心距;

$e_a$——考虑荷载作用位置的不定性、材料不均匀、施工偏差等引起的附加偏心距,矩形钢管混凝土偏心受压框架柱和转换柱的正截面受压承载力计算,应考虑轴向压力在偏心方向存在的附加偏心距,其值宜取 20 mm 和偏心方向截面尺寸的 1/30 两者中的较大者;

$M$——柱端较大弯矩设计值,当考虑挠曲产生的二阶效应时,柱端弯矩 $M$ 应按《混凝土结构设计标准(2024 年版)》(GB/T 50010—2010)的规定确定;

$N$——与弯矩设计值 $M$ 相对应的轴向压力设计值;

$M_{aw}$——钢管腹板轴向合力对受拉或受压较小端钢管翼缘钢板厚度中心的力矩;

$\sigma_a$——受拉或受压较小端钢管翼缘应力;

$x$——混凝土等效受压区高度;

$\varepsilon_{cu}$——混凝土极限压应变,取 0.003;

$\xi_b$——相对界限受压区高度;

$h_c$——矩形钢管内填混凝土的截面高度;

$E_a$——钢管弹性模量;

$\beta_1$——受压区混凝土应力图形影响系数,当混凝土强度等级不超过 C50 时,$\beta_1$ 取为 0.8,当混凝土强度等级为 C80 时,$\beta_1$ 取为 0.74,其间按线性内插法确定。

### ▶ 7.4.2 矩形钢管混凝土偏心受拉柱正截面受拉承载力计算

矩形钢管混凝土偏心受拉框架柱和转换柱正截面受拉承载力应符合下列公式的规定:

1）当偏心拉力作用在钢管上下翼缘外侧时，如图 7.11 所示，属于大偏心受拉情况

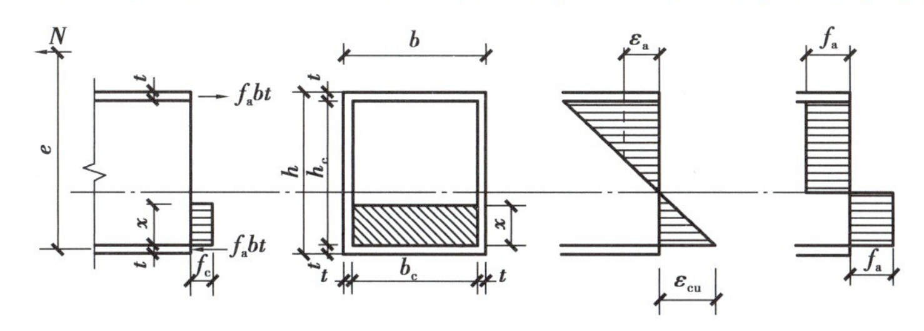


图 7.11　大偏心受拉矩形钢管混凝土柱承载力计算参数示意图

（1）持久、短暂设计状况

$$N \leqslant 2f_a t\left(h_c - 2\frac{x}{\beta_1}\right) - \alpha_1 f_c b_c x \tag{7.14a}$$

$$Ne \leqslant \alpha_1 f_c b_c x(h_c + 0.5t - 0.5x) + f_a bt(h_c + t) + M_{aw} \tag{7.14b}$$

（2）地震设计状况

$$N \leqslant \frac{1}{\gamma_{RE}}\left[2f_a t\left(h_c - 2\frac{x}{\beta_1}\right) - \alpha_1 f_c b_c x\right] \tag{7.14c}$$

$$Ne \leqslant \frac{1}{\gamma_{RE}}[\alpha_1 f_c b_c x(h_c + 0.5t - 0.5x) + f_a bt(h_c + t) + M_{aw}] \tag{7.14d}$$

$$M_{aw} = f_a t\frac{x}{\beta_1}\left(2h_c + t - \frac{x}{\beta_1}\right) - f_a t\left(h_c - \frac{x}{\beta_1}\right)\left(h_c + t - \frac{x}{\beta_1}\right) \tag{7.14e}$$

$$e = e_0 - \frac{h}{2} + \frac{t}{2} \tag{7.14f}$$

2）当偏心拉力作用在钢管上下翼缘之间时，如图 7.12 所示，属于小偏心受拉情况

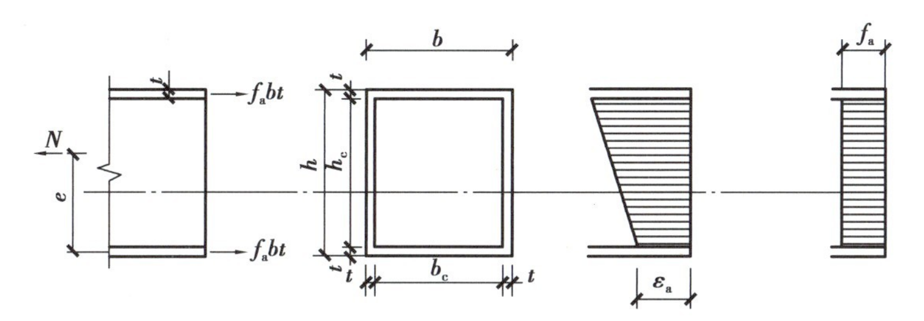


图 7.12　小偏心受拉矩形钢管混凝土柱承载力计算参数示意图

（1）持久、短暂设计状况

$$N \leqslant 2f_a bt + 2f_a h_c t \tag{7.15a}$$

$$Ne \leqslant f_a bt(h_c + t) + M_{aw} \tag{7.15b}$$

（2）地震设计状况

$$N \leqslant \frac{1}{\gamma_{RE}}[2f_a bt + 2f_a h_c t] \tag{7.15c}$$

$$Ne \leqslant \frac{1}{\gamma_{RE}}[f_a bt(h_c + t) + M_{aw}] \tag{7.15d}$$

$$M_{aw} = f_a h_c t(h_c + t) \tag{7.15e}$$

$$e=\frac{h}{2}-\frac{t}{2}-e_0 \tag{7.15f}$$

符号的含义同7.4.1节。

### 7.4.3 圆形钢管混凝土偏心受压柱正截面受压承载力计算

圆形钢管混凝土偏心受压框架柱和转换柱正截面受压承载力应符合下列规定：

(1)持久、短暂设计状况

当$\theta\leqslant[\theta]$时：

$$N\leqslant 0.9\varphi_1\varphi_e f_c A_c(1+\alpha\theta) \tag{7.16a}$$

当$\theta>[\theta]$时：

$$N\leqslant 0.9\varphi_1\varphi_e f_c A_c(1+\sqrt{\theta}+\theta) \tag{7.16b}$$

(2)地震设计状况

当$\theta\leqslant[\theta]$时：

$$N\leqslant\frac{1}{\gamma_{RE}}[0.9\varphi_1\varphi_e f_c A_c(1+\alpha\theta)] \tag{7.16c}$$

当$\theta>[\theta]$时：

$$N\leqslant\frac{1}{\gamma_{RE}}[0.9\varphi_1\varphi_e f_c A_c(1+\sqrt{\theta}+\theta)] \tag{7.16d}$$

(3)$\varphi_1\varphi_e$ 计算应符合下列规定

$$\varphi_1\varphi_e\leqslant\varphi_0 \tag{7.16e}$$

式中 $\varphi_e$——考虑偏心率影响的承载力折减系数，按式7.17计算。

$\varphi_1$——考虑长细比影响的承载力折减系数，按式7.17计算。

$\varphi_0$——按轴心受压柱考虑的长细比影响的承载力折减系数 $\varphi_1$ 值，按式7.15计算。

其他符号含义同前。

(4)圆形钢管混凝土框架柱和转换柱考虑偏心率影响的承载力折减系数 $\varphi_e$ 计算

当$e_0/r_c\leqslant 1.55$时，

$$\varphi_e=\frac{1}{1+1.85\dfrac{e_0}{r_c}} \tag{7.17a}$$

当$e_0/r_c>1.55$时，

$$\varphi_e=\frac{1}{3.95-5.16\varphi_1+\varphi_1\dfrac{e_0}{0.3r_c}} \tag{7.17b}$$

$$e_0=\frac{M}{N} \tag{7.17c}$$

式中 $e_0$——柱端轴向压力偏心距的较大值；

$r_c$——核心混凝土横截面的半径；

$M$——柱端较大弯矩设计值；

$N$——轴向压力设计值。

(5)圆形钢管混凝土框架柱和转换柱考虑长细比影响的承载力折减系数 $\varphi_1$ 计算

当$L_e/D>4$时，

$$\varphi_1=1-0.115\sqrt{L_e/D-4} \tag{7.18a}$$

当 $L_e/D \leqslant 4$ 时，

$$\varphi_1 = 1 \tag{7.18b}$$

$$L_e = \mu k L \tag{7.18c}$$

式中　$L_e$——柱的等效计算长度；

$L$——柱的实际长度；

$D$——钢管的外直径或矩形钢管长边边长；

$\mu$——考虑柱端约束条件的计算长度系数，根据梁柱刚度的比值，按《钢结构设计标准》(GB 50017—2017)取值；

$k$——考虑柱身弯矩分布梯度影响的等效长度系数，按式 7.19 计算。

(6)圆形钢管混凝土框架柱和转换柱考虑柱身弯矩分布梯度影响的等效长度系数 $k$，如图 8.11 所示，按下列公式计算：

①轴心受压柱和杆件

$$k = 1 \tag{7.19a}$$

②无侧移框架柱或转换柱

$$k = 0.5 + 0.3\beta + 0.2\beta^2 \tag{7.19b}$$

$$\beta = \frac{M_1}{M_2} \tag{7.19c}$$

③有侧移框架柱或转换柱

当 $e_0/r_c \leqslant 0.8$ 时

$$k = 1 - 0.625\frac{e_0}{r_c} \tag{7.19d}$$

当 $e_0/r_c > 0.8$ 时

$$k = 0.5 \tag{7.19e}$$

式中　$\beta$——柱两端弯矩设计值之绝对值较小者 $M_1$ 与较大者 $M_2$ 的比值；单向压弯时，$\beta$ 为正值；双曲压弯时，$\beta$ 为负值。

其他符号含义同前。

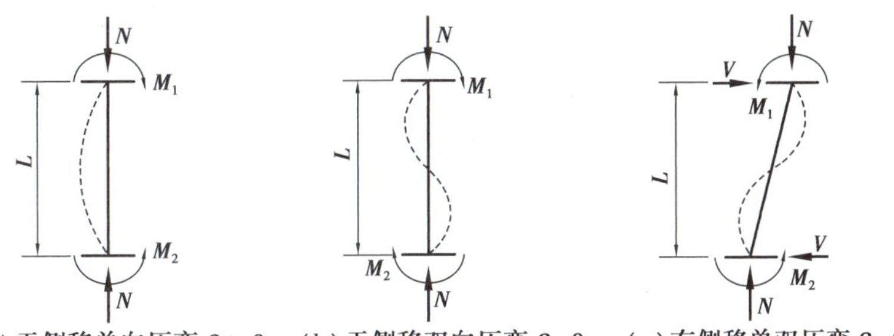


图 7.13　框架有无侧移示意图

## ▶ 7.4.4　圆形钢管混凝土偏心受拉柱正截面受拉承载力计算

圆形钢管混凝土偏心受拉框架柱和转换柱的正截面受拉承载力，采用 $M$-$N$ 相关曲线受拉段近似线性计算，应符合下列公式的规定：

(1)持久、短暂设计状况

$$N \leqslant \frac{1}{\dfrac{1}{N_{ut}} - \dfrac{e_0}{M_u}} \tag{7.20a}$$

(2)地震设计状况

$$N \leqslant \frac{1}{\gamma_{RE}} \left[ \frac{1}{\dfrac{1}{N_{ut}} - \dfrac{e_0}{M_u}} \right] \tag{7.20b}$$

(3)$N_{ut}$,$M_u$,$N_0$ 应按下列公式计算:

$$N_{ut} = f_a A_a \tag{7.20c}$$

$$M_u = 0.3 r_c N_0 \tag{7.20d}$$

当 $\theta \leqslant [\theta]$ 时:

$$N_0 = 0.9 f_c A_c (1 + \alpha\theta) \tag{7.20e}$$

当 $\theta > [\theta]$ 时:

$$N_0 = 0.9 f_c A_c (1 + \sqrt{\theta} + \theta) \tag{7.20f}$$

式中 $N$——圆形钢管混凝土柱轴向拉力设计值;

$M$——圆形钢管混凝土柱柱端较大弯矩设计值;

$N_{ut}$——圆形钢管混凝土柱轴心受拉承载力计算值;

$M_u$——圆形钢管混凝土柱正截面受弯承载力计算值;

$N_0$——圆形钢管混凝土轴心受压短柱的承载力计算值。

其他符号含义同前。

## ▶ 7.4.5 矩形钢管混凝土柱斜截面受剪承载力计算

对于矩形钢管混凝土偏心受压构件,根据试验研究,柱的轴压比与剪压比基本上是线性关系。由于轴向压力的存在对柱的抗剪是有利的,可使柱的抗剪承载力得到提高;但是轴向拉力的存在对柱的抗剪是不利的,其抗剪承载力有所降低。在试验研究的基础上,《组合结构设计规范》(JGJ 138—2016)采用了叠加法计算矩形钢管混凝土斜截面受剪承载力,见式7.21:

$$V = V_c + V_s \pm V_N \tag{7.21}$$

式中 $V_c$——混凝土承担的剪力;

$V_s$——钢管承担的剪力;

$V_N$——考虑轴向压力(或轴向拉力)$N$ 对柱抗剪承载力的提高(或降低)部分。

根据式(7.21),型钢混凝土柱的斜截面受剪承载力由混凝土的承载力部分、钢管的承载力部分和轴向压力(或轴向拉力)$N$ 对柱抗剪承载力的提高(或降低)部分组成。

### 1)矩形钢管混凝土偏心受压柱斜截面受剪承载力计算

矩形钢管混凝土偏心受压框架柱和转换柱的斜截面受剪承载力应符合下列公式的规定:

(1)持久、短暂设计状况

$$V \leqslant \frac{1.75}{\lambda + 1.0} f_t b_c h_c + \frac{1.16}{\lambda} f_a t h + 0.07N \tag{7.22a}$$

(2)地震设计状况

$$V \leqslant \frac{1}{\gamma_{RE}}\left(\frac{1.05}{\lambda+1.0}f_t b_c h_c+\frac{1.16}{\lambda}f_a th+0.056N\right) \tag{7.22b}$$

式中　$V$——钢管混凝土柱所承受的剪力设计值;

$g_{RE}$——承载力抗震调整系数,受剪时 $\gamma_{RE}=0.85$;

$\lambda$——钢管混凝土框架柱的计算剪跨比,取上下端较大弯矩设计值 $M$ 对应剪力设计值 $V$ 和柱截面高度 $h$ 的比值,即 $M/(Vh)$,当偏心受压构件框架结构中的框架柱反弯点在柱层高范围内时,柱的剪跨比也可采用 1/2 柱净高与柱截面高度 $h$ 的比值 $H_n/h$。当计算值 $\lambda<1$ 时,取 $\lambda=1$,$\lambda>3$ 时,取 $\lambda=3$;

$N$——框架柱和转换柱的轴向压力设计值;当 $N>0.3f_c b_c h_c$ 时,取 $N=0.3f_c b_c h_c$。

其他符号含义同前。

**2)矩形钢管混凝土偏心受拉柱斜截面受剪承载力计算**

矩形钢管混凝土偏心受拉框架柱和转换柱的斜截面受剪承载力应符合下列公式的规定:

(1)持久、短暂设计状况

$$V \leqslant \frac{1.75}{\lambda+1.0}f_t b_c h_c+\frac{1.16}{\lambda}f_a th-0.2N \tag{7.23a}$$

$V \leqslant \frac{1.16}{\lambda}f_a th$ 时,应取 $V=\frac{1.16}{\lambda}f_a th$;

(2)地震设计状况

$$V \leqslant \frac{1}{\gamma_{RE}}\left(\frac{1.75}{\lambda+1.0}f_t b_c h_c+\frac{1.16}{\lambda}f_a th-0.2N\right) \tag{7.23b}$$

$V \leqslant \frac{1}{\gamma_{RE}}\left(\frac{1.16}{\lambda}f_a th\right)$ 时,应取 $V=\frac{1}{\gamma_{RE}}\left(\frac{1.16}{\lambda}f_a th\right)$。

式中　$N$——柱轴向拉力设计值。

其他符号含义同前。

### ▶ 7.4.6　圆形钢管混凝土柱斜截面受剪承载力计算

试验研究表明,圆形钢管混凝土柱在剪跨与柱径比 $a/D>2$ 时,都是弯曲型破坏,一般情况下,不需做抗剪配筋设计。《组合结构设计规范》(JGJ 138—2016)规定,圆形钢管混凝土偏心受压框架柱和转换柱,只有当剪跨 $a$ 小于柱直径 $D$ 的 2 倍时,应验算其斜截面受剪承载力。斜截面受剪承载力应符合下列公式的规定:

(1)持久、短暂设计状况

$$V \leqslant [0.2f_c A_c(1+3\theta)+0.1N]\left(1-0.45\sqrt{\frac{a}{D}}\right) \tag{7.24a}$$

(2)地震设计状况

$$V \leqslant \frac{1}{\gamma_{RE}}[0.2f_c A_c(0.8+3\theta)+0.1N]\left(1-0.45\sqrt{\frac{a}{D}}\right) \tag{7.24b}$$

$$a=\frac{M}{V} \tag{7.24c}$$

式中 $V$——柱剪力设计值；

$N$——与剪力设计值对应的轴向力设计值；

$M$——与剪力设计值对应的弯矩设计值；

$D$——钢管混凝土柱的外径；

$a$——剪跨。

**【例7.2】** 某工程中一根两端铰接的无侧移偏心受压钢管混凝土柱，采用 $\phi$325 mm×9 mm 钢管，Q355 钢材，C45 混凝土，柱长 $L=6$ m，两端轴向压力的偏心距 $e_0$ 均为 110 mm，试计算其承载力。

**【解】** 根据已知条件计算基本物理量：

$$f_a=310\ \text{MPa} \qquad f_c=21.1\ \text{MPa}$$

$$A_a=\frac{\pi}{4}(325^2-307^2)=8\ 930(\text{mm}^2) \qquad A_c=\frac{\pi}{4}\times307^2=73\ 985(\text{mm}^2)$$

计算套箍指标 $\theta$：

$$\theta=\frac{f_aA_a}{f_cA_c}=\frac{8\ 930\times310}{73\ 985\times21.1}=1.773>[\theta]=1.0$$

考虑长细比影响的承载力折减系数 $\varphi_1$ 计算：

由于该柱为两端铰接的轴心受压柱，故 $\mu=1.0$，$k=1.0$

钢管混凝土柱的等效计算长度：$L_e=\mu kL=1.0\times1.0\times6\ 000=6\ 000(\text{mm})$

由于 $L_e/D=6\ 000/325=18.5>4$，为长柱

$$\begin{aligned}\varphi_1&=1-0.115\sqrt{L_e/D-4}\\&=1-0.115\sqrt{18.5-4}\\&=0.562\end{aligned}$$

考虑偏心率影响的承载力折减系数 $\varphi_e$ 计算：

核心混凝土横截面半径为 $r_c=307/2=153.5(\text{mm})$

由于 $e_0/r_c=110/153.5=0.717\leqslant1.55$

$$\varphi_e=\frac{1}{1+1.85\dfrac{e_0}{r_c}}=\frac{1}{1+1.85\times0.717}=0.430$$

对应的轴心受压柱，因 $\beta=1.0$，$k=1.0$，则 $\varphi_0=\varphi_1=0.562$

而且 $\varphi_e\times\varphi_1=0.430\times0.562=0.242<\varphi_0=0.562$ 满足公式(7.16e)的要求

所以该柱极限承载力为：

$$\begin{aligned}N&\leqslant0.9\varphi_1\varphi_ef_cA_c(1+\sqrt{\theta}+\theta)\\&=0.9\times0.562\times0.430\times21.1\times73\ 985\times(1+\sqrt{1.773}+1.773)\\&=1\ 393.6(\text{kN})\end{aligned}$$

## 7.5　钢管混凝土结构一般构造要求及其施工方法

### 7.5.1　一般构造要求

钢管混凝土结构是由钢管和混凝土两种材料组成的一种组合结构，其性能优越的主要原因在于二者之间的相互作用，因此，在进行钢管混凝土结构设计时，必须满足一定的构造要求才能保证其组合作用的合理实现。

钢管混凝土由于其受力特点决定其应优先用作轴心受压或小偏心受压的构件，当偏心距过大时采用单管截面可能不经济合理。这时可考虑采用格构式构件（设计方法参见相关文献）。

钢管的外直径或最小外边长不宜小于100 mm，钢管的壁厚不宜小于4 mm。钢管的外直径或最大外边长与壁厚之比不得大于无混凝土时相应限值的1.5倍。最小管径和最小壁厚的规定是为了保证混凝土浇灌质量和钢管焊接质量而设置的。研究结果表明，钢管混凝土管壁的稳定性，因存在内填混凝土而有所提高，因此，钢管的外直径或最大外边长与壁厚之比适当放大。对于矩形截面钢管混凝土构件，为了保证矩形钢管和核心混凝土之间有效的共同工作，根据目前有关研究成果的适用范围，其钢管截面长边边长与短边边长之比（$D/B$）不宜大于2。

钢管用钢材宜采用Q235，Q355，Q390和Q420钢，其质量要求应符合现行国家标准。当采用其他牌号的钢材时，也应符合相应有关标准的规定和要求。用于加工钢管的钢板板材尚也应具有冷弯试验的合格保证。

矩形钢管混凝土结构宜采用直缝焊接管或冷弯型钢钢管。圆钢管混凝土结构常用螺旋焊接管和直缝焊接管，因前者易达到焊接与母材等强度的要求，故应用较多。无缝钢管价格高且壁过厚，因而不宜采用。当螺旋焊接管的常用规格不能满足要求时，可采用钢板卷制成的直缝焊接钢管，应采用对接坡口焊缝，不允许采用钢板搭接的角焊缝。焊缝应达到二级质量检验标准和母材等强度。

钢管混凝土中的混凝土可采用普通混凝土和高强高性能混凝土，由于钢管混凝土中钢管本身是封闭的，不能排出多余水分，因而水灰比不宜过大，应控制在0.45及以下。采用流动性混凝土或塑性混凝土主要决定于采用的浇灌工艺。良好的混凝土密实度是保证钢管和核心混凝土之间共同工作的重要前提。高强混凝土、自密实高性能混凝土已是应用比较成熟但尚未广泛推广的新技术。福州大学的研究结果已表明，在钢管混凝土中采用自密实高性能混凝土时，只要按有关规定严格控制其质量，钢管自密实混凝土便能够满足钢管内混凝土的设计要求。

混凝土的强度等级不宜低于C30级，为了达到更好的组合效果，钢管混凝土中钢管和混凝土的强度取值应匹配，可参照下列材料组合：Q235钢配C30或C40级混凝土；Q355钢配C40、C50或C60级混凝土；Q390和Q420钢配C50或C60级及以上等级的混凝土。对钢管混凝土的理论分析和实验研究的结果都表明，由于钢管对其核心混凝土的约束作用，使混凝土材料本身性质得到改善,即强度得以提高,塑性和韧性性能大为改善。同时,由于混凝土的存在可以延缓或阻止钢管发生内凹的局部屈曲;在这种情况下,不仅钢管和混凝土材料本身的性质对钢管混凝土性能的影响很大,而且二者几何特性和物理特性参数如何"匹配",也将对钢管混凝土构件力学性能有着非常重要的影响。研究结果表明,约束效应系数越大,则构件的延性越好,反之则越差。当钢管混凝土用作地震区的结构柱时,为了保证钢管混凝土构件具有良好的延性,一定要注意选用相匹配的钢管和混凝土强度。

在抗震设计时,对采用钢筋混凝土框架梁的框架,其结构抗震等级可按照钢筋混凝土结构的等级划分;对采用钢梁或钢-混凝土组合梁的框架,可按混合结构相关规定采用。钢管混凝土的抗震和抗风计算参数,在无明确规定时,可按钢筋混凝土结构取值。当钢管混凝土用作地震区的多层和高层、(结构体系中含框架的)超高层框架结构柱时,对于圆钢管混凝土构件截面的约束效应系数标准值 $\xi$ 不应小于 0.6,对于矩形钢管混凝土,$\xi$ 值不应小于 1。在抗震设计中,前面的各设计公式应考虑抗震承载力调整系数 $\gamma_{RE}$,具体按照《混凝土结构设计标准(2024 年版)》(GB/T 50010—2010)进行。

在钢管混凝土结构构件的设计中,应根据承载能力极限状态和正常使用极限状态的要求,分别进行承载力、稳定计算和变形验算,必要时尚应进行结构的倾覆和滑移验算。所有结构构件均应进行承载力计算,对使用上需控制变形的结构构件,应进行变形验算。

钢管混凝土结构构件的承载力(包括压屈及失稳)计算和倾覆、滑移验算均应采用荷载设计值。变形验算应采用相应的荷载代表值。预制构件尚应按制作、运输及安装的荷载设计值进行施工阶段的验算,预制构件自身吊装的验算,应将构件自重乘以动力系数 1.5。

### ▶ 7.5.2 主要施工方法介绍

钢管混凝土结构作为一种组合结构,其施工兼有钢结构和混凝土结构二者的特点。

钢管混凝土构件在建筑物中一般是全部或部分地被采用作为柱构件,钢管可以在钢结构加工工厂事先加工好,现场进行拼接即可。每段钢管的长度主要由现场吊装设备的能力来确定,同时也由浇筑混凝土的高度决定。一般而言,钢管的长度可以取每三层一段,这样整个的钢管可直接在现场先吊装安装起来,提高了施工效率。

由于空钢管可以作为施工期间的支架,钢管混凝土结构的施工有其典型的特点:在浇筑钢管中混凝土之前,可以先安装并浇筑楼盖部分。例如,如果每段钢管是三层高,则可以在安装并浇筑完三层楼盖后再一次浇筑钢管内混凝土。这种方法提高了施工效率。

钢管的加工应符合现行有关的钢结构规范,包括《钢结构设计标准》(GB 50017—2017)及《钢结构工程施工质量验收标准》(GB 50205—2020)中的相关条文要求,同时应符合所依据的钢管混凝土结构技术规范规程的规定。对于钢管焊接质量的检查、加工及施工偏差等均应符合上述规范的规定。

管内混凝土的浇筑,目前常用的施工工艺有泵送顶升法、高位抛落免振捣法、人工逐段浇筑振捣等工艺。在条件容许的情况下,钢管内混凝土的浇筑方式应优先采用泵送顶升浇灌法,因为泵送顶升浇灌法不仅可以提高施工效率,也容易保证混凝土的密实。对各种施工工艺下面分别作简单介绍。

(1)泵送顶升浇灌法

泵送顶升浇灌法工艺是在钢管柱适当的位置安装一个带有防回流装置的进料支管,直接与泵车的输送管相连,将混凝土连续不断地自下而上灌入钢管,无需振捣。钢管的尺寸宜大于或等于进料支管的2倍。由于泵送时需要在钢管上开孔,因此对泵送顶升浇灌的柱下部入口处的管壁应进行强度验算。同时,泵送混凝土前应用清水冲洗钢管内壁以减小摩擦。

(2)高位抛落免振捣法

高位抛落免振捣法工艺利用混凝土下落时产生的动能达到振实混凝土的目的,适用于管截面最小边长或管径大于350 mm,高度不小于4 m的情况。对于抛落高度低于4 m的区段,应用内部振捣器振实,一次抛落的混凝土量宜在0.7 $m^3$ 左右,用料斗装填,料斗的下口尺寸应比钢管截面最小边长或管径小100~200 mm,以便于管内空气的排出,应保证混凝土无泌水和离析现象。

(3)人工逐段浇筑振捣

人工逐段浇筑振捣工艺通常适合于在上述浇筑方法不奏效的情况下,混凝土自钢管上口灌入,用振捣器捣实,管截面最小边长或管径大于350 mm时,采用内部振捣器进行振捣,每次振捣时间不少于30 s,一次浇灌高度不宜大于1.5 m。当管截面最小边长或管径小于350 mm时,可采用附着在钢管外部的振捣器进行振捣,外部振捣的位置应随混凝土浇灌进展加以调整。手工逐段浇捣法一次浇灌的高度不应大于振捣器的有效工作范围和2~3 m柱长。

混凝土的配合比,除应满足强度指标外,也应注意混凝土坍落度的选择。混凝土配合比应根据混凝土设计等级计算,并通过试验后确定。对于泵送顶升浇灌法,混凝土的配合比尚应满足可泵性要求。

钢管内混凝土浇灌工作宜连续进行,若间歇时,时间不应超过混凝土的终凝时间,需留施工缝时,应将管口封闭,防止水、油和异物等落入。每次浇灌混凝土前(包括施工缝),应先浇灌一层厚度为100~200 mm的与混凝土等级相同的水泥砂浆,以免自由下落的混凝土骨料产生弹跳现象。

当混凝土浇灌到钢管顶端时,可以使混凝土稍微溢出后再将留有排气孔的层间横隔板或封顶板紧压在管端,随即进行点焊,待混凝土强度达到设计值的50%后,再将横隔板或封顶板按设计要求进行补焊,也可将混凝土浇灌到稍低于管口的位置,待混凝土强度达到设计值的50%后再用相同等级的水泥砂浆添至管口,并按上述方法将横隔板或封顶板一次封焊到位。

钢管混凝土结构内部混凝土浇灌质量一般可采用敲击钢管的方法来检查其密实度,对于重要构件或部位应采用超声波进行检测。混凝土不密实的部位,应采用局部钻孔压浆法进行补强,并将钻孔补焊封固。

### ▶ 7.5.3　施工期间钢管强度验算

高层建筑在进行钢管混凝土柱施工时,一般都是先安装空钢管作为施工期间的承重骨架再进行楼盖等结构的施工,或者作为向下进行“逆作法”施工的竖向施工骨架。钢管混凝土拱桥也是先安装空钢管作为施工承重骨架而后再浇筑混凝土,这时,空钢管结构单独承受施工荷载。随着高强高性能混凝土及高强钢材的普遍应用,钢管混凝土构件的承载力和刚度都有了较大提高,从而使得其截面尺寸不断减小,会给混凝土浇筑带来一定困难。无论是采用普通混凝土的人工浇灌和振捣,还是采用高性能免振捣混凝土的高位抛落或者泵送顶升法等工艺进行内部混凝土的浇筑时,都会在空钢管内产生动压力和静水压力,从而可能引起钢管局部应力集中或局部屈曲现象,严重时可导致钢管胀裂。

当采用先安装空钢管结构后浇灌管内混凝土的方法施工钢管混凝土结构时,应按施工阶段的荷载依据《钢结构设计标准》(GB 50017—2017)验算空钢管结构的强度和稳定性。

钢管混凝土结构中的钢结构部分在施工阶段充当永久性模板承受施工荷载,在使用阶段又作为结构的组成部分承受使用阶段荷载,因此应该验算施工期间空钢管的强度,并对空钢管的施工期间应力给出限制。《钢管混凝土结构技术规程》(DBJ 13-51-2003)规定在浇灌混凝土时,由施工阶段荷载引起的钢管初始最大压应力值不宜超过 $0.35f$,且不应大于 $0.8f$。若超过 $0.35f$,应考虑钢管初应力对钢管混凝土构件承载力的影响。具体方法是在一次加载方法计算获得承载力的基础上乘以钢管初应力影响系数 $k_p$。

$k_p$ 的计算公式如下:

$$k_p = 1 - f(\lambda) \cdot f(e/r) \cdot \beta \tag{7.25}$$

式中 $f(\lambda)$——考虑构件长细比($\lambda$)影响的函数,可按下式确定:

对于圆钢管混凝土:

$$f(\lambda)=\begin{cases} 0.17\lambda_0-0.02 & (\lambda_0\leqslant 1)\\ -0.13\lambda_0^2+0.35\lambda_0-0.07 & (\lambda_0>1)\end{cases} \tag{7.26a}$$

对于矩形钢管混凝土:

$$f(\lambda)=\begin{cases} 0.14\lambda_0+0.02 & (\lambda_0\leqslant 1)\\ -0.15\lambda_0^2+0.42\lambda_0-0.11 & (\lambda_0>1)\end{cases} \tag{7.26b}$$

其中,$\lambda_0=\lambda/80$。

式中 $f(e/r)$——考虑构件荷载偏心率($e/r$)影响的函数,可按下式确定:

对于圆钢管混凝土:

$$f(e/r)=\begin{cases} 0.75(e/r)^2-0.05(e/r)+0.9 & (e/r\leqslant 0.4)\\ -0.15(e/r)+1.06 & (e/r>0.4)\end{cases} \tag{7.27a}$$

对于矩形钢管混凝土:

$$f(e/r)=\begin{cases} 1.35(e/r)^2-0.04(e/r)+0.8 & (e/r\leqslant 0.4)\\ -0.2(e/r)+1.08 & (e/r>0.4)\end{cases} \tag{7.27b}$$

其中,$\beta$——钢管初应力系数,可按下式确定:

$$\beta=\frac{\sigma_0}{\varphi_s f} \tag{7.28}$$

式中 $\sigma_0$——钢管中的初始应力;

$\varphi_s$——空钢管的稳定系数,按《钢结构设计标准》(GB 50017—2017)取值。

## 本章小结

1. 钢管混凝土柱是指在钢管中填充混凝土而形成的受力构件,具有承载力高、塑性和韧性好、施工方便、耐火性能好、经济效果好等优点，在高层和超高层建筑以及桥梁结构中得到了广泛应用，取得了良好的经济效益和建筑效果。

2. 钢管混凝土结构具有良好的受力性能，钢管对核心混凝土提供了约束，使混凝土三向受压，混凝土的抗压强度得到提高，同时塑性、延性得到改善，使混凝土由原来的脆性材料转变为具有较好的塑性；而钢管由于核心混凝土的存在，提高了其整体稳定和局部稳定承载力。

3. 钢管混凝土柱设计包括圆形和矩形钢管混凝土轴心受压柱、偏心受压柱（压弯构件）正截面承载力计算和斜截面承载力计算。钢管混凝土柱正截面承载力计算采用基于实验的极限平衡理论，并考虑钢管的约束效应、长细比、偏心率影响的计算方法，斜截面受剪承载力采用叠加方法进行计算。

4. 矩形钢管混凝土结构宜采用直缝焊接管或冷弯型钢钢管。圆钢管混凝土结构常用螺旋焊接管和直缝焊接管，因前者易达到焊接与母材等强度的要求，故使用较多。钢管混凝土中的混凝土可采用普通混凝土和高强高性能混凝土，由于钢管混凝土中钢管本身是封闭的，多余水分不能排出，因而水灰比不宜过大，应控制在 0.45 及以下。

## 习　题

7.1　简述钢管混凝土构件有哪些优点？

7.2　简述钢管混凝土结构设计的一般要求。

7.3　简述钢管混凝土结构施工的特点。与钢筋混凝土结构相比，其有何优点？

7.4　某圆形截面钢管混凝土轴心受压短柱，钢管为 $\phi 250\times 8$，Q235 钢材，混凝土为 C40，柱长 $L=1\ 000$ mm，计算其强度极限承载力设计值。

7.5　某方形截面钢管混凝土轴心受压短柱，钢管为 $\phi 350\times 8$，Q235 钢材，混凝土为 C40，柱长 $L=1\ 200$ mm，计算其强度极限承载力设计值。

7.6　某圆形截面钢管混凝土轴心受压柱，钢管为 $\phi 400\times 12$，Q355 钢材，混凝土为 C40，柱计算长度 $L_0=8\ 000$ mm，轴向压力设计值 $N=5\ 000$ kN，试校核其承载力是否满足要求。

7.7　某方形截面钢管混凝土轴心受压柱，钢管为 $\phi 340\times 10$，Q355 钢材，混凝土为 C50，柱计算长度 $L_0=8\ 000$ mm，轴向压力设计值 $N=6\ 000$ kN，试校核其承载力是否满足要求。

7.8　某圆形截面钢管混凝土偏心受压柱，钢管为 $\phi 380\times 10$，Q355 钢材，混凝土为 C50，柱计算长度 $L_0=7\ 500$ mm，轴向压力设计值 $N=3\ 500$ kN，偏心矩 $e_0=120$ mm，试校核其承载力是否满足要求。

7.9　某方形截面钢管混凝土偏心受压柱，钢管为 $\phi 400\times 10$，Q355 钢材，混凝土为 C50，柱计算长度 $L_0=10\ 000$ mm，轴向压力设计值 $N=5\ 500$ kN，偏心矩 $e_0=100$ mm，试校核其承载力是否满足要求。

# 附　录

## 附录 1　建筑用压型钢板

附表 1.1　压型钢板截面尺寸

| 序号 | 型号 | 截面基本尺寸 | 展开宽度/mm |
|---|---|---|---|
| 1 | YX 173-300-300 | 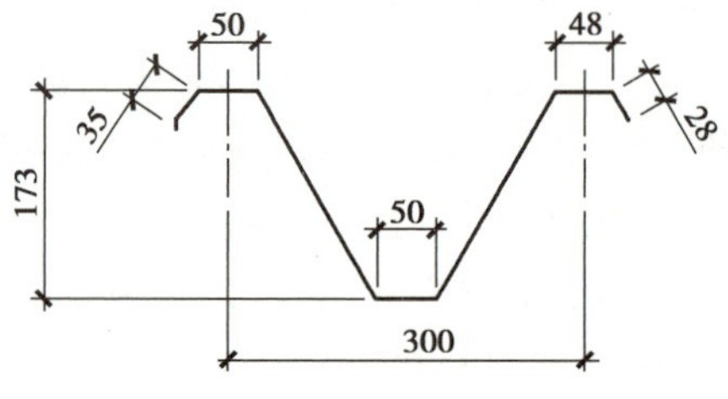 50 48 35 28 173 50 300 | 610 |
| 2 | YX 130-300-600 | 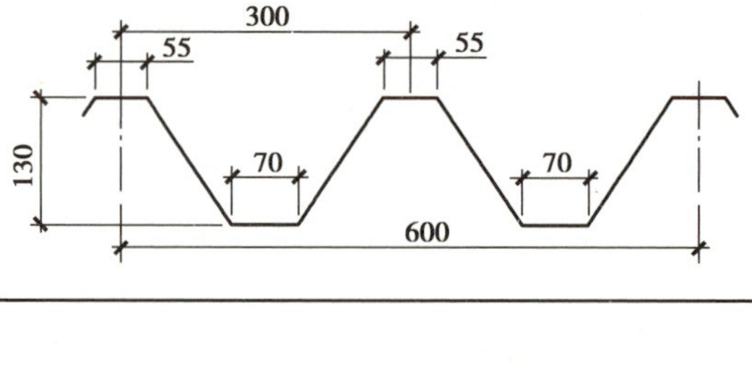 300 55 55 130 70 70 600 | 1 000 |

续表

| 序号 | 型号 | 截面基本尺寸 | 展开宽度/mm |
|---|---|---|---|
| 3 | YX 130-275-550 | 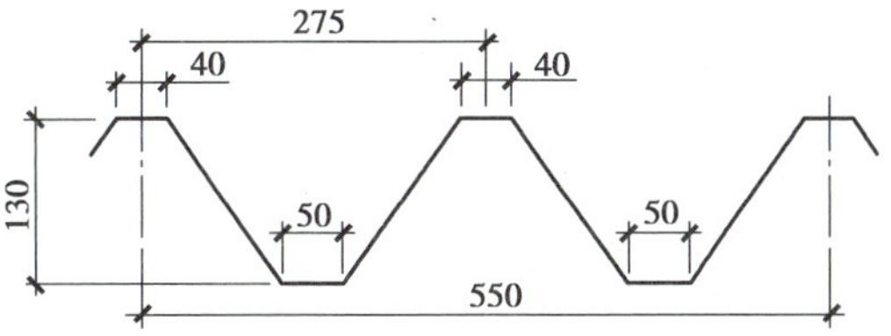 | 914 |
| 4 | YX 75-230-690（Ⅰ） | 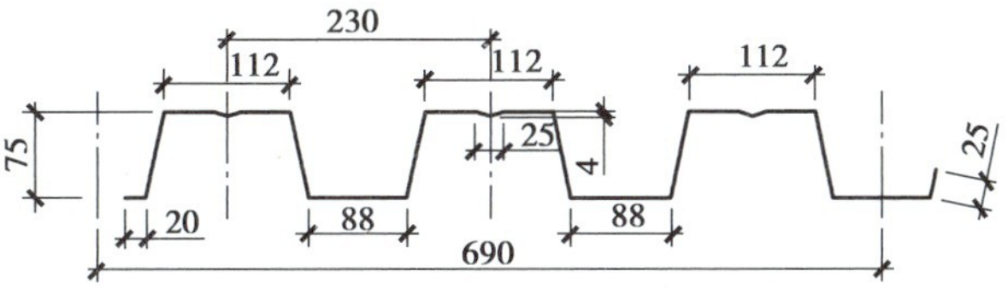 | 1 100 |
| 5 | YX 75-230-690（Ⅱ） | 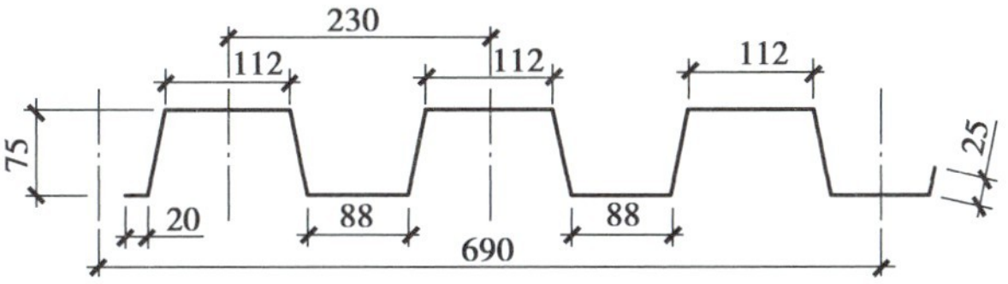 | 1 100 |
| 6 | YX 75-210-840 | 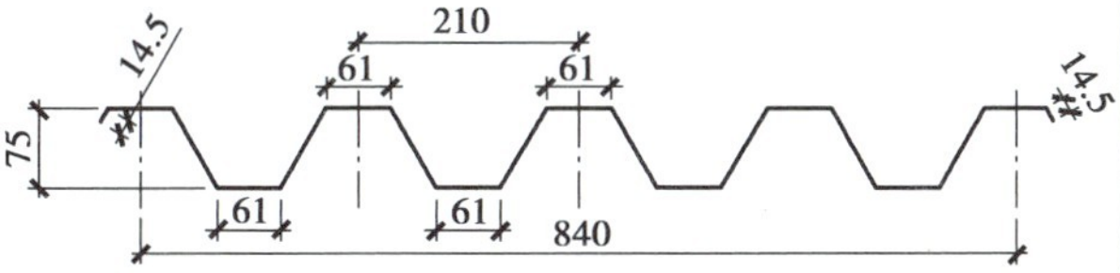 | 1 250 |
| 7 | YX 75-200-600 | 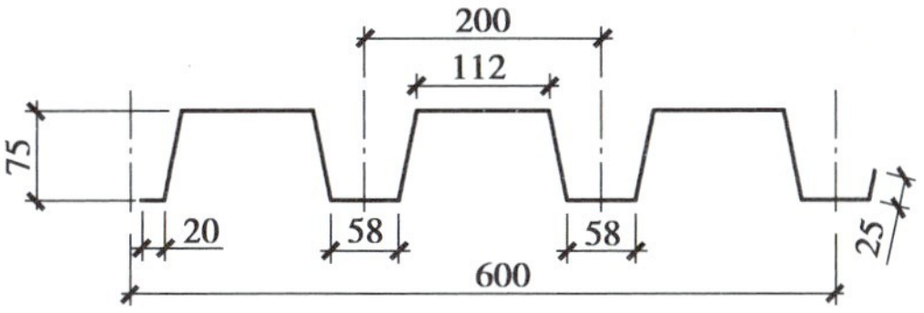 | 1 000 |
| 8 | YX 70-200-600 | 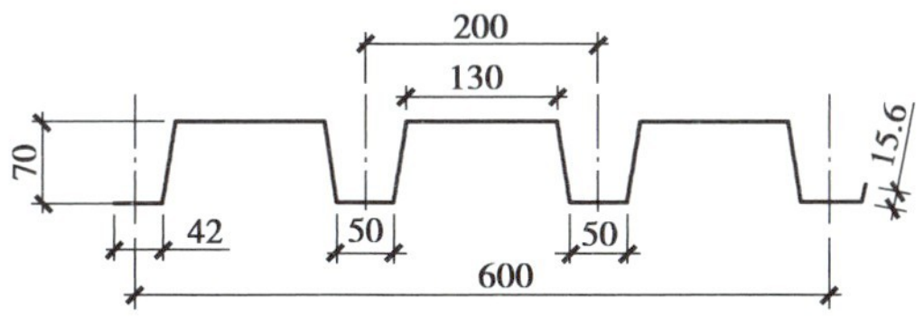 | 1 000 |
| 9 | YX 28-200-600（Ⅰ） | 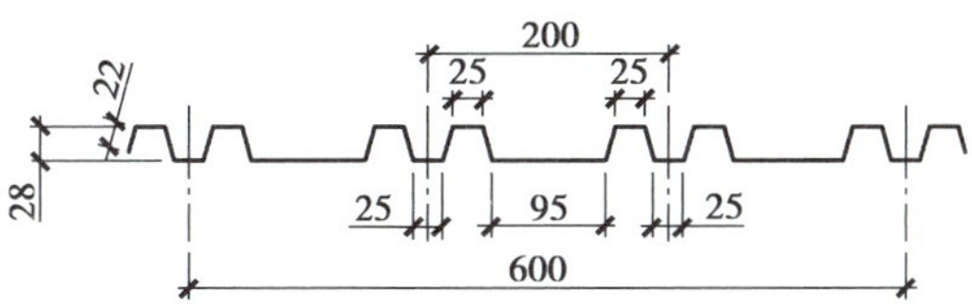 | 1 000 |

续表

| 序号 | 型号 | 截面基本尺寸 | 展开宽度/mm |
|---|---|---|---|
| 10 | YX 28-200-600（Ⅱ） | 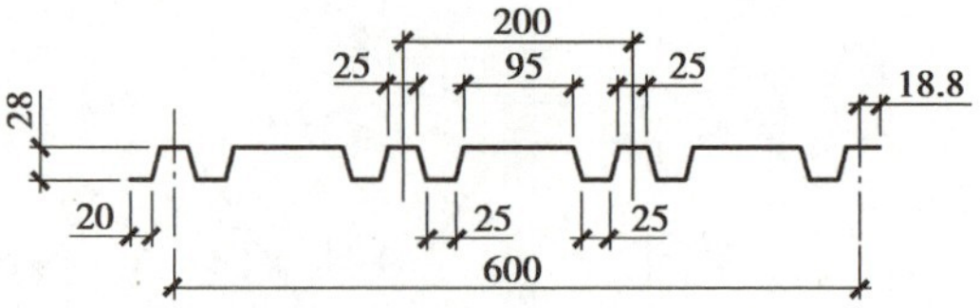 200 25 95 25 18.8 28 20 25 25 600 | 1 000 |
| 11 | YX 28-150-900（Ⅰ） | 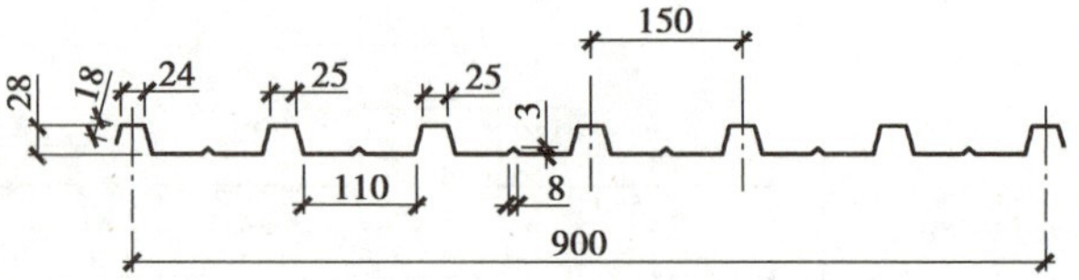 150 28 18 24 25 25 3 110 8 900 | 1 200 |
| 12 | YX 28-150-900（Ⅱ） | 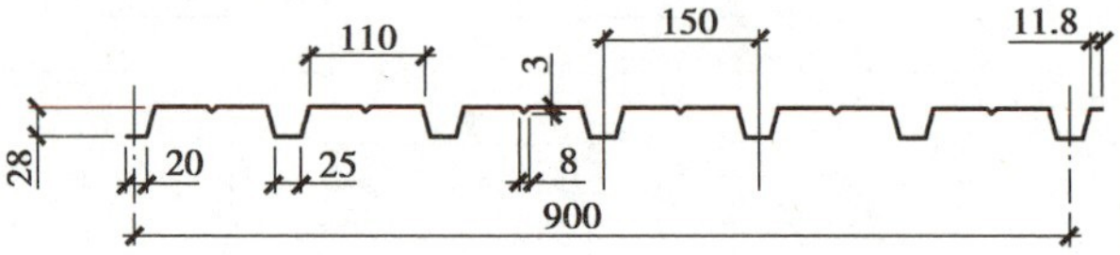 110 150 11.8 3 28 20 25 8 900 | 1 200 |
| 13 | YX 28-150-900（Ⅲ） | 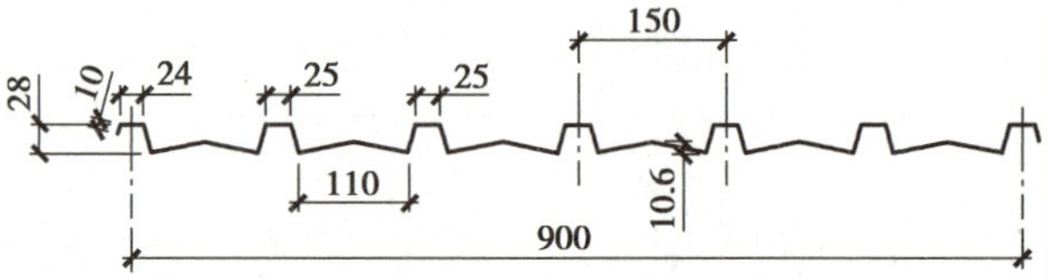 150 28 10 24 25 25 110 10.6 900 | 1 200 |
| 14 | YX 28-150-900（Ⅳ） | 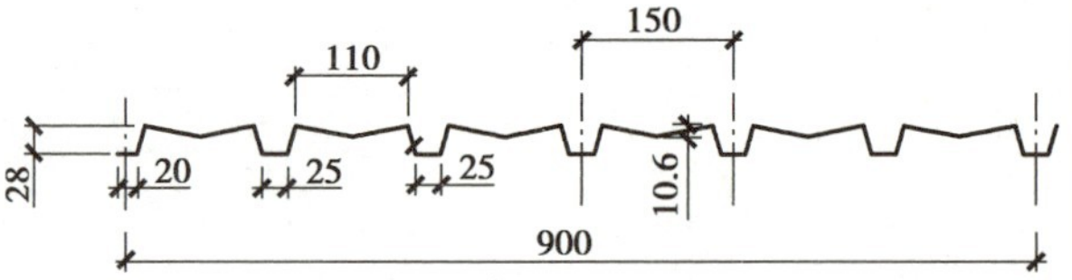 150 110 28 20 25 25 10.6 900 | 1 200 |
| 15 | YX 28-150-750（Ⅰ） | 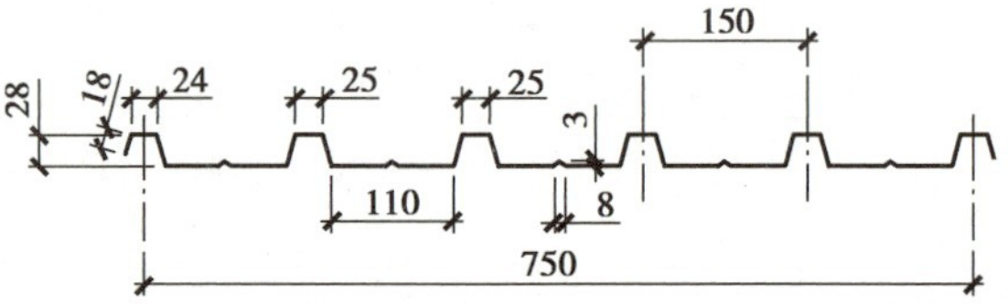 150 28 18 24 25 25 3 110 8 750 | 1 000 |
| 16 | YX 28-150-750（Ⅱ） | 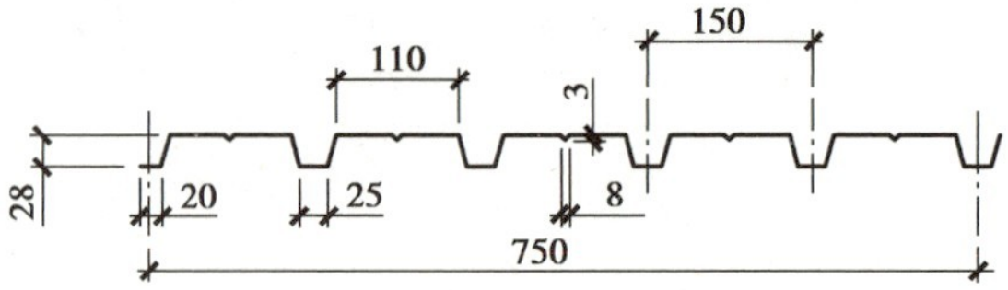 150 110 3 28 20 25 8 750 | 1 000 |

续表

| 序号 | 型号 | 截面基本尺寸 | 展开宽度/mm |
|---|---|---|---|
| 17 | YX 51-250-750 | 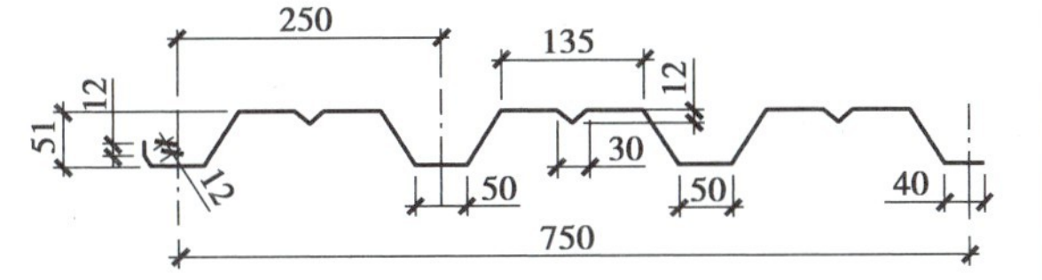 | 1 000 |
| 18 | YX 38-175-700 | 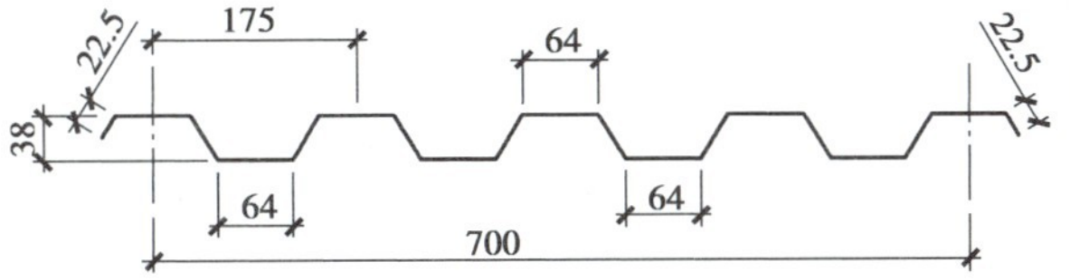 | 960 |
| 19 | YX 35-125-750 | 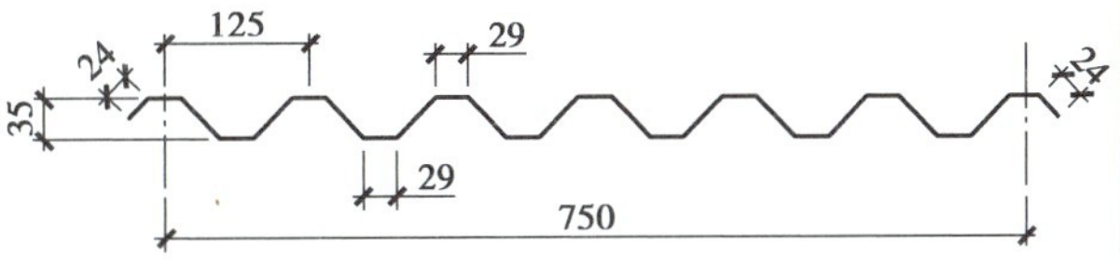 | 1 000 |
| 20 | YX 35-187.5-750 | 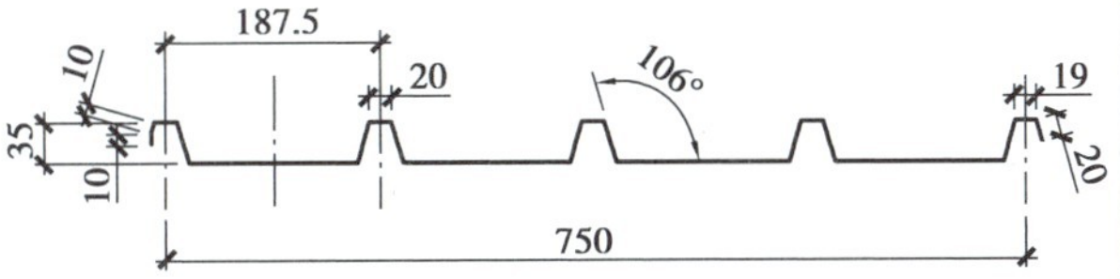 | 1 000 |
| 21 | YX 35-115-690 | 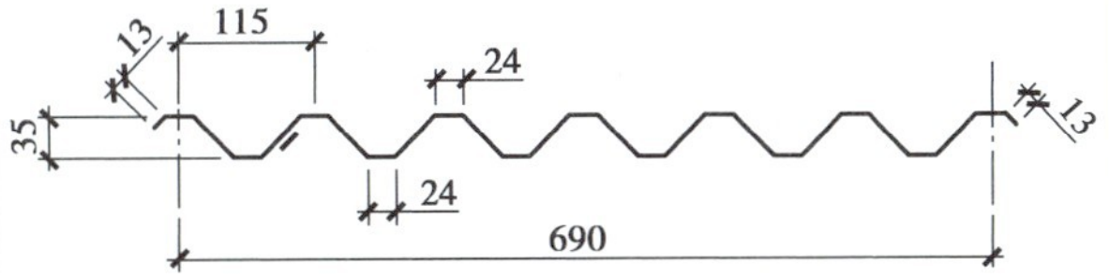 | 914 |
| 22 | YX 35-115-677 | 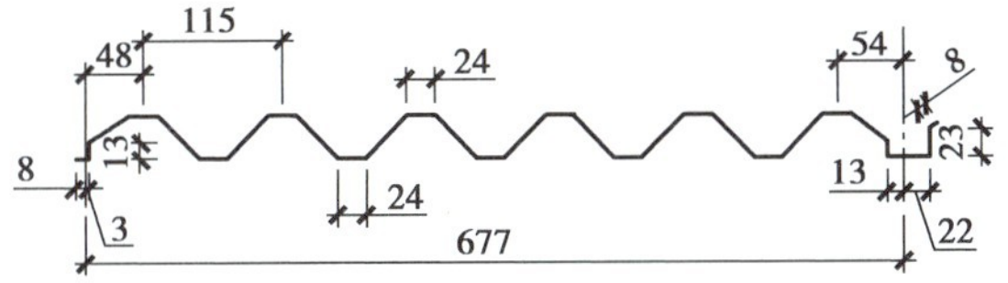 | 1 200 |
| 23 | YX 28-300-900（Ⅰ） | 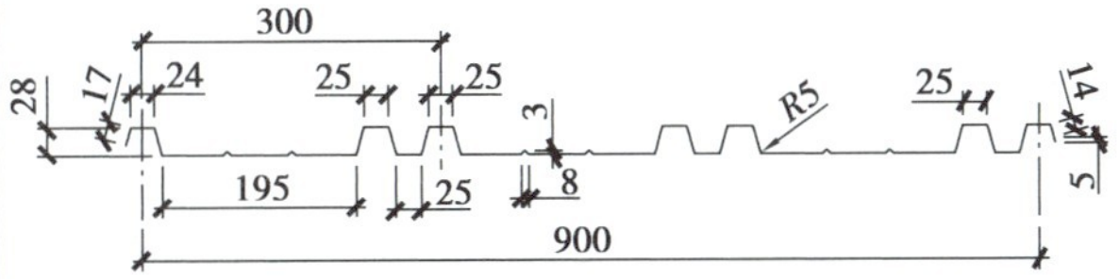 | 1 200 |
| 24 | YX 28-300-900（Ⅱ） | 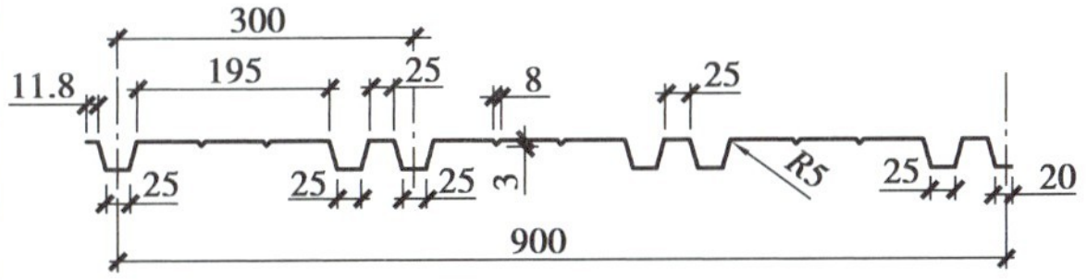 | 1 200 |

续表

| 序号 | 型号 | 截面基本尺寸 | 展开宽度/mm |
| --- | --- | --- | --- |
| 25 | YX 28-100-800（Ⅰ） | 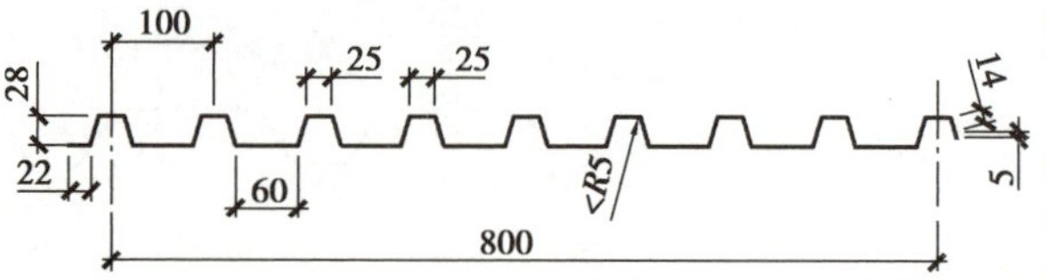 100 25 25 28 14 22 60 <R5 5 800 | 1 200 |
| 26 | YX 28-100-800（Ⅱ） | 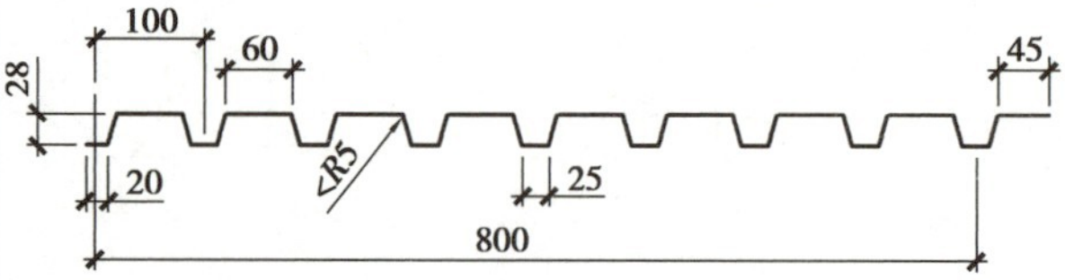 100 60 45 28 20 <R5 25 800 | 1 200 |
| 27 | YX 28-100-800 | 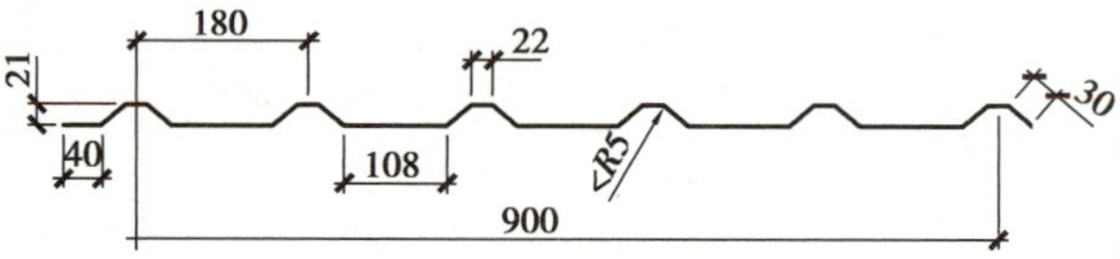 180 22 21 30 40 108 <R5 900 | 1 100 |

**附表 1.2　25 种压型钢板截面特性**

| 序号 | 压型钢板型号 | 板厚 $t$ /mm | 有效截面特性 | |
| --- | --- | --- | --- | --- |
| | | | $I_{ef}$ /(cm$^4$·m$^{-1}$) | $W_{ef}$ /(cm$^3$·m$^{-1}$) |
| 1 | YX 173-300-300 | 0.8 | 560.52 | 57.90 |
| | | 1.0 | 728.45 | 73.71 |
| | | 1.2 | 903.60 | 89.81 |
| 2 | YX 130-300-600 | 0.8 | 275.99 | 41.50 |
| | | 1.0 | 358.09 | 52.71 |
| | | 1.2 | 441.34 | 63.95 |
| 3 | YX 130-275-550 | 0.8 | 273.14 | 39.77 |
| | | 1.0 | 349.44 | 50.22 |
| | | 1.2 | 421.12 | 60.30 |
| 4 | YX 75-230-690（Ⅰ） | 0.8 | 121.93 | 31.53 |
| | | 1.0 | 154.42 | 39.47 |
| | | 1.2 | 186.15 | 47.32 |

续表

| 序号 | 压型钢板型号 | 板厚 $t$ /mm | 有效截面特性 | |
|---|---|---|---|---|
| | | | $I_{ef}$ /(cm$^4$·m$^{-1}$) | $W_{ef}$ /(cm$^3$·m$^{-1}$) |
| 5 | YX 75-230-690（Ⅱ） | 0.8 | 89.31 | 20.10 |
| | | 1.0 | 118.76 | 27.44 |
| | | 1.2 | 151.48 | 36.01 |
| 6 | YX 75-220-600 | 0.8 | 89.90 | 21.95 |
| | | 1.0 | 119.30 | 29.99 |
| | | 1.2 | 151.84 | 39.39 |
| 7 | YX 70-200-600 | 0.8 | 76.57 | 20.31 |
| | | 1.0 | 100.64 | 27.37 |
| | | 1.2 | 128.19 | 35.96 |
| 8 | YX 75-210-840 | 0.8 | 94.33 | 24.59 |
| | | 1.0 | 123.73 | 31.26 |
| | | 1.2 | 150.91 | 37.66 |
| 9 | YX 38-175-700 | 0.6 | 16.99 | 8.37 |
| | | 0.8 | 24.44 | 12.56 |
| | | 1.0 | 32.94 | 16.11 |
| 10 | YX 35-125-750 | 0.6 | 13.85 | 7.48 |
| | | 0.8 | 18.83 | 10.00 |
| | | 1.0 | 23.54 | 12.44 |
| 11 | YX 35-115-690 | 0.6 | 13.55 | 7.29 |
| | | 0.8 | 18.13 | 9.69 |
| | | 1.0 | 22.67 | 12.05 |
| 12 | YX 35-115-677 | 0.6 | 13.39 | 7.44 |
| | | 0.8 | 17.85 | 9.86 |
| | | 1.0 | 22.31 | 12.26 |
| 13 | YX 35-187.5-750 | 0.6 | 13.47 | 5.16 |
| | | 0.8 | 17.97 | 6.85 |
| | | 1.0 | 22.46 | 8.53 |

续表

| 序号 | 压型钢板型号 | 板厚 $t$ /mm | 有效截面特性 | |
|---|---|---|---|---|
| | | | $I_{ef}$ /(cm$^4$ · m$^{-1}$) | $W_{ef}$ /(cm$^3$ · m$^{-1}$) |
| 14 | YX 28-150-900（Ⅰ） | 0.6 | 9.58 | 4.82 |
| | | 0.8 | 12.77 | 6.39 |
| | | 1.0 | 15.97 | 7.95 |
| 15 | YX 28-150-750（Ⅰ） | 0.6 | 9.71 | 4.90 |
| | | 0.8 | 12.95 | 6.50 |
| | | 1.0 | 16.19 | 8.09 |
| 16 | YX 28-100-800（Ⅰ） | 0.6 | 11.58 | 6.62 |
| | | 0.8 | 15.44 | 8.78 |
| | | 1.0 | 19.30 | 10.92 |
| 17 | YX 28-150-900（Ⅱ） | 0.6 | 6.74 | 4.20 |
| | | 0.8 | 9.86 | 5.76 |
| | | 1.0 | 13.64 | 7.39 |
| 18 | YX 28-150-750（Ⅱ） | 0.6 | 6.72 | 4.26 |
| | | 0.8 | 9.84 | 5.83 |
| | | 1.0 | 13.65 | 7.50 |
| 19 | YX 28-100-800（Ⅱ） | 0.6 | 9.69 | 6.11 |
| | | 0.8 | 14.63 | 8.45 |
| | | 1.0 | 18.79 | 10.60 |
| 20 | YX 51-250-750 | 0.8 | 44.23 | 14.59 |
| | | 1.0 | 56.21 | 18.28 |
| | | 1.2 | 67.88 | 21.91 |
| 21 | YX 28-300-900（Ⅰ） | 0.6 | 9.58 | 4.82 |
| | | 0.8 | 12.77 | 6.39 |
| | | 1.0 | 15.97 | 7.95 |
| 22 | YX 28-300-900（Ⅱ） | 0.6 | 6.15 | 4.07 |
| | | 0.8 | 8.76 | 5.52 |
| | | 1.0 | 11.60 | 7.00 |

续表

| 序号 | 压型钢板型号 | 板厚 $t$ /mm | 有效截面特性 | |
|---|---|---|---|---|
| | | | $I_{ef}$ /($cm^4 \cdot m^{-1}$) | $W_{ef}$ /($cm^3 \cdot m^{-1}$) |
| 23 | YX 21-180-900 | 0.6 | 4.81 | 3.19 |
| | | 0.8 | 6.41 | 4.22 |
| | | 1.0 | 8.01 | 5.25 |
| 24 | YX 28-200-600（Ⅰ） | 0.6 | 12.93 | 7.70 |
| | | 0.8 | 17.24 | 10.21 |
| | | 1.0 | 21.55 | 12.69 |
| 25 | YX 28-200-600（Ⅱ） | 0.6 | 10.45 | 6.99 |
| | | 0.8 | 14.63 | 9.42 |
| | | 1.0 | 19.30 | 11.93 |

# 附录 2　常用型钢规格及截面特性

**附表 2.1　热轧普通工字钢的规格及截面计算**

| 型号 | 尺寸/mm | | | | | | 截面面积 $A$ /$cm^2$ | 每米质量 /($kg \cdot m^{-1}$) | 截面特性 | | | | | | |
|---|---|---|---|---|---|---|---|---|---|---|---|---|---|---|---|
| | | | | | | | | | $x$-$x$ 轴 | | | $y$-$y$ 轴 | | | |
| | $h$ | $b$ | $t_w$ | $t$ | $r$ | $r_1$ | | | $I_x$ /$cm^4$ | $W_x$ $cm^3$ | $S_x$ /$cm^3$ | $i_x$ /cm | $I_y$ /$cm^4$ | $W_y$ /$cm^3$ | $i_y$ cm |
| I10 | 100 | 68 | 4.5 | 7.6 | 6.5 | 3.3 | 14.33 | 11.25 | 245 | 49.0 | 28.2 | 4.14 | 32.8 | 9.6 | 1.51 |
| I12.6 | 126 | 74 | 5.0 | 8.4 | 7.0 | 3.5 | 18.10 | 14.21 | 488 | 77.4 | 44.2 | 5.19 | 46.9 | 12.7 | 1.61 |
| I14 | 140 | 80 | 5.5 | 9.1 | 7.5 | 3.8 | 21.50 | 16.88 | 712 | 101.7 | 58.4 | 5.75 | 64.3 | 16.1 | 1.73 |
| I16 | 160 | 88 | 6.0 | 9.9 | 8.0 | 4.0 | 26.11 | 20.50 | 1 127 | 140.9 | 80.8 | 6.57 | 93.1 | 21.1 | 1.89 |
| I18 | 180 | 94 | 6.5 | 10.7 | 8.5 | 4.3 | 30.74 | 24.13 | 1 699 | 185.4 | 106.5 | 7.37 | 122.9 | 26.2 | 2.00 |
| I20a | 200 | 100 | 7.0 | 11.4 | 9.0 | 4.5 | 35.55 | 27.91 | 2 369 | 236.9 | 136.1 | 8.16 | 157.9 | 31.6 | 2.11 |
| I20b | 200 | 102 | 9.0 | 11.4 | 9.0 | 4.5 | 39.55 | 31.05 | 25.02 | 250.2 | 146.1 | 7.95 | 169.0 | 33.1 | 2.07 |
| I22a | 220 | 110 | 7.5 | 12.3 | 9.5 | 4.8 | 42.10 | 33.05 | 3 406 | 209.6 | 177.7 | 8.99 | 225.9 | 41.1 | 2.32 |
| I22b | 220 | 112 | 9.5 | 12.3 | 9.5 | 4.8 | 46.50 | 36.50 | 3 583 | 325.8 | 189.8 | 8.78 | 240.2 | 42.9 | 2.27 |
| I25a | 250 | 116 | 8.0 | 13.0 | 10.0 | 5.0 | 48.51 | 38.08 | 5 017 | 401.4 | 230.7 | 10.17 | 280.4 | 48.4 | 2.40 |
| I25b | 250 | 118 | 10. | 13.0 | 10.0 | 5.0 | 53.51 | 42.01 | 5 278 | 422.2 | 246.3 | 9.93 | 297.3 | 50.4 | 2.36 |
| I28a | 280 | 122 | 8.5 | 13.7 | 10.5 | 5.3 | 55.37 | 43.47 | 7 115 | 508.2 | 292.7 | 11.34 | 344.1 | 56.4 | 2.49 |
| I28b | 280 | 124 | 10.5 | 13.7 | 10.5 | 5.3 | 60.97 | 47.86 | 7 481 | 534.4 | 312.3 | 11.08 | 363.8 | 58.7 | 2.44 |
| I32a | 320 | 130 | 9.5 | 15.0 | 11.5 | 5.8 | 67.12 | 52.69 | 11 080 | 692.5 | 400.5 | 12.85 | 459.0 | 70.6 | 2.62 |
| I32b | 320 | 132 | 11.5 | 15.0 | 11.5 | 5.8 | 73.52 | 57.71 | 11 626 | 726.7 | 426.1 | 12.58 | 483.8 | 73.8 | 2.57 |

续表

| 型号 | 尺寸/mm | | | | | | 截面面积 $A$ /cm² | 每米质量 /(kg·m⁻¹) | 截面特性 | | | | | | |
|---|---|---|---|---|---|---|---|---|---|---|---|---|---|---|---|
| | | | | | | | | | $x$-$x$ 轴 | | | $y$-$y$ 轴 | | | |
| | $h$ | $b$ | $t_w$ | $t$ | $r$ | $r_1$ | | | $I_x$ /cm⁴ | $W_x$ cm³ | $S_x$ /cm³ | $i_x$ /cm | $I_y$ /cm⁴ | $W_y$ /cm³ | $i_y$ cm |
| I32c | 320 | 134 | 13.5 | 15.0 | 11.5 | 5.8 | 79.92 | 62.74 | 12 173 | 760.8 | 451.7 | 12.34 | 510.1 | 76.1 | 2.53 |
| I36a | 360 | 136 | 10.0 | 15.8 | 12.0 | 6.0 | 76.44 | 60.00 | 15 796 | 877.6 | 508.8 | 12.38 | 554.9 | 81.6 | 2.69 |
| I36b | 360 | 138 | 12.0 | 15.8 | 12.0 | 6.0 | 83.64 | 65.66 | 16 574 | 920.8 | 541.2 | 14.08 | 583.6 | 84.6 | 2.64 |
| I36c | 360 | 140 | 4.0 | 15.8 | 12.0 | 6.0 | 90.84 | 71.31 | 17 351 | 964.0 | 573.6 | 13.82 | 614.0 | 87.7 | 2.60 |
| I40a | 400 | 142 | 10.5 | 16.5 | 12.5 | 6.3 | 86.07 | 67.56 | 21 714 | 1 085.7 | 631.2 | 15.88 | 659.9 | 92.9 | 2.77 |
| I40b | 400 | 144 | 12.5 | 16.5 | 12.5 | 6.3 | 94.07 | 73.84 | 22 781 | 1139.0 | 671.2 | 15.56 | 692.8 | 96.2 | 2.71 |
| I40c | 400 | 146 | 14.5 | 16.5 | 12.5 | 6.3 | 102.07 | 80.12 | 23 847 | 1 192.4 | 711.2 | 15.29 | 727.5 | 99.7 | 2.67 |
| I45a | 450 | 150 | 11.5 | 18.0 | 13.5 | 6.8 | 102.40 | 80.38 | 32 241 | 1 432.9 | 836.4 | 17.74 | 855.0 | 114.0 | 2.89 |
| I45b | 450 | 152 | 13.5 | 18.0 | 13.5 | 6.8 | 111.40 | 87.45 | 33 759 | 1 500.4 | 887.1 | 17.41 | 895.4 | 117.8 | 2.84 |
| I45c | 450 | 154 | 15.5 | 18.0 | 13.5 | 6.8 | 120.40 | 94.51 | 35 278 | 1 567.9 | 937.7 | 17.12 | 938.0 | 121.8 | 2.79 |
| I50a | 500 | 158 | 12.0 | 20.0 | 14.0 | 7.0 | 119.25 | 93.61 | 46 472 | 1 858.9 | 1 084.1 | 19.74 | 1121.5 | 142.0 | 3.07 |
| I50b | 500 | 160 | 14.0 | 20.0 | 14.0 | 7.0 | 129.25 | 101.46 | 48 556 | 1 942.2 | 1 146.6 | 19.38 | 1 171.4 | 146.4 | 3.01 |
| I50c | 500 | 162 | 16.0 | 20.0 | 14.0 | 7.0 | 139.25 | 109.31 | 50 639 | 2 025.6 | 1 209.1 | 19.07 | 1 223.9 | 151.1 | 2.96 |
| I56a | 560 | 166 | 12.5 | 21.0 | 14.5 | 7.3 | 135.38 | 106.27 | 65 576 | 2 342.0 | 1 368.8 | 22.01 | 1 365.8 | 164.6 | 3.18 |
| I56b | 560 | 168 | 14.5 | 21.0 | 14.5 | 7.3 | 146.58 | 115.06 | 68 503 | 2 446.5 | 1 447.2 | 21.62 | 1 423.8 | 169.5 | 3.12 |
| I56c | 560 | 170 | 16.5 | 21.0 | 14.5 | 7.3 | 157.78 | 123.85 | 71 430 | 2 551.1 | 1 525.6 | 21.28 | 1 484.8 | 174.7 | 3.07 |
| I63a | 630 | 176 | 13.0 | 22.0 | 15.0 | 7.5 | 154.59 | 121.36 | 94 004 | 2 984.3 | 1 747.4 | 24.66 | 1 702.4 | 193.5 | 3.32 |
| I63b | 630 | 178 | 15.0 | 22.0 | 15.0 | 7.5 | 167.19 | 131.35 | 98 171 | 3 116.6 | 1 846.6 | 24.23 | 1 770.7 | 199.0 | 3.25 |
| I63c | 630 | 180 | 17.0 | 22.0 | 15.0 | 7.5 | 179.79 | 141.14 | 102 339 | 3 248.9 | 1 945.9 | 23.85 | 1 842.4 | 204.7 | 3.20 |

注:普通工字钢的通常长度:I10～I18,为5～19m;I20～I63,为6～19 m。

**附表 2.2 热轧轻型工字钢的规格及截面特性表**

| 型号 | 尺寸/mm | | | | | | 截面面积 $A$ /cm² | 每米质量 /(kg·m⁻¹) | 截面特性 | | | | | | |
|---|---|---|---|---|---|---|---|---|---|---|---|---|---|---|---|
| | | | | | | | | | $x$-$x$ 轴 | | | | $y$-$y$ 轴 | | |
| | $h$ | $b$ | $t_w$ | $t$ | $r$ | $r_1$ | | | $I_x$ /cm⁴ | $W_x$ /cm³ | $S_x$ /cm³ | $i_x$ /cm | $I_y$ /cm⁴ | $W_y$ /cm³ | $i_y$ /cm |
| I10 | 100 | 55 | 4.5 | 7.2 | 7.0 | 2.5 | 12.05 | 9.46 | 198 | 39.7 | 23.0 | 4.06 | 17.9 | 6.5 | 1.22 |
| I12 | 120 | 64 | 4.8 | 7.3 | 7.5 | 3.0 | 14.71 | 44.55 | 351 | 58.4 | 33.7 | 4.88 | 27.9 | 8.7 | 1.38 |
| I14 | 140 | 73 | 4.9 | 7.5 | 8.0 | 3.0 | 17.43 | 13.66 | 572 | 81.7 | 46.8 | 5.73 | 41.9 | 11.5 | 1.55 |
| I16 | 160 | 81 | 5.0 | 7.8 | 8.5 | 3.5 | 20.24 | 15.89 | 873 | 109.2 | 62.3 | 6.57 | 58.6 | 14.5 | 1.70 |
| I18 | 180 | 90 | 5.1 | 8.1 | 9.0 | 3.5 | 23.38 | 18.35 | 1 288 | 143.1 | 81.4 | 7.42 | 82.6 | 18.4 | 1.88 |
| I18a | 180 | 100 | 5.1 | 8.3 | 9.0 | 3.5 | 25.38 | 19.92 | 1 431 | 159.0 | 89.8 | 7.51 | 114.2 | 22.8 | 2.12 |
| I20 | 200 | 100 | 5.2 | 8.4 | 9.5 | 4.0 | 26.81 | 21.04 | 1 840 | 184.0 | 104.2 | 8.28 | 115.4 | 23.1 | 2.08 |
| I20a | 200 | 110 | 5.2 | 8.6 | 9.5 | 4.0 | 28.91 | 22.69 | 2 027 | 202.7 | 114.1 | 8.37 | 154.9 | 28.2 | 2.32 |
| I22 | 220 | 110 | 5.4 | 8.7 | 10.0 | 4.0 | 30.62 | 24.04 | 2 554 | 232.1 | 131.2 | 9.13 | 157.4 | 28.6 | 2.27 |
| I22a | 220 | 120 | 5.4 | 8.9 | 10.0 | 4.0 | 32.82 | 25.76 | 2 792 | 253.8 | 142.7 | 9.22 | 205.9 | 34.3 | 2.50 |

续表

| 型号 | 尺寸/mm | | | | | | 截面面积 A /cm² | 每米质量 /(kg·m⁻¹) | 截面特性 | | | | | | |
|---|---|---|---|---|---|---|---|---|---|---|---|---|---|---|---|
| | | | | | | | | | x-x 轴 | | | | y-y 轴 | | |
| | $h$ | $b$ | $t_w$ | $t$ | $r$ | $r_1$ | | | $I_x$ /cm⁴ | $W_x$ /cm³ | $S_x$ /cm³ | $i_x$ /cm | $I_y$ /cm⁴ | $W_y$ /cm³ | $i_y$ /cm |
| I24 | 240 | 115 | 5.6 | 9.5 | 10.5 | 4.0 | 34.83 | 27.35 | 3 465 | 288.7 | 163.1 | 9.97 | 198.5 | 34.5 | 2.39 |
| I24a | 240 | 125 | 5.6 | 9.8 | 10.5 | 4.0 | 37.45 | 29.40 | 3 801 | 316.7 | 177.9 | 10.07 | 260.0 | 41.6 | 2.63 |
| I27 | 270 | 125 | 6.0 | 9.8 | 11.0 | 4.5 | 40.17 | 31.54 | 5 011 | 371.2 | 210.0 | 11.17 | 259.6 | 41.5 | 2.54 |
| I27a | 270 | 135 | 6.0 | 10.2 | 11.0 | 4.5 | 43.17 | 33.89 | 5 500 | 407.4 | 229.1 | 11.29 | 337.5 | 50.0 | 2.80 |
| I30 | 300 | 135 | 6.5 | 10.2 | 12.0 | 5.0 | 46.48 | 36.49 | 7 084 | 472.3 | 267.8 | 12.35 | 337.0 | 19.9 | 2.69 |
| I30a | 300 | 145 | 6.5 | 10.7 | 12.0 | 5.0 | 49.91 | 39.18 | 7 776 | 518.4 | 292.1 | 12.48 | 435.8 | 60.1 | 2.95 |
| I33 | 330 | 140 | 7.0 | 11.2 | 13.0 | 5.0 | 53.82 | 42.25 | 9 845 | 596.6 | 339.2 | 13.52 | 419.4 | 59.9 | 2.79 |
| I36 | 360 | 145 | 7.5 | 12.3 | 14.0 | 6.0 | 61.86 | 48.56 | 13 377 | 743.2 | 423.3 | 14.71 | 515.8 | 71.2 | 2.89 |
| I40 | 400 | 155 | 8.0 | 13.0 | 15.0 | 6.0 | 71.44 | 56.08 | 18 932 | 946.6 | 540.1 | 16.28 | 666.3 | 86.0 | 3.05 |
| I45 | 450 | 160 | 8.6 | 14.2 | 16.0 | 7.0 | 83.03 | 65.18 | 27 446 | 1 219.8 | 699.0 | 18.18 | 806.9 | 100.9 | 3.12 |
| I50 | 500 | 170 | 9.5 | 15.2 | 17.0 | 7.0 | 97.84 | 76.81 | 39 295 | 1 571.8 | 905.0 | 20.04 | 1 041.8 | 122.6 | 3.26 |
| I55 | 550 | 180 | 10.3 | 16.5 | 18.0 | 7.0 | 114.43 | 89.83 | 55 155 | 2 005.6 | 1 157.7 | 21.95 | 1 353.0 | 150.3 | 3.44 |
| I60 | 600 | 190 | 11.1 | 17.8 | 20.0 | 8.0 | 132.46 | 103.98 | 75 456 | 2 515.2 | 1 455.0 | 23.07 | 1 720.1 | 181.1 | 3.60 |
| I65 | 650 | 200 | 12.0 | 19.2 | 22.0 | 9.0 | 152.80 | 119.94 | 101 412 | 3 120.4 | 1 809.4 | 25.76 | 2 170.1 | 217.0 | 3.77 |
| I70 | 700 | 210 | 13.0 | 20.8 | 24.0 | 10.0 | 176.03 | 138.18 | 134 609 | 3 846.0 | 2 235.1 | 27.65 | 2 733.3 | 260.3 | 3.94 |
| I70a | 700 | 210 | 15.0 | 24.0 | 24.0 | 10.0 | 201.67 | 158.31 | 152 706 | 4 363.0 | 2 547.5 | 27.52 | 3 243.5 | 308.9 | 4.01 |
| I70b | 700 | 210 | 17.5 | 28.2 | 24.0 | 10.0 | 234.14 | 183.80 | 175 374 | 5 010.7 | 2 941.6 | 27.37 | 3 914.7 | 372.8 | 4.09 |

注:轻型工字钢的通常长度:I10~I18,为5~19 m;I20~I70,为6~19 m。

### 附表 2.3　热轧宽翼缘 H 型钢的规格及截面特性表

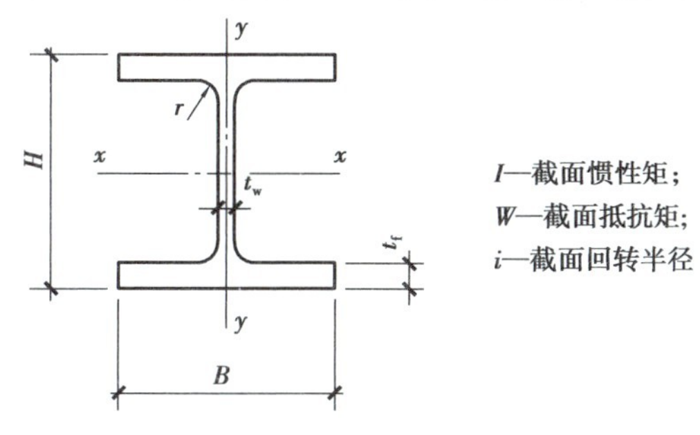


| 热轧宽翼缘 H 型钢规格 | 尺寸 | | | | | 截面信息 | | x-x | | | y-y | | |
|---|---|---|---|---|---|---|---|---|---|---|---|---|---|
| | $H$ | $B$ | $t_w$ | $t_f$ | $r$ | 截面面积 | 每米质量 | $I_x$ | $W_x$ | $i_x$ | $I_y$ | $W_y$ | $i_y$ |
| | mm | | | | | cm² | kg/m | cm⁴ | cm³ | cm | cm⁴ | cm³ | cm |
| HK100a | 96 | 100 | 5.0 | 8.0 | 12.0 | 21.2 | 16.7 | 349 | 72 | 4.1 | 133 | 26 | 2.51 |
| HK100b | 100 | 100 | 6.0 | 10.0 | 12.0 | 26.0 | 20.4 | 449 | 89 | 4.2 | 167 | 33 | 2.53 |
| HK100c | 120 | 106 | 12.0 | 20.0 | 12.0 | 53.2 | 41.8 | 1 142 | 190 | 4.6 | 399 | 75 | 2.74 |

续表

| 热轧宽翼缘H型钢规格 | 尺寸 | | | | | 截面信息 | | x-x | | | | y-y | |
|---|---|---|---|---|---|---|---|---|---|---|---|---|---|
| | $H$ | $B$ | $t_w$ | $t_f$ | $r$ | 截面面积 | 每米质量 | $I_x$ | $W_x$ | $i_x$ | $I_y$ | $W_y$ | $i_y$ |
| | mm | | | | | $cm^2$ | kg/m | $cm^4$ | $cm^3$ | cm | $cm^4$ | $cm^3$ | cm |
| HK120a | 114 | 120 | 5.0 | 8.0 | 12.0 | 25.3 | 19.9 | 606 | 106 | 4.9 | 230 | 38 | 3.02 |
| HK120b | 120 | 120 | 6.5 | 11.0 | 12.0 | 34.0 | 26.7 | 864 | 144 | 5.0 | 317 | 52 | 3.06 |
| HK120c | 140 | 126 | 12.5 | 21.0 | 12.0 | 66.4 | 52.1 | 2 017 | 288 | 5.5 | 702 | 111 | 3.25 |
| HK140a | 133 | 140 | 5.5 | 8.5 | 12.0 | 31.4 | 24.7 | 1 033 | 155 | 5.7 | 389 | 55 | 3.52 |
| HK140b | 140 | 140 | 7.0 | 12.0 | 12.0 | 43.0 | 33.7 | 1 509 | 215 | 5.9 | 549 | 78 | 3.58 |
| HK140c | 160 | 146 | 13.0 | 22.0 | 12.0 | 80.6 | 63.2 | 3 291 | 411 | 6.4 | 1 144 | 156 | 3.77 |
| HK160a | 152 | 160 | 6.0 | 9.0 | 15.0 | 38.8 | 30.4 | 1 672 | 220 | 6.6 | 615 | 76 | 3.96 |
| HK160b | 160 | 160 | 8.0 | 13.0 | 15.0 | 54.4 | 42.6 | 2 491 | 311 | 6.8 | 889 | 111 | 4.05 |
| HK160c | 180 | 166 | 14.0 | 23.0 | 15.0 | 97.1 | 76.2 | 5 098 | 566 | 7.2 | 1 758 | 211 | 4.26 |
| HK180a | 171 | 180 | 6.0 | 9.5 | 15.0 | 45.3 | 35.5 | 2 510 | 293 | 7.4 | 924 | 102 | 4.52 |
| HK180b | 180 | 180 | 8.5 | 14.0 | 15.0 | 65.3 | 51.2 | 3 830 | 425 | 7.7 | 1 362 | 151 | 4.57 |
| HK180c | 200 | 186 | 14.5 | 24.0 | 15.0 | 113.3 | 88.9 | 7 482 | 748 | 8.1 | 2 579 | 277 | 4.77 |
| HK200a | 190 | 200 | 6.5 | 10.0 | 18.0 | 53.8 | 42.3 | 3 691 | 388 | 8.3 | 1 335 | 133 | 4.98 |
| HK200b | 200 | 200 | 9.0 | 15.0 | 18.0 | 78.1 | 61.3 | 5 695 | 569 | 8.5 | 2 003 | 200 | 5.06 |
| HK200c | 220 | 206 | 15.0 | 25.0 | 18.0 | 131.3 | 103.1 | 10 641 | 967 | 9.0 | 3 650 | 354 | 5.27 |
| HK220a | 210 | 220 | 7.0 | 11.0 | 18.0 | 64.3 | 50.5 | 5 409 | 515 | 9.2 | 1 954 | 177 | 5.51 |
| HK220b | 220 | 220 | 9.5 | 16.0 | 18.0 | 91.0 | 71.5 | 8 090 | 735 | 9.4 | 2 842 | 258 | 5.59 |
| HK220c | 240 | 226 | 15.5 | 26.0 | 18.0 | 149.4 | 117.3 | 14 604 | 1 217 | 9.9 | 5 011 | 443 | 5.79 |
| HK240a | 230 | 240 | 7.5 | 12.0 | 21.0 | 76.8 | 60.3 | 7 762 | 674 | 10.1 | 2 768 | 230 | 6.00 |
| HK240b | 240 | 240 | 10.0 | 17.0 | 21.0 | 106.0 | 83.2 | 11 258 | 938 | 10.3 | 3 922 | 326 | 6.08 |
| HK240c | 270 | 248 | 18.0 | 32.0 | 21.01 | 199.6 | 156.7 | 24 288 | 1 799 | 11.0 | 8 152 | 657 | 6.39 |
| HK260a | 250 | 260 | 7.5 | 12.5 | 24.0 | 86.8 | 68.2 | 10 453 | 836 | 11.0 | 3 666 | 282 | 6.50 |
| HK260b | 260 | 260 | 10.0 | 17.5 | 24.0 | 118.4 | 93.0 | 14 918 | 1 147 | 11.2 | 5 133 | 394 | 6.58 |
| HK260c | 290 | 268 | 18.0 | 32.5 | 24.0 | 219.6 | 172.4 | 31 305 | 2 159 | 11.9 | 10 447 | 779 | 6.90 |
| HK280a | 270 | 280 | 8.0 | 13.0 | 24.0 | 97.3 | 76.4 | 13 671 | 1 012 | 11.5 | 4 761 | 340 | 7.00 |
| HK280b | 280 | 280 | 10.5 | 18.0 | 24.0 | 131.4 | 103.1 | 19 268 | 1 376 | 12.1 | 6 593 | 470 | 7.08 |
| HK280c | 310 | 288 | 18.5 | 33.0 | 24.0 | 240.2 | 188.5 | 39 546 | 2 551 | 12.8 | 13 161 | 914 | 7.40 |
| HK300a | 290 | 300 | 8.5 | 14.0 | 27.0 | 112.5 | 88.3 | 18 261 | 1 259 | 12.7 | 6 307 | 420 | 7.49 |

续表

| 热轧宽翼缘H型钢规格 | 尺寸 | | | | | 截面信息 | | x-x | | | y-y | | |
|---|---|---|---|---|---|---|---|---|---|---|---|---|---|
| | $H$ | $B$ | $t_w$ | $t_f$ | $r$ | 截面面积 | 每米质量 | $I_x$ | $W_x$ | $i_x$ | $I_y$ | $W_y$ | $i_y$ |
| | mm | | | | | $cm^2$ | kg/m | $cm^4$ | $cm^3$ | cm | $cm^4$ | $cm^3$ | cm |
| HK300b | 300 | 300 | 11.0 | 19.0 | 27.0 | 149.1 | 117.0 | 25 163 | 1 677 | 13.0 | 8 561 | 570 | 7.58 |
| HK300c | 320 | 305 | 16.0 | 29.0 | 27.0 | 225.1 | 176.7 | 40 948 | 2 559 | 13.5 | 13 734 | 900 | 7.81 |
| HK300d | 340 | 310 | 21.0 | 39.0 | 27.0 | 303.1 | 237.9 | 59 198 | 3 482 | 14.0 | 19 401 | 1 251 | 8.00 |
| HK320a | 305 | 203 | 7.8 | 13.0 | 27.0 | 80.8 | 63.4 | 13 783 | 903 | 13.1 | 1 819 | 179 | 4.75 |
| HK320b | 311 | 205 | 9.6 | 16.0 | 27.0 | 98.6 | 77.4 | 17 137 | 1 102 | 13.2 | 2 306 | 225 | 4.84 |
| HK320c | 308 | 254 | 9.0 | 14.5 | 27.0 | 105.0 | 82.4 | 18 619 | 1 209 | 13.3 | 3 968 | 312 | 6.15 |
| HK320d | 311 | 254 | 9.4 | 16.0 | 27.0 | 113.8 | 89.3 | 20 516 | 1 319 | 13.4 | 4 379 | 344 | 6.20 |
| HK320e | 310 | 300 | 9.0 | 15.5 | 27.0 | 124.4 | 97.6 | 22 926 | 1 479 | 13.6 | 6 983 | 465 | 7.49 |
| HK320f | 320 | 300 | 11.5 | 20.5 | 27.0 | 161.3 | 126.7 | 30 821 | 1 926 | 13.8 | 9 237 | 615 | 7.57 |
| HK320g | 359 | 309 | 21.0 | 40.0 | 27.0 | 312.0 | 245.0 | 68 132 | 3 795 | 14.8 | 19 707 | 1 275 | 7.95 |
| HK340a | 330 | 300 | 9.5 | 16.5 | 27.0 | 133.5 | 104.8 | 27 690 | 1 678 | 14.4 | 7 434 | 455 | 7.46 |
| HK340b | 340 | 300 | 12.0 | 21.5 | 27.0 | 170.9 | 134.2 | 36 654 | 2 156 | 14.6 | 9 688 | 645 | 7.53 |
| HK340c | 377 | 309 | 21.0 | 40.0 | 27.0 | 315.8 | 247.9 | 76 369 | 4 051 | 15.6 | 19 709 | 1 275 | 7.90 |
| HK360a | 342 | 203 | 7.7 | 13.5 | 27.0 | 85.3 | 67.0 | 18 235 | 1 066 | 14.6 | 1 889 | 186 | 4.71 |
| HK360b | 345 | 204 | 8.5 | 15.0 | 27.0 | 94.2 | 74.0 | 20 322 | 1 178 | 14.7 | 2 130 | 208 | 4.76 |
| HK360c | 347 | 205 | 9.6 | 16.5 | 27.0 | 104.0 | 81.7 | 22 391 | 1 290 | 14.7 | 2 378 | 232 | 4.78 |
| HK360d | 351 | 255 | 10.8 | 18.0 | 27.0 | 132.1 | 103.7 | 29 721 | 1 693 | 15.0 | 4 985 | 391 | 6.14 |
| HK360e | 359 | 257 | 12.8 | 22.0 | 27.0 | 159.7 | 125.3 | 36 920 | 2 056 | 15.2 | 6 239 | 485 | 6.25 |
| HK360f | 350 | 300 | 10.0 | 17.5 | 27.0 | 142.8 | 112.1 | 33 087 | 1 890 | 15.2 | 7 885 | 525 | 7.43 |
| HK360g | 360 | 300 | 12.5 | 22.5 | 27.0 | 180.6 | 141.8 | 43 191 | 2 399 | 15.5 | 10 139 | 675 | 7.49 |
| HK360k | 365 | 308 | 21.0 | 40.0 | 27.0 | 318.8 | 250.3 | 84 864 | 4 296 | 16.3 | 19 520 | 1 267 | 7.82 |
| HK400a | 390 | 300 | 11.0 | 19.0 | 27.0 | 159.0 | 124.8 | 45 066 | 2 311 | 16.8 | 8 562 | 570 | 7.34 |
| HK400b | 400 | 300 | 13.5 | 24.0 | 27.0 | 197.8 | 155.3 | 57 678 | 2 883 | 17.1 | 10 817 | 721 | 7.40 |
| HK400c | 432 | 307 | 21.0 | 40.0 | 27.0 | 325.8 | 255.7 | 104 116 | 4 820 | 17.9 | 19 333 | 1 259 | 7.70 |
| HK400d | 452 | 417 | 30.0 | 50.0 | 27.0 | 528.9 | 415.2 | 182 051 | 8 055 | 18.6 | 60 533 | 2 903 | 10.70 |
| HK400e | 492 | 432 | 45.0 | 70.0 | 27.0 | 769.5 | 604.0 | 289 894 | 11 784 | 19.4 | 94 376 | 4 369 | 11.70 |
| HK430a | 410 | 260 | 10.0 | 17.0 | 27.0 | 132.8 | 104.2 | 41 765 | 2 012 | 17.7 | 4 990 | 383 | 6.13 |
| HK430b | 420 | 261 | 11.2 | 19.5 | 27.0 | 150.7 | 118.3 | 48 140 | 2 292 | 17.9 | 5 791 | 443 | 6.20 |

续表

| 热轧宽翼缘H型钢规格 | 尺寸 | | | | | 截面信息 | | x-x | | | | y-y | |
|---|---|---|---|---|---|---|---|---|---|---|---|---|---|
| | $H$ | $B$ | $t_w$ | $t_f$ | $r$ | 截面面积 | 每米质量 | $I_x$ | $W_x$ | $i_x$ | $I_y$ | $W_y$ | $i_y$ |
| | mm | | | | | $cm^2$ | kg/m | $cm^4$ | $cm^3$ | cm | $cm^4$ | $cm^3$ | cm |
| HK430c | 431 | 265 | 14.8 | 25.0 | 27.0 | 195.1 | 153.2 | 63 620 | 2 952 | 18.1 | 7 085 | 586 | 6.31 |
| HK430d | 425 | 203 | 13.5 | 22.0 | 27.0 | 147.0 | 115.7 | 44 652 | 2 101 | 17.4 | 3 085 | 303 | 4.56 |
| HK450a | 440 | 300 | 11.5 | 21.0 | 27.0 | 178.0 | 139.7 | 63 718 | 2 896 | 18.9 | 9 463 | 630 | 7.29 |
| HK450b | 450 | 300 | 14.0 | 26.0 | 27.0 | 218.0 | 171.1 | 79 884 | 3 550 | 19.1 | 11 719 | 781 | 7.33 |
| HK450c | 478 | 307 | 21.0 | 40.0 | 27.0 | 335.4 | 263.3 | 131 481 | 5 501 | 19.8 | 19 337 | 1 259 | 7.59 |
| HK500a | 490 | 300 | 12.0 | 23.0 | 27.0 | 197.5 | 155.1 | 86 791 | 3 549 | 21.0 | 10 365 | 691 | 7.24 |
| HK500b | 500 | 300 | 14.5 | 28.0 | 27.0 | 238.6 | 187.3 | 107 172 | 4 286 | 21.2 | 12 622 | 841 | 7.27 |
| HK500c | 524 | 306 | 21.0 | 40.0 | 27.0 | 344.3 | 270.3 | 161 926 | 6 180 | 21.7 | 19 153 | 1 251 | 7.46 |
| HK550a | 540 | 300 | 12.5 | 24.0 | 27.0 | 211.8 | 166.2 | 111 928 | 4 145 | 23.0 | 10 187 | 721 | 7.15 |
| HK550b | 550 | 300 | 15.0 | 29.0 | 27.0 | 254.1 | 199.4 | 136 687 | 4 970 | 23.2 | 13 075 | 871 | 7.17 |
| HK550c | 572 | 306 | 21.0 | 40.0 | 27.0 | 354.4 | 278.2 | 197 980 | 6 922 | 23.6 | 19 156 | 1 252 | 7.35 |
| HK600a | 590 | 300 | 13.0 | 25.0 | 27.0 | 226.5 | 177.8 | 141 204 | 4 786 | 25.0 | 11 269 | 751 | 7.05 |
| HK600b | 600 | 300 | 15.5 | 30.0 | 27.0 | 270.0 | 211.9 | 171 037 | 5 701 | 25.2 | 13 528 | 901 | 7.08 |
| HK600c | 620 | 305 | 21.0 | 40.0 | 27.0 | 363.7 | 285.5 | 237 443 | 7 659 | 25.6 | 18 973 | 1 244 | 7.22 |
| HK650a | 640 | 300 | 13.5 | 26.0 | 27.0 | 241.6 | 189.7 | 175 174 | 5 474 | 26.9 | 11 722 | 781 | 6.97 |
| HK650b | 650 | 300 | 16.0 | 31.0 | 27.0 | 286.3 | 224.8 | 210 612 | 6 480 | 27.1 | 13 982 | 932 | 6.99 |
| HK650c | 668 | 305 | 21.0 | 40.0 | 27.0 | 373.7 | 293.4 | 281 663 | 8 433 | 27.5 | 18 977 | 1 244 | 7.13 |
| HK700a | 690 | 300 | 14.5 | 27.0 | 27.0 | 260.5 | 204.5 | 215 296 | 6 240 | 28.7 | 12 177 | 811 | 6.84 |
| HK700b | 700 | 300 | 17.0 | 32.0 | 27.0 | 306.4 | 240.5 | 256 883 | 7 339 | 29.0 | 14 439 | 962 | 6.87 |
| HK700c | 716 | 304 | 21.0 | 40.0 | 27.0 | 383.0 | 300.7 | 329 273 | 9 197 | 29.3 | 18 795 | 1 236 | 7.01 |
| HK800a | 790 | 300 | 15.0 | 28.0 | 30.0. | 285.8 | 224.4 | 303 435 | 7 681 | 32.6 | 12 636 | 842 | 6.65 |
| HK800b | 800 | 300 | 17.5 | 33.0 | 30.0 | 334.2 | 262.3 | 359 076 | 8 976 | 32.8 | 14 901 | 993 | 6.68 |
| HK800c | 814 | 303 | 21.0 | 40.0 | 30.0 | 404.3 | 317.3 | 442 590 | 10 874 | 33.1 | 18 624 | 1 229 | 6.79 |
| HK900a | 890 | 300 | 16.0 | 30.0 | 30.0 | 320.5 | 251.6 | 422 066 | 9 484 | 36.3 | 13 545 | 903 | 6.50 |
| HK900b | 900 | 300 | 18.5 | 35.0 | 30.0 | 371.3 | 291.4 | 494 056 | 10 979 | 36.5 | 15 813 | 1 054 | 6.53 |
| HK900c | 910 | 302 | 21.0 | 40.0 | 30.0 | 423.6 | 332.5 | 570 425 | 12 536 | 36.7 | 18 449 | 1 221 | 6.60 |

附表 2.4　热轧窄翼缘 H 型钢的规格及截面特性表

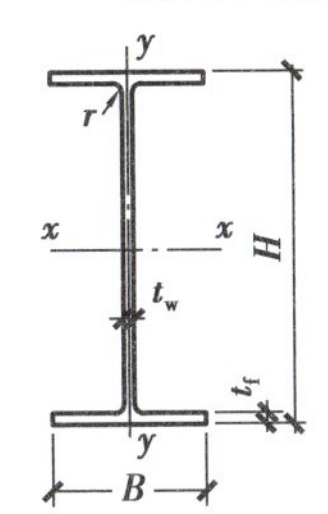


$I$—截面惯性矩;
$W$—截面抵抗矩;
$i$—截面回转半径

| 热轧宽翼缘H型钢规格 | 尺寸 | | | | | 截面信息 | | x-x | | | | y-y | |
|---|---|---|---|---|---|---|---|---|---|---|---|---|---|
| | $H$ | $B$ | $t_w$ | $t_f$ | $r$ | 截面面积 | 每米质量 | $I_x$ | $W_x$ | $i_x$ | $I_y$ | $W_y$ | $i_y$ |
| | mm | | | | | $cm^2$ | kg/m | $cm^4$ | $cm^3$ | cm | $cm^4$ | $cm^3$ | cm |
| HZ80 | 80 | 46 | 3.3 | 5.2 | 5.0 | 7.6 | 6.0 | 80 | 20 | 3.2 | 8 | 3 | 1.04 |
| HZ100 | 100 | 55 | 4.1 | 5.7 | 7.0 | 10.3 | 8.1 | 171 | 34 | 4.0 | 15 | 5 | 1.23 |
| HZ120 | 120 | 64 | 4.4 | 6.3 | 7.0 | 13.2 | 10.4 | 317 | 52 | 4.9 | 27 | 8 | 1.45 |
| HZ140 | 140 | 73 | 4.7 | 6.9 | 7.0 | 16.4 | 12.9 | 541 | 77 | 5.7 | 44 | 12 | 1.65 |
| HZ160 | 160 | 82 | 5.0 | 7.4 | 9.0 | 20.1 | 15.8 | 869 | 108 | 6.6 | 68 | 16 | 1.84 |
| HZ180 | 180 | 91 | 5.3 | 8.0 | 9.0 | 23.9 | 18.8 | 1 316 | 146 | 7.4 | 100 | 22 | 2.05 |
| HZ200 | 200 | 100 | 5.6 | 8.5 | 12.0 | 28.5 | 22.4 | 1 943 | 194 | 8.3 | 142 | 28 | 2.24 |
| HZ220 | 220 | 110 | 5.9 | 9.2 | 12.0 | 33.4 | 26.2 | 2 771 | 251 | 9.1 | 204 | 37 | 2.48 |
| HZ240 | 240 | 120 | 6.2 | 9.8 | 15.0 | 39.1 | 30.7 | 3 891 | 324 | 10.0 | 283 | 47 | 2.69 |
| HZ270 | 270 | 135 | 6.6 | 10.2 | 15.0 | 45.9 | 36.1 | 5 789 | 428 | 11.2 | 419 | 62 | 3.02 |
| HZ300 | 300 | 150 | 7.1 | 10.7 | 15.0 | 53.8 | 42.2 | 8 355 | 557 | 12.5 | 603 | 80 | 3.35 |
| HZ330 | 330 | 160 | 7.5 | 11.5 | 18.0 | 62.6 | 49.1 | 11 766 | 713 | 13.7 | 787 | 98 | 3.55 |
| HZ360 | 360 | 170 | 8.0 | 12.7 | 18.0 | 72.7 | 57.1 | 16 264 | 903 | 15.0 | 1 043 | 122 | 3.79 |
| HZ400 | 400 | 180 | 8.6 | 13.5 | 21.0 | 84.5 | 66.3 | 23 127 | 1 156 | 16.5 | 1 317 | 146 | 3.95 |
| HZ450 | 450 | 190 | 9.4 | 14.6 | 21.0 | 98.8 | 77.6 | 33 741 | 1 499 | 18.5 | 1 675 | 176 | 4.12 |
| HZ500 | 500 | 200 | 10.2 | 16.0 | 21.0 | 115.5 | 90.7 | 48 197 | 1 927 | 20.4 | 2 141 | 214 | 4.31 |
| HZ550 | 550 | 210 | 11.1 | 17.2 | 24.0 | 134.4 | 105.5 | 67 114 | 2 440 | 22.3 | 2 666 | 253 | 4.45 |
| HZ600 | 600 | 220 | 12.0 | 19.0 | 24.0 | 156.0 | 122.4 | 92 080 | 3 069 | 24.3 | 3 386 | 307 | 4.66 |

### 附表 2.5　国标热轧 H 型钢及部分 T 形钢截面规格

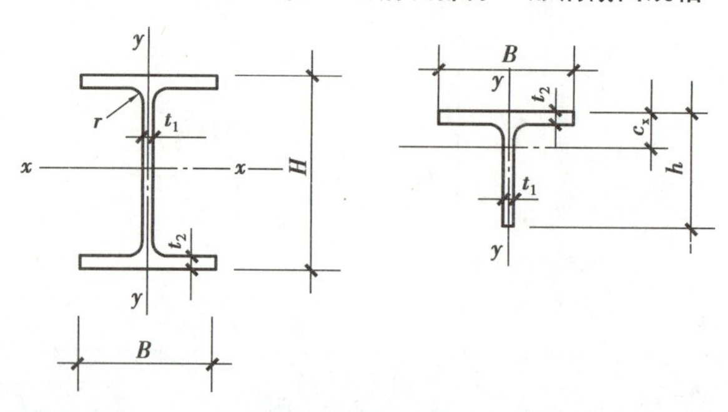


| 类别 | 型号（高度×宽度） | 截面尺寸/mm | | | | 截面面积 /cm² | 每米质量 /(kg·m⁻¹) | 截面特性参数 | | | | | |
|---|---|---|---|---|---|---|---|---|---|---|---|---|---|
| | | | | | | | | 惯性矩 /cm⁴ | | 惯性半径 /cm | | 截面模量 /cm³ | |
| | | $H\times B$ | $t_1$ | $t_2$ | $r$ | | | $I_x$ | $I_y$ | $i_x$ | $i_y$ | $W_x$ | $W_y$ |
| HW | 100×100 | 100×100 | 6 | 8 | 10 | 21.90 | 17.2 | 383 | 134 | 4.18 | 2.47 | 76.5 | 26.7 |
| | 125×125 | 125×125 | 6.5 | 9 | 10 | 30.31 | 23.8 | 847 | 294 | 5.29 | 3.11 | 136 | 47.0 |
| | 150×150 | 150×150 | 7 | 10 | 13 | 40.55 | 31.9 | 1 660 | 564 | 6.39 | 3.73 | 221 | 75.1 |
| | 175×175 | 175×175 | 7.5 | 11 | 13 | 51.43 | 40.3 | 2 900 | 984 | 7.50 | 4.37 | 331 | 112 |
| | 200×200 | 200×200 | 8 | 12 | 16 | 64.28 | 50.5 | 4 770 | 1 600 | 8.61 | 4.99 | 477 | 160 |
| | | #200×204 | 12 | 12 | 16 | 72.28 | 56.7 | 5 030 | 1700 | 8.35 | 4.85 | 503 | 167 |
| | 250×250 | 250×250 | 9 | 14 | 16 | 92.18 | 72.4 | 10 800 | 3 650 | 10.8 | 6.29 | 867 | 292 |
| | | #250×255 | 14 | 14 | 16 | 104.7 | 82.2 | 11 500 | 3 880 | 10.5 | 6.09 | 919 | 304 |
| | 300×300 | #294×302 | 12 | 12 | 20 | 108.3 | 85.0 | 17 000 | 5 520 | 12.5 | 7.14 | 1 160 | 365 |
| | | 300×300 | 10 | 15 | 20 | 120.4 | 94.5 | 20 500 | 6 760 | 13.1 | 7.49 | 1 370 | 450 |
| | | 300×305 | 15 | 15 | 20 | 135.4 | 106 | 21 600 | 7 100 | 12.6 | 7.24 | 1 440 | 466 |
| | 350×350 | #344×348 | 10 | 16 | 20 | 146.0 | 115 | 33 300 | 11 200 | 15.1 | 8.78 | 1 940 | 646 |
| | | 350×350 | 12 | 19 | 20 | 173.9 | 137 | 40 300 | 13 600 | 15.2 | 8.84 | 2 300 | 776 |
| | 400×400 | #388×402 | 15 | 15 | 24 | 179.2 | 141 | 49 200 | 16 300 | 16.6 | 9.52 | 2 540 | 809 |
| | | #394×398 | 11 | 18 | 24 | 187.6 | 147 | 56 400 | 18 900 | 17.3 | 10.0 | 2 860 | 951 |
| | | 400×400 | 13 | 21 | 24 | 219.5 | 172 | 66 900 | 22 400 | 17.5. | 10.1 | 3 340 | 1 120 |
| | | #400×408 | 21 | 21 | 24 | 251.5 | 197 | 71 100 | 23 800 | 16.8 | 9.73 | 3 560 | 1 170 |
| | | #414×405 | 18 | 28 | 24 | 296.2 | 233 | 93 000 | 31 000 | 17.7 | 10.2 | 4 490 | 1 530 |
| | | #428×407 | 20 | 35 | 24 | 361.4 | 284 | 119 000 | 39 400 | 18.2 | 10.4 | 5 580 | 1 930 |
| | | #458×417 | 30 | 50 | 24 | 529.3 | 415 | 187 000 | 60 500 | 18.8 | 10.7 | 8 180 | 2 900 |
| | | #498×432 | 45 | 70 | 24 | 770.8 | 605 | 298 000 | 94 400 | 19.7 | 11.1 | 12 000 | 4 370 |

续表

| 类别 | 型号（高度×宽度） | 截面尺寸/mm | | | | 截面面积/$cm^2$ | 每米质量/$(kg \cdot m^{-1})$ | 截面特性参数 | | | | | |
|---|---|---|---|---|---|---|---|---|---|---|---|---|---|
| | | | | | | | | 惯性矩/$cm^4$ | | 惯性半径/cm | | 截面模量/$cm^3$ | |
| | | $H \times B$ | $t_1$ | $t_2$ | $r$ | | | $I_x$ | $I_y$ | $i_x$ | $i_y$ | $W_x$ | $W_y$ |
| HM | 150×100 | 148×100 | 6 | 9 | 13 | 27.25 | 21.4 | 1 040 | 151 | 6.17 | 2.35 | 140 | 30.2 |
| | 200×150 | 194×150 | 6 | 9 | 16 | 39.76 | 31.2 | 2 740 | 508 | 8.30 | 3.57 | 283 | 67.7 |
| | 250×175 | 244×175 | 7 | 11 | 16 | 56.24 | 44.1 | 6 120 | 985 | 10.4 | 4.18 | 502 | 113 |
| | 300×200 | 294×200 | 8 | 12 | 20 | 73.03 | 57.3 | 11 400 | 1 600 | 12.5 | 4.69 | 779 | 160 |
| | 350×250 | 340×250 | 9 | 14 | 20 | 101.5 | 79.7 | 21 700 | 3 650 | 14.6 | 6.00 | 1 280 | 292 |
| | 400×300 | 390×300 | 10 | 16 | 24 | 136.7 | 107 | 38 900 | 7 210 | 16.9 | 7.26 | 2 000 | 481 |
| | 450×300 | 440×300 | 11 | 18 | 24 | 157.4 | 124 | 56 100 | 8 110 | 18.9 | 7.18 | 2 550 | 541 |
| | 500×300 | 482×300 | 11 | 15 | 28 | 146.4 | 115 | 60 800 | 6 770 | 20.4 | 6.80 | 2 520 | 451 |
| | | 488×300 | 11 | 18 | 28 | 164.4 | 129 | 71 400 | 8 120 | 20.8 | 7.03 | 2 930 | 541 |
| | 600×300 | 582×300 | 12 | 17 | 28 | 174.5 | 137 | 103 000 | 7 670 | 24.3 | 6.63 | 3 530 | 511 |
| | | 588×300 | 12 | 20 | 28 | 192.5 | 151 | 118 000 | 9 020 | 24.8 | 6.85 | 4 020 | 601 |
| HN | 100×50 | 100×50 | 5 | 7 | 10 | 12.16 | 9.54 | 192 | 14.9 | 3.98 | 1.11 | 38.5 | 5.96 |
| | 125×60 | 125×60 | 6 | 8 | 10 | 17.01 | 13.3 | 417 | 29.3 | 4.95 | 1.31 | 66.8 | 9.75 |
| | 150×75 | 150×75 | 5 | 7 | 10 | 18.16 | 14.3 | 679 | 49.6 | 6.12 | 1.65 | 90.6 | 13.2 |
| | 175×90 | 175×90 | 5 | 8 | 10 | 23.21 | 18.2 | 1 220 | 97.6 | 7.26 | 2.05 | 140 | 21.7 |
| | 200×100 | 198×99 | 4.5 | 7 | 13 | 23.59 | 18.5 | 1 610 | 114 | 8.27 | 2.20 | 163 | 23.0 |
| | | 200×100 | 5.5 | 8 | 13 | 27.57 | 21.7 | 1 880 | 134 | 8.25 | 2.21 | 188 | 26.8 |
| | 250×125 | 248×124 | 5 | 8 | 13 | 32.89 | 25.8 | 3 560 | 255 | 10.4 | 2.78 | 287 | 41.1 |
| | | 250×125 | 6 | 9 | 13 | 37.87 | 29.7 | 4 080 | 294 | 10.4 | 2.79 | 326 | 47.0 |
| | 300×150 | 298×149 | 5.5 | 8 | 16 | 41.55 | 32.6 | 6 460 | 443 | 12.4 | 3.26 | 433 | 59.4 |
| | | 300×150 | 6.5 | 9 | 16 | 47.53 | 37.3 | 7 350 | 508 | 12.4 | 3.27 | 490 | 67.7 |
| | 350×175 | 346×174 | 6 | 9 | 16 | 53.19 | 41.8 | 11 200 | 792 | 14.5 | 3.86 | 649 | 91.0 |
| | 350×175 | 350×175 | 7 | 11 | 16 | 63.66 | 50.0 | 13 700 | 985 | 14.7 | 3.93 | 782 | 113 |
| | #400×150 | #400×150 | 8 | 13 | 16 | 71.12 | 55.8 | 18 800 | 734 | 16.3 | 3.21 | 942 | 97.9 |
| | 400×200 | 396×199 | 7 | 11 | 16 | 72.16 | 56.7 | 20 000 | 1 450 | 16.7 | 4.48 | 1 010 | 145 |
| | | 400×200 | 8 | 13 | 16 | 84.12 | 66.0 | 23 700 | 1 740 | 16.8 | 4.54 | 1 190 | 174 |
| | #450×150 | #450×150 | 9 | 14 | 20 | 83.41 | 65.5 | 27 100 | 793 | 18.0 | 3.08 | 1 200 | 106 |
| | 450×200 | 446×199 | 8 | 12 | 20 | 84.95 | 66.7 | 29 000 | 1 580 | 18.5 | 4.31 | 1 300 | 159 |
| | | 450×200 | 9 | 14 | 20 | 97.41 | 79.5 | 33 700 | 1 870 | 18.6 | 4.38 | 1 500 | 187 |
| | #500×150 | #500×150 | 10 | 16 | 20 | 98.23 | 77.1 | 38 500 | 907 | 19.8 | 3.04 | 1 540 | 127 |

续表

| 类别 | 型号（高度×宽度） | 截面尺寸/mm | | | | 截面面积 /cm² | 每米质量 /(kg·m⁻¹) | 截面特性参数 | | | | | |
|---|---|---|---|---|---|---|---|---|---|---|---|---|---|
| | | | | | | | | 惯性矩 /cm⁴ | | 惯性半径 /cm | | 截面模量 /cm³ | |
| | | $H \times B$ | $t_1$ | $t_2$ | $r$ | | | $I_x$ | $I_y$ | $i_x$ | $i_y$ | $W_x$ | $W_y$ |
| HN | 500×200 | 496×199 | 9 | 14 | 20 | 101.3 | 79.5 | 41 900 | 1 840 | 20.3 | 4.27 | 1 690 | 185 |
| | | 500×200 | 10 | 16 | 20 | 114.2 | 89.6 | 47 800 | 2 140 | 20.5 | 4.33 | 1 910 | 214 |
| | | #506×201 | 11 | 19 | 20 | 131.3 | 103 | 56 500 | 2 580 | 20.8 | 4.43 | 2 230 | 257 |
| | 600×200 | 596×199 | 10 | 15 | 24 | 121.2 | 95.1 | 69 300 | 1 980 | 23.9 | 4.04 | 2 330 | 199 |
| | | 600×200 | 11 | 17 | 24 | 135.2 | 106 | 78 200 | 2 280 | 24.1 | 4.11 | 2 610 | 228 |
| | | #606×201 | 12 | 20 | 24 | 153.3 | 120 | 91 000 | 2 720 | 24.4 | 4.21 | 3 000 | 271 |
| | 700×300 | #692×300 | 13 | 20 | 28 | 211.5 | 166 | 172 000 | 9 020 | 28.6 | 6.53 | 4 980 | 602 |
| | | 700×300 | 13 | 24 | 28 | 235.5 | 185 | 201 000 | 10 800 | 29.3 | 6.78 | 5 760 | 722 |
| | #800×300 | #792×300 | 14 | 22 | 28 | 243.4 | 191 | 254 000 | 9 930 | 32.3 | 6.39 | 6 400 | 662 |
| | | #800×300 | 14 | 26 | 28 | 267.4 | 210 | 292 000 | 11 700 | 33.0 | 6.62 | 7 290 | 782 |
| | #900×300 | #890×299 | 15 | 23 | 28 | 270.9 | 213 | 345 000 | 10 300 | 35.7 | 6.16 | 7 760 | 688 |
| | | #900×300 | 16 | 28 | 28 | 309.8 | 243 | 411 000 | 12 600 | 36.4 | 6.39 | 9 140 | 843 |
| | | #912×302 | 18 | 34 | 28 | 364.0 | 286 | 498 000 | 15 700 | 37.0 | 6.56 | 10 900 | 1 040 |

注：1. #表示的规格为非常用规格；

2. #表示的规格，目前国内尚未生产；

3. 型号属同一范围的产品，其内侧尺寸高度相同；

4. 截面面积计算公式为：$t_1(H-2t_2)+2Bt_2+0.858r^2$。

### 附表 2.6　窄翼缘（HN 类）H 型钢补充规格的截面尺寸、面积和截面特性

| 类别 | 公称尺寸（高度×宽度） | 截面尺寸/mm | | | | 截面面积 /cm² | 每米质量 /(kg·m⁻¹) | 截面特性参数 | | | | | |
|---|---|---|---|---|---|---|---|---|---|---|---|---|---|
| | | | | | | | | 惯性矩 /cm⁴ | | 惯性半径 /cm | | 截面模量 /cm³ | |
| | | $H \times B$ | $t_1$ | $t_2$ | $r$ | | | $I_x$ | $I_y$ | $i_x$ | $i_y$ | $W_x$ | $W_y$ |
| HN | 100×75 | 100×75 | 6 | 8 | 10 | 17.90 | 14.1 | 298 | 56.7 | 4.08 | 1.78 | 59.6 | 15.1 |
| | 126×75 | 126×75 | 6 | 8 | 10 | 19.46 | 15.3 | 509 | 56.8 | 5.11 | 1.71 | 80.8 | 15.1 |
| | 140×90 | 140×90 | 5 | 8 | 10 | 21.46 | 16.8 | 738 | 97.6 | 5.87 | 2.13 | 105 | 21.7 |
| | 160×90 | 160×90 | 5 | 8 | 10 | 22.46 | 17.6 | 999 | 97.6 | 6.67 | 2.08 | 125 | 21.7 |
| | 180×90 | 180×90 | 5 | 8 | 10 | 23.46 | 18.4 | 1 300 | 97.6 | 7.46 | 2.04 | 145 | 21.7 |
| | 220×125 | 220×125 | 6 | 9 | 13 | 36.07 | 28.3 | 3 060 | 294 | 9.21 | 2.85 | 278 | 47 |
| | 280×125 | 280×125 | 6 | 9 | 13 | 39.67 | 31.1 | 5 270 | 294 | 11.5 | 2.72 | 376 | 47.0 |
| | 320×150 | 320×150 | 6.5 | 9 | 16 | 48.83 | 38.3 | 8 500 | 508 | 13.2 | 3.23 | 531 | 67.8 |

续表

| 类别 | 公称尺寸（高度×宽度） | 截面尺寸/mm | | | | 截面面积/$cm^2$ | 每米质量/(kg·$m^{-1}$) | 截面特性参数 | | | | | |
|---|---|---|---|---|---|---|---|---|---|---|---|---|---|
| | | | | | | | | 惯性矩/$cm^4$ | | 惯性半径/cm | | 截面模量/$cm^3$ | |
| | | $H\times B$ | $t_1$ | $t_2$ | $r$ | | | $I_x$ | $I_y$ | $i_x$ | $i_y$ | $W_x$ | $W_y$ |
| HN | 360×150 | 360×150 | 7 | 11 | 16 | 58.86 | 46.2 | 12 900 | 621 | 14.8 | 3.25 | 717 | 82.8 |
| | 560×175 | 560×175 | 11 | 17 | 24 | 122.3 | 96.0 | 60 500 | 1 530 | 22.2 | 3.54 | 2 160 | 175 |
| | 630×200 | 630×200 | 13 | 20 | 28 | 163.4 | 128 | 102 000 | 2 690 | 25.0 | 4.06 | 3 250 | 269 |

注：本表规格为《热轧 H 型钢和剖分 T 型钢》(GB/T 11263—2017)附录 A 所列窄翼缘 H 型钢的补充规格，均可按供需双方协议供货。

附表 2.7 部分 T 形钢截面尺寸、面积和截面特性(2)

| 类别 | 型号（高度×宽度） | 截面尺寸/mm | | | | | 截面面积 /cm² | 每米质量 /(kg·m⁻¹) | 截面特性参数 | | | | | | | 对应 H 型钢系列 |
|---|---|---|---|---|---|---|---|---|---|---|---|---|---|---|---|---|
| | | | | | | | | | 惯性矩 /cm⁴ | | 惯性半径 /cm | | 截面模数 /cm³ | | 重心 /cm | |
| | | $h$ | $B$ | $t_1$ | $t_2$ | $r$ | | | $I_x$ | $I_y$ | $i_x$ | $i_y$ | $W_x$ | $W_y$ | $C_x$ | 型号 |
| TW | 50×100 | 50 | 100 | 6 | 8 | 10 | 10.95 | 8.56 | 16.1 | 66.9 | 1.21 | 2.47 | 4.03. | 13.4 | 1.00 | 100×100 |
| | 62.5×125 | 62.5 | 125 | 6.5 | 9 | 10 | 5.16 | 11.9 | 35.0 | 147 | 1.52 | 3.11 | 6.91 | 23.5 | 1.19 | 125×125 |
| | 75×150 | 75 | 150 | 7 | 10 | 13 | 20.28 | 15.9 | 66.4 | 282 | 1.81 | 3.73 | 10.8 | 37.6 | 1.37 | 150×150 |
| | 87.5×175 | 87.5 | 175 | 7.5 | 11 | 13 | 25.71 | 20.2 | 115 | 492 | 2.11 | 4.37 | 15.9 | 56.2 | 1.55 | 175×175 |
| | 100×200 | 100 | 200 | 8 | 12 | 16 | 32.14 | 25.2 | 185 | 801 | 2.40 | 4.99 | 22.3 | 80.1 | 1.73 | 200×200 |
| | | #100 | 204 | 12 | 12 | 16 | 36.14 | 28.3 | 256 | 851 | 2.66 | 4.85 | 32.4 | 83.5 | 2.09 | |
| | 125×250 | 125 | 250 | 9 | 14 | 16 | 46.09 | 36.2 | 412 | 1 820 | 2.99 | 6.29 | 39.5 | 146 | 2.08 | 250×250 |
| | | #125 | 255 | 14 | 14 | 16 | 52.34 | 41.1 | 589 | 1 940 | 3.36 | 6.09 | 59.4 | 152 | 2.58 | |
| | 150×300 | #147 | 302 | 12 | 12 | 20 | 54.16 | 42.5 | 858 | 2 760 | 3.98 | 7.14 | 72.3 | 183 | 2.83 | 300×300 |
| | | 150 | 300 | 10 | 15 | 20 | 60.22 | 47.3 | 798 | 3 380 | 3.64 | 7.49 | 63.7 | 225 | 2.47 | |
| | | 150 | 305 | 15 | 15 | 20 | 67.72 | 53.1 | 1 110 | 3 550 | 4.05 | 7.24 | 92.5 | 233 | 3.02 | |
| | 175×350 | #172 | 348 | 10 | 16 | 20 | 73.00 | 57.3 | 1 230 | 5 620 | 4.11 | 8.78 | 84.7 | 323 | 2.67 | 350×350 |
| | | 175 | 350 | 12 | 19 | 20 | 86.94 | 68.2 | 1 520 | 6 790 | 4.18 | 8.84 | 104 | 388 | 2.86 | |
| | 200×400 | #194 | 402 | 15 | 15 | 24 | 89.62 | 70.3 | 2 480 | 8 130 | 5.26 | 9.52 | 158 | 405 | 3.69 | 400×400 |
| | | #197 | 398 | 11 | 18 | 24 | 93.80 | 73.6 | 2 050 | 9 460 | 4.67 | 10.0 | 123 | 476 | 3.01 | |
| | | 200 | 400 | 13 | 21 | 24 | 109.7 | 86.1 | 2 480 | 11 200 | 4.75 | 10.1 | 147 | 560 | 3.21 | |

| | | | | | | | | | | | | | | | |
|---|---|---|---|---|---|---|---|---|---|---|---|---|---|---|---|
| TW | 200×400 | #200 | 408 | 21 | 21 | 24 | 125.7 | 98.7 | 3 650 | 11 900 | 5.39 | 9.73 | 229 | 584 | 4.07 | 400×400 |
| | | #207 | 405 | 18 | 28 | 24 | 148.1 | 116 | 3 620 | 15 500 | 4.95 | 10.2 | 213 | 766 | 3.68 | |
| | | #214 | 407 | 20 | 35 | 24 | 180.7 | 142 | 4 380 | 19 700 | 4.92 | 10.4 | 250 | 967 | 3.90 | |
| TM | 74×100 | 74 | 100 | 6 | 9 | 13 | 13.63 | 10.7 | 51.7 | 75.4 | 1.95 | 2.35 | 8.80 | 15.1 | 1.55 | 150×100 |
| | 97×150 | 97 | 150 | 6 | 9 | 16 | 19.88 | 15.6 | 125 | 254 | 2.50 | 3.57 | 15.8 | 33.9 | 1.78 | 200×150 |
| | 122×175 | 122 | 175 | 7 | 11 | 16 | 28.12 | 22.1 | 289 | 492 | 3.20 | 4.18 | 29.1 | 56.3 | 2.27 | 250×175 |
| | 147×200 | 147 | 200 | 8 | 12 | 20 | 36.52 | 28.7 | 572 | 802 | 3.96 | 4.69 | 48.2 | 80.2 | 2.82 | 300×200 |
| | 170×250 | 170 | 250 | 9 | 14 | 20 | 50.76 | 39.9 | 1 020 | 1 830 | 4.48 | 6.00 | 73.1 | 146 | 3.09 | 350×250 |
| | 200×300 | 195 | 300 | 10 | 16 | 24 | 68.37 | 53.7 | 1 730 | 3 600 | 5.03 | 7.26 | 108 | 240 | 3.40 | 400×300 |
| | 220×300 | 220 | 300 | 11 | 18 | 24 | 78.69 | 61.8 | 2 680 | 4 060 | 5.84 | 7.18 | 150 | 270 | 4.05 | 450×300 |
| | 250×300 | 241 | 300 | 11 | 15 | 28 | 73.23 | 57.5 | 3 420 | 3 380 | 6.83 | 6.80 | 178 | 226 | 4.90 | 500×300 |
| | | 244 | 300 | 11 | 18 | 28 | 82.23 | 64.5 | 3 620 | 4 060 | 6.64 | 7.03 | 184 | 271 | 4.65 | |
| | 300×300 | 291 | 300 | 12 | 17 | 28 | 87.25 | 68.5 | 6 360 | 3 830 | 8.54 | 6.63 | 280 | 256 | 6.39 | 600×300 |
| | | 294 | 300 | 12 | 20 | 28 | 96.25 | 75.5 | 6 710 | 4 510 | 8.35 | 6.85 | 288 | 301 | 6.08 | |
| | | #297 | 302 | 14 | 23 | 28 | 111.2 | 87.3 | 7 920 | 5 290 | 8.44 | 6.90 | 339 | 351 | 6.33 | |
| TN | 50×50 | 50 | 50 | 5 | 7 | 10 | 6.079 | 4.79 | 11.9 | 7.45 | 1.40 | 1.11 | 3.18 | 2.98 | 1.27 | 100×50 |
| | 62.5×60 | 62.5 | 60 | 6 | 8 | 10 | 8.499 | 6.67 | 27.5 | 14.6 | 1.80 | 1.31 | 5.96 | 4.88 | 1.63 | 125×60 |
| | 75×75 | 75 | 75 | 5 | 7 | 10 | 9.079 | 7.14 | 42.7 | 24.8 | 2.17 | 1.65 | 7.46 | 6.61 | 1.78 | 150×75 |

续表

| 类别 | 型号（高度×宽度） | 截面尺寸/mm | | | | | 截面面积/$cm^2$ | 每米质量/($kg \cdot m^{-1}$) | 截面特性参数 | | | | | | | 对应H型钢系列 |
|---|---|---|---|---|---|---|---|---|---|---|---|---|---|---|---|---|
| | | | | | | | | | 惯性矩/$cm^4$ | | 惯性半径/cm | | 截面模数/$cm^3$ | | 重心/cm | |
| | | $h$ | $B$ | $t_1$ | $t_2$ | $r$ | | | $I_x$ | $I_y$ | $i_x$ | $i_y$ | $W_x$ | $W_y$ | $C_x$ | 型号 |
| TN | 87.5×90 | 87.5 | 90 | 5 | 8 | 10 | 11.60 | 9.11 | 70.7 | 48.8 | 2.47 | 2.05 | 10.4 | 10.8 | 1.92 | 175×90 |
| | 100×100 | 99 | 99 | 4.5 | 7 | 13 | 11.80 | 9.26 | 94.0 | 56.9 | 2.82 | 2.20 | 12.1 | 11.5 | 2.13 | 200×100 |
| | | 100 | 100 | 5.5 | 8 | 13 | 13.79 | 10.8 | 115 | 67.1 | 2.88 | 2.21 | 14.8 | 13.4 | 2.27 | |
| | 125×125 | 124 | 124 | 5 | 8 | 13 | 16.45 | 12.9 | 208 | 128 | 3.56 | 2.78 | 21.3 | 20.6 | 2.62 | 250×125 |
| | | 125 | 125 | 6 | 9 | 13 | 18.94 | 14.8 | 249 | 147 | 3.62 | 2.79 | 25.6 | 23.5 | 2.78 | |
| | 150×150 | 149 | 149 | 5.5 | 8 | 16 | 20.77 | 16.3 | 395 | 221 | 4.36 | 3.26 | 33.8 | 29.7 | 3.22 | 300×150 |
| | | 150 | 150 | 6.5 | 9 | 16 | 23.76 | 18.7 | 465 | 254 | 4.42 | 3.27 | 40.0 | 33.9 | 3.38 | |
| | 175×175 | 173 | 174 | 6 | 9 | 16 | 26.60 | 20.9 | 681 | 396 | 5.06 | 3.86 | 50.0 | 45.5 | 3.68 | 350×175 |
| | | 175 | 175 | 7 | 11 | 16 | 31.83 | 25.0 | 816 | 492 | 5.06 | 3.93 | 59.3 | 56.3 | 3.74 | |
| | 200×200 | 198 | 199 | 7 | 11 | 16 | 36.08 | 28.3 | 1 190 | 724 | 5.76 | 4.48 | 76.4 | 72.7 | 4.17 | 400×200 |
| | | 200 | 200 | 8 | 13 | 16 | 42.06 | 33.0 | 1 400 | 868 | 5.76 | 4.54 | 88.6 | 86.8 | 4.23 | |
| | 225×200 | 223 | 199 | 8 | 12 | 20 | 42.54 | 33.4 | 1 880 | 790 | 6.65 | 4.31 | 109 | 79.4 | 5.07 | 450×200 |
| | | 225 | 200 | 9 | 14 | 20 | 48.71 | 38.2 | 2 160 | 936 | 6.66 | 4.38 | 124 | 93.6 | 5.13 | |
| | 250×200 | 248 | 199 | 9 | 14 | 20 | 50.64 | 39.7 | 2 840 | 922 | 7.49 | 4.27 | 150 | 92.7 | 5.90 | 500×200 |
| | | 250 | 200 | 10 | 16 | 20 | 57.12 | 44.8 | 3 210 | 1 070 | 7.50 | 4.33 | 169 | 107 | 5.96 | |
| | | #253 | 201 | 11 | 19 | 20 | 65.65 | 51.5 | 3 670 | 1 290 | 7.48 | 4.43 | 190 | 128 | 5.95 | |

| | | | | | | | | | | | | | | | |
|---|---|---|---|---|---|---|---|---|---|---|---|---|---|---|---|
| TN | 300×200 | 298 | 199 | 10 | 15 | 24 | 60.62 | 47.6 | 5 200 | 991 | 9.27 | 4.04 | 236 | 100 | 7.76 | 600×200 |
| | | 300 | 200 | 11 | 17 | 24 | 67.60 | 53.1 | 5 820 | 1 140 | 9.28 | 4.11 | 262 | 114 | 7.81 | |
| | | #303 | 201 | 12 | 20 | 24 | 76.63 | 60.1 | 6 580 | 1 360 | 9.26 | 4.21 | 292 | 135 | 7.76 | |

注:#表示的规格为非常用规格。

附表 2.8　常用电焊圆钢管的规格及截面特性

| 简图 | 尺寸 | | 截面面积 | 每米质量 | 截面特性 | | |
|---|---|---|---|---|---|---|---|
| | D/mm | t/mm | A/cm² | /(kg · m⁻¹) | I/cm⁴ | W/cm³ | i/cm |
| | 102 | 2.0 | 6.28 | 4.93 | 78.57 | 15.14 | 3.54 |
| | | 2.5 | 7.81 | 6.13 | 96.77 | 18.97 | 3.52 |
| | | 3.0 | 9.33 | 7.32 | 114.42 | 22.43 | 3.50 |
| | | 3.5 | 10.83 | 8.50 | 131.52 | 25.79 | 3.48 |
| | | 4.0 | 12.32 | 9.67 | 148.09 | 29.04 | 3.47 |
| | | 4.5 | 13.78 | 10.82 | 164.14 | 32.18 | 3.45 |
| | | 5.0 | 15.24 | 11.96 | 179.68 | 35.23 | 3.43 |
| | 108 | 3.0 | 9.90 | 7.77 | 136.49 | 25.28 | 3.71 |
| | | 3.5 | 11.49 | 9.02 | 157.02 | 29.08 | 3.70 |
| | | 4.0 | 13.07 | 10.26 | 176.95 | 32.77 | 3.68 |
| | 114 | 3.0 | 10.46 | 8.21 | 161.24 | 28.29 | 3.93 |
| | | 3.5 | 12.15 | 9.54 | 185.63 | 32.57 | 3.91 |
| | | 4.0 | 13.82 | 10.85 | 209.35 | 36.73 | 3.89 |
| | | 4.5 | 15.48 | 12.15 | 232.41 | 40.77 | 3.87 |
| | | 5.0 | 17.12 | 13.44 | 254.81 | 44.70 | 3.86 |
| | 121 | 3.0 | 11.12 | 8.73 | 193.69 | 32.01 | 4.17 |
| t | | 3.5 | 12.92 | 10.14 | 223.17 | 36.89 | 4.16 |
| | | 4.0 | 14.70 | 11.54 | 251.87 | 41.63 | 4.14 |
| | 127 | 3.0 | 11.69 | 9.17 | 224.75 | 35.39 | 4.39 |
| | | 3.5 | 13.58 | 10.66 | 259.11 | 40.80 | 4.37 |
| D | | 4.0 | 15.46 | 12.13 | 292.61 | 46.08 | 4.35 |
| | | 4.5 | 17.32 | 13.59 | 325.29 | 51.23 | 4.33 |
| | | 5.0 | 19.16 | 15.04 | 357.14 | 56.24 | 4.32 |
| | 133 | 3.5 | 14.24 | 11.18 | 298.71 | 44.92 | 4.58 |
| | | 4.0 | 16.21 | 12.73 | 337.53 | 50.76 | 4.56 |
| | | 4.5 | 18.17 | 14.26 | 375.42 | 56.45 | 4.55 |
| | | 5.0 | 21.11 | 15.78 | 412.41 | 62.02 | 4.53 |
| | 140 | 3.5 | 15.01 | 11.78 | 349.79 | 49.97 | 4.83 |
| | | 4.0 | 17.09 | 13.42 | 395.47 | 56.50 | 4.81 |
| | | 4.5 | 19.16 | 15.04 | 440.12 | 62.87 | 4.79 |
| | | 5.0 | 21.21 | 16.65 | 483.76 | 69.11 | 4.78 |
| | | 5.5 | 23.24 | 18.24 | 526.40 | 75.20 | 4.76 |
| | 152 | 3.5 | 16.33 | 12.82 | 450.35 | 59.26 | 5.25 |
| | | 4.0 | 18.60 | 14.60 | 509.59 | 67.05 | 5.23 |
| | | 4.5 | 20.85 | 16.37 | 567.61 | 74.69 | 5.22 |
| | | 5.0 | 23.09 | 18.13 | 624.43 | 82.16 | 5.20 |
| | | 5.5 | 25.31 | 19.87 | 680.06 | 89.48 | 5.18 |

附表 2.9　冷弯薄壁焊接圆钢管的规格及截面特性

| 简图 | 尺寸 | | 截面面积 | 每米质量 | 截面特性 | | |
|---|---|---|---|---|---|---|---|
| | $D$/mm | $t$/mm | $A$/cm$^2$ | /(kg · m$^{-1}$) | $I$/cm$^4$ | $W$/cm$^3$ | $i$/cm |
| | 25 | 1.5 | 1.11 | 0.87 | 0.77 | 0.61 | 0.83 |
| | 30 | 1.5 | 1.34 | 1.05 | 1.37 | 0.91 | 1.01 |
| | 30 | 2.0 | 1.76 | 1.38 | 1.73 | 1.16 | 0.99 |
| | 40 | 1.5 | 1.81 | 1.42 | 3.37 | 1.68 | 1.36 |
| | 40 | 2.0 | 2.39 | 1.88 | 4.32 | 2.16 | 1.35 |
| | 51 | 2.0 | 3.08 | 2.42 | 9.26 | 3.63 | 1.73 |
| | 57 | 2.0 | 3.46 | 2.71 | 13.08 | 4.59 | 1.95 |
| | 60 | 2.0 | 3.64 | 2.86 | 15.34 | 5.10 | 2.05 |
| | 70 | 2.0 | 4.27 | 3.35 | 24.72 | 7.06 | 2.41 |
| | 76 | 2.0 | 4.65 | 3.65 | 31.85 | 8.38 | 2.62 |
| | 83 | 2.0 | 5.09 | 4.00 | 41.76 | 10.06 | 2.87 |
| | 83 | 2.5 | 6.32 | 4.96 | 51.26 | 12.35 | 2.85 |
| | 89 | 2.0 | 5.47 | 4.29 | 51.74 | 11.63 | 3.08 |
| | 89 | 2.5 | 6.79 | 5.33 | 63.59 | 14.28 | 3.06 |
| | 95 | 2.0 | 5.84 | 4.59 | 63.20 | 13.31 | 3.29 |
| | 95 | 2.5 | 7.26 | 5.70 | 77.76 | 16.37 | 3.27 |
| | 102 | 2.0 | 6.28 | 4.93 | 78.55 | 15.40 | 3.54 |
| | 102 | 2.5 | 7.81 | 6.14 | 96.76 | 18.97 | 3.52 |
| | 102 | 3.0 | 9.33 | 7.33 | 114.40 | 22.43 | 3.50 |
| | 108 | 2.0 | 6.66 | 5.23 | 93.6 | 17.33 | 3.75 |
| | 108 | 2.5 | 8.29 | 6.51 | 115.4 | 21.37 | 3.73 |
| | 108 | 3.0 | 9.90 | 7.77 | 136.5 | 25.28 | 3.72 |
| | 114 | 2.0 | 7.04 | 5.52 | 110.4 | 19.37 | 3.96 |
| | 114 | 2.5 | 8.76 | 6.87 | 136.2 | 23.89 | 3.94 |
| | 114 | 3.0 | 10.46 | 8.21 | 161.3 | 28.30 | 3.93 |
| | 121 | 2.0 | 7.48 | 5.87 | 132.4 | 21.88 | 4.21 |
| | 121 | 2.5 | 9.31 | 7.31 | 163.5 | 27.02 | 4.19 |
| | 121 | 3.0 | 11.12 | 8.73 | 193.7 | 32.02 | 4.17 |
| | 127 | 2.0 | 7.85 | 6.17 | 153.4 | 24.16 | 4.42 |
| | 127 | 2.5 | 9.78 | 7.68 | 189.5 | 29.84 | 4.40 |
| | 127 | 3.0 | 11.69 | 9.18 | 224.7 | 35.39 | 4.39 |
| | 133 | 2.5 | 10.25 | 8.05 | 218.2 | 32.81 | 4.62 |
| | 133 | 3.0 | 12.25 | 9.62 | 259.0 | 38.95 | 4.60 |
| | 133 | 3.5 | 14.24 | 11.18 | 298.7 | 44.92 | 4.58 |

续表

| 简图 | 尺寸 | | 截面面积 | 每米质量 | 截面特性 | | |
|---|---|---|---|---|---|---|---|
| | D/mm | t/mm | $A/cm^2$ | $/(kg \cdot m^{-1})$ | $I/cm^4$ | $W/cm^3$ | i/cm |
| | 140 | 2.5 | 10.80 | 8.48 | 255.3 | 4.86 | 36.47 |
| | 140 | 3.0 | 12.91 | 10.13 | 303.1 | 4.85 | 43.29 |
| | 140 | 3.5 | 15.01 | 11.78 | 349.8 | 4.83 | 49.97 |
| | 152 | 3.0 | 14.04 | 11.02 | 389.9 | 5.27 | 51.30 |
| | 152 | 3.5 | 16.32 | 12.82 | 450.3 | 5.25 | 59.25 |
| | 152 | 4.0 | 18.60 | 14.60 | 509.6 | 5.24 | 67.05 |
| | 159 | 3.0 | 14.70 | 11.54 | 447.4 | 5.52 | 56.27 |
| | 159 | 3.5 | 17.10 | 13.42 | 517.0 | 5.50 | 65.02 |
| | 159 | 4.0 | 19.48 | 15.29 | 585.3 | 5.48 | 73.62 |
| | 168 | 3.0 | 15.55 | 12.21 | 529.4 | 5.84 | 63.02 |
| | 168 | 3.5 | 18.09 | 14.20 | 612.1 | 5.82 | 72.87 |
| | 168 | 4.0 | 20.61 | 16.18 | 693.3 | 5.80 | 82.53 |
| t D | 180 | 3.0 | 16.68 | 13.09 | 653.5 | 6.26 | 72.61 |
| | 180 | 3.5 | 19.41 | 15.24 | 756.0 | 6.24 | 84.00 |
| | 180 | 4.0 | 22.12 | 17.36 | 856.8 | 6.22 | 95.20 |
| | 194 | 3.0 | 18.00 | 14.13 | 821.1 | 6.75 | 84.64 |
| | 194 | 3.5 | 20.95 | 16.45 | 950.5 | 6.74 | 97.99 |
| | 194 | 4.0 | 23.88 | 18.75 | 1 078 | 6.72 | 111.1 |
| | 203 | 3.0 | 18.85 | 15.00 | 943 | 7.07 | 92.87 |
| | 203 | 3.5 | 21.94 | 17.22 | 1 092 | 7.06 | 107.55 |
| | 203 | 4.0 | 25.01 | 19.63 | 1 238 | 7.04 | 122.01 |
| | 219 | 3.0 | 20.36 | 15.98 | 1 187 | 7.64 | 108.44 |
| | 291 | 3.5 | 23.70 | 18.61 | 1 376 | 7.62 | 125.65 |
| | 291 | 4.0 | 27.02 | 21.81 | 1 562 | 7.60 | 142.62 |
| | 245 | 3.0 | 22.81 | 17.91 | 1 607 | 8.56 | 136.3 |
| | 245 | 3.5 | 26.55 | 20.84 | 1 936 | 8.54 | 158.1 |
| | 245 | 4.0 | 30.28 | 23.77 | 2 199 | 8.52 | 179.5 |

附表 2.10　热轧无缝钢管的规格及截面特性

| 简图 | 尺寸 | | 截面面积 | 每米质量 | 截面特性 | | |
| --- | --- | --- | --- | --- | --- | --- | --- |
| | $D$/mm | $t$/mm | $A$/cm$^2$ | /(kg · m$^{-1}$) | $I$/cm$^4$ | $W$/cm$^3$ | $i$/cm |
| | 102 | 3.5 | 10.83 | 8.50 | 131.52 | 25.79 | 3.48 |
| | | 4.0 | 12.32 | 9.67 | 148.09 | 29.04 | 3.47 |
| | | 4.5 | 13.78 | 10.82 | 164.14 | 32.18 | 3.45 |
| | | 5.0 | 15.24 | 11.96 | 179.68 | 35.23 | 3.43 |
| | | 5.5 | 16.67 | 13.09 | 194.72 | 38.18 | 3.42 |
| | | 6.0 | 18.10 | 14.21 | 209.28 | 41.03 | 3.40 |
| | | 6.5 | 19.50 | 15.31 | 223.35 | 43.79 | 3.38 |
| | | 7.0 | 20.89 | 16.40 | 236.96 | 46.46 | 3.37 |
| | 114 | 4.0 | 13.82 | 10.85 | 209.35 | 36.73 | 3.89 |
| | | 4.5 | 15 348 | 12.15 | 232.41 | 40.77 | 3.87 |
| | | 5.0 | 17.12 | 13.44 | 254.81 | 44.70 | 3.86 |
| | | 5.5 | 18.75 | 14.72 | 276.58 | 48.52 | 3.84 |
| | | 6.0 | 20.36 | 15.98 | 297.73 | 52.23 | 3.82 |
| | | 6.5 | 21.95 | 17.32 | 318.26 | 55.84 | 3.81 |
| | | 7.0 | 23.53 | 18.47 | 338.19 | 59.33 | 3.79 |
| | | 7.5 | 25.09 | 19.70 | 357.58 | 62.73 | 3.77 |
| | | 8.0 | 26.64 | 20.91 | 376.30 | 66.02 | 3.76 |
| | 121 | 4.0 | 14.70 | 11.54 | 251.87 | 41.63 | 4.14 |
| | | 4.5 | 16.47 | 12.93 | 279.83 | 46.25 | 4.12 |
| | | 5.0 | 18.22 | 14.30 | 307.05 | 50.75 | 4.11 |
| | | 5.5 | 19.96 | 15.67 | 333.54 | 55.13 | 4.09 |
| | | 6.0 | 21.68 | 17.02 | 359.32 | 59.39 | 4.07 |
| | | 6.5 | 23.38 | 18.35 | 384.40 | 63.54 | 4.05 |
| | | 7.0 | 25.07 | 19.68 | 408.80 | 67.57 | 4.04 |
| | | 7.5 | 26.74 | 20.99 | 432.51 | 71.49 | 4.02 |
| | | 8.0 | 28.40 | 22.29 | 455.57 | 75.30 | 4.01 |
| | 127 | 4.0 | 15.46 | 12.13 | 292.61 | 46.08 | 4.35 |
| | | 4.5 | 17.32 | 13.59 | 325.29 | 51.23 | 4.33 |
| | | 5.0 | 19.16 | 15.04 | 357.14 | 56.24 | 4.32 |
| | | 5.5 | 20.99 | 16.48 | 388.19 | 61.13 | 4.30 |
| | | 6.0 | 22.81 | 17.90 | 418.44 | 65.90 | 4.28 |
| | | 6.5 | 24.61 | 19.32 | 447.92 | 70.54 | 4.27 |
| | | 7.0 | 26.39 | 20.72 | 476.63 | 75.06 | 4.25 |
| | | 7.5 | 28.16 | 22.10 | 504.58 | 79.46 | 4.23 |
| | | 8.0 | 29.91 | 23.48 | 531.80 | 83.75 | 4.22 |

续表

| 简图 | 尺寸 | | 截面面积 | 每米质量 | 截面特性 | | |
|---|---|---|---|---|---|---|---|
| | $D$/mm | $t$/mm | $A$/cm$^2$ | /(kg · m$^{-1}$) | $I$/cm$^4$ | $W$/cm$^3$ | $i$/cm |
| | 133 | 4.0 | 16.21 | 12.73 | 337.53 | 50.76 | 4.56 |
| | | 4.5 | 18.17 | 14.26 | 375.42 | 56.45 | 4.55 |
| | | 5.0 | 20.11 | 15.78 | 412.40 | 62.02 | 4.53 |
| | | 5.5 | 22.03 | 17.29 | 448.50 | 67.44 | 4.51 |
| | | 6.0 | 23.94 | 18.79 | 483.72 | 72.74 | 4.50 |
| | | 6.5 | 25.83 | 20.28 | 518.07 | 77.91 | 4.48 |
| | | 7.0 | 27.71 | 21.75 | 551.58 | 82.94 | 4.46 |
| | | 7.5 | 29.57 | 23.21 | 584.25 | 87.86 | 4.45 |
| | | 8.0 | 31.42 | 24.66 | 616.11 | 92.65 | 4.43 |
| | 140 | 4.5 | 19.16 | 15.04 | 440.12 | 62.87 | 4.79 |
| | | 5.0 | 21.21 | 16.65 | 483.76 | 69.11 | 4.78 |
| | | 5.5 | 23.24 | 18.24 | 526.40 | 75.20 | 4.76 |
| | | 6.0 | 25.26 | 19.83 | 568.06 | 81.15 | 4.74 |
| | | 6.5 | 27.26 | 21.40 | 608.76 | 86.97 | 4.73 |
| | | 7.0 | 29.25 | 22.96 | 648.51 | 92.64 | 4.71 |
| | | 7.5 | 31.22 | 24.51 | 687.32 | 98.19 | 4.69 |
| | | 8.0 | 33.18 | 26.04 | 725.21 | 103.60 | 4.68 |
| t D | | 9.0 | 37.04 | 29.08 | 798.29 | 114.04 | 4.64 |
| | | 10 | 40.84 | 32.06 | 867.86 | 123.98 | 4.61 |
| | 146 | 4.5 | 20.00 | 15.70 | 501.16 | 68.65 | 5.01 |
| | | 5.0 | 22.15 | 17.39 | 551.10 | 75.49 | 4.99 |
| | | 5.5 | 24.28 | 19.06 | 599.95 | 82.19 | 4.97 |
| | | 6.0 | 26.39 | 20.72 | 647.73 | 88.73 | 4.95 |
| | | 6.5 | 28.49 | 22.36 | 694.44 | 95.13 | 4.94 |
| | | 7.0 | 30.57 | 24.00 | 740.12 | 101.39 | 4.92 |
| | | 7.5 | 32.63 | 25.62 | 784.77 | 107.39 | 4.90 |
| | | 8.0 | 34.68 | 27.23 | 828.41 | 113.48 | 4.89 |
| | | 9.0 | 38.74 | 30.41 | 912.71 | 125.03 | 4.85 |
| | | 10 | 42.73 | 33.54 | 993.16 | 136.05 | 4.82 |
| | 152 | 4.5 | 20.85 | 16.37 | 567.61 | 74.69 | 5.22 |
| | | 5.0 | 23.09 | 18.13 | 624.43 | 82.16 | 5.20 |
| | | 5.5 | 25.31 | 19.87 | 680.06 | 89.48 | 5.18 |
| | | 6.0 | 27.52 | 21.60 | 743.52 | 96.65 | 5.17 |
| | | 6.5 | 29.71 | 23.32 | 787.82 | 103.66 | 5.15 |
| | | 7.0 | 31.89 | 25.03 | 839.99 | 110.52 | 5.13 |
| | | 7.5 | 34.05 | 26.73 | 891.03 | 117.24 | 5.12 |
| | | 8.0 | 36.19 | 28.41 | 940.97 | 123.81 | 5.10 |
| | | 9.0 | 40.43 | 31.74 | 1 037.59 | 136.53 | 5.07 |
| | | 10 | 44.61 | 35.02 | 1 129.99 | 148.68 | 5.03 |

续表

| 简图 | 尺寸 | | 截面面积 | 每米质量 | 截面特性 | | |
|---|---|---|---|---|---|---|---|
| | $D$/mm | $t$/mm | $A$/cm$^2$ | /(kg · m$^{-1}$) | $I$/cm$^4$ | $W$/cm$^3$ | $i$/cm |
| | 159 | 4.5 | 27.84 | 17.15 | 652.27 | 82.05 | 5.46 |
| | | 5.0 | 24.19 | 18.99 | 717.88 | 90.30 | 4.45 |
| | | 5.5 | 26.52 | 20.82 | 782.18 | 98.39 | 5.43 |
| | | 6.0 | 28.84 | 22.64 | 845.19 | 106.31 | 4.41 |
| | | 6.5 | 31.14 | 24.45 | 906.92 | 114.08 | 5.40 |
| | | 7.0 | 33.43 | 26.24 | 967.41 | 121.69 | 5.38 |
| | | 7.5 | 35.70 | 28.02 | 1 026.65 | 129.14 | 5.36 |
| | | 8.0 | 37.95 | 29.79 | 1 084.67 | 136.44 | 5.35 |
| | | 9.0 | 42.41 | 33.29 | 1 197.12 | 150.58 | 5.31 |
| | | 10 | 46.81 | 36.75 | 1 304.88 | 164.14 | 5.28 |
| | 168 | 4.5 | 23.11 | 18.14 | 772.96 | 92.02 | 5.78 |
| | | 5.0 | 25.60 | 20.10 | 851.14 | 101.33 | 5.77 |
| | | 5.5 | 28.08 | 22.04 | 927.85 | 110.46 | 5.75 |
| | | 6.0 | 30.54 | 23.97 | 1 003.12 | 119.42 | 5.73 |
| | | 6.5 | 32.98 | 25.89 | 1 076.95 | 128.21 | 5.71 |
| | | 7.0 | 35.41 | 27.79 | 1 149.36 | 136.83 | 5.70 |
| | | 7.5 | 37.82 | 29.69 | 1 220.38 | 145.28 | 5.68 |
| | | 8.0 | 40.21 | 31.57 | 1 290.01 | 153.57 | 5.66 |
| | | 9.0 | 44.96 | 35.29 | 1 425.22 | 169.57 | 5.63 |
| | | 10 | 49.64 | 38.97 | 1 555.13 | 185.13 | 5.60 |
| | 180 | 5.0 | 27.49 | 21.58 | 1 053.17 | 117.02 | 6.19 |
| | | 5.5 | 30.15 | 23.67 | 1 148.79 | 127.64 | 6.17 |
| | | 6.0 | 32.80 | 25.75 | 1 242.72 | 138.08 | 6.16 |
| | | 6.5 | 35.43 | 27.81 | 1 335.00 | 148.33 | 6.14 |
| | | 7.0 | 38.04 | 29.87 | 1 425.63 | 158.40 | 6.12 |
| | | 7.5 | 40.64 | 31.91 | 1 514.64 | 168.29 | 6.10 |
| | | 8.0 | 43.23 | 33.93 | 1 602.04 | 178.00 | 6.09 |
| | | 9.0 | 48.35 | 37.95 | 1 772.12 | 196.90 | 6.05 |
| | | 10 | 53.41 | 41.92 | 1 939.01 | 215.11 | 6.02 |
| | | 12 | 63.33 | 49.72 | 2 245.84 | 249.54 | 5.95 |
| | 194 | 5.0 | 29.69 | 23.31 | 1 326.54 | 136.75 | 6.68 |
| | | 5.5 | 32.57 | 25.57 | 1 447.86 | 149.26 | 6.67 |
| | | 6.0 | 35.44 | 27.82 | 1 567.21 | 161.57 | 6.65 |
| | | 6.5 | 38.29 | 30.06 | 1 684.61 | 173.67 | 6.63 |
| | | 7.0 | 41.12 | 32.28 | 1 800.08 | 185.57 | 6.62 |
| | | 7.5 | 43.94 | 34.50 | 1 931.64 | 197.28 | 6.60 |
| | | 8.0 | 46.75 | 36.70 | 2 025.31 | 208.79 | 6.58 |
| | | 9.0 | 52.31 | 41.06 | 2 243.08 | 231.25 | 6.55 |
| | | 10 | 57.81 | 45.38 | 2 453.55 | 252.94 | 6.51 |
| | | 12 | 68.81 | 53.86 | 2 853.25 | 294.15 | 6.45 |

续表

| 简图 | 尺寸 | | 截面面积 $A/cm^2$ | 每米质量 $/(kg \cdot m^{-1})$ | 截面特性 | | |
|---|---|---|---|---|---|---|---|
| | $D$/mm | $t$/mm | | | $I/cm^4$ | $W/cm^3$ | $i$/cm |
| | 203 | 6.0 | 37.13 | 29.15 | 1 803.07 | 177.64 | 6.97 |
| | | 6.5 | 40.13 | 31.50 | 1 938.81 | 191.02 | 6.95 |
| | | 7.0 | 43.10 | 33.84 | 2 072.43 | 204.18 | 6.93 |
| | | 7.5 | 46.06 | 36.16 | 2 203.94 | 217.14 | 6.92 |
| | | 8.0 | 49.01 | 38.47 | 2 333.37 | 229.89 | 6.90 |
| | | 9.0 | 54.85 | 43.06 | 2 586.08 | 254.79 | 6.87 |
| | | 10 | 60.63 | 47.60 | 2 830.72 | 278.89 | 6.83 |
| | | 12 | 72.01 | 56.52 | 3 296.49 | 324.78 | 6.77 |
| | | 14 | 83.13 | 65.25 | 3 732.07 | 367.69 | 6.70 |
| | | 16 | 94.00 | 73.79 | 4 138.78 | 407.76 | 6.64 |
| | 219 | 6.0 | 40.15 | 31.52 | 2 278.74 | 208.74 | 7.53 |
| | | 6.5 | 43.39 | 34.06 | 2 451.64 | 223.64 | 7.52 |
| | | 7.0 | 46.62 | 36.60 | 2 622.04 | 239.64 | 7.50 |
| | | 7.5 | 49.38 | 39.12 | 2 789.96 | 254.79 | 7.48 |
| | | 8.0 | 53.03 | 41.63 | 2 955.43 | 269.90 | 7.47 |
| | | 9.0 | 59.38 | 46.61 | 3 279.12 | 299.46 | 7.43 |
| | | 10 | 65.66 | 51.54 | 3 593.29 | 328.15 | 7.40 |
| | | 12 | 78.04 | 61.26 | 4 193.81 | 383.00 | 7.33 |
| | | 14 | 90.16 | 70.78 | 4 758.50 | 434.57 | 7.26 |
| | | 16 | 102.04 | 80.10 | 5 288.81 | 483.00 | 7.20 |
| | 245 | 6.5 | 48.70 | 38.23 | 3 465.46 | 282.89 | 8.44 |
| | | 7.0 | 52.34 | 41.08 | 3 709.06 | 302.78 | 8.42 |
| | | 7.5 | 55.96 | 43.93 | 3 949.52 | 322.41 | 8.40 |
| | | 8.0 | 59.56 | 46.76 | 4 186.87 | 341.79 | 8.38 |
| | | 9.0 | 66.73 | 52.38 | 4 652.32 | 379.78 | 8.35 |
| | | 10 | 73.83 | 57.95 | 5 105.63 | 416.79 | 8.32 |
| | | 12 | 87.84 | 68.95 | 5 976.67 | 487.89 | 8.25 |
| | | 14 | 101.60 | 79.76 | 6 801.68 | 555.24 | 8.18 |
| | | 16 | 115.11 | 90.36 | 7 582.30 | 618.96 | 8.12 |
| | 273 | 6.5 | 54.42 | 42.72 | 4 834.18 | 354.15 | 9.42 |
| | | 7.0 | 58.50 | 45.92 | 5 177.30 | 379.29 | 9.41 |
| | | 7.5 | 62.56 | 49.11 | 5 516.47 | 404.14 | 9.39 |
| | | 8.0 | 66.60 | 52.28 | 5 851.71 | 428.70 | 9.37 |
| | | 9.0 | 74.64 | 58.60 | 6 510.56 | 476.96 | 9.34 |
| | | 10 | 82.62 | 64.86 | 7 154.09 | 524.11 | 9.31 |
| | | 12 | 98.39 | 77.24 | 8 396.14 | 615.10 | 9.24 |
| | | 14 | 112.91 | 89.42 | 9 579.75 | 701.81 | 9.17 |
| | | 16 | 129.18 | 101.41 | 10 706.79 | 784.38 | 9.10 |

续表

| 简图 | 尺寸 | | 截面面积 | 每米质量 | 截面特性 | | |
|---|---|---|---|---|---|---|---|
| | $D$/mm | $t$/mm | $A$/$cm^2$ | /(kg · $m^{-1}$) | $I$/$cm^4$ | $W$/$cm^3$ | $i$/cm |
| t<br>D | 299 | 7.5 | 68.68 | 53.92 | 7 300.02 | 488.30 | 10.31 |
| | | 8.0 | 73.14 | 57.41 | 7 747.42 | 518.22 | 10.29 |
| | | 9.0 | 82.00 | 64.37 | 8 628.09 | 577.13 | 10.26 |
| | | 10 | 90.79 | 71.27 | 9 490.15 | 634.79 | 10.22 |
| | | 12 | 108.20 | 84.93 | 11 159.52 | 746.46 | 10.16 |
| | | 14 | 125.35 | 98.40 | 12 757.61 | 856.35 | 10.09 |
| | | 16 | 142.25 | 111.67 | 14 286.48 | 955.62 | 10.02 |
| | 325 | 7.5 | 74.81 | 58.73 | 9 431.80 | 580.42 | 11.23 |
| | | 8.0 | 79.67 | 62.54 | 10 013.92 | 616.24 | 11.21 |
| | | 9.0 | 89.35 | 70.14 | 11 161.33 | 686.85 | 11.18 |
| | | 10 | 98.96 | 77.68 | 12 286.52 | 756.09 | 11.14 |
| | | 12 | 118.00 | 92.63 | 14 471.45 | 890.55 | 11.07 |
| | | 14 | 136.78 | 107.38 | 16 570.98 | 1 019.75 | 11.01 |
| | | 16 | 155.32 | 121.93 | 18 587.38 | 1 143.84 | 10.94 |
| | 351 | 8.0 | 86.21 | 67.67 | 12 684.36 | 722.76 | 12.13 |
| | | 9.0 | 96.70 | 75.91 | 14 147.55 | 806.13 | 12.10 |
| | | 10 | 107.13 | 84.10 | 15 584.62 | 888.01 | 12.06 |
| | | 12 | 127.80 | 100.32 | 18 381.63 | 1 047.39 | 11.99 |
| | | 14 | 148.22 | 116.35 | 21 077.86 | 1 201.02 | 11.93 |
| | | 16 | 168.39 | 132.19 | 23 675.75 | 1 349.05 | 11.86 |

**附表 2.11　冷弯方形空心型钢部分常用规格截面特性**

| 简图 | 边长<br>$B \times B$/mm | 壁厚 $t$<br>/mm | 每米质量<br>/(kg · $m^{-1}$) | 截面面积<br>/$cm^2$ | $I_x$<br>/$cm^4$ | $W_x$<br>/$cm^3$ | $i_x$<br>/cm |
|---|---|---|---|---|---|---|---|
| y t x x y B<br>$B$—边长<br>$t$—壁厚<br>执行标准：<br>GB/T 6728—2017<br>DIN59411 | 20×20 | 2.0 | 1.05 | 1.34 | 0.69 | 0.69 | 0.72 |
| | 30×30 | 3.0 | 2.361 | 3.008 | 3.5 | 2.333 | 1.078 |
| | 40×40 | 4.0 | 4.198 | 5.347 | 11.064 | 5.532 | 1.438 |
| | 50×50 | 4.0 | 5.454 | 6.947 | 23.725 | 9.49 | 1.847 |
| | 60×60 | 4.0 | 6.71 | 8.55 | 43.6 | 14.5 | 2.26 |
| | 70×70 | 4.0 | 7.97 | 10.1 | 72.1 | 20.6 | 2.67 |
| | 80×80 | 4.0 | 9.22 | 11.8 | 111 | 27.8 | 3.07 |
| | 90×90 | 4.0 | 10.5 | 13.4 | 162 | 36.0 | 3.48 |
| | 100×100 | 4.0 | 11.7 | 14.95 | 226 | 45.3 | 3.89 |

续表

| 简图 | 边长 $B\times B$/mm | 壁厚 $t$ /mm | 每米质量 /(kg·$m^{-1}$) | 截面面积 /$cm^2$ | $I_x$ /$cm^4$ | $W_x$ /$cm^3$ | $i_x$ /cm |
|---|---|---|---|---|---|---|---|
| y t x x y B; B—边长 t—壁厚 执行标准: GB/T 6728—2017 DIN59411 | 120×120 | 6.0 | 20.749 | 26.432 | 562.094 | 93.683 | 4.611 |
| | 125×125 | 6.0 | 21.7 | 27.63 | 641 | 103 | 4.82 |
| | 140×140 | 10.0 | 37.5 | 47.7 | 1 268 | 181 | 5.15 |
| | 150×150 | 6.0 | 26.4 | 33.63 | 1 150 | 153 | 5.84 |
| | 160×160 | 10.0 | 43.7 | 55.7 | 1 990 | 249 | 5.97 |
| | 180×180 | 8.0 | 41.5 | 52.8 | 2 546 | 283 | 6.94 |
| | 200×200 | 8.0 | 46.5 | 59.2 | 3 567 | 357 | 7.75 |
| | 220×220 | 10.0 | 62.6 | 79.7 | 5 675 | 516 | 8.43 |
| | 250×250 | 10.0 | 72.0 | 91.7 | 8 568 | 685 | 9.67 |
| | 260×260 | 10.0 | 75.1 | 95.7 | 9 715 | 747 | 10.1 |
| | 280×280 | 12.5 | 99.7 | 127 | 14 690 | 1 049 | 10.8 |

**附表 2.12　冷弯矩形空心型钢部分常用规格截面特性**

| 简图 | 尺寸 /mm | | | 每米质量 /(kg·$m^{-1}$) | 截面面积 $A$/$cm^2$ | 惯性矩 $I$ /$cm^4$ | | 截面模量 $W$ /$cm^3$ | | 回转半径 $i$ /cm | |
|---|---|---|---|---|---|---|---|---|---|---|---|
| | $A$ | $B$ | $t$ | | | $I_x$ | $I_y$ | $W_x$ | $W_y$ | $i_x$ | $I_y$ |
| y t x x D y B; D—长边长 B—短边长 t—壁厚 执行标准: GB/T 6728—2017 DIN59411 | 40 | 20 | 2.0 | 1.68 | 2.14 | 4.05 | 1.34 | 2.03 | 1.34 | 1.38 | 0.79 |
| | 50 | 30 | 3.0 | 3.303 | 4.208 | 12.827 | 5.696 | 5.13 | 3.797 | 1.745 | 1.163 |
| | 60 | 40 | 3.0 | 4.245 | 5.408 | 23.374 | 13.436 | 8.458 | 6.718 | 6.166 | 1.576 |
| | 80 | 40 | 3.0 | 5.187 | 6.608 | 52.246 | 17.552 | 13.061 | 8.776 | 2.811 | 1.629 |
| | 90 | 60 | 4.0 | 8.594 | 10.947 | 117.499 | 62.387 | 26.111 | 20.795 | 3.276 | 2.387 |
| | 100 | 60 | 4.0 | 9.22 | 11.8 | 153 | 68.7 | 30.5 | 22.9 | 3.60 | 2.42 |
| | 110 | 70 | 5.0 | 12.7 | 16.1 | 251 | 124 | 45.6 | 35.5 | 3.94 | 2.77 |
| | 120 | 80 | 4.0 | 11.7 | 15.0 | 295 | 157 | 49.1 | 39.3 | 4.44 | 3.24 |
| | 140 | 80 | 4.0 | 13.0 | 16.6 | 430 | 180 | 61.4 | 45.1 | 5.09 | 3.30 |
| | 160 | 80 | 6.0 | 20.75 | 26.432 | 835.936 | 280.8 | 104.49 | 70.2 | 5.62 | 3.26 |
| | 180 | 100 | 6.0 | 24.5 | 31.2 | 1 309.5 | 523.8 | 145.5 | 104.8 | 6.48 | 4.1 |
| | 200 | 100 | 8.0 | 34.0 | 43.2 | 2 091 | 705 | 209 | 141 | 6.95 | 4.04 |
| | 200 | 150 | 6.0 | 31.1 | 39.63 | 2 270 | 1 460 | 227 | 194 | 7.56 | 6.06 |
| | 220 | 140 | 8.0 | 41.5 | 52.8 | 3 389 | 1 685 | 308 | 241 | 8.01 | 5.65 |

续表

| 简图 | 尺寸 /mm | | | 每米质量 /(kg·$m^{-1}$) | 截面面积 $A/cm^2$ | 惯性矩 $I$ /$cm^4$ | | 截面模量 $W$ /$cm^3$ | | 回转半径 $i$ /cm | |
|---|---|---|---|---|---|---|---|---|---|---|---|
| | $A$ | $B$ | $t$ | | | $I_x$ | $I_y$ | $W_x$ | $W_y$ | $i_x$ | $I_y$ |
| D—长边长 B—短边长 t—壁厚 执行标准: GB/T 6728—2017 DIN59411 | 250 | 150 | 8.0 | 46.5 | 59.2 | 4 886 | 2 219 | 391 | 296 | 9.08 | 6.12 |
| | 260 | 180 | 8.0 | 51.5 | 65.6 | 6 145 | 3 493 | 473 | 388 | 9.68 | 7.30 |
| | 300 | 200 | 10.0 | 72.0 | 91.7 | 11 110 | 5 969 | 741 | 591 | 11.0 | 8.07 |
| | 320 | 200 | 10.0 | 75.1 | 95.7 | 13 020 | 6 330 | 814 | 633 | 11.7 | 8.13 |
| | 350 | 150 | 12.0 | 86.8 | 110.5 | 16 100 | 4 210 | 921 | 562 | 12.1 | 6.17 |
| | 360 | 200 | 12.5 | 99.7 | 127 | 20 780 | 8 380 | 1154 | 838 | 12.8 | 8.12 |

# 附录3　柱的计算长度系数

表3.1　无侧移框架柱的计算长度系数$\mu$

| $K_2$ | $K_1$ | | | | | | | | | | | | |
|---|---|---|---|---|---|---|---|---|---|---|---|---|---|
| | 0 | 0.05 | 0.1 | 0.2 | 0.3 | 0.4 | 0.5 | 1 | 2 | 3 | 4 | 5 | ≥10 |
| 0 | 1.000 | 0.990 | 0.981 | 0.964 | 0.949 | 0.935 | 0.922 | 0.875 | 0.820 | 0.791 | 0.773 | 0.760 | 0.732 |
| 0.05 | 0.990 | 0.981 | 0.971 | 0.955 | 0.940 | 0.926 | 0.914 | 0.867 | 0.814 | 0.784 | 0.766 | 0.754 | 0.726 |
| 0.1 | 0.981 | 0.971 | 0.962 | 0.946 | 0.931 | 0.918 | 0.906 | 0.860 | 0.807 | 0.778 | 0.760 | 0.748 | 0.721 |
| 0.2 | 0.964 | 0.955 | 0.946 | 0.930 | 0.916 | 0.903 | 0.891 | 0.846 | 0.795 | 0.767 | 0.749 | 0.737 | 0.711 |
| 0.3 | 0.949 | 0.940 | 0.931 | 0.916 | 0.902 | 0.889 | 0.878 | 0.834 | 0.784 | 0.756 | 0.739 | 0.728 | 0.701 |
| 0.4 | 0.935 | 0.926 | 0.918 | 0.903 | 0.889 | 0.877 | 0.866 | 0.823 | 0.774 | 0.747 | 0.730 | 0.719 | 0.693 |
| 0.5 | 0.922 | 0.914 | 0.906 | 0.891 | 0.878 | 0.866 | 0.855 | 0.813 | 0.765 | 0.738 | 0.721 | 0.710 | 0.685 |
| 1 | 0.875 | 0.867 | 0.860 | 0.846 | 0.834 | 0.823 | 0.813 | 0.774 | 0.729 | 0.704 | 0.688 | 0.677 | 0.654 |
| 2 | 0.820 | 0.814 | 0.807 | 0.795 | 0.784 | 0.774 | 0.765 | 0.729 | 0.686 | 0.663 | 0.648 | 0.638 | 0.615 |
| 3 | 0.791 | 0.784 | 0.778 | 0.767 | 0.756 | 0.747 | 0.738 | 0.704 | 0.663 | 0.640 | 0.625 | 0.616 | 0.593 |
| 4 | 0.773 | 0.766 | 0.760 | 0.749 | 0.739 | 0.730 | 0.721 | 0.688 | 0.648 | 0.625 | 0.611 | 0.601 | 0.580 |

续表

| $K_2$ | $K_1$ | | | | | | | | | | | | |
|---|---|---|---|---|---|---|---|---|---|---|---|---|---|
| | 0 | 0.05 | 0.1 | 0.2 | 0.3 | 0.4 | 0.5 | 1 | 2 | 3 | 4 | 5 | ≥10 |
| 5 | 0.760 | 0.754 | 0.748 | 0.737 | 0.728 | 0.719 | 0.710 | 0.677 | 0.638 | 0.616 | 0.601 | 0.592 | 0.570 |
| ≥10 | 0.732 | 0.726 | 0.721 | 0.711 | 0.701 | 0.693 | 0.685 | 0.654 | 0.615 | 0.593 | 0.580 | 0.570 | 0.549 |

注:1. 表中的计算长度系数$\mu$值系按下式算得:

$$\left[\left(\frac{\pi}{\mu}\right)^2+2(K_1+K_2)-4K_1K_2\right]\frac{\pi}{\mu}\cdot\sin\frac{\pi}{\mu}-2\left[(K_1+K_2)\left(\frac{\pi}{\mu}\right)^2+4K_1K_2\right]\cos\frac{\pi}{\mu}+8K_1K_2=0$$

式中,$K_1$、$K_2$分别为相交于柱上端、柱下端的横梁线刚度之和与柱线刚度之和的比值。当横梁远端为铰接时,应将横梁线刚度乘以系数1.5;当横梁远端为嵌固时,应将横梁线刚度乘以系数2。

2. 当横梁与柱铰接时,取横梁线刚度为零。
3. 对底层框架柱:当柱与基础铰接时,取$K_2=0$(对平板支座可取$K_2=0.1$);当柱与基础刚接时,取$K_2=10$。
4. 当与柱刚性连接的横梁所受轴心压力$N_b$较大时,横梁线刚度应乘以折减系数$\alpha_N$:

横梁远端与柱刚接和横梁远端铰支时:$\alpha_N=1-N_b/N_{Eb}$

横梁远端嵌固时:$\alpha_N=1-N_b/(2N_{Eb})$

式中:$N_{Eb}=\pi^2EI_b/l^2$,$I_b$为横梁截面惯性矩,$l$为横梁长度。

**表3.2 有侧移框架柱的计算长度系数$\mu$**

| $K_1$ | $K_2$ | | | | | | | | | | | | |
|---|---|---|---|---|---|---|---|---|---|---|---|---|---|
| | 0 | 0.05 | 0.1 | 0.2 | 0.3 | 0.4 | 0.5 | 1 | 2 | 3 | 4 | 5 | ≥10 |
| 0 | ∞ | 6.02 | 4.46 | 3.42 | 3.01 | 2.78 | 2.64 | 2.33 | 2.17 | 2.11 | 2.08 | 2.07 | 2.03 |
| 0.05 | 6.02 | 4.16 | 3.47 | 2.86 | 2.58 | 2.42 | 2.31 | 2.07 | 1.94 | 1.90 | 1.87 | 1.86 | 1.83 |
| 0.1 | 4.46 | 3.47 | 3.01 | 2.56 | 2.33 | 2.2 | 2.11 | 1.90 | 1.79 | 1.75 | 1.73 | 1.72 | 1.70 |
| 0.2 | 3.42 | 2.86 | 2.56 | 2.23 | 2.05 | 1.94 | 1.87 | 1.70 | 1.60 | 1.57 | 1.55 | 1.54 | 1.52 |
| 0.3 | 3.01 | 2.58 | 2.33 | 2.05 | 1.90 | 1.80 | 1.74 | 1.58 | 1.49 | 1.46 | 1.45 | 1.44 | 1.42 |
| 0.4 | 2.78 | 2.42 | 2.20 | 1.94 | 1.80 | 1.71 | 1.65 | 1.50 | 1.42 | 1.39 | 1.37 | 1.37 | 1.35 |
| 0.5 | 2.64 | 2.31 | 2.11 | 1.87 | 1.74 | 1.65 | 1.59 | 1.45 | 1.37 | 1.34 | 1.32 | 1.32 | 1.30 |
| 1 | 2.33 | 2.07 | 1.90 | 1.70 | 1.58 | 1.50 | 1.45 | 1.32 | 1.24 | 1.21 | 1.20 | 1.19 | 1.17 |
| 2 | 2.17 | 1.94 | 1.79 | 1.60 | 1.49 | 1.42 | 1.37 | 1.24 | 1.16 | 1.14 | 1.12 | 1.12 | 1.10 |
| 3 | 2.11 | 1.90 | 1.75 | 1.57 | 1.46 | 1.39 | 1.34 | 1.21 | 1.14 | 1.11 | 1.10 | 1.09 | 1.07 |
| 4 | 2.08 | 1.87 | 1.73 | 1.55 | 1.45 | 1.37 | 1.32 | 1.20 | 1.12 | 1.10 | 1.08 | 1.08 | 1.06 |
| 5 | 2.07 | 1.86 | 1.72 | 1.54 | 1.44 | 1.37 | 1.32 | 1.19 | 1.12 | 1.09 | 1.07 | 1.07 | 1.05 |
| ≥10 | 2.03 | 1.83 | 1.70 | 1.52 | 1.42 | 1.35 | 1.30 | 1.17 | 1.10 | 1.07 | 1.05 | 1.05 | 1.03 |

注:1. 表中的计算长度系数$\mu$值系按下式算得:

$$\left[36K_1K_2-\left(\frac{\pi}{\mu}\right)^2\right]\sin\frac{\pi}{\mu}+6(K_1+K_2)\frac{\pi}{\mu}\cdot\cos\frac{\pi}{\mu}=0$$

式中:$K_1$、$K_2$分别为相交于柱上端、柱下端的横梁线刚度之和与柱线刚度之和的比值。当横梁远端为铰接时,应将横梁线刚度乘以系数0.5;当横梁远端为嵌固时,应将横梁线刚度乘以系数2/3。

2. 当横梁与柱铰接时,取横梁线刚度为零。
3. 对底层框架柱:当柱与基础铰接时,取$K_2=0$(对平板支座可取$K_2=0.1$);当柱与基础刚接时,取$K_2=10$。
4. 当与柱刚性连接的横梁所受轴心压力$N_b$较大时,横梁线刚度应乘以折减系数$\alpha_N$:

横梁远端与柱刚接$\alpha_N=1-N_b/(4N_{Eb})$

横梁远端铰支时:$\alpha_N=1-N_b/N_{Eb}$

横梁远端嵌固时:$\alpha_N=1-N_b/(2N_{Eb})$

式中,$N_{Eb}=\pi^2EI_b/l^2$,$I_b$为横梁截面惯性矩,$l$为横梁长度。

表 3.3 柱上端为自由的单阶柱下段的计算长度系数 $\mu_2$

| 简图 | $\eta_1$ | $K_1$ | | | | | | | | | | | | | | | | | |
|---|---|---|---|---|---|---|---|---|---|---|---|---|---|---|---|---|---|---|---|
| | | 0.06 | 0.08 | 0.10 | 0.12 | 0.14 | 0.16 | 0.18 | 0.20 | 0.22 | 0.24 | 0.26 | 0.28 | 0.3 | 0.4 | 0.5 | 0.6 | 0.7 | 0.8 |
| $I_1$, $I_2$, $H_1$, $H_2$ | 0.2 | 2.00 | 2.01 | 2.01 | 2.01 | 2.01 | 2.01 | 2.01 | 2.02 | 2.02 | 2.02 | 2.02 | 2.02 | 2.02 | 2.03 | 2.04 | 2.05 | 2.06 | 2.07 |
| | 0.3 | 2.01 | 2.02 | 2.02 | 2.02 | 2.03 | 2.03 | 2.03 | 2.04 | 2.04 | 2.05 | 2.05 | 2.05 | 2.06 | 2.08 | 2.10 | 2.12 | 2.13 | 2.15 |
| | 0.4 | 2.02 | 2.03 | 2.04 | 2.04 | 2.05 | 2.06 | 2.07 | 2.07 | 2.08 | 2.09 | 2.09 | 2.10 | 2.11 | 2.14 | 2.18 | 2.21 | 2.25 | 2.28 |
| | 0.5 | 2.04 | 2.05 | 2.06 | 2.07 | 2.09 | 2.10 | 2.11 | 2.12 | 2.13 | 2.15 | 2.16 | 2.17 | 2.18 | 2.24 | 2.29 | 2.35 | 2.40 | 2.45 |
| | 0.6 | 2.06 | 2.08 | 2.10 | 2.12 | 2.14 | 2.16 | 2.18 | 2.19 | 2.21 | 2.23 | 2.25 | 2.26 | 2.28 | 2.36 | 2.44 | 2.52 | 2.59 | 2.66 |
| | 0.7 | 2.10 | 2.13 | 2.16 | 2.18 | 2.21 | 2.24 | 2.26 | 2.29 | 2.31 | 2.34 | 2.36 | 2.38 | 2.41 | 2.52 | 2.62 | 2.72 | 2.81 | 2.90 |
| | 0.8 | 2.15 | 2.20 | 2.24 | 2.27 | 2.31 | 2.34 | 2.38 | 2.41 | 2.44 | 2.47 | 2.50 | 2.53 | 2.56 | 2.70 | 2.82 | 2.94 | 3.06 | 3.16 |
| | 0.9 | 2.24 | 2.29 | 2.35 | 2.39 | 2.44 | 2.48 | 2.52 | 2.56 | 2.60 | 2.63 | 2.67 | 2.71 | 2.74 | 2.90 | 3.05 | 3.19 | 3.32 | 3.44 |
| | 1.0 | 2.36 | 2.43 | 2.48 | 2.54 | 2.59 | 2.64 | 2.69 | 2.73 | 2.77 | 2.82 | 2.86 | 2.90 | 2.94 | 3.12 | 3.29 | 3.45 | 3.59 | 3.74 |
| | 1.2 | 2.69 | 2.76 | 2.83 | 2.89 | 2.95 | 3.01 | 3.07 | 3.12 | 3.17 | 3.22 | 3.27 | 3.32 | 3.37 | 3.59 | 3.80 | 3.99 | 4.17 | 4.34 |
| | 1.4 | 3.07 | 3.14 | 3.22 | 3.29 | 3.36 | 3.42 | 3.48 | 3.55 | 3.61 | 3.66 | 3.72 | 3.78 | 3.83 | 4.09 | 4.33 | 4.56 | 4.77 | 4.97 |
| $K_1=\frac{I_1}{I_2}\cdot\frac{H_2}{H_1}$ | 1.6 | 3.47 | 3.55 | 3.63 | 3.71 | 3.78 | 3.85 | 3.92 | 3.99 | 4.07 | 4.12 | 4.18 | 4.25 | 4.31 | 4.61 | 4.88 | 5.14 | 5.38 | 5.62 |
| | 1.8 | 3.88 | 3.97 | 4.05 | 4.13 | 4.21 | 4.29 | 4.37 | 4.44 | 4.52 | 4.59 | 4.66 | 4.73 | 4.80 | 5.13 | 5.44 | 5.37 | 6.00 | 6.26 |
| $\eta_1=\frac{H_1}{H_2}\cdot\sqrt{\frac{N_1}{N_2}\cdot\frac{I_2}{I_1}}$ | 2.0 | 4.29 | 4.39 | 4.48 | 4.57 | 4.65 | 4.74 | 4.82 | 4.90 | 4.99 | 5.07 | 5.14 | 5.22 | 5.30 | 5.66 | 6.00 | 6.32 | 6.63 | 6.92 |
| | 2.2 | 4.71 | 4.81 | 4.91 | 5.00 | 5.10 | 5.19 | 5.82 | 5.37 | 5.46 | 5.54 | 5.63 | 5.71 | 5.80 | 6.19 | 6.57 | 6.92 | 7.26 | 7.58 |
| $N_1$—上段柱的轴心力； | 2.4 | 5.13 | 5.24 | 5.35 | 5.44 | 5.54 | 5.64 | 5.74 | 5.84 | 5.93 | 6.03 | 6.12 | 6.21 | 6.30 | 6.37 | 7.14 | 7.52 | 7.89 | 8.24 |
| $N_2$—下段柱的轴心力。 | 2.6 | 5.55 | 5.66 | 5.77 | 5.88 | 5.99 | 6.10 | 6.20 | 6.31 | 6.41 | 6.51 | 6.61 | 6.71 | 6.80 | 7.27 | 7.71 | 8.13 | 8.52 | 8.90 |
| | 2.8 | 5.97 | 6.09 | 6.21 | 6.33 | 6.44 | 6.55 | 6.67 | 6.78 | 6.89 | 6.99 | 7.10 | 7.21 | 7.31 | 7.81 | 8.28 | 8.73 | 9.16 | 9.57 |
| | 3.0 | 6.39 | 6.52 | 6.64 | 6.77 | 6.89 | 7.01 | 7.13 | 7.25 | 7.37 | 7.48 | 7.59 | 7.71 | 7.82 | 8.35 | 8.86 | 9.34 | 9.80 | 10.24 |

注：表中的计算长度系数 $\mu_2$ 值系按下式计算得出：

$$\eta_1 K_1 \cdot \tan\frac{\pi}{\mu_2}\cdot\tan\frac{\pi\eta_1}{\mu_2}-1=0$$

表 3.4　柱上端可移动但不转动的单阶柱下段的计算长度系数 $\mu_2$

| 简图 | $\eta_1$ | $K_1$ | | | | | | | | | | | | | | | | | |
|---|---|---|---|---|---|---|---|---|---|---|---|---|---|---|---|---|---|---|---|
| | | 0.06 | 0.08 | 0.10 | 0.12 | 0.14 | 0.16 | 0.18 | 0.20 | 0.22 | 0.24 | 0.26 | 0.28 | 0.3 | 0.4 | 0.5 | 0.6 | 0.7 | 0.8 |
| $K_1=\frac{I_1}{I_2}\cdot\frac{H_2}{H_1}$<br>$\eta_1=\frac{H_1}{H_2}\cdot\sqrt{\frac{N_1}{N_2}\cdot\frac{I_2}{I_1}}$<br>$N_1$—上段柱的轴心力；<br>$N_2$—下段柱的轴心力。 | 0.2 | 1.96 | 1.94 | 1.93 | 1.91 | 1.90 | 1.89 | 1.88 | 1.86 | 1.85 | 1.84 | 1.83 | 1.82 | 1.81 | 1.76 | 1.72 | 1.68 | 1.65 | 1.62 |
| | 0.3 | 1.96 | 1.94 | 1.93 | 1.92 | 1.91 | 1.89 | 1.88 | 1.87 | 1.86 | 1.85 | 1.84 | 1.83 | 1.82 | 1.77 | 1.73 | 1.70 | 1.66 | 1.63 |
| | 0.4 | 1.96 | 1.95 | 1.94 | 1.92 | 1.91 | 1.90 | 1.89 | 1.88 | 1.87 | 1.86 | 1.85 | 1.84 | 1.83 | 1.79 | 1.75 | 1.72 | 1.68 | 1.66 |
| | 0.5 | 1.96 | 1.95 | 1.95 | 1.93 | 1.92 | 1.91 | 1.90 | 1.89 | 1.88 | 1.87 | 1.86 | 1.85 | 1.85 | 1.81 | 1.77 | 1.74 | 1.71 | 1.69 |
| | 0.6 | 1.97 | 1.96 | 1.95 | 1.94 | 1.93 | 1.92 | 1.91 | 1.90 | 1.90 | 1.89 | 1.88 | 1.87 | 1.87 | 1.83 | 1.80 | 1.78 | 1.75 | 1.73 |
| | 0.7 | 1.97 | 1.97 | 1.96 | 1.95 | 1.94 | 1.94 | 1.93 | 1.92 | 1.92 | 1.91 | 1.90 | 1.90 | 1.89 | 1.86 | 1.84 | 1.82 | 1.80 | 1.78 |
| | 0.8 | 1.98 | 1.98 | 1.97 | 1.96 | 1.96 | 1.95 | 1.95 | 1.94 | 1.94 | 1.93 | 1.93 | 1.93 | 1.92 | 1.90 | 1.88 | 1.87 | 1.86 | 1.84 |
| | 0.9 | 1.99 | 1.99 | 1.98 | 1.98 | 1.98 | 1.97 | 1.97 | 1.97 | 1.97 | 1.96 | 1.96 | 1.96 | 1.96 | 1.95 | 1.94 | 1.93 | 1.92 | 1.92 |
| | 1.0 | 2.00 | 2.00 | 2.00 | 2.00 | 2.00 | 2.00 | 2.00 | 2.00 | 2.00 | 2.00 | 2.00 | 2.00 | 2.00 | 2.00 | 2.00 | 2.00 | 2.00 | 2.00 |
| | 1.2 | 2.03 | 2.04 | 2.04 | 2.05 | 2.06 | 2.07 | 2.07 | 2.08 | 2.08 | 2.09 | 2.10 | 2.10 | 2.11 | 2.13 | 2.15 | 2.17 | 2.18 | 2.20 |
| | 1.4 | 2.07 | 2.09 | 2.11 | 2.12 | 2.14 | 2.16 | 2.17 | 2.18 | 2.20 | 2.21 | 2.22 | 2.23 | 2.24 | 2.29 | 2.33 | 2.37 | 2.40 | 2.42 |
| | 1.6 | 2.13 | 2.16 | 2.19 | 2.22 | 2.25 | 2.27 | 2.30 | 2.32 | 2.34 | 2.36 | 2.37 | 2.39 | 2.41 | 2.48 | 2.54 | 2.59 | 2.63 | 2.67 |
| | 1.8 | 2.22 | 2.27 | 2.31 | 2.35 | 2.39 | 2.42 | 2.45 | 2.48 | 2.50 | 2.53 | 2.55 | 2.57 | 2.59 | 2.69 | 2.76 | 2.83 | 2.88 | 2.93 |
| | 2.0 | 2.35 | 2.41 | 2.46 | 2.50 | 2.55 | 2.59 | 2.62 | 2.66 | 2.69 | 2.72 | 2.75 | 2.77 | 2.80 | 2.91 | 3.00 | 3.08 | 3.14 | 3.20 |
| | 2.2 | 2.51 | 2.57 | 2.63 | 2.68 | 2.73 | 2.77 | 2.81 | 2.85 | 2.89 | 2.92 | 2.95 | 2.98 | 3.01 | 3.14 | 3.25 | 3.33 | 3.41 | 3.47 |
| | 2.4 | 2.68 | 2.75 | 2.81 | 2.87 | 2.92 | 2.97 | 3.01 | 3.05 | 3.09 | 3.13 | 3.17 | 3.20 | 3.24 | 3.38 | 3.50 | 3.59 | 3.68 | 3.75 |
| | 2.6 | 2.87 | 2.94 | 3.00 | 3.06 | 3.12 | 3.17 | 3.22 | 3.27 | 3.31 | 3.35 | 3.39 | 3.43 | 3.46 | 3.62 | 3.75 | 3.86 | 3.95 | 4.03 |
| | 2.8 | 3.06 | 3.14 | 3.20 | 3.27 | 3.33 | 3.38 | 3.43 | 3.48 | 3.53 | 3.58 | 3.62 | 3.66 | 3.70 | 3.87 | 4.01 | 4.13 | 4.23 | 4.32 |
| | 3.0 | 3.26 | 3.34 | 3.41 | 3.47 | 3.54 | 3.60 | 3.65 | 3.70 | 3.75 | 3.80 | 3.85 | 3.89 | 3.93 | 4.12 | 4.27 | 4.40 | 4.51 | 4.61 |

注：表中的计算长度系数 $\mu_2$ 值系按下式计算得出：

$$\tan\frac{\pi\eta_1}{\mu_2}+\eta_1 K_1\cdot\tan\frac{\pi}{\mu_2}=0$$

# 参考文献


[1] 中华人民共和国行业标准. 建筑结构可靠度统一标准 GB 50068—2018. 北京:中国建筑工业出版社,2018.

[2] 中华人民共和国国家标准. 混凝土结构设计规范 GB 50010—2010(2024 年版). 北京:中国建筑工业出版社,2024.

[3] 中华人民共和国国家标准. 钢结构设计标准 GB 50017—2017. 北京:中国计划出版社,2017.

[4] 中华人民共和国国家标准. 建筑抗震设计规范 GB 50011—2010(2016 年版). 北京:中国建筑工业出版社,2002.

[5] 中华人民共和国国家标准. 冷弯薄壁型钢结构技术规范 GB 50018—2016. 北京:中国建筑工业出版社,2016.

[6] 中华人民共和国行业标准. 建筑用压型钢板 GB 12755—2008. 北京:中国建筑工业出版社,2008.

[7] 中华人民共和国行业标准. 组合结构设计规范 JGJ138—2016. 北京:中国建筑工业出版社,2016.

[8] 中华人民共和国行业标准. 钢骨混凝土结构设计规程 YB9082—2006. 北京:中国冶金工业出版社,2006.

[9] 中华人民共和国电力行业标准. 钢-混凝土组合结构设计规程 DL/T5085—2021. 北京:中国电力出版社,2021.

[10] 中国工程建设标准化协会标准. 矩形钢管混凝土结构技术规程 CECS159:2004. 北京:中国计划出版社,2004.

[11] 中华人民共和国国家军用标准. 战时军港抢修早强型组合结构技术规程 GJB4142—2000. 北京:中国人民解放军总后勤部,2001.

[12] 中华人民共和国行业标准. 高层民用建筑钢结构技术规程 JCJ99-2015. 北京:中国建筑工业出版社,2015.

[13] 王鹏,王永慧. 腹板开洞组合梁受力机理与承载力计算方法[M]. 重庆:重庆大学出版社, 2019.

[14] 王鹏,周东华,王永慧,等. 剪切连接件分段布置时组合梁滑移计算[J]. 建筑结构,2011,41(8):96-101.
[15] 陈绍蕃. 钢结构[M]. 北京:中国建筑工业出版社,1992.
[16] 丁大钧. 现代混凝土结构学[M]. 北京:中国建筑工业出版社,2000.
[17] 朱聘儒. 钢-混凝土组合梁设计原理[M]. 北京:中国建筑工业出版社,1989.
[18] 聂建国,余志武. 钢-混凝土组合梁在我国的研究及应用[J]. 土木工程学报. 1999,32(2):3-8.
[19] 赵鸿铁. 钢与混凝土组合结构[M]. 北京:科学出版社,2001.
[20] 赵鸿铁. 组合结构设计原理[M]. 北京:高等教育出版社,2005.
[21] 刘维亚. 型钢混凝土组合结构构造与计算手册[M]. 北京:中国建筑工业出版社,2004.
[22] 严正庭,严立. 钢与混凝土组合结构计算构造手册[M]. 北京:中国建筑工业出版社,1995.
[23] 周起敬. 钢与混凝土组合结构设计施工手册[M]. 北京:中国建筑工业出版社,1991.
[24] 李国强. 多高层建筑钢结构设计[M]. 北京:中国建筑工业出版社,2004.
[25] 叶列平,方鄂华,周正海,等. 钢骨混凝土柱的轴压力限值[J]. 建筑结构学报,1997(5),43-50,21.
[26] 叶列平. 劲性钢筋混凝土偏心受压中长柱的试验研究[J]. 建筑结构学报,1995(6),45-52.
[27] 钟善桐. 高层钢-混凝土组合结构[M]. 广州:华南理工大学出版社,2003.
[28] 黄侨. 桥梁钢-混凝土组合结构设计原理[M]. 2 版. 北京:人民交通出版社,2017.
[29] 赵世春. 型钢混凝土组合结构计算原理[M]. 成都:西南交通大学出版社,2004.
[30] 林宗凡. 钢-混凝土组合结构[M]. 上海:同济大学出版社,2004.
[31] 刘清. 组合结构设计原理[M]. 重庆:重庆大学出版社,2002.
[32] 王连广,刘之洋. 钢与轻骨料混凝土组合梁[M]. 成都:西南交通大学出版社,1998.
[33] 李勇,陈宜言,聂建国,等. 钢-混凝土组合桥梁设计与应用[M]. 北京:科学出版社,2002.
[34] 周学军,王敦强. 钢与混凝土组合结构设计与施工[M]. 济南:山东科学技术出版社,2004.
[35] 蔡绍怀. 现代钢管混凝土结构[M]. 北京:人民交通出版社,2003.
[36] 张培信. 钢-混凝土组合结构设计[M]. 上海:上海科学技术出版社,2004.
[37] 韩林海. 钢管混凝土结构——理论与实践[M]. 3 版. 北京:科学出版社,2014.
[38] 韩林海,刘威. 长期荷载作用对圆钢管混凝土压弯构件力学性能影响的研究[J]. 土木工程学报,2002,35(2):8-19.
[39] 韩林海,杨有福. 现代钢管混凝土结构技术[M]. 北京:中国建筑工业出版社,2004.
[40] 韩林海,杨有福,刘威. 长期荷载作用对矩形钢管混凝土轴心受压柱力学性能的影响研究[J]. 土木工程学报,2004,37(3):12-18.
[41] 王文达,韩林海. 钢管混凝土结构施工阶段力学性能分析[J]. 工业建筑,2004,34(6):65-67,58.
[42] 钟善桐. 钢管混凝土结构[M]. 3 版. 北京:清华大学出版社,2003.